中国地质调查成果 CGS 2021－067
“典型矿集区三维地质结构与矿体定位”项目资助
“大兴安岭地区区域地质调查片区总结与服务产品开发”项目资助

大兴安岭古生代“洋板块地质”研究进展

DAXING' ANLING GUSHENGDAI "YANG BANKUAI DIZHI" YANJIU JINZHAN

杨晓平　杨雅军　钱　程　江　斌
付俊彧　朱　群　庞雪娇　汪　岩　著

内容提要

本书是在大兴安岭1∶100万地质图编制的基础上，充分收集大兴安岭地区的综合研究资料和文献，并在“洋板块地质”学术思想指导下编制而成的。针对大兴安岭地区古生代古亚洲洋演化的地质背景，对大兴安岭地区“洋板块地质”建造进行了深入解析，识别出一系列与洋-陆俯冲作用有关的岩浆弧、弧前盆地、弧后盆地、俯冲增生杂岩等构造单元，共划分出俯冲增生杂岩带9条。俯冲增生杂岩带主要分布于兴蒙造山带内部各地块之间和地块与大型岛弧带之间，相当于地块间及地块与岛弧带间的缝合带，依据两侧对应的陆（地）块、岛弧带等构造级别，归纳出对接带1条、结合带5条。俯冲增生杂岩带的展布方向以北东向为主，时代自北向南依次变新，从寒武纪演化到中—晚二叠世，暗示古亚洲洋洋盆向大兴安岭地区陆（地）块俯冲作用最早发生在北部额尔古纳一带，逐渐向南后撤，不断形成新的洋壳和俯冲增生作用，相应的活动陆缘从北部额尔古纳地块向南逐渐增生，配套弧盆系的时代也逐渐向南变新。早—中三叠世西拉木伦一带发生陆-陆拼贴，完成华北板块与西伯利亚板块的对接。通过对代表古洋盆遗迹的俯冲增生杂岩和代表陆缘增生的岩浆弧的时空分布研究，恢复了古亚洲洋东段的洋-陆转换过程，细化了大兴安岭地区构造单元，修订了主要构造（成矿）带边界，提高了大兴安岭地区基础地质的研究程度，推动了“洋板块地质”学术思想的发展，为深入研究大兴安岭地区地质历史演化和成矿区（带）划分提供了依据。

图书在版编目(CIP)数据

大兴安岭古生代“洋板块地质”研究进展/杨晓平等著.—武汉：中国地质大学出版社，2022.6
ISBN 978-7-5625-5225-3

Ⅰ.①大…　Ⅱ.①杨…　Ⅲ.①大兴安岭-区域地质-地质构造-研究　Ⅳ.①P548.235

中国版本图书馆CIP数据核字(2022)第095480号

大兴安岭古生代“洋板块地质”研究进展

杨晓平　杨雅军　钱　程　江　斌　付俊彧　朱　群　庞雪娇　汪　岩　著

责任编辑：王　敏　　选题策划：唐然坤　王　敏　　责任校对：何澍语

出版发行：中国地质大学出版社（武汉市洪山区鲁磨路388号）　　邮编：430074
电　　话：(027)67883511　　传　　真：(027)67883580　　E-mail：cbb@cug.edu.cn
经　　销：全国新华书店　　http://cugp.cug.edu.cn

开本：880毫米×1 230毫米　1/16　　字数：420千字　　印张：13.25
版次：2022年6月第1版　　印次：2022年6月第1次印刷
印刷：武汉中远印务有限公司

ISBN 978-7-5625-5225-3　　定价：168.00元

序

造山系往往经历了复杂的变质、变形、深熔和岩浆作用，故其研究难度较大，并且造山系对地质资源及环境起着明显的制约作用，因而受到地学界的高度重视。造山系的演变与洋板块的形成、演化、消亡及洋-陆转换有密切的成因联系。因此，在造山系研究中，对古洋板块的识别成为重中之重。

大兴安岭地区位于兴蒙造山系东段，介于西伯利亚板块、华北板块及太平洋板块交会地带。古生代时期，古亚洲洋构造体系的演化在大兴安岭地区形成了以多个微陆块之间的拼合碰撞为主体的造山带，经历了众多陆（地）块的拼贴过程，揭示了洋-陆俯冲、陆-陆和弧-陆碰撞拼贴事件，发育典型的洋板块地层系统和与洋-陆俯冲有关的蛇绿岩、构造片岩、弧盆系等，记录了洋-陆转换过程，因此大兴安岭地区是研究造山系和洋板块地质的有利地区之一。中生代期间，大兴安岭地区遭受了环太平洋构造体系和蒙古-鄂霍次克构造体系的叠加与改造，肢解和破坏了古生代构造格局，增加了对古生代构造演化的研究难度。鉴于大兴安岭地区矿产资源与地质理论研究上的潜力，多年来，国内外学者对大兴安岭地区的造山作用进行了多方面的研究和探索，取得了丰硕的研究成果和新认识，同时也产生了一些不同的观点。目前，大部分学者认为大兴安岭地区主要发育 3 条缝合带：位于额尔古纳地块与兴安地块之间的头道桥-新林蛇绿混杂岩带、兴安地块与松嫩地块之间的贺根山-黑河蛇绿混杂岩带、兴蒙造山带与华北克拉通之间的西拉木伦-长春-延吉蛇绿混杂岩带。这 3 条缝合带代表了额尔古纳地块与兴安地块之间、兴安地块与松嫩地块之间，以及兴蒙造山带与华北陆块之间洋盆消减的遗迹，基本反映了大兴安岭地区古生代的构造格局。

笔者在编制大兴安岭地区 1∶100 万洋板块地质构造图的过程中，充分收集了大兴安岭地区的综合研究成果和基础地质资料，尤其是 2010 年以来开展的 1∶5 万、1∶25 万区域地质调查成果，获得了很多的与洋-陆俯冲和陆-陆碰撞有关的蛇绿岩、构造岩，与洋-陆转换有关的弧盆系等新素材，为进一步研究大兴安岭地区古生代构造演化提供了重要资料和论据。大兴安岭地区 1∶100 万洋板块地质构造图中重点表达了与洋-陆俯冲有关的俯冲增生杂岩（蛇绿岩）、弧盆系、地块残块等构造单元。

笔者应用洋板块地质学术思想，识别出一系列与洋-陆俯冲作用有关的岩浆弧、弧前盆地、弧后盆地、俯冲增生杂岩等构造单元，确定了 9 条俯冲增生杂岩带，归并出 1 条对接带、5 条结合带，提高了大兴安岭地区基础地质的研究程度和水平，推动了洋板块地质发展。新划分出了“伊尔施-三卡奥陶纪俯冲增生杂岩带”，明确了伊尔施-多宝山洋盆的俯冲极性，提出了北部洋盆向南俯冲的新认识，建立了多宝山地区沟-弧-盆体系格架，为多宝山岛弧带西延和寻找斑岩型铜多金属矿提供了理论依据。将原贺根山-黑河蛇绿混杂岩带北段俯冲增生杂岩带厘定为突泉-黑河俯冲增生杂岩带，作为限定松嫩地块与大兴安岭弧盆系的结合带；将贺根山-黑河蛇绿混杂岩带西南段的 2 条俯冲增生杂岩带作为限定东乌旗-多宝山岛弧带和锡林浩特地块的结合带；将巴彦锡勒-牤牛海俯冲增生杂岩带、柯单山-西拉木伦俯冲增生杂岩带作为西拉木伦对接带两侧俯冲增生构造边界。按洋板块地质学术思想，编制了大兴安岭地区洋板块地质构造图等图件，创新表达了区域地层、岩石、构造等的时空展布规律，解析了大兴安岭地区的古生代地质构造格架，细化了构造单元，修改了主要构造带边界，恢复了古亚洲洋的洋-陆转换过程，重新厘定了大地构造单元。笔者试图从洋板块地质角度进一步解析大兴安岭地区古生代构造格架，为深入研究大兴安岭地区古亚洲洋的构造演化提供新认识。

总之，笔者经过多年刻苦钻研、精心探索、锲而不舍、综合集成，终于春华秋实，编写《大兴安岭古生代"洋板块地质"研究进展》专著和《1∶100 万大兴安岭洋板块地质构造图》，开启了大兴安岭洋板块地质综合研究之先河，对本区今后的地质调查和矿产资源勘查将发挥重要作用。热烈祝贺专著和图件的出版面世，是为序。

中国科学院院士

李廷栋

2022 年 4 月

前　言

大兴安岭地区的地质演化复杂，构造背景多样，岩浆活动期次多，成因复杂，基础地质研究程度相对薄弱，导致对区域成矿规律认识不够深入。追根溯源是资料综合集成更新不够及时、构造单元解体不够充分。为了深入研究大兴安岭地区构造格局、演化历史和成矿地质背景，提高东北地区基础地质的研究程度，促进地球科学理论的创新，实现大兴安岭地区找矿突破，本书依托“典型矿集区三维地质结构与矿体定位”“大兴安岭地区区域地质调查片区总结与服务产品开发”项目，开展了大兴安岭地区1∶100万洋板块地质构造图的编制，通过大力开展大兴安岭成矿带基础地质综合研究，提高了东北地区基础地质的研究程度，为实现地质调查资源共享及服务于地质调查、矿产勘查等提供了新的基础地质资料。

20世纪60年代，板块构造学说的诞生推动了地质科学向全球化方向发展（李廷栋等，2019）。近年来，中外地质学家都十分关注蛇绿岩和洋板块地层（OPS）的研究，发表了一系列论著（王希斌等，1987；肖序常和李廷栋，2000；Wakita and Metcalfe，2005；Maruyama et al.，2010；Dilek and Furnes，2011；张进等，2012；Safonova and Santosh，2014；鲍佩声等，2015；Safonova et al.，2016；张克信等，2016；闫臻等，2018），总结论述了各个地区蛇绿岩和洋板块的地层类型、岩石组合、地球化学特征及其形成的构造背景，对深化造山系的认识和发展板块构造理论作出了贡献。

近60年以来，识别与重建大陆中已消亡的大洋（弧后洋盆）及对边缘海地质等广泛研究实践已证明，板块构造是高度成功的大地构造和地球动力学理论（潘桂棠等，2019）。展望地球科学领域，诸如构造作用、沉积作用、岩浆作用、变质作用、造山作用、成矿作用、古生物地理区系、古气候古环境变迁、海平面升降变化、层圈相互作用、超大陆的形成和裂解，以及大陆边缘多岛弧盆系的形成，几乎都因板块构造根本性的观念转换带来了一系列创新的见解。自板块构造学说创立以来，俯冲增生杂岩带（Subduction-Accretion Complexes Zone）被视为板块俯冲-碰撞的直接产物而受到广泛的重视（Hsü，1968；Hamilton，1978；Karig，1983；Hsü et al.，1995）。对它的鉴别厘定一直是确认板块构造汇聚边缘大洋岩石圈俯冲作用和大陆边缘弧盆系形成演化作用的关键问题，是地学界重点研究的领域（Kusky et al.，2013；Kroner，2015；潘桂棠和肖荣阁，2015；Li et al.，2016；张克信等，2016）。造山带俯冲增生杂岩的形成反映了造山带形成过程中洋壳消亡、物质归宿、陆壳侧向增生机制和造山带内矿产资源的形成、分布与板块消减作用的关系（Wakabayashi and Dilek，2011；Kusky et al.，2013；Kroner，2015；Li et al.，2016；潘桂棠等，2016），俯冲增生杂岩带成矿环境已成为全球研究的热点（von Huene and Scholl，1991；金振民等，1993；Hou et al.，2005；侯增谦和王二七，2008；潘桂棠和肖荣阁，2015；李三忠等，2016）。

李廷栋等（2019）强调，研究洋板块地质有助于深化对造山系的认识，有助于阐明大陆形成演化的动力来源，有助于查明矿床形成分布的时空规律；并提出通过对俯冲增生杂岩的物质组成、板块地层系统、蛇绿岩类型及其形成的构造环境、洋板块沉积组合、俯冲带岛弧前弧火成岩组合、构造作用进行研究，来重建古造山系OPS层序，深入研究洋-陆转换带成矿作用形成与演化。潘桂棠等（2019）提出，研究俯冲增生杂岩带的重大科学意义在于俯冲增生杂岩带是全球板块构造理论发展研究的热点，洋壳消减增生杂岩带的厘定是构建区域、全国乃至全球大地构造之纲，板块地质构造重建是认识理解区域地质构造、大地构造形成演化及动力学的核心理念，俯冲增生杂岩带、蛇绿混杂岩带是研究成矿地质背景的关键。

根据李廷栋院士等提出的“洋板块地质”学术思想，本研究采取了以下几种方法研究古造山带演化中洋陆俯冲与转换过程。

（1）对关键地段进行构造地质编图，突出洋盆连续地层岩石或者岩石组合地质编图，对洋盆连续地层岩石或者岩石组合地质剖面进行对比分析研究。对所有不同区段连续逆冲岩层采用平衡剖面方法进行构造-地层再造，建立研究区域不同区段连续地层格架。

（2）通过研究混杂岩中保存的碎屑岩块物质，重建混杂岩的岩石序列。利用俯冲增生杂岩基质中沉积岩碎屑锆石年龄及古生物年代恢复洋壳俯冲增生起始时间以及持续时间。

（3）通过古增生楔杂岩地层骨架与混杂岩碎屑岩块所得到的岩石序列对比，建立研究区洋板块地层序列。

（4）根据增生杂岩中基质和岩块的古生物学、沉积学、构造地质学、年代学、地球化学等方面的记录，恢复增生杂岩的俯冲增生时代、弧-陆碰撞时代，还原古造山带中大洋板块的形成、俯冲以及消亡过程。

（5）利用同位素地质年代、地球化学分析对岩石序列进行综合研究，了解大洋盆地的形成及其构造背景。在生物地层研究的基础上，对研究地区局部（OPS）构造进行原岩恢复。通过恢复洋板块地层序列，进一步研究大洋板块的形成、俯冲及俯冲过程中所发生的陆缘增生作用。

（6）前弧玄武岩和洋俯冲环境岩石组合等主要参照肖庆辉等（2016）、邓晋福等（2010，2015）总结和提出的识别判别标准，TTG岩石组合参照冯艳芳等（2011）、邓晋福等（2015）、吴鸣谦等（2014）总结和提出的识别判别标准，洋板块地层系统主要参照张克信等（2016，2018，2020）、冯益民和张越（2018）总结和提出的识别判别标准，其他方面主要参照该地区的专题研究和综述性研究成果。具体如下：①俯冲带岛弧前弧火成岩组合的梳理识别。筛选可能存在的前弧玄武岩、富铌玄武岩、玻安岩，重点加强存在的高镁（镁）质岩石组合、富铌玄武岩、埃达克岩等，参照高镁（镁）质岩石组合、富铌玄武岩、埃达克岩的地球化学判别方法，确定其岩石成因和形成的构造背景。②TTG岩系的识别和确定。首先利用地方科学技术出版社联合体（下文简称地科联）推荐的QAP进行矿物学分类，再利用岩石化学分析结果进行侵入岩和火山岩的TAS化学分类及O'Connor An-Ab-Or分类进行校正，根据矿物学和岩石地球化学的双重命名进行岩石名称与岩石组合的准确厘定以及识别该地区的TTG岩系及其岩石组合特征。③其他构造背景火成岩构造组合梳理和研究。充分利用区域地质调查报告侵入岩内容和科研论文资料，梳理碰撞（同碰撞-后碰撞）、后造山、大陆伸展等环境侵入岩组合，具体参照邓晋福等（2017）总结和提出的相关判别方法。

图书编写任务分配：内容提要、前言由杨晓平编写；第一章地质背景由钱程、杨晓平编写；第二章洋板块地质研究方法由杨雅军、杨晓平编写；第三章第一节由汪岩编写，第二节由付俊彧、江斌编写，第三节至第五节由杨晓平、朱群编写，第六节由杨晓平、杨雅军编写；第四章古亚洲洋东段构造演化由钱程、杨晓平编写；第五章结语由杨晓平编写。书中图件由杨雅军、杨晓平、钱程完成，文稿校对由杨雅军、杨晓平完成。

杨晓平

2022年4月

目　录

第一章 地质背景

大兴安岭位于中亚造山带东段，南以白云鄂博-赤峰-开源断裂为界与华北克拉通相接，北以蒙古-鄂霍茨克中生代造山带与西伯利亚克拉通相接，经历了古生代和中—新生代两个不同构造体系的演化阶段，形成了两种类型的增生杂岩体系，前者经历了俯冲-碰撞过程，后者经历了俯冲过程。因此，大兴安岭地区记录了古生代古亚洲洋消亡过程中中蒙古—南蒙古—中国东北地区一系列洋底高原、洋岛、海山、微地块、岩浆弧等地质单元增生-碰撞的历史，以及中—新生代蒙古-鄂霍次克洋与古太平洋俯冲相关的弧构造岩浆作用叠加和盆岭体系改造过程。

本书将大兴安岭地区构造单元划分为3个一级单元、9个二级单元、20个三级单元和120个四级单元。一级单元包括天山-兴蒙造山带、索伦-西拉木伦对接带和华北北缘造山带。二级单元包括Ⅰ-1额尔古纳-兴华联合地块、Ⅰ-2头道桥-新林结合带、Ⅰ-3大兴安岭弧盆系、Ⅰ-4贺根山-大石寨结合带、Ⅰ-5宝力道-锡林浩特弧盆系、Ⅰ-6突泉-黑河结合带、Ⅰ-7松嫩-张广才岭联合地块、Ⅱ-1西拉木伦结合带、Ⅲ-1白乃庙-翁牛特弧盆系。

三级单元包括Ⅰ-1-1额尔古纳地块、Ⅰ-1-2海拉尔-盘古俯冲增生杂岩带、Ⅰ-1-3兴华地块、Ⅰ-2-1头道桥-新林俯冲增生杂岩带、Ⅰ-3-1兴安地块、Ⅰ-3-2伊尔施-三卡俯冲增生杂岩带、Ⅰ-3-3东乌旗-多宝山岛弧带、Ⅰ-4-1朝克乌拉-呼和哈达俯冲增生杂岩带、Ⅰ-4-2西乌旗岛弧带、Ⅰ-4-3白音高勒-科右前旗俯冲增生杂岩带、Ⅰ-5-1锡林浩特岛弧带、Ⅰ-6-1突泉-黑河俯冲增生杂岩带、Ⅰ-7-1松嫩地块、Ⅱ-1-1巴彦锡勒-牤牛海俯冲增生杂岩带、Ⅱ-1-2乌尔吉-夏营子岛弧带、Ⅱ-1-3白音昆地-乌兰达坝俯冲增生杂岩带、Ⅱ-1-4林西-扎鲁特残余盆地、Ⅱ-1-5巴林左旗-天山镇岛弧带、Ⅱ-1-6柯单山-西拉木伦俯冲增生杂岩带、Ⅲ-1-1翁牛特岛弧带。具体划分见图1-1。

第一节 天山-兴蒙造山带(Ⅰ)

传统意义上的兴蒙造山带是指索伦-贺根山-黑河构造带与白云鄂博-赤峰-开源构造带之间的海西期—印支期造山带，南、北分别与华北克拉通及西伯利亚克拉通南缘的阿尔泰-蒙古-北兴安早古生代造山带相接，包括了额尔古纳河以南的黑龙江、吉林和内蒙古东部地区（葛肖虹和马文璞，2014）。本书为了强调代表古洋盆最终消亡的对接带及其南、北两侧洋-陆过渡区的持续增生造山带等一级构造单元，将兴蒙造山带的北界北移至西伯利亚克拉通南缘，而将它的南界移至巴彦希勒-牤牛海构造带与南侧的索伦-西拉木伦对接带相接，代表了古亚洲洋向北俯冲、西伯利亚陆缘南向增生的造山带。并在此基础上，将它划分为西侧的额尔古纳-兴华联合地块（Ⅰ-1）、大兴安岭弧盆系（Ⅰ-3）、宝力道-锡林浩特弧盆系（Ⅰ-5）及其相间的头道桥-新林结合带（Ⅰ-2）和贺根山-大石寨结合带（Ⅰ-4），以及东侧的突泉-黑河结合带（Ⅰ-6）和松嫩-张广才岭联合地块（Ⅰ-7）。

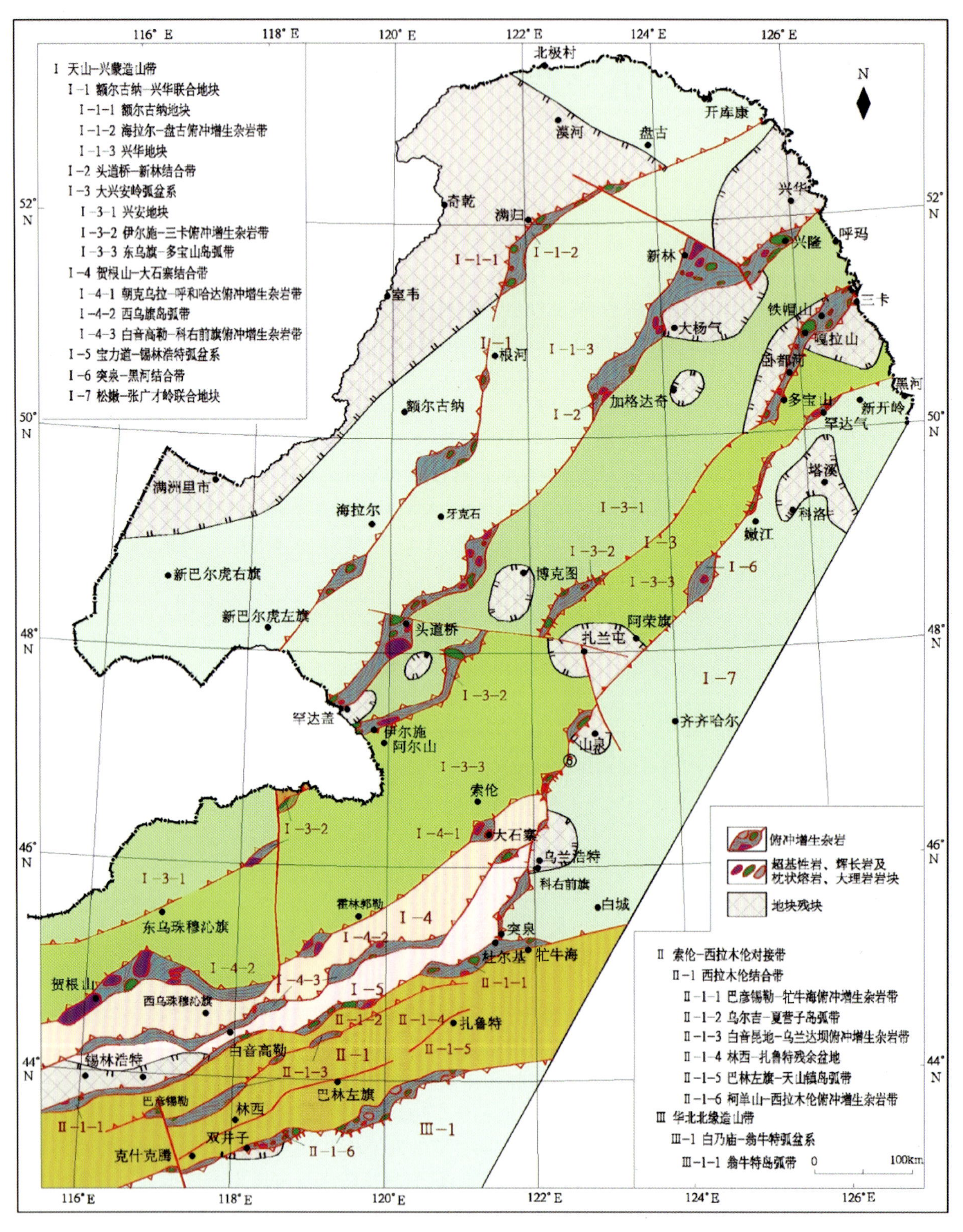

图 1-1 大兴安岭地区构造单元划分图

一、额尔古纳-兴华联合地块(Ⅰ-1)

额尔古纳-兴华联合地块位于大兴安岭西北部，呈北东向展布，北接蒙古-鄂霍茨克造山带，南以头道桥-新林构造带为界毗邻大兴安岭弧盆系，包括漠河县、阿龙山、莫尔道嘎、满洲里市、新巴尔虎左旗、新巴尔虎右旗、额尔古纳市、牙克石市、根河市、库伦尔、呼中、塔河等地，延长近千千米。它的北侧边界沿蒙古-鄂霍茨克造山带的图库林格纳断裂带发育超基性岩及蓝片岩，南侧边界在头道桥、吉峰、塔源、兴隆等地也发育超基性岩及蓝片岩。该地块在我国被称为额尔古纳地块或额尔古纳-兴华联合地块，区域资料显示它与西侧的中蒙古地块和图瓦-蒙古地块具有亲缘性(Ivanov et al.，2014)，可能为它的东延部分，它们一起于早古生代时期与西伯利亚克拉通南缘碰撞拼合成为一个整体(李锦轶，1998；Sorokin et al.，2004；Ge et al.，2005)。

该地块以发生角闪岩相—绿片岩相变质作用的古元古界兴华渡口岩群及古元古代变质深成岩为基底，基底被新元古代及早寒武世侵入岩强烈吞蚀，呈残块状，围绕这些基底残块侧向增生新元古界佳疙瘩组和额尔古纳河组，上叠发生低绿片岩相变质作用的古生代岛弧火山-碎屑沉积岩，并被大面积的中生代火山岩和新生代河湖相沉积覆盖，中生代受蒙古-鄂霍茨克洋南向俯冲影响，侵入岩浆作用强烈。变质基底的表壳岩包括古元古界兴华渡口岩群斜长角闪岩、黑云斜长片麻岩、变粒岩、浅粒岩、大理岩和少量磁铁石英岩等，在漠河地区发现石墨片岩、石墨大理岩、含石墨石榴二云母石英片岩、夕线石石墨大理岩夹石墨矿等组成的孔兹岩系。变质深成岩主要有古元古代花岗片麻杂岩等，在十七站一带出露较好，在早古生代侵入岩中以残留体形式存在，包括查拉班河表壳岩与十七站古元古代变质深成岩。

新元古代—早寒武世侵入岩包括二长花岗岩-正长花岗岩-石英二长闪长岩、辉长岩-闪长岩等，还发育新元古界佳疙瘩组、额尔古纳河组陆缘碎屑岩-碳酸盐岩夹中性火山岩组合，含新元古代晚期微古植物化石。新元古代变质火山岩-侵入岩构成了新元古代岛弧-岩浆岩带，同变质基底通过早寒武世末萨拉伊尔运动最终形成基底地块。古生代极浅—浅变质火山-碎屑沉积地层包括奥陶系乌宾敖包组、吉祥沟岩组、大网子岩组、黄斑脊山岩组、安娘娘桥组，志留系卧都河组，泥盆系泥鳅河组和大民山组，石炭系洪水泉组、莫尔根河组和新伊根河组等，还有中—晚寒武世二长花岗岩、晚寒武世—早奥陶世正长花岗岩-二长花岗岩-花岗闪长岩及少量辉长岩、奥陶纪辉长岩-闪长岩、晚泥盆世—石炭纪花岗闪长岩-二长花岗岩-正长花岗岩等侵入岩，组成巨型的火山-侵入岩带。其中早古生代侵入岩为高钾钙碱性—准铝质系列I、A型花岗岩，代表了碰撞后伸展环境，可能与兴安地块拼合有关，而志留纪—石炭纪的弧火山-碎屑沉积建造及泥盆纪—石炭纪花岗岩属性暗示该地块主体以岛弧岩浆活动、隆升和弧后伸展为主。区内中生代火山岩极为发育，较长火山间歇期发育河湖相碎屑沉积岩，火山活动形成的火山岩地层包括上三叠统柴河组，中侏罗统塔木兰沟组，上侏罗统满克头鄂博组和玛尼吐组，下白垩统白音高老组、梅勒图组、龙江组、光华组、甘河组等；火山间歇期发育下侏罗统红旗组、中侏罗统万宝组。此外，于中生代强烈火山活动之前在本区零星发育下三叠统老龙头组河湖相沉积，在漠河盆地发育火山类磨拉石建造，主要由上侏罗统秀峰组、二十二站组、漠河组，下白垩统开库康组、白音高老组、梅勒图组、龙江组、光华组、九峰山组、甘河组等组成。受蒙古-鄂霍茨克洋闭合影响，在漠河盆地晚侏罗世—早白垩世早期形成的碎屑岩中发育一系列近东西向的逆冲推覆构造和糜棱岩化带，并沿德尔布干断裂带发育晚侏罗世—早白垩世中基性—中酸性火山岩带。区内中生代侵入岩浆活动强烈，大体可划分为白垩纪(132～118Ma)和侏罗纪—三叠纪(220～182Ma)(Wu et al.，2011)两个阶段。新生代沉积主要分布在该构造单元南部的海拉尔盆地，缺失古近系，主体由新近纪以来的陆相河湖相、冰水混合堆积和风积等组成，间歇式发育玄武质火山活动，形成上新统五岔沟组和更新统大黑山组玄武岩。

学者们对地块上的显生宙岩浆活动进行了大量的研究，早古生代岩浆活动主要发育于寒武纪末—早奥陶世，以塔河双峰式侵入岩为代表，表明额尔古纳-兴华地块和兴安地块至少在490Ma之前已完成拼合（葛文春等，2005），而中生代强烈的岩浆作用多被认为是蒙古-鄂霍茨克洋俯冲-闭合过程的产物（Tang et al.，2016，2018；许文良等，2013）。近年来，学者们对前寒武纪地质和构造属性进行了大量的研究。诸多新太古代—元古宙岩石的报道（Wu et al.，2011；佘宏全等，2012；孙立新等，2013a；Gou et al.，2013；Tang et al.，2013；邵军等，2015；赵硕等，2016）证实了额尔古纳-兴华地块具有古老结晶基底。目前获得的新太古代—古元古代地质记录主要表现在以下几个方面：①额尔古纳-兴华地块东部十七站附近的古元古代变质岩系（1.8Ga）（孙立新等，2013a；邵军等，2015）；②佳疙瘩组中存在的大量990～760Ma及少量大于1.0Ga（2.6～1.0Ga）碎屑锆石，在兴华渡口群中获得的1.2～0.8Ga、1.8～1.5Ga和2.5～2.0Ga碎屑锆石（苗来成等，2007；Zhou et al.，2011）；③额尔古纳-兴华地块新元古代—中生代花岗质岩石Hf同位素二阶段模式年龄（T_{DM2}）的统计结果显示，地块在中—新元古代发生了显著的地壳增生作用，个别岩体负的$\varepsilon_{Hf}(t)$值及较老的Nd同位素模式年龄暗示它发育成熟的古老地壳（赵硕等，2016）。综上所述，额尔古纳-兴华地块是一个具有新太古代—古元古代结晶基底的古老块体，并可能经历了前寒武纪全球大陆构造旋回演化的整个历史。上文提及的前寒武纪地层中碎屑锆石年龄分布特征、花岗质岩石的锆石Hf同位素及全岩Nd同位素模式年龄资料显示，额尔古纳-兴华地块上广泛发育新元古代火成岩及部分中元古代地质体，此外，847～738Ma的花岗质岩体和790～738Ma的佳疙瘩组（Wu et al.，2012；Tang et al.，2013），进一步证实了额尔古纳-兴华地块上普遍存在新元古代地质体。近年来，在额尔古纳-兴华地块西北部发现大量新元古代—早古生代构造岩浆记录，对揭示块体属性、古构造格局及形成演化历史均具有重要意义。《黑龙江省区域地质志》（2020）对该阶段的构造历史进行了解析，认为：①929～880Ma的岩浆作用是新元古代早—中期Rodinia超大陆汇聚的产物；②847～738Ma的以高钾钙碱性A型花岗岩为主并伴随少量基性侵入岩的双峰式火成岩组合、以新元古界佳疙瘩组和额尔古纳河组为代表的连续的陆相—浅海相拉张断陷盆地沉积建造，是Rodinia超大陆张裂作用的产物，额尔古纳-兴华地块至少在约650Ma之前已经完成了初始裂解；③610～545Ma，额尔古纳-兴华地块受冈瓦纳大陆形成初期各块体间的汇聚影响，至少在它的北部边缘发育活动大陆边缘岩浆活动（Sorokin et al.，2004）。

关于额尔古纳-兴华联合地块的构造属性，前人通过古地磁及地质年代学等方面对比研究认为，西伯利亚克拉通与图瓦、额尔古纳和佳木斯地块在新元古代初期（1050～980Ma）都属于Rodinia超大陆的一部分（Bretshtein and Klimova，2007；Pisarevsky et al.，2008）。Wu等（2012）认为漠河地区兴华渡口岩群中变沉积岩形成于古亚洲洋向北俯冲于西伯利亚克拉通之下的大陆边缘弧后沉积盆地，并且认为从新元古代早期开始西伯利亚克拉通南缘就处于活动大陆边缘的构造背景，暗示额尔古纳地块在新元古代时期应为西伯利亚克拉通的一部分。但很多研究证实在新元古代早—中期，西伯利亚克拉通大陆边缘几乎处于一种被动陆缘的环境（Vernikovsky et al.，2003，2004；Gladkochub et al.，2006；Boisgrollier et al.，2009）。资料显示，西伯利亚和华北克拉通前寒武纪岩浆作用时间以古太古代—古元古代为主，新元古代岩浆活动很少，且两个克拉通的碎屑锆石年龄资料也显示它们缺少新元古代中晚期的岩浆活动（Yang et al.，2012），这与额尔古纳-兴华地块新元古代岩浆记录明显不同，暗示额尔古纳地块在新元古代远离西伯利亚和华北克拉通。学者们在额尔古纳地块和塔里木克拉通上发现了相同的新元古代（0.9～0.7Ga）和古元古代（1.85～1.70Ga）年龄峰值，且两者主要峰值年龄范围内碎屑和岩浆锆石的Hf同位素组成极为相似，暗示额尔古纳-兴华地块和塔里木克拉通可能经历了相似的前寒武纪构造演化历史，具有密切的构造亲缘性（赵硕等，2016）。

二、头道桥-新林结合带（Ⅰ-2）

早期地质工作者认为德尔布干断裂具有缝合带的性质，是大兴安岭北段最为重要的缝合带，相当于额尔古纳地块的东南边界。李春昱（1980）在文中陈述："展布于大兴安岭西北侧的德尔布干深断裂，沿克鲁伦河西延至蒙古中部。虽为广泛分布的侏罗系—白垩系掩盖，但在蒙古则已经确定它是一条古生代早期的板块俯冲带。深断裂西北侧的基底由新元古界和下寒武统的变质岩构成，其上为泥盆系不整合覆盖。这条深断裂是代表板块俯冲带还是转换断层，抑或兼而有之，尚待进一步研究"。《内蒙古自治区区域地质志》（1991）认为德尔布干断裂形成起始于新元古代，具有继承性和长期活动特点，代表额尔古纳地块的东界，该条断裂带在内蒙古境内发现蛇绿岩套，指示断裂带南东侧的新元古代洋壳沿断裂带向北发生了俯冲、消减，在北西侧的额尔古纳河流域形成了岛弧型火山岩建造。而《黑龙江省区域地质志》（1993）认为该断裂在黑龙江境内形成于海西期，于早燕山期复活，自晚燕山期以来逐渐稳定。李锦轶（1998）认为该断裂带所在区域相当于额尔古纳与布列亚-佳木斯复合地块之间的造山带。最新的研究表明，德尔布干断裂是位于额尔古纳地块上的一条在中侏罗世—早白垩世长期活动的北东向大型走滑变形带（郑常青等，2009；刘财等，2011；孙晓猛等，2011；张丽等，2013；郑涵等，2015），并不具有缝合带的性质，不应作为额尔古纳地块的东界。

在对德尔布干断裂性质深入研究的同时，部分地质工作者开始关注位于德尔布干断裂东部的新林-喜桂图断裂。新林-喜桂图断裂在内蒙古自治区被称为头道桥-鄂伦春自治旗深断裂，自蒙古国延入内蒙古自治区，向北东经头道桥、伊列克得、鄂伦春自治旗，向北东延入黑龙江省，形成于泥盆纪—石炭纪（《内蒙古自治区区域地质志》，1991）。该断裂在黑龙江省内则被称为兴华-塔源断裂，经塔源、兴华，向北东延入俄罗斯境内，呈北东向展布，是一条形成于中—晚寒武世的岩石圈断裂（《黑龙江省区域地质志》，1993）。

20世纪70年代末期，国内学者开始关注沿新林—喜桂图一线分布的蓝片岩及蛇绿岩的属性问题。然而，对新林蛇绿岩的形成时代及新林对接带的演化了解不够。该带总体呈北东走向，它的活动历史包括新元古代—早寒武世、奥陶纪—志留纪、石炭纪—二叠纪等时期。中—新元古代发育多岛弧盆系，新元古代拉张形成小洋盆（新林蛇绿岩），并形成与俯冲相关的超镁铁质—镁铁质岩、富铌玄武岩、高镁闪长岩等蛇绿混杂岩组合；靠近陆缘发育活动陆缘碎屑岩-钙碱性弧火山岩沉积，于晚新元古代—早寒武世兴凯运动闭合；奥陶纪—志留纪发育含蛇绿岩碎片的弧前或海沟斜坡盆地浊积岩、岛弧TTG花岗岩，在头道桥—乌努尔一带奥陶纪—志留纪地层中发现青铝闪石，还发育SSZ型蛇绿混杂岩和放射虫硅质岩；石炭纪—二叠纪，塔源发育早石炭世与俯冲相关的超镁铁质—镁铁质岩（角闪橄榄岩、辉长岩），富林一带发育晚石炭世后碰撞花岗闪长岩-二长花岗岩组合。

李瑞山（1991）在新林超基性岩中获得金云母K-Ar单矿物年龄539Ma，佘宏全等（2011）在嘎仙辉石岩中获得锆石SHRIMP U-Pb年代为（628±10）Ma，冯志强等（2019）获得新林、嘎仙与吉峰蛇绿混杂岩年龄分别为539～510Ma、630Ma、（637±5）Ma，反映新元古代期间额尔古纳地块与兴安地块存在洋盆（新林-喜桂图洋）。Zhou等（2015）在伊敏头道桥识别出蓝片岩，它的原岩具有N-MORB和OIB玄武岩性质，原岩形成时代为511Ma（LA-ICP-MS），侵入其中的花岗质脉岩年龄为492Ma，由此限定了蓝片岩就位时代为511～490Ma。隋振民等（2006）和葛文春等（2007）在塔源地区发现大量寒武纪末—中奥陶世（500～460Ma）后造山花岗岩，暗示额尔古纳-兴华地块和兴安地块北侧在511Ma前后已经发生了碰撞拼合。

综上所述，头道桥-新林结合带北起塔河，经新林、吉峰、乌奴耳至头道桥地区，再往西南延入蒙古国境内与中蒙古构造带相接，呈北东向展布，延伸约800km，宽10～40km，是大兴安岭弧盆系和额尔古纳-兴华地块之间的碰撞带。该带在吉峰以北地区呈现寒武纪—奥陶纪发生碰撞的特征，在700～630Ma

时期兴安地块和额尔古纳-兴华地块之间可能已经发育成熟的洋壳，即额尔古纳-兴华地块可能至少在650Ma之前已经与它的母体完成了初始裂解，这与多数学者认为的Rodinia超大陆的完全裂解出现在700Ma前后的观点基本一致(张文治，1996；陆松年，1998；王江海，1998；徐备，2001)，在寒武纪末—中奥陶世(500～460Ma)两地块已经发生了碰撞拼合(隋振民等，2006；葛文春等，2007)。此外，Wu等(2011)获得塔源辉长岩的锆石LA-ICP-MS U－Pb年龄(属石炭纪)，冯志强等(2014)获得塔源镇旁辉长岩锆石LA-ICP-MS U－Pb年龄为(333±2.6)Ma，周长勇等(2005)获得塔源地区蛇绿岩的塔源辉长岩锆石LA-ICP-MS U－Pb年龄为(325±4)Ma、塔河辉长岩锆石LA-ICP-MS U－Pb年龄为(333±8)Ma，并发现红水泉组浅海相碎屑岩强烈变形并推覆于倭勒根岩群之上，显示该带在早石炭世末也有明显的活动。

三、大兴安岭弧盆系(Ⅰ－3)

大兴安岭弧盆系是指头道桥-新林结合带与贺根山-大石寨结合带之间的微地块、岛弧带及它们之间的俯冲增生杂岩带。

传统的兴安地块与现划的大兴安岭弧盆系展布基本一致，主体呈北东向分布在大兴安岭中北部，其西北以头道桥-新林构造带为界与额尔古纳-兴华地块相接，南东以贺根山-黑河构造带为界与锡林浩特岩浆弧相接，其内部分布有位于地块西北部的加格达奇前寒武纪基底出露区、中南部的罕达盖前寒武纪基底出露区、东南部的扎兰屯基底出露区，以及位于地块东北部的多宝山早古生代岛弧、中部的牙克石-扎兰屯早古生代岛弧和西南部的东乌旗岛弧，地块内普遍发育泥盆纪—石炭纪岛弧岩浆活动，中生代侵入-火山岩浆活动强烈。近年来，大比例尺区域地质调查不断展开，在多宝山岛弧和加格达奇基底残块区之间、扎兰屯岛弧和博克图-罕达盖基底残块区之间、东乌旗岛弧和东乌旗岛弧北部之间识别出多处构造混杂岩，本书称其为伊尔施-三卡俯冲增生杂岩带，并基于此构造带的划分，将传统兴安地块的属性厘定为大兴安岭弧盆系，且进一步将俯冲增生杂岩带北西侧有大量前寒武纪基底出露的地区划归为兴安地块(与传统的兴安地块分布不一致)，将该俯冲增生杂岩带与贺根山-大石寨构造带之间的部分划归为多宝山-东乌旗岛弧带。

该构造单元可进一步划分出兴安地块、伊尔施-三卡俯冲增生杂岩带、东乌旗-多宝山岛弧带。

(一)兴安地块(Ⅰ－3－1)

该地块位于大兴安岭中北部并延伸至大兴安岭西南部，北起呼玛、加格达奇，经伊利克得、博克图，在罕达盖地区向西南延伸出国，再向南进入我国乌兰查布地区，夹持于头道桥-新林构造带与伊尔施-三卡构造带之间，整体呈北东向带状。该地块前寒武纪基底较为发育，主要出露在地块北侧的加格达奇地区和地块中南部的博克图—罕达盖地区，其中加格达奇地区表现为古元古界兴华渡口岩群和新元古界铁帽山组，博克图—罕达盖地区表现为中元古代英云二长闪长岩和新元古界铁帽山组。地块内古元古界兴华渡口岩群的岩石类型与额尔古纳-兴华地块基本相似，新元古界铁帽山组主要包括黑云斜长片麻岩、变粒岩、斜长角闪岩、大理岩等。奥陶纪时期，在上两个基底出露区周边或内部发生岛弧侵入-火山活动，形成大面积的下奥陶统多宝山组和大乌苏岩组岛弧火山沉积建造及石英闪长岩、花岗闪长岩、二长花岗岩等GG岩石组合，并伴有弧前、弧间和弧后沉积建造，包括下奥陶统房建岩组、中—下奥陶统铜山组、上奥陶统裸河组和爱辉组等，反映该时期古亚洲洋向兴安地块之下存在北西向俯冲作用，此次俯冲作用的时限在地块东北部早可延伸至早寒武世，晚可延伸至早志留世，表现为早寒武世花岗闪长岩和二长花岗岩、早志留世石英闪长岩。志留纪晚期—早泥盆世，额尔古纳-兴华地块、兴安地块和东乌旗-多宝山岛弧带已完成拼合，整体稳定抬升，在地块之上发育残留海盆浅海相沉积，包括黄花沟组、八十里小河组、卧都河组和泥鳅河组，在地块的西南部该稳定的残留海盆-海陆交互相沉积主体发育在中—晚泥盆世，形成塔尔巴格特组和安格尔音乌拉组。晚泥盆世—石炭纪，局部地区可延伸至早二叠世，拼合后的块体整体再次遭受古亚洲洋北西向强烈俯冲作用，岛弧侵入岩浆活动发育，形成石英闪长岩、花岗闪长岩、二长花岗岩、正长花岗岩等GG岩石组合。中生代陆相火山盆地叠加强烈，主要表现为中侏罗世—早白垩世强烈火山活动，在地块北侧的呼玛地区还零星发育早三叠世陆相山间盆地沉积；中生代强烈的侵入岩浆活动发育于地块北部的加格达奇—诺敏—河源地区和南部的塔尔干敖包—巴润萨地区，其中加格达奇—诺敏—河源地区延续时间长，由晚三叠世延至早白垩世，岩石类型多样，包括花岗闪长岩、二长花岗岩、正长花岗岩及花岗斑岩等，以上中生代侵入-火山活动整体反映了蒙古-鄂霍茨克洋三叠纪—早白垩世南向俯冲至闭合过程中的陆缘远程效应。晚新生代发育陆内断陷盆地，局部出露上新世和晚更新世玄武岩台地。

（二）伊尔施-三卡俯冲增生杂岩带（Ⅰ-3-2）

该俯冲增生杂岩带位于兴安地块东南侧，呈北东—北北东向展布，北起呼玛—黑河之间的三卡、零点、铁帽山地区，向南经嘎啦山、卧都河、多宝山西，穿过大杨树盆地，至盆地南侧的腰站、巴林地区，而后向西至绰源地区，转而向南经绰尔、伊尔施，延伸进入蒙古国，并在乌兰查布东侧进入我国，再经额仁高比、罕敖包地区至大兴安岭西南的塔沙图地区，延伸约1000余千米，宽20～30km。它的主体以强烈变形的奥陶纪细碎屑岩为基质，内含大量超基性岩、辉长岩、辉绿岩、玄武岩、大理岩、硅质岩岩块。该带两侧分别为兴安地块和东乌旗-多宝山岛弧带，两个单元靠近构造带地区均发育奥陶纪前弧盆地沉积建造，由中—下奥陶统铜山组和上奥陶统裸河组组成，以海相陆缘细碎屑建造夹凝灰质碎屑岩建造为特征，由构造带向兴安地块和东乌旗-多宝山岛弧带内部延伸发育奥陶纪弧侵入岩和弧火山岩，暗示伊尔施-三卡俯冲增生杂岩带为兴安地块和东乌旗-多宝山岛弧带之间古洋盆的洋壳在奥陶纪向两侧俯冲直至拼合的产物。

（三）东乌旗-多宝山岛弧带（Ⅰ-3-3）

东乌旗-多宝山岛弧带呈北东向带状展布，北起大兴安岭东北部的大新屯、多博山、星火等地，经大兴安岭中部东侧的阿荣旗、扎兰屯，向西南经门德沟、阿尔山、霍林郭勒，至大兴安岭西南侧的乌拉盖、东乌旗等地，在二连北侧延伸出国，与蒙古国南部的Mandalovoo和Gurvansayhan地体相连，它的北西侧以伊尔施-三卡俯冲增生杂岩带为界与本次厘定的兴安地块相接，东侧以突泉-黑河俯冲增生杂岩带为界与松嫩-张广才岭联合地块相接，南接贺根山-大石寨结合带。它由北向南大体由多宝山岛弧、扎兰屯岛弧、阿尔山岛弧和东乌旗岛弧四大岛弧组成，在多宝山岛弧和扎兰屯岛弧地区零星发育前寒武纪基底地质体。这四大岛弧具有同步演化特征，总体上呈现奥陶纪和泥盆纪—石炭纪两期强烈的岛弧岩浆活动。该岛弧带与周边地块、弧盆系的拼接时限存在较大的不一致性。与北西侧兴安地块的拼合主要发生于早—中奥陶世，受二者之间洋盆的南东向俯冲，在岛弧带内部形成大量的奥陶纪岛弧火山岩及GG花岗岩；与东侧松嫩地块和南侧宝力道-锡林浩特弧盆系的拼接始于晚泥盆世并于石炭纪达到顶峰，局部地区可延伸至早二叠世，受东乌旗-多宝山岛弧带、松嫩-张广才岭联合地块和宝力道-锡林浩特弧盆系之间洋盆的北西向俯冲作用，在岛弧带内部发育大量泥盆纪—石炭纪岛弧火山-侵入岩浆岩及早—中二叠世后造山双峰式侵入岩。

四、贺根山-大石寨结合带（Ⅰ-4）

贺根山-大石寨结合带位于大兴安岭中部，为北侧大兴安岭弧盆系与南侧宝力道-锡林浩特弧盆系拼合形成的构造结合带，是古亚洲洋北侧一个大型的分支洋盆闭合的产物。该结合带西起贺根山、西乌旗，经霍林郭勒，至乌兰浩特西侧大石寨地区，延伸长度约800km，宽50～100km。它的主体有3个三级构造单元，包括南、北两侧的Ⅰ-4-1朝克乌拉-呼和哈达俯冲增生杂岩带和Ⅰ-4-3白音高勒-科右前旗俯冲增生杂岩带及二者所夹持的Ⅰ-4-2西乌旗岛弧带。

（一）朝克乌拉-呼和哈达俯冲增生杂岩带（Ⅰ-4-1）

该俯冲增生杂岩带与传统的贺根山-黑河构造带南段（贺根山-大石寨段）的位置大体一致，整体呈北东东向展布，它西起贺根山、德林阿木，向东经巴彦花、花敖包特，至大石寨地区。该带向西与二连-贺根山构造带相连，东侧在宝力根花北截止于突泉-黑河俯冲增生杂岩带，延伸600余千米，宽20～30km。前人认为该带属黑河-贺根山构造带的一部分，即该带在大石寨转向东北，经蘑菇气、扎兰屯、尼尔基等地与大兴安岭东北部的嫩江-黑河-谢列姆扎河构造带相连。本书认为，朝克乌拉-呼和哈达俯冲增生杂岩带与途经扎赉特旗、蘑菇气、扎兰屯、嫩江、黑河等地的突泉-黑河构造带分属两条构造带，理由如下：本条俯冲增生杂岩带为洋片向北俯冲于北部大兴安岭弧盆系的产物，属大兴安岭弧盆系和宝力道-锡林浩特弧盆系结合带的重要组成部分，所呈现的俯冲作用于早—中泥盆世或早古生代开始，于晚泥盆世—早石炭世到达顶峰，并于早石炭世末或晚石炭世初南、北弧盆系发生拼合，形成晚石炭世海陆交互相磨拉石建造和后造山花岗岩带；而突泉-黑河构造带为大兴安岭弧盆系和松嫩地块之间的碰撞拼合带，具有双向俯冲特征，在该带两侧的扎兰屯-多宝山岛弧和松嫩地块西缘均发育泥盆纪—石炭纪岛弧岩浆岩，这些弧岩浆岩显示大兴安岭弧盆系和松嫩地块之间的洋壳俯冲于早—中泥盆世开始，于晚泥盆世—早石炭世到达顶峰，于晚石炭世—早二叠世持续俯冲，于早二叠世末—中二叠世形成残留海盆浅海相沉积并伴有后造山花岗岩侵位。朝克乌拉-呼和哈达俯冲增生杂岩带主体以强烈变形的泥盆纪—石炭纪细碎屑岩为基质，内含大量超基性岩、辉长岩、辉绿岩、玄武岩、大理岩、硅质岩等岩块。该带北侧的东乌旗岛弧前缘发育石炭纪前弧盆地沉积建造，由下石炭统下部本巴图组组成，主体由细碎屑半深海相建造夹中性火山岩建造组成，并在东乌旗岛弧内发育大量的晚泥盆世—石炭纪弧岩浆岩。

（二）西乌旗岛弧带（Ⅰ-4-2）

西乌旗岛弧带呈北东东—近东西向带状展布，夹持于朝克乌拉-呼和哈达俯冲增生杂岩带和白音高勒-科右前旗俯冲增生杂岩带之间，它西起西乌旗，经罕乌拉至科右前旗北的归流河地区。该岛弧带中部被霍林郭勒南部中生代盆地覆盖，东、西两侧分布两个岛弧，分别为归流河-阿力得尔岛弧和西乌旗岛弧。两个岛弧具有协同演化特征，均缺乏前寒武纪基底和早古生代地质体，晚古生代的岛弧活动始于晚泥盆世，个别地区出露该期弧岩浆岩，强烈的弧岩浆活动发生在晚石炭世—早二叠世，早二叠世末西乌旗岛弧带与宝力道-锡林浩特弧盆系沿白音高勒-科右前旗俯冲增生杂岩带发生拼合，中二叠世早期拼合后整体受到南侧古亚洲洋持续向北作用，弧内局部地区发育浅海相弧间盆地沉积建造，中二叠世末—晚二叠世古亚洲洋主体闭合，在归流河-阿力得尔岛弧发育弧后前陆盆地建造。

（三）白音高勒-科右前旗俯冲增生杂岩带（Ⅰ-4-3）

该俯冲增生杂岩带西起拉敏乌苏、西乌旗南部的巴彦查干地区，经霍林郭勒南部的北萨拉嘎查、乌兰哈达，向北东至科尔沁右翼前旗，向东截止于突泉-黑河构造带，延伸600余千米，宽0～4km。该带为本次工作新厘定的俯冲增生杂岩带，是贺根山-大石寨结合带的一部分，属于锡林浩特岛弧带的北缘增生带。该带主体以强烈变形的上石炭统—下二叠统细碎屑岩为基质，内含辉长岩、辉绿岩、辉长闪长岩、闪长岩、玄武岩、高镁安山岩、大理岩、硅质岩等岩块。前人在该带岩块中获得了大量的锆石U-Pb年龄，暗示在该带西段（西乌旗东俯冲增生杂岩）的俯冲起始时间至少发生在晚泥盆世末—早石炭世初，东段（科尔沁右翼前旗俯冲增生杂岩）的俯冲起始时间至少发生在早石炭世，晚石炭世期间俯冲增生普遍发育，至早二叠世到达顶峰，并于早二叠世末发生弧-弧碰撞作用，使得中二叠世残留海盆沉积建造不整合于俯冲增生杂岩之上。

五、宝力道-锡林浩特弧盆系（Ⅰ-5）

传统的锡林浩特岩浆弧呈北东东向展布，分布在大兴安岭中南部，向西与宝力道岛弧带相连，其北以贺根山-扎兰屯-黑河构造带为界与传统的额尔古纳-兴安地块相接，南以锡林浩特-突泉构造带为界与索伦-林西缝合带相接，内部分布有位于岩浆弧西侧的锡林浩特基底出露区或称为锡林浩特地块，中部被中生代霍林郭勒火山盆地覆盖，东部为突泉岛弧带。近年来，随着区域地质调查的深入，在锡林浩特岩浆弧中解体出多处俯冲增生杂岩和岛弧地质体，因此本次将它厘定为宝力道-锡林浩特弧盆系。该弧盆系夹持于贺根山-大石寨结合带和西拉木伦结合带北侧的巴彦锡勒-牤牛海俯冲增生杂岩带之间，主要由锡林浩特岛弧带构成。该带西起锡林浩特，经萨如勒、图布钦、太和，东至科右前旗地区，东侧被突泉-黑河构造带所截，整体呈北东东向带状展布。岛弧带整体以发育晚石炭世—早二叠世岛弧岩浆活动为特征，由北向南岩浆活动年龄具有变年轻趋势，体现了古亚洲洋（索伦洋）洋片向北持续俯冲并逐渐后撤（向南）特征，该弧盆系的俯冲极性为由南向北。岛弧带中部被图布钦中生代盆地隆起所覆盖，东部为永安-太和断陷盆地，二者之间为巴雅尔图胡硕二叠纪岛弧，西侧为锡林浩特岩浆弧。在锡林浩特岩浆弧地区出露前寒武纪基底，主要为古元古界锡林浩特岩群，近年来在其中获得了大量的中新元古代岩石记录。此岛弧还发育早古生代岛弧岩浆活动，从晚石炭世开始，它与东侧的巴雅尔图胡硕岛弧共同受到来自南侧的古亚洲洋板片俯冲作用，并于早二叠世俯冲作用到达顶峰，于中二叠世其南侧的古亚洲洋逐渐消亡，锡林浩特岩浆弧和巴雅尔图胡硕岛弧与南侧的乌尔吉-夏营子岩浆带闭合，之后发育上二叠统林西组前陆盆地沉积建造。

六、突泉-黑河结合带（Ⅰ-6）

突泉-黑河结合带是大兴安岭弧盆系与松嫩地块之间的一条重要蛇绿混杂岩带。前人称该带是黑河-嫩江-扎兰屯缝合带，但关于它向南延至白城地区，还是向西南延至二连-贺根山一带，存在不同的意见（李锦轶等，2009；葛肖虹等，2009）。本书将它厘定为向南经乌兰浩特延伸至突泉地区。原因如下：①根据区域 1∶100 万航磁 ΔT 异常等值线平面图，该带显示为一条北北东—北东向航磁线性特征线；②在大兴安岭重力梯度带也存在一条明显的异常带，在黑河—嫩江—乌兰浩特—突泉地区连续分布，再向南该异常带向西稍有偏转，且在偏转位置上明显看到它被北东东向异常带所截（张兴洲等，2012）；③在形成时代上，该缝合带的形成主要发生在早二叠世，北段略早，时限可能为晚石炭世，而与它相接的贺根山-大石寨结合带的形成发生在石炭纪和晚石炭世—早二叠世，南侧截断突泉-黑河构造带的西拉木伦结合带的形成时限为中二叠世初期；④俯冲方向上，突泉-黑河构造带揭示了大兴安岭弧盆系和松嫩地块之间的大洋在早古生代（主要为奥陶纪）呈现向西俯冲的特征；在其西侧的多宝山岛弧和扎兰屯岛弧发育大量的岛弧岩浆岩，志留纪期间存在俯冲间歇，在两个岛弧上发育残留海盆或类磨拉石建造，晚志留世—早泥盆世沉积与奥陶纪地质体呈角度不整合接触，从中晚泥盆世开始，洋片具有双俯冲特征，在两侧的弧盆系和地块上均发生岛弧或陆缘弧岩浆作用，而该构造带所截的朝克乌拉-呼和哈达俯冲增生杂岩带、白音高勒-科右前旗俯冲增生杂岩带和巴彦锡勒-牤牛海俯冲增生杂岩带均显示向北俯冲的特征。

七、松嫩-张广才岭联合地块(Ⅰ-7)

松嫩-张广才岭联合地块位于兴蒙造山带东部,西侧以突泉-黑河构造带为界与大兴安岭弧盆系、贺根山-大石寨结合带和宝力道-锡林浩特弧盆系相接,相接地构造单元主要包括多宝山岛弧、扎兰屯岛弧、归流河-阿力得尔火山弧、锡林浩特岛弧带等,东以牡丹江构造带为界与佳木斯地块拼贴,北接蒙古-鄂霍茨克中生代造山带,南边以吉中造山带与华北板块北侧的弧盆系相隔。它的主体包括北侧的小兴安岭地块、东侧的张广才岭地块和松辽盆地北侧覆盖区(松嫩地块),本区主要涉及松嫩地块西部。

松嫩地块西部发育前寒武纪基底,未发现早古生代岛弧岩浆活动,晚古生代受它与大兴安岭弧盆系之间的大洋板片俯冲作用影响,发育晚泥盆世—早二叠世岛弧岩浆活动,该洋盆于早二叠世中期闭合,中二叠世发育后造山花岗岩和浅海相残留海盆沉积。本区晚古生代演化具有活动陆缘带的特征,具有金、银、铜等成矿潜力。

第二节　索伦-西拉木伦对接带(Ⅱ)

索伦-西拉林伦对接带位于巴彦锡勒-牤牛海构造带与柯单山-西拉木伦构造带及其之间的区域,两带在研究区西侧收敛于索伦山地区,是古亚洲洋最终闭合形成的板块对接带。该对接带由西向东从索伦山、苏尼特右旗地区,通过浑善达克沙地至大兴安岭南部的克什克腾旗、林西、巴林左旗、扎鲁特旗地区,东侧以嫩江-八里罕断裂为界,被松辽盆地覆盖,整体呈近东西向带状展布,本区延伸600余千米,宽100余千米。该区以大面积发育增生杂岩、二叠纪地层和侵入岩为特征,并出露少量早古生代变质岩,周围被深断裂围限。该区的地质特征暗示了古亚洲洋(索伦洋)经历了奥陶纪—中二叠世的长期俯冲增生过程,并于中二叠世晚期最终闭合,晚二叠世发育前陆盆地、早—中三叠世隆起造山,并发育山前类磨拉石建造,晚三叠世转化为伸展拉张体制。

索伦-西拉木伦对接带的二级构造单元是指Ⅱ-1西拉木伦结合带,进一步划分出6个三级构造单元,分别为:北侧的Ⅱ-1-1巴彦锡勒-牤牛海俯冲增生杂岩带和南侧的Ⅱ-1-6柯单山-西拉木伦俯冲增生杂岩带,为古亚洲洋向北和向南俯冲的产物;北侧的Ⅱ-1-2乌尔吉-夏营子岛弧带和南侧的Ⅱ-1-5巴林左旗-天山镇岛弧带,以及二者之间的Ⅱ-1-4林西-扎鲁特残余盆地;在Ⅱ-1-2乌尔吉-夏营子岛弧带和Ⅱ-1-4林西-扎鲁特残余盆地之间还发育一条Ⅱ-1-3白音昆地-乌兰达坝俯冲增生杂岩带。其中Ⅱ-1-4林西-扎鲁特残余盆地中可见若干蛇绿混杂岩作为盆地的基底产出,包括林西八楞山和巴林左旗地区,其两侧的岛弧带规模较小,并具有洋内弧特征,本书将林西-扎鲁特残余盆地所在地区厘定为古亚洲洋的最终关闭位置。

(一)巴彦锡勒-牤牛海俯冲增生杂岩带(Ⅱ-1-1)

该俯冲增生杂岩带西起索伦山-苏左旗南侧二道井,经巴尔当、白音查干、巴彦温都尔,东至黄合吐(好老鹿场)及突泉南部的牤牛海地区,东部被嫩江-八里罕断裂带截切,并可能隐伏于松辽盆地中生代—新生代沉积岩系之下,作为索伦-西拉木伦对接带的北部边界与其北侧的天山-兴蒙造山带相接。前人对其西段的索伦山—满都拉地区进行了大量调查,杂岩带主要由索伦敖包、阿布盖和乌珠尔等岩片组成,呈东西走向,南北宽约6km,东西长大于60km,在区域上构成显著的构造混杂带,其南侧与本巴图组呈断层接触,局部呈"飞来峰"形式推覆于本巴图组之上,北侧与中二叠统哲斯组呈断裂接触。带内的构造混杂岩块类型复杂，由断续分布的、大小不等的、形态各异的超基性岩、辉绿岩、辉长岩和枕状玄武岩组成，岩块之间均呈断层或与围岩呈断层接触，产出状态和构造特征均表明它们是俯冲残留的古洋壳碎块，基质为硅质岩和细碎屑岩。索伦山蛇绿混杂岩带的蛇绿岩组合中辉长岩锆石 U - Pb 年龄为 386Ma，胡吉尔特玄武岩年龄为 285Ma，并被 280Ma 的英云闪长岩侵位，说明早二叠世之前就已经开始了大量洋壳的俯冲就位。构造带内发育蛇绿岩，蛇绿岩中超基性岩形成时代有泥盆纪、石炭纪和早二叠世；构造带内发育泥盆纪、石炭纪及早二叠世俯冲增生楔，其中最新蛇绿岩时代为早二叠世，推测最终缝合时期为中二叠世。

（二）乌尔吉-夏营子岛弧带（Ⅱ - 1 - 2）

乌尔吉-夏营子岛弧带分布于巴彦锡勒-牤牛海俯冲增生杂岩带和白音昆地-乌兰达坝俯冲增生杂岩带之间，呈透镜状北东东向展布，为古亚洲洋向北俯冲与宝力道-锡林浩特弧盆系之间的一个岛弧带。该岛弧带零星发育古元古界锡林浩特岩群，晚石炭世—中二叠世弧岩浆活动较为强烈，发育早—中二叠世弧间盆地。受古亚洲洋最终闭合影响，在岛弧带的局部地区上叠晚二叠世前陆盆地沉积建造。岛弧带内发育北东东向断层带，错断或改造晚石炭世—中二叠世地质体及古元古代基底地质体。此外，岛弧带内还发育早三叠世花岗闪长岩和二长花岗岩等同碰撞-后碰撞花岗岩，局部地区还发育小型的早白垩世火山盆地和花岗岩岩株。

（三）白音昆地-乌兰达坝俯冲增生杂岩带（Ⅱ - 1 - 3）

该俯冲增生杂岩带西侧被浑善达克沙地覆盖，自西部的白音昆地南侧地区，经林西北侧的八楞山、五十家子、白音乌拉、四方城，在乌兰哈达北东侧与巴彦锡勒-牤牛海俯冲增生杂岩带合并，作为西拉木伦对接带北部乌尔吉-夏营子岛弧带与林西-扎鲁特残余盆地的边界，呈现向北俯冲的特征，整体呈北东东向延伸，长 300 余千米，宽约 40km。构造带的基质为下二叠统寿山沟组和哲斯组的细碎屑岩及大石寨组的粉砂岩、硅泥质岩石，韧脆性变形发育，呈千枚状，局部为片岩，其内包括硅质岩、辉绿岩、辉长岩等岩块。王荃(1986)在林西县北侧的八楞山地区识别出一套蛇绿岩，由镁铁质、超镁铁质堆积杂岩、辉绿岩墙、细碧岩、石英角斑岩等组成，基质为一套粉砂岩、板岩，整体呈复背斜特征，并认为它西延至克什克腾旗的黄岗梁地区和苏尼特左旗地区，沿线发育早二叠世晚期复理石建造。该构造带体现了古亚洲洋早—中二叠世向北俯冲，至晚二叠世早期最终闭合，晚二叠世在大洋闭合基础上发育前陆盆地沉积，与该构造带呈断层接触或角度不整合覆盖。

（四）林西-扎鲁特残余盆地（Ⅱ - 1 - 4）

该残余盆地位于白音昆地-乌兰达坝构造带和克什克腾旗-乌兰哈达构造带之间，整体呈北东东向带状展布，西侧被浑善达克沙地覆盖，东侧被嫩江-八里罕断裂截切。盆地内出露二叠纪—早三叠世地层，包括下二叠统寿山沟组海相砂岩、粉砂岩夹泥质岩沉积建造，下二叠统大石寨组中基性—中酸性火山岩夹碎屑沉积岩建造，中二叠统哲斯组碳酸盐岩夹碎屑岩沉积建造，上二叠统林西组陆相砂泥岩沉积建造，下三叠统老龙头组杂色粗碎屑岩。构造单元组合较为复杂，包括早二叠世洋内弧、中二叠世残留海盆、晚二叠世前陆盆地、早三叠世类磨拉石建造等。盆内还发育晚二叠世石英闪长岩及早三叠世花岗岩，分布在龙头山和建设屯地区。此外，在林西县附近还发现早三叠世高镁安山岩（刘建峰等，2014）。该残余盆地中部上叠晚侏罗世—早白垩世火山盆地，充填有满克头鄂博组、玛尼吐组和白音高老组陆相火山岩，以及大量的早白垩世正长花岗岩、二长花岗岩和花岗斑岩岩株。在克什克腾旗北部的早白垩世岩体规模较大，岩石组合为二长花岗岩和正长花岗岩。

（五）巴林左旗-天山镇岛弧带（Ⅱ-1-5）

巴林左旗-天山镇岛弧带分布于克什克腾旗-扎鲁特断裂带与柯单山-西拉木伦构造带之间，整体呈北东东向展布，西部收敛于克什克腾旗，向东开阔，被东侧的松辽盆地覆盖，为古亚洲洋向南俯冲形成的一个岛弧带。该岛弧以发育二叠纪弧岩浆活动为特征。受古亚洲洋最终闭合影响，在岛弧带的局部地区上叠晚二叠世前陆盆地沉积建造和早三叠世类磨拉石建造、中侏罗世—早白垩世断陷盆地，发育早白垩世花岗岩岩体。

（六）柯单山-西拉木伦俯冲增生杂岩带（Ⅱ-1-6）

该带西起索伦山，沿桑根达来镇、苏尼特左旗、克什克腾旗、西拉木伦河北新城子镇、治安镇一线近东西向展布，向东延伸到开鲁、通辽至吉中一带。除索伦山、克什克腾至海拉苏镇一带古生代地层出露较好外，其他地区多被第四系掩盖。构造带表现出对前二叠纪地层的控制，尤其是前泥盆纪及早石炭世地层。在构造带以南出露上寒武统、下泥盆统、志留系及下石炭统，而在构造带以北没有出露。构造带内出露二叠纪中深变质岩系。在克什克腾旗柯单山、林西杏树洼、阿鲁科尔沁旗双胜镇等地零星出露超基性岩和蛇绿岩。

在内蒙古东部西拉木伦河北的双井子古生代晚期增生-碰撞杂岩中发育花岗岩侵入体，它遭受了中生代强烈韧性构造变形的改造，属壳源花岗岩，可能主要来源于古生代增生-碰撞杂岩和相对古老的大陆边缘重熔，锆石 SHRIMP U-Pb 年龄分别为（229.24±4.1）Ma 和（237.54±2.7）Ma，表明该岩体是在三叠纪中期侵位的。结合区域资料推测，西伯利亚与中朝古板块之间沿西拉木伦缝合带的碰撞始于二叠纪中期（约 270Ma），于三叠纪中期结束，从三叠纪岩浆岩的露头推测，这一碰撞事件形成了从北山向东通过内蒙古南部到吉林中部的近东西走向巨型山脉，区域上晚三叠世岩浆活动形成于该山脉演化晚期的伸展构造背景，标志着该区地壳演化新阶段的开始（李锦轶等，2007）。在该带东沿的吉林中部长春—双阳—烟筒山—红旗岭一线，不仅存在头道沟-芹菜沟蛇绿岩，而且晚古生代地质体呈现构造混杂岩特征，在烟筒山发现强烈变形的硅质岩及呼兰岩群混杂岩系，后者变质作用的时代限定在 250～230Ma，因此推测缝合时代为晚二叠世—早三叠世（张春艳，2009）。

第三节 华北北缘造山带（Ⅲ）

华北北缘造山带位于华北陆块区与索伦-西拉木伦对接带之间，近东西向展布，有学者称它为包尔汉图-白乃庙-敖汉旗弧盆系，与白乃庙岛弧带的位置大体重合。该带西起包尔汉图—白云鄂博，经达茂旗、白乃庙、图林凯、翁牛特旗，东至吉林省南部的四平、伊通、桦甸地区，延伸 1300 余千米，南、北分别以白云鄂博-赤峰-开源构造带和索伦-柯单山-西拉木伦构造带为界与华北克拉通和索伦-西拉木伦对接带相接（Zhang et al.，2014）。在该带西段的包尔汉图—图林凯地区发育白乃庙群、白音都西群及寒武纪—志留纪弧侵入岩，在该带东段四平—桦甸地区发育志留纪岛弧侵入岩。本区位于华北板块北缘造山带的中段，以出露于翁牛特旗地区的古元古界宝音图群斜长角闪岩系、明安山岩群大理岩夹片岩系及解放营子新太古代石英闪长岩为基底（陈井胜等，2015；徐博文等，2015），上叠上寒武统锦山组、奥陶纪—早志留世碳酸盐岩夹绢云石英片岩和中志留统晒乌苏组等海相建造，早古生代末—三叠纪受到古亚洲洋持续南向俯冲及最终闭合影响，相继发育晚志留世—早泥盆世后碰撞岩浆活动（刘建峰等，2013；陈井胜等，2017；徐博文等，2015）、泥盆纪—二叠纪岛弧岩浆活动（Cui et al.，2017；Chen et al.，2018）和三叠纪后碰撞-后造山花岗岩（Liu et al.，2012；Cui et al.，2017），还叠加中侏罗世—早白垩世断陷火山盆地，并伴有中侏罗世—早白垩世花岗岩侵位。

在研究区西侧的索伦山-温都尔庙和苏尼特右旗地区发育包尔汉图增生杂岩带、温都尔庙增生杂岩带、索伦山-苏尼特右旗岛弧带等几个单元，它们对本区的构造格架及演化分析意义重大，这里对它们进行简要介绍。

（1）包尔汉图增生杂岩带，形成于早古生代，分布在白云鄂博—百灵庙以北，呈向南的弧形展布，主要由包尔汉图群和奥陶纪 TTG 片麻岩构成。包尔汉图群主要分布于白云鄂博北部巴特、布龙山、西皮东、乌兰百流图一带，岩石组合为一套海相中基性火山岩、硅质岩夹变质砂岩及大理岩，上部沉积夹层中含笔石化石，基性熔岩底部具枕状构造，玄武岩岩石化学特征指示它形成于初始洋壳。该套岩石与奥陶纪 TTG 岩石密切共生，TTG 组合包括中—晚奥陶世的闪长岩-石英闪长岩-英云闪长岩-花岗闪长岩组合（同位素年龄为 485～447Ma），早泥盆世出现后造山正长花岗岩。包尔汉图—喇嘛庙一带还发育一套变质碎屑岩夹大理岩和斜长角闪岩建造，前人称为宝音图群，岩石中石榴子石较少，夕线石较常见，是一套产于岩浆弧背景的变质岩。桑根达来蛇绿岩和乌德蛇绿混杂带可视为弧后盆地 SSZ 型蛇绿岩带。

（2）温都尔庙增生杂岩带，形成于早古生代，发育高压蓝片岩，分布于温都尔庙附近。该带主要由南温都尔庙群组成，为一套变质玄武岩-绿泥绢云石英片岩-含铁硅质岩组合夹少量大理岩，局部见超基性岩和玄武安山岩，变质玄武岩中局部见蓝片岩，蓝闪石的 $^{40}Ar-^{39}Ar$ 年龄为（446±16）Ma（唐克东，1992）。由此说明温都尔庙群在奥陶纪曾经发生过深俯冲作用。李承东等（2012）在温都尔庙群变质安山岩中获得锆石 U－Pb 年龄为（469.5±2.1）Ma，在变质碎屑岩中获得锆石 U－Pb 年龄的峰值为480～445Ma，认为温都尔庙群是奥陶纪一志留纪期间形成的增生杂岩。但是对朱日和阳起片岩和白彦淖尔变玄武岩的同位素测年却获得大量晚古生代（二叠纪）年龄信息，表明温都尔庙俯冲增生杂岩也遭受了晚古生代造山作用的改造。它可进一步划分为温都尔庙蛇绿岩带和温都尔庙-白乃庙双变质带。

温都尔庙蛇绿岩带断续出露在武艺台、温都尔庙至图林凯一带，东西长 100 余千米，南北宽约 25km。岩石组合主要由方辉橄榄岩、纯橄榄岩、辉长岩及枕状玄武岩（即温都尔庙群桑根达莱呼都格组）构成。温都尔庙蛇绿岩组合的远洋沉积由硅质岩、泥硅质粉砂岩及少量碳酸盐岩组成，地层划归温都尔庙群哈尔哈达组，覆盖于温都尔庙群桑根达莱呼都格组基性岩之上，有的夹于其中，普遍经历了绿片岩相变质作用，主要为石英片岩、石英岩、绢云石英片岩等。硅质岩中含有放射虫。温都尔庙一带的硅质岩中含有丰富的微体古生物化石，表明其形成时代为早寒武世（彭立红，1984）。枕状熔岩的全岩 Rb－Sr 等时线年龄为 630Ma；变质辉长岩中角闪石 K－Ar 年龄为 626～525Ma；Jian 等（2008）获得温都尔庙蛇绿岩（变质辉长岩和斜长花岗岩）锆石 SHRIMP 年龄为 497～477Ma，由此认为其形成时代为寒武纪—奥陶纪。温都尔庙群蛇绿岩南侧温都尔庙—图林凯一带发育奥陶纪—中志留世的岛弧岩浆岩带，裹夹蛇绿岩的增生楔时代与岛弧时代相匹配，而且岛弧被西别河组覆盖。由此推测，该蛇绿岩带形成时代为寒武纪—中志留世。

在温都尔庙-白乃庙双变质带中，温都尔庙群经受了与板块俯冲有关的高压低温变质作用，并与白乃庙岛弧区出现的低压高温变质作用一起组成沟-弧体系的双变质带。温都尔庙蛇绿岩带发育南、北两条蓝闪-硬柱石高压变质带：南带横贯大敖包—小敖包—乌兰敖包一线，长 40 多千米；北带以哈尔哈达的乌兰沟发育最好，西延到哈达北，东延可达白音诺尔，含蓝闪石的岩石类型主要有钠长蓝闪片岩、钠长绿泥蓝闪片岩、绿帘绿泥蓝闪石片岩、蓝闪绿帘大理岩等。而南部的白乃庙组发育高温低压的变质带，它们构成了双变质带。1：25 万苏尼特右旗幅区域地质调查在与温都尔庙群和白乃庙群共生的灰白色细粒奥长花岗岩中获得（451±7）Ma、（447.7±3.2）Ma 年龄数据，在与白乃庙群共生的细粒石榴白云母花岗岩中获得（500.8±2.4）Ma 年龄数据。刘敦一等（2003）报道了图林凯埃达克质岩的锆石 SHRIMP U－Pb 年龄为 467～459Ma。Jian 等（2008）在图林凯南侧获得英云闪长岩、变质辉长岩锆石 SHRIMP

年龄分别为(490.1±7.1)Ma、(479.6±2.4)Ma，并认为它们属于SSZ型蛇绿岩，形成时代为497～477Ma。

(3)索伦山-苏尼特右旗岛弧带，形成时代为石炭纪—二叠纪，该带向东可延伸至林西地区，与本次划分的林西-扎鲁特残余盆地相接。带内分布有晚石炭世I型—M型岛弧辉长岩-花岗质侵入岩组合，在构造环境判别图中所有样品都投在岛弧花岗岩区。该岛弧花岗岩的存在表明，晚古生代仍然存在洋壳的俯冲消减事件。早—中二叠世形成新的沟弧盆体系。在临近西拉木伦俯冲带的地区形成从满都拉—林东近东西向的陆缘弧火山岩带。林西地区早二叠世花岗岩由细粒石英闪长岩、片麻状细粒花岗闪长和片麻状黑云母二长花岗岩组成，年龄分别为273Ma和266～263Ma，为早—中二叠世，属I型花岗岩。晚二叠世侵入岩由细中粒黑云母二长花岗岩、片麻状中细粒二云母二长花岗岩、片麻状细中粒白云母二长花岗岩组成，为过铝质S型花岗岩，该侵入岩在构造环境判别图中落入碰撞前或造山后范围。综上所述，晚石炭世晚期—中二叠世发育岛弧带，在临近西拉木伦河俯冲带的地区形成早—中二叠世沟弧盆体系。

第二章 洋板块地质研究方法

第一节 洋板块地质构造图的编制

本次工作运用“洋板块地质”学术思想解体了东北地区主要构造带的物质组成，在1∶100万地质图的基础上编制洋板块地质构造图。通过沉积作用研究，识别出了海沟（洋盆）沉积、弧前盆地、弧间盆地、弧后盆地、残余洋盆、前陆盆地沉积；通过岩浆作用研究，识别出了洋内弧、洋岛、岩浆弧、造山带火成岩；通过变质作用分析识别出了洋-陆俯冲变质、碰撞造山变质作用。通过岩石构造组合、地质体的时空分布特征分析，进一步划分了弧盆系基底、俯冲增生杂岩带、岩浆弧带、各种盆地、碰撞造山带，在此基础上划分了各级构造单元和构造带，构造地质图中反映出一级构造单元（板块、对接带、造山系）、二级构造单元（地块、结合带、大型岛弧带或弧盆系）、三级构造单元（裂离地块、俯冲增生杂岩带、弧前盆地、弧间盆地、弧后盆地、残余洋盆、前陆盆地、岩浆弧、造山带等）。综述了各期、各类构造演化特征，总结了洋-陆转换和陆-陆碰撞过程，重塑了大兴安岭地区地质发展史，为东北地区成矿区（带）划分和成矿预测提供了新的地质依据。

大兴安岭地区洋板块地质构造图，突出表达了构造带内区域地层、岩石、构造及其时空展布规律等。为了真实客观反映各类地质体、构造形迹和各类地质现象，笔者对已有资料系统甄别，科学合理取舍，以“洋板块地质”为主要学术观点，通过解体大兴安岭地区的主要构造带的物质组成，创新地表达了板块、对接带等一级构造单元，地块、结合带（俯冲增生杂岩带）、大型岛弧带或弧盆系等二级构造单元，裂离地块、俯冲增生杂岩带、弧前盆地、弧间盆地、弧后盆地、残余洋盆、前陆盆地、岩浆弧等三级构造单元。

第二节 “俯冲增生杂岩”“结合带”和“对接带”的含义

本书“俯冲增生杂岩”“结合带”和“对接带”的界定主要采用李廷栋等（2019）、潘桂棠等（2019）、张克信等（2001）、Kroner（2015）、陆松年等（2015，2017）的研究成果。俯冲增生杂岩是指保存在俯冲消减带中的洋盆消亡的残迹，是在大洋板块俯冲过程中被刮削下来的海沟浊积岩、远洋沉积物和大洋板块残片，经构造搬运并堆叠在岛弧前的上覆板块前端形成的以逆冲断层为边界的楔形地质体，是消减带的重要组成部分（潘桂棠等，2019；Isozaki and Itaya，1990；潘桂棠等，2008），它记录了洋壳俯冲消亡、增生楔形成过程的沉积、火山-岩浆、变质和构造变形的地质事件群，也记录了弧盆系形成过程的地质事件。俯冲增生杂岩是主要由不同时代、不同构造环境、不同变质程度和不同变形样式的洋盆地层系统和陆（弧）缘斜坡地层系混杂在一起经强烈构造剪切的构造地层及岩石的组合体（张克信等，2001；Kroner，2015）。增生杂岩的结构是局部有序、总体无序（Kusky et al.，2013），增生杂岩带内普遍有被肢解的蛇绿岩和巨大的韧性剪切带及高压超高压变质带（陆松年等，2015，2017）。俯冲增生杂岩主要由外来岩块和基质两部分物质组成，外来岩块包括变质基性、超基性岩（辉长岩、辉绿岩、蛇纹石化超镁铁质岩）、变质枕状熔岩、大洋中脊玄武岩、变硅质岩、放射虫硅质岩、深海相铁锰硅质岩、海山玄武岩-大理岩组合等；基质多为泥质岩、浊积岩等(潘桂棠等,2019)。

结合带是指2～1Ga为一个演化周期的弧后洋盆消减带中,由不同时代、不同构造环境、不同变质程度和不同变形样式的各类岩石组成的经强烈构造剪切的构造地层及岩石的组合体;它通常表现为洋壳残片(蛇绿岩)、洋岛-海山、洋内弧、远洋沉积物、深水浊积扇及外来岩块等组成的蛇绿混杂岩带或俯冲增生杂岩带(潘桂棠等,2019)。对接带是与陆块区和造山系并列的一级大地构造单元,是在洲际大洋扩张-俯冲消亡演化周期达6Ga左右由大洋壳俯冲、碰撞形成宽阔的消减增生杂岩带,由蛇绿混杂岩带、洋岛-海山及侵位于俯冲增生楔之中的增生岩浆弧等组成的复杂构造域(潘桂棠等,2019)。本书主要按上述俯冲增生杂岩的特征识别和划分俯冲增生杂岩带、结合带和对接带。

第三节 “俯冲增生杂岩”研究方法

根据李廷栋院士提出的“洋板块地质”科学思想,本次工作采取了以下几种方法研究古造山带演化中洋-陆俯冲与转换过程。

(1)对关键地段进行构造地质编图,突出洋盆连续地层岩石或者岩石组合,对洋盆连续地层岩石或者岩石组合地质剖面进行对比分析研究,对所有不同区段连续逆冲岩块地层采用平衡剖面方法进行构造-地层再造,建立研究区域不同区段连续地层格架。

(2)研究混杂岩中岩块内保存的古生物化石,重建混杂岩的岩石序列。利用俯冲增生杂岩基质中沉积岩碎屑锆石年龄及生物化石(放射虫)年代恢复洋壳俯冲增生起始时间及持续时间。

(3)通过古增生楔杂岩地层骨架与混杂岩碎屑岩块所得到的岩石序列对比,建立研究区洋板块地层序列。

(4)根据增生杂岩中基质和岩块的古生物学、沉积学、构造地质学、年代学、地球化学等方面的记录,恢复增生杂岩的俯冲增生时代、弧-陆碰撞时代,还原古造山带中大洋板块的形成、俯冲以及消亡过程。

(5)利用同位素地质年代、地球化学分析对岩石序列和成因进行综合研究,了解大洋盆地的形成及其构造背景。在生物地层研究的基础上,对研究地区局部(OPS)构造进行原岩恢复。通过恢复洋板块地层序列,进一步研究大洋板块的形成、俯冲及俯冲过程中所发生的陆缘增生作用。

第四节 俯冲增生杂岩带的划分

目前,在大兴安岭地区已经发现很多典型的蛇绿混杂岩,俯冲增生杂岩,洋-陆转换过程形成的岩浆弧、弧前盆地、弧后盆地,蓝片岩带及洋内弧、洋岛等与洋向陆俯冲有关的地质体,为确定俯冲增生杂岩带提供了重要的构造素材。本书在综合区域地质调查成果的基础上,通过对典型地区野外调研,重点对古老的变质岩群、岩组进行了解体,识别出了基质(弧前斜坡浊积岩,海沟与增生楔斜坡浊积岩,深海盆地硅、泥质岩,构造岩等)和岩块(洋盆玄武岩、硅质岩,洋岛-海山玄武岩、灰岩,前弧玄武岩-安山岩,陆缘弧岩浆岩,洋内弧岩浆岩,裂离残块变质基底等),以此确认俯冲增生杂岩的存在。通过进一步识别岩浆弧和地块基底,确定洋-陆转换过程。由于岩浆弧及其洋-陆过渡性的弧地壳是洋俯冲作用形成的洋-陆转换带(或增生造山带)最重要的记录,地块残块是卷入造山带具有古老的刚性变质岩基底和沉积盖层或仅残留刚性变质岩基底的大小不等的块体(陆松年等,2015,2017),可以判定陆缘基底的存在。通过“线”和“面”上研究,根据不同比例尺区调成果、专题研究成果和文献等资料,对蛇绿岩的性质、时代、地球化学特征、岩石组合、区域地质背景等进行总结,将“点”上蛇绿(混杂)岩组合成带,确定区域俯冲增生杂岩带。

本次工作在大兴安岭地区古生代岩石地层系统中解体出大量俯冲增生杂岩、地块残块、岛弧、弧前盆地、弧后盆地等构造单元，恢复了构造建造，重新厘定出9条俯冲增生杂岩带，其中新划分出3条俯冲增生杂岩带，在此基础上，修改了主要构造带的边界，主要俯冲增生杂岩带有海拉尔-盘古俯冲增生杂岩带、头道桥-新林俯冲增生杂岩带、伊尔施-三卡俯冲增生杂岩带、巴彦锡勒-牤牛海俯冲增生杂岩带、柯单山-西拉木伦俯冲增生杂岩带、突泉-黑河俯冲增生杂岩带、白音昆地-乌兰达坝俯冲增生杂岩带，进一步界定了东乌旗-多宝山岛弧带、西乌旗岛弧带、锡林浩特地块、额尔古纳地块、兴安地块、松嫩地块等构造单元边界。俯冲增生杂岩和岩浆弧大体分为奥陶纪、早石炭世、早—中石炭世、早石炭世—早二叠世、早二叠世、早—中二叠世6个阶段，总体呈现由北向南逐渐变新的特征，指示古亚洲洋盆逐渐向南后退。

在对“俯冲增生杂岩带”研究过程中利用岩石学、岩石地球化学、同位素测年、古生物资料等对每条俯冲增生杂岩带进行了详细研究，尽可能恢复与俯冲增生杂岩带配套的岩浆弧带、裂离地块、弧前盆地、弧后盆地、弧间盆地、前陆盆地、洋内弧、洋岛(海山)等构造单元，在此基础上对各俯冲增生杂岩带的洋-陆俯冲与转换过程进行了论述。

第三章　古生代洋板块地质

大兴安岭地区古生代处于古亚洲洋演化阶段，其间经历了众多陆（地）块拼贴、洋-陆俯冲、陆-陆和弧-陆拼贴碰撞事件，地质建造中发育大量的洋板块地层系统和与洋-陆俯冲有关的蛇绿岩、岩浆岩等，记录了各个时期的洋-陆转换过程。本次工作在前人地质成果的基础上，运用“洋板块地质学”思想对各主要构造带进行了综合分析和研究，解析出一系列俯冲增生杂岩、岩浆弧、洋内弧、弧前盆地、弧后盆地、前陆盆地、地块残块等洋-陆转换构造单元，共计划分出9条俯冲增生杂岩带，新识别出3条俯冲增生杂岩带，确认5条结合带（图3-1）。

第一节　海拉尔-盘古俯冲增生杂岩带

通过地质编图在海拉尔—盘古一带新划分出1条北东向俯冲增生杂岩带（图3-1～图3-3），由吉祥沟岩组、佳疙瘩组及兴华渡口岩群中解体而来，是弧后盆地俯冲作用形成的构造岩石单位，由变形基质和岩块组成。基质主要由变形较强的砂泥质岩石和硅泥质岩石组成，多形成构造片岩，以往工作曾将其划分为吉祥沟岩组、佳疙瘩组、兴华渡口岩群。李仰春等（2003）提出呼中镇白浪河一带发育混杂岩，为一套含较多大理岩和玄武岩岩块的强变形构造岩石，并厘定为构造地层。本次工作将强变形含岩块的构造片岩类划分为俯冲增生杂岩带的基质，将伴生的弱变形的沉积岩系归为吉祥沟岩组，作为弧前、弧间或弧后盆地沉积产物；基质含有大理岩、硅质岩、玄武岩和透辉石岩、辉长岩等岩块。俯冲增生杂岩带西北侧发育早奥陶世侵入弧和古元古界兴华渡口岩群中深变质岩基底和新元古代侵入岩，南侧发育早奥陶世火山弧，火山弧和杂岩带之间发育弧前盆地，证实海拉尔-盘古构造混杂岩带是1条向北西和南东方向双向俯冲的构造混杂岩带。

一、岩石组合特征

1. 杂岩带基质成分

杂岩带基质，岩石类型主要有绿泥微晶片岩、（粉砂质）绢云母石英片岩、二云片岩、绿泥绢云石英片岩、绿帘绿泥阳起片岩、钠长片岩、绢云千枚岩、粉砂质泥质板岩、凝灰质板岩、变质砂岩等，局部见黑云角闪变粒岩和角闪斜长变粒岩及蓝晶石片岩。在白卡鲁山南—满归—阿龙山一带，基质为变质砂岩、千枚岩、板岩及片岩等；在原林—成和尔一带，基质为二云片岩绿泥绢云石英片岩、绿帘绿泥阳起片岩、钠长片岩，局部见黑云角闪变粒岩和角闪斜长变粒岩及蓝晶石片岩；在希勃—嘎鲁图一带，基质主要有黑云石英片岩、黑云片岩及变质长石砂岩。总体上基质的变质程度较低，原岩组构有一定保留，受后期构

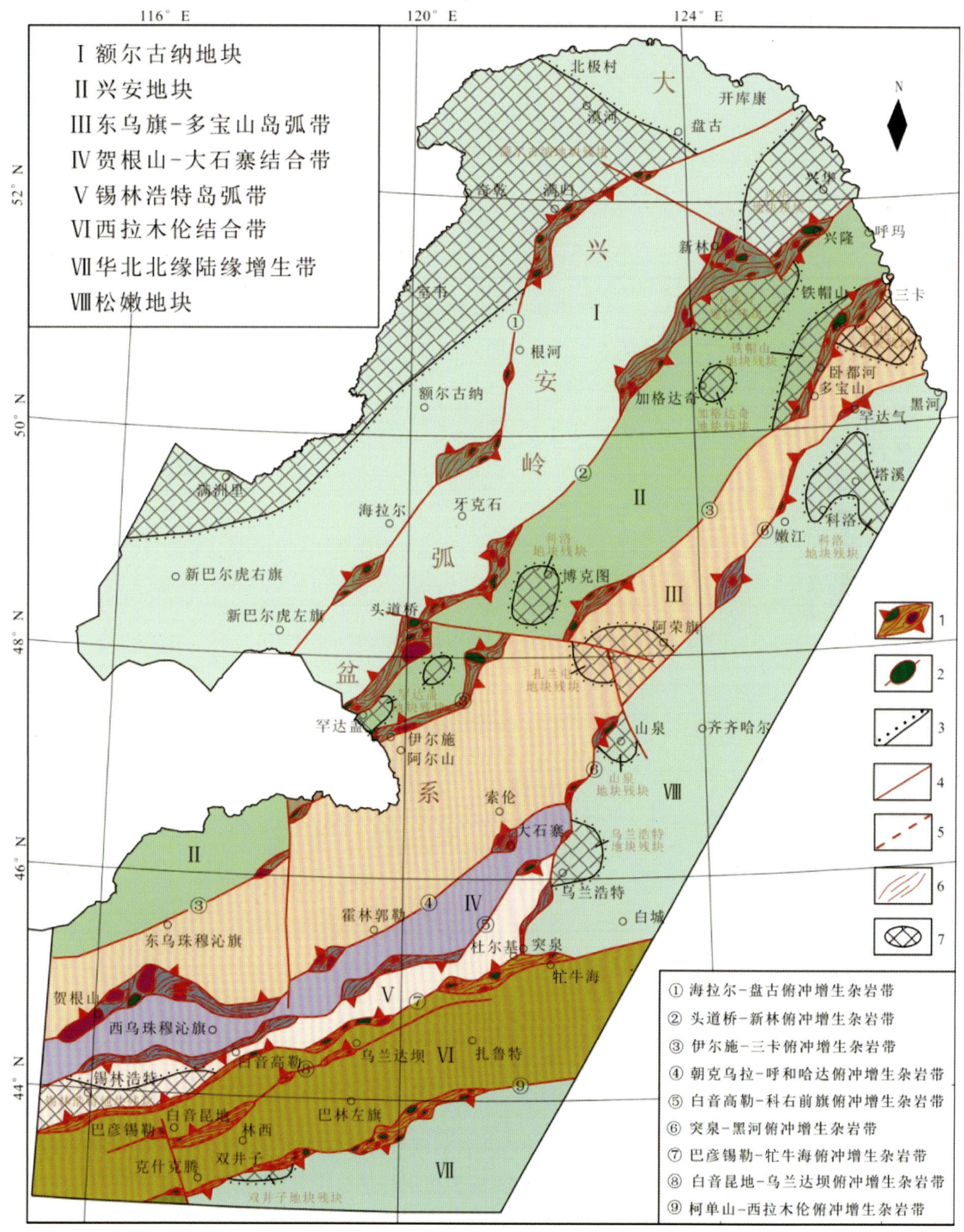

1.俯冲增生杂岩；2.岩块；3.不整合界线；4.断裂；5.推测断裂；6.变形基质；7.地块残块。

图 3-1　大兴安岭地区古生代构造单元划分图

造影响，片理化、糜棱岩化、褶皱较发育，构造线总体呈北东向展布，片理与糜棱线理走向多为北东、东西。原岩为以砂岩类、泥质岩、碳酸盐岩类为主的海相细碎屑沉积岩，为一套弧前盆地及海沟盆地沉积建造。岩石具有较强的动力变质变形特点，变形样式复杂多样，包括糜棱岩系列、片理劈理带，广泛发育

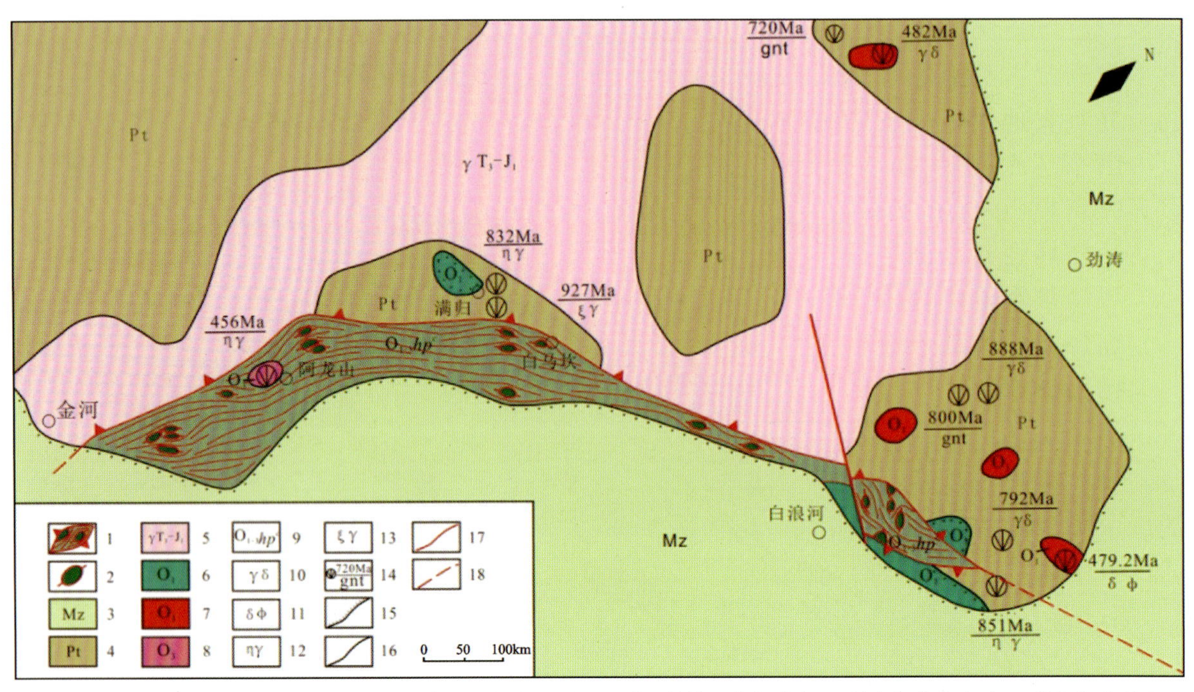

1. 俯冲增生杂岩;2. 岩块;3. 中生界;4. 元古代地块残块;5. 晚三叠世—早侏罗世花岗岩;6. 早奥陶世火山弧;7. 早奥陶世侵入弧;8. 晚奥陶世侵入弧;9. 海拉尔-盘古俯冲增生杂岩带;10. 花岗闪长岩;11. 辉长闪长岩;12. 二长花岗岩;13. 正长花岗岩;14. 同位素测年点及数据;15. 不整合界线;16. 地质界线;17. 断裂;18. 隐伏断裂。

图 3-2 阿龙山—白浪河一带奥陶纪俯冲增生杂岩分布图

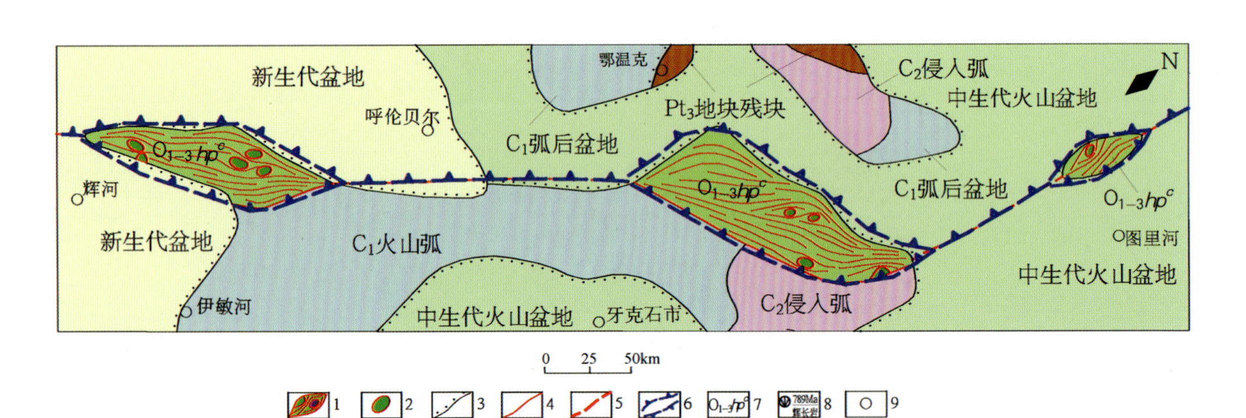

1. 俯冲增生杂岩;2. 岩块;3. 不整合界线;4. 断裂;5. 推测断裂;6. 俯冲增生杂岩边界与俯冲方向;
7. 海拉尔-盘古俯冲增生杂岩带;8. 同位素测年点;9. 居民点。

图 3-3 海拉尔—图里河一带奥陶纪俯冲增生杂岩分布图

片理、劈理及各种褶皱。最明显的是顺层构造流失和弹塑性弯曲构造群落,并且变质变形程度在不同部位存在明显差别,表现了强烈的构造改造和变质重建,原生成层地质体已由新生面理置换的再造层状地质体代替,原始厚度、基本层序难以查明。变形基质多是在早期顺层剪切作用形成顺层固态流变构造群落之后,经逆冲推覆挤压机制下形成的,后期又经受了剪切走滑作用的改造、旋转、位移,从而使岩片总体构造线方向呈北东向。

2. 杂岩带岩块成分

杂岩带岩块成分主要有大理岩、(变)辉长岩、玄武岩、硅质岩、安山岩和基底变质岩残块(斜长角闪岩、片麻岩等)，以大理岩、辉长岩、玄武岩岩块居多。在白卡鲁山南—满归—阿龙山一带，岩块主要为大理岩、辉长岩及少量的安山岩，在牛尔河一带见玄武岩及斜长角闪岩岩块；在原林—成和尔一带，岩块主要有辉长岩；在希勃—嘎鲁图一带，岩块主要有大理岩、玄武岩、硅质岩等。岩块大小不一，从几厘米至几百米不等，受剪切作用形态多圆化，与变形基质构成混杂岩，变形基质多环绕岩块分布，具有典型的混杂岩特征(图 3-4)。岩块中变质程度较高的大理岩、变辉长岩可能来自地块基底，变质程度较低的结晶灰岩、大理岩、辉长岩可能来自洋岛、洋盆和岛弧，部分安山岩和辉长岩可能来自同期岩浆弧。该杂岩带内超基性岩岩块较少，暗示该带不是大洋消减带，可能是弧后或弧间小洋盆闭合的俯冲增生带。

俯冲增生杂岩中的基质动力变质作用十分强烈，形成一系列韧脆性变形构造。基质发育地段表现为总体有序、局部无序，岩块少的部位表现为总体无序、局部有序，岩块多的部位表现为全部无序。满归白马坎一带剖面(图 3-5)控制了俯冲增生杂岩的基质与岩块，基质主要为强变形的二云母片岩和片理化强变质长石石英砂岩，岩块主要有大理岩、玄武岩、透辉石岩等，其中大理岩规模最大，厚者 154.67m，岩块数量最多。7～8 层玄武岩-大理岩构成一个洋岛层序；4～5 层透辉石岩-大理岩构成一个洋岛层序；5 层透闪石白云石大理岩规模较大，可能是洋岛上部层序。大理岩、玄武岩、透辉石岩之间多为断层接触，可能属同一洋岛的产物，下部为透辉石岩，中部为玄武岩，上部为大理岩。

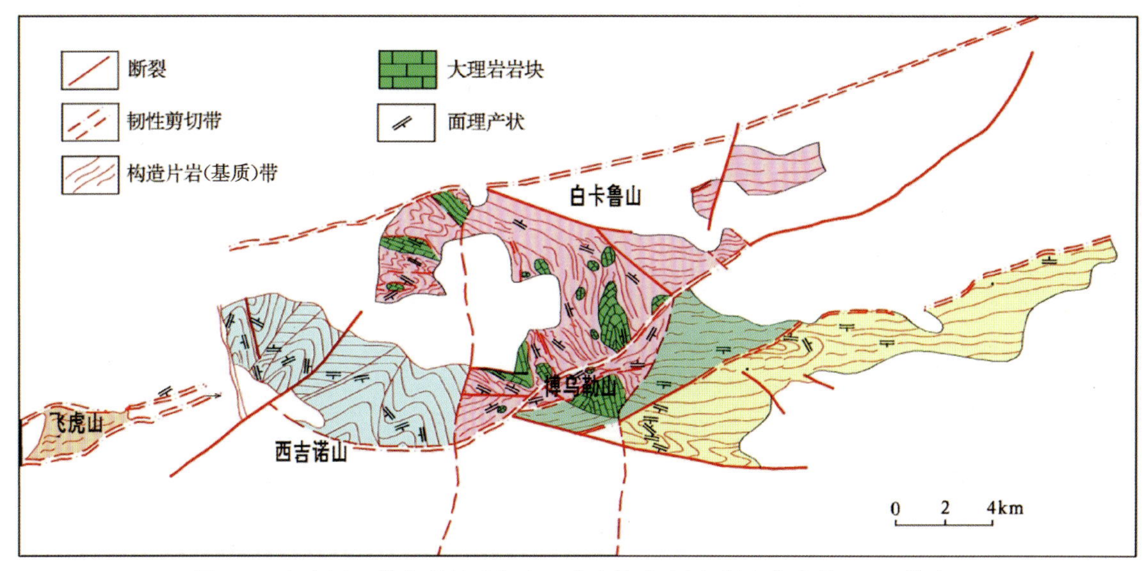

图 3-4　白浪河一带变形基质与大理岩岩块分布图(据李仰春等，2003 修改)

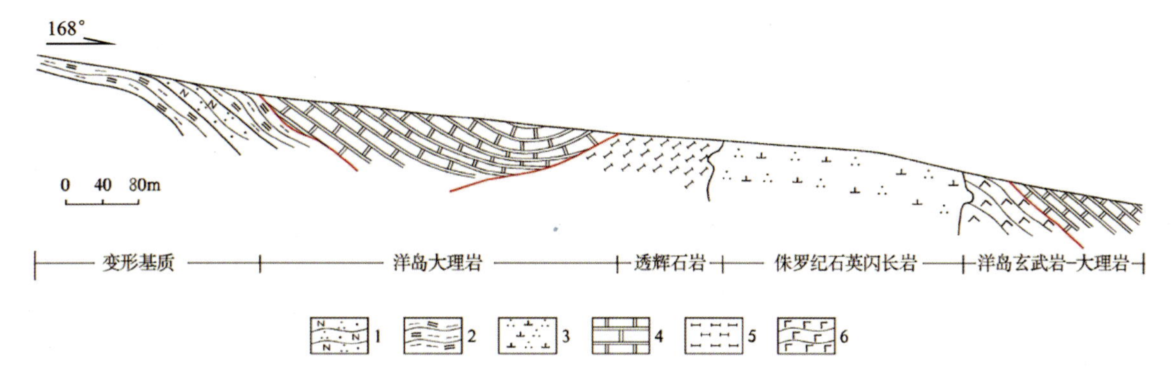

1. 长石石英砂岩；2. 二云母片岩；3. 石英闪长岩；4. 大理岩；5. 透辉石岩；6. 变玄武岩。

图 3-5　满归白马坎一带洋岛(海山)层序剖面

3. 地块残块岩石组合

地块残块岩石主要由古元古界兴华渡口岩群变质表壳岩和新元古代变质深成岩组成，分布于俯冲增生杂岩带的西北部。兴华渡口岩群为一套低角闪岩相—高绿片岩相的变质岩，原岩为基性—中性—中酸性—酸性火山岩-含铁硅质岩建造，代表古元古代洋-陆转换阶段洋盆、活动陆缘建造，在新元古代和早—中奥陶世发生了变质作用；岩石组合以（黑云）斜长角闪岩、斜长角闪片麻岩、角闪黑云斜长片麻岩、阳起斜长片岩、黑云石英片岩、黑云变粒岩、大理岩等为主；在变质作用丰期形成深熔岩浆，在岩浆活动晚期，普遍发生了糜棱岩化作用，在花岗岩和变质岩中形成了条带状的糜棱岩带。新元古代变质深成岩主要由辉长岩、闪长岩、石英闪（二）长岩、花岗闪长岩、二长花岗岩等组成，经历了较强烈的变形改造，表现为片麻状的岩石外貌，侵入体肢解了兴华渡口岩群变质表壳岩，两者密切共生，是额尔古纳地块前寒武纪结晶基底的重要组成部分。新元古代岩浆作用分3个阶段（孙立新等，2012）：早期中基性侵入岩呈岩株产出，由片麻状辉长岩、闪长岩、石英闪长岩、石英二长闪长岩和片麻状花岗闪长岩组成，显示典型岩浆弧Ⅰ型花岗岩特征；中期主要为酸性侵入岩，呈岩基产出，由巨斑状中粒黑云母钾长花岗岩、含斑中粒黑云母二长花岗岩组成，显示同碰撞花岗岩特征；晚期为粗粒角闪黑云正长岩，显示后碰撞伸展环境。该区新元古代岩浆活动显示了岛弧活动大陆边缘的陆缘增生-碰撞造山环境。

4. 岩浆弧岩石组合

该俯冲增生杂岩带的两侧共出露7处岩浆弧，大部分沿俯冲增生杂岩带的西北侧分布，东南侧仅有1处，而且全部侵位在变质基底中。岩石类型有辉长岩、闪长岩、花岗闪长岩、二长花岗岩、变安山岩、变英安岩及火山碎屑岩，总体为一套钙碱性岩石系列。

（1）满归一带早奥陶世火山弧：呈孤岛状分布于满归镇西侧，出露面积仅约41.66km^2。岩石主要由下奥陶统大网子岩组变中性火山熔岩、变火山灰凝灰岩、变酸性熔岩组成。原岩主要为流纹岩、粗面英安岩、粗安岩。岩石化学成分主要为石英安粗岩、流纹英安岩。岩石 SiO_2 质量分数为60.02%～76.26%，平均为67.08%，Al_2O_3 质量分数为13.53%～16.40%，平均为14.81%，Fe_2O_3 质量分数为1.73%～3.19%，平均为2.03%，NK值为4.50%～9.33%，平均为6.97%，里特曼指数 δ 在0.61～2.58之间，显示了碱钙性火山弧特点。火山弧中流纹岩、粗面英安岩、粗安岩以高钾钙碱性为主。

（2）白浪河一带早奥陶世火山弧：主要分布于西吉诺山、白卡鲁山和博乌勒山一带，岩石主要由大网子岩组变流纹岩、变英安岩、变玄武岩、变安山岩、含凝灰质粉砂质千枚岩等组成。原岩为一套火山-沉积建造，其岩石化学、地球化学资料表明火山岩为一套具岛弧特点的钙碱性岩系。火山岩在空间上呈狭长带状北东东向延伸，经历了多期次的变质变形作用，有多个构造岩片堆叠在一起。大网子岩组火山岩原岩主要为英质凝灰岩、玄武岩、安山岩。构造环境判别图解投入造山带区，代表活动大陆边缘及岛弧构造环境。Th/Yb－Ta/Yb判别图解投入大陆边缘弧区内。砂岩微量元素判别图解投入大陆岛弧区。变砂岩的主要化学成分投图多落入大陆岛弧一侧。结合微量元素Sr/Ba比值多小于1，大网子岩组形成构造环境应属岛弧环境（周兴福等，2000）。

（3）白浪河北部早奥陶世中性—基性岩浆弧：分布于白浪河北部1088高地、绿林林场东南上阿里亚奇河上游一带，岩石类型以辉长岩、闪长岩、角闪辉长岩为主，不同岩石类型间一般为渐变过渡或断层接触。岩石均出现透辉石和橄榄石，闪长岩类见少量的刚玉和石英。分异指数小于60，偏低，反映岩石分异程度较低，并且表现出从中性到基性岩类，从（石英）闪长岩到辉长岩，分异指数由大向小变化，即分异程度有降低趋势。岩石MgO、Fe_2O_3、FeO含量较高，Mg/[Mg+〈TFeO〉]=0.24～0.52。TFeO/MgO－TFeO图解显示拉斑玄武岩特征；TiO_2－TFeO/MgO图解显示岛弧拉斑玄武岩特点，在Nb/Y－Zr/P_2O_5 和Ti－Cr图解中岩石主要投入拉斑玄武岩区和岛弧低钾拉斑玄武岩区，显示岩浆起源于岛弧低钾拉斑玄武岩区。在元素 Th/Yb－Ta/Yb 图解中，投影点落入大陆边缘弧区，以上特征说明其构造环境为活动性大陆边缘岛弧环境（周兴福等，2000）。

（4）阿龙山-漠河早奥陶世、晚奥陶世花岗质岩浆弧：主要分布于阿龙山、漠河一带。岩石主要为二长花岗岩，似斑状结构，基质为细中粒花岗结构，块状构造，局部为弱的片麻状构造，受动力变质作用，局部出现糜棱岩化现象。岩石化学 Al_2O_3/Na_2O+K_2O+CaO（分子数）均小于 1.1，反映岩石具Ⅰ型花岗岩特点，在 Na_2O-K_2O 关系图上显示Ⅰ型花岗岩特征。Lgσ－Lgτ 构造判别图显示消减带火成岩特征；Rb/30－Hf－3Ta 构造判别图和 Rb－Y+Nb 构造图解显示火山弧构造环境。该岩浆弧侵入岩为Ⅰ型花岗岩类，大地构造背景为消减带环境下与岩浆弧有关的花岗岩类（赵海滨等，2000）。

二、年代学特征

该俯冲增生杂岩带内基底变质表壳岩黑云斜长变粒岩中锆石 U－Pb 年龄为 800Ma（表 3-1），代表了角闪岩相变质年龄，基底中变质深成侵入岩（花岗闪长岩、二长花岗岩、正长花岗岩）的 U－Pb 年龄较多，集中在 927～788Ma 之间，代表了岩浆结晶年龄，岩浆侵位时代与变质表壳岩的变质时代基本一致，均为新元古代，代表了额尔古纳地块结晶基底形成时间。岩浆弧中辉长闪长岩的锆石 U－Pb 年龄为 479Ma，花岗闪长岩的锆石 U－Pb 年龄为 482Ma，为早奥陶世；二长花岗岩的锆石 U－Pb 年龄为 456Ma，为晚奥陶世。依据岩浆弧的形成与演化时间，将该俯冲增生杂岩带时代置于早奥陶世—晚奥陶世。

表 3-1　海拉尔-盘古俯冲增生杂岩带岩石锆石 U－Pb 年龄统计表

构造单元		同位素年龄	测试方法	岩性	资料来源
岩浆弧		456Ma	U－Pb	二长花岗岩	Wu et al.，2011
		479Ma	U－Pb	细粒辉长闪长岩	刘洪章等，2018
		482Ma	U－Pb	花岗闪长岩	刘洪章等，2018
基底	深成侵入岩	792Ma	U－Pb	花岗闪长岩	Wu et al.，2010
		795Ma	U－Pb	碱长花岗岩	Wu et al.，2011
		832Ma	U－Pb	二长花岗岩	刘洪章等，2018
		851Ma	U－Pb	二长花岗岩	刘洪章等，2018
		927Ma	U－Pb	正长花岗岩	Wu et al.，2011
		888Ma	U－Pb	花岗闪长岩	刘洪章等，2018
		788Ma	U－Pb	花岗闪长岩	Wu et al.，2012
	表壳岩	800Ma	U－Pb	黑云斜长变粒岩	Wu et al.，2012

三、洋-陆转换过程

该俯冲增生杂岩带西北侧发育早奥陶世岩浆弧侵入岩（刘洪章等，2018）和由古元古界兴华渡口岩群中深变质岩与新元古代侵入岩(孙立新等,2012;Wu et al.,2012)组成的基底;南侧出露少量早奥陶世火山弧。从俯冲增生杂岩、基底、岩浆弧的空间展布上分析(图3-2、图3-3),弧后洋盆主体向北西俯冲,北西部出露大面积的基底和岩浆弧,显示仰冲板块抬升特征。该俯冲增生杂岩带分布在额尔古纳地块中部额尔古纳基底残块和兴华基底残块之间(图3-1),暗示两个基底残块之间存在一个北东向展布的分割洋盆,地层学资料记录洋盆的形成时间为新元古代(张克信等,2016),早奥陶世岩浆弧(479Ma、482Ma)(刘洪章等,2018)的就位证明洋盆发生俯冲的时间在早奥陶世,晚奥陶世岩浆弧(456Ma)(Wu et al.,2011)的就位反映洋盆俯冲作用持续至晚奥陶世。该洋盆位于额尔古纳基底残块的南东缘,在额尔古纳基底的西北缘出露佳疙瘩组,已证实佳疙瘩组为一套含有洋岛海山建造的构造混杂岩,它代表的洋盆向额尔古纳基底东南向俯冲,在额尔古纳基底的西北缘形成新元古代岩浆弧(927～792Ma)(孙立新等,2014),而海拉尔-盘古俯冲增生杂岩带恰好位于额尔古纳地块及西北缘新元古代岩浆弧的东南部,相当于新元古代岩浆弧的弧后位置,从海拉尔-盘古俯冲增生杂岩的构造位置和时间上基本可以确认该俯冲增生杂岩代表的洋盆为额尔古纳新元古代岩浆弧的弧后盆地,早奥陶世—晚奥陶世发生北西向俯冲作用,于晚奥陶世消减完毕,形成俯冲造山带(俯冲增生杂岩带和岩浆弧带)。

在白浪河一带,俯冲增生杂岩两侧均有基底和岩浆弧产出(图3-2),说明弧后洋盆局部存在双向俯冲特点,其北西侧的基底和岩浆弧发育较多,不仅发育侵入岩代表的侵入弧,也有火山岩代表的火山弧,南东侧只发育火山弧,显示北西向的俯冲强度远大于南东向的俯冲强度(图3-4、图3-5)。图里河一带俯冲增生杂岩带显示单侧北西向俯冲,基底发育在北西侧(仰冲板块),杂岩带大部分被晚石炭世侵入岩肢解和中生代火山岩覆盖,保存弧盆体系较少。

第二节　头道桥-新林俯冲增生杂岩带

头道桥-新林俯冲增生杂岩带介于额尔古纳地块与兴安地块之间,相当于两地块间的结合带,是两地块间洋盆向陆俯冲形成的主要构造遗迹,断续长约800km(图3-1)。俯冲增生杂岩带由头道桥、吉峰、环宇、新林、兴隆等数个俯冲增生杂岩组成(图3-6、图3-7)。该杂岩带主要从原兴华渡口岩群、佳疙瘩组、吉祥沟岩组、铜山组、裸河组、伊勒呼里山群、兴隆群、泥鳅河组、大民山组等“史密斯”地层中解体出来,是一套由弧后洋盆俯冲作用形成的构造地层单位,由变形基质和岩块组成。基质主要由变形较强的砂泥质岩石和硅泥质岩石组成,以构造片岩和千枚岩为主体,以往工作曾将它划分为吉祥沟岩组、佳疙瘩组、铜山组、裸河组、伊勒呼里山群、兴隆群、泥鳅河组等。本次工作根据岩石组合、变质变形强度、空间分布、古生物特征,结合同位素测年资料,将含岩块强变形的构造片岩类(变沉积岩系)岩石划分为杂岩带的基质,将弱变形的沉积岩系归为吉祥沟岩组、库纳森河组、安娘娘桥组等,为弧前、弧间或弧后盆地的沉积产物。

基质中含较多岩块,主要有变玄武岩、辉长岩、辉绿岩、放射虫硅质岩、大理岩、超基性岩(蛇纹岩、滑石岩、角闪石岩、橄榄岩、辉石岩)等。俯冲增生杂岩带北西侧发育早—中奥陶世岩浆弧,古元古界兴华渡口岩群中深变质岩基底,新元古代侵入岩、弧前盆地、弧间盆地等;南东侧发育早奥陶世火山弧,新元古界铁帽山组中深变质岩基底、弧前盆地等,显示头道桥-新林俯冲增生杂岩带是一条向北西和南东方向双向俯冲的构造混杂岩带。笔者通过在兴隆地区的野外调研,在原兴隆群和伊勒呼里山群中解体出一系列的基质和岩块,明确原兴隆群和伊勒呼里山群主要为一套构造混杂岩,为头道桥-新林俯冲增生杂岩带东延提供了新证据。

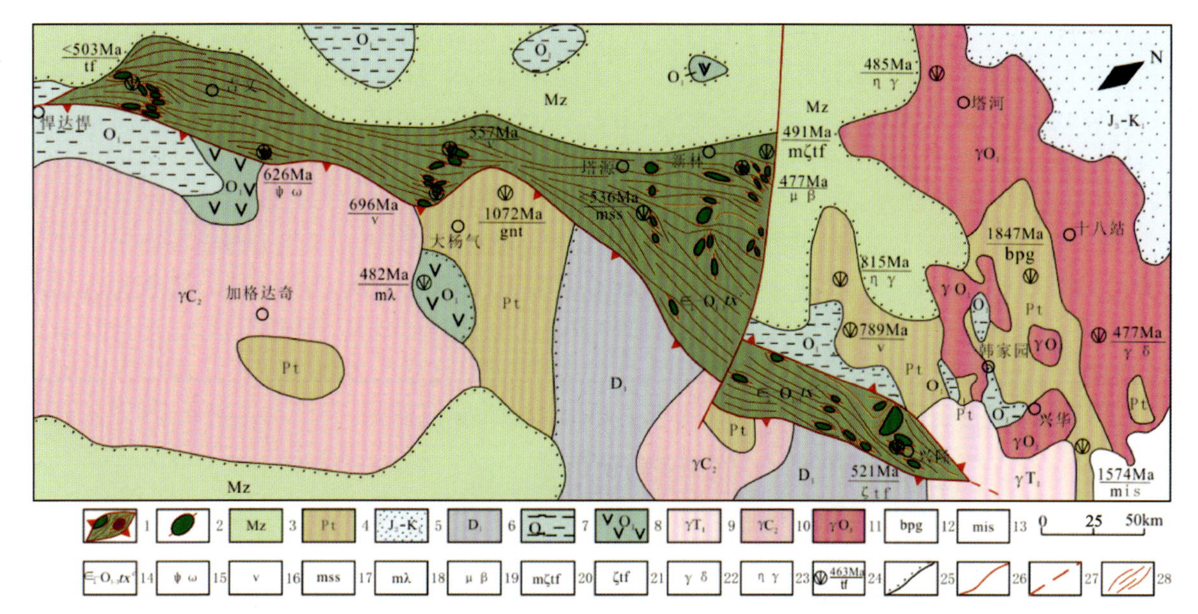

1.俯冲增生杂岩;2.岩块;3.中生界;4.元古代地块残块;5.上侏罗统—下白垩统;6.下泥盆统;7.早奥陶世弧前盆地;8.早奥陶世火山弧;9.早三叠世花岗岩;10.晚石炭世花岗岩;11.早奥陶世侵入弧;12.黑云斜长片麻岩;13.二云片岩;14.头道桥-新林俯冲增生杂岩;15.蛇纹岩;16.辉长岩;17.变砂岩;18.变流纹岩;19.细碧岩;20.变英安质凝灰岩;21.英安质凝灰岩;22.花岗闪长岩;23.二长花岗岩;24.同位素测年点及数据;25.不整合界线;26.断裂;27.隐伏断裂;28.变形基质。

图 3-6　吉文—兴隆一带俯冲增生杂岩分布图

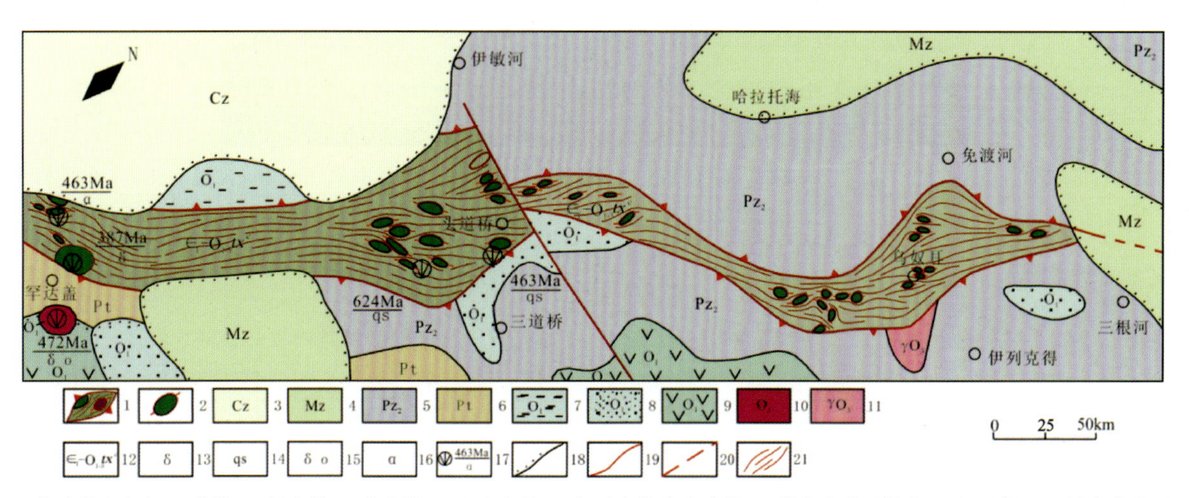

1.俯冲增生杂岩;2.岩块;3.新生界;4.中生界;5.上古生界;6.新元古代基底残块;7.早奥陶世弧前盆地(北西侧);8.早奥陶世弧前盆地(南东侧);9.早奥陶世火山弧;10.早奥陶世侵入弧;11.晚奥陶世侵入弧;12.头道桥-新林俯冲增生杂岩带;13.闪长岩;14.石英片岩;15.石英闪长岩;16.安山岩;17.同位素测年点及数据;18.不整合界线;19.断裂;20.隐伏断裂;21.变形基质。

图 3-7　头道桥—乌奴耳一带俯冲增生杂岩分布图

一、主要构造单元特征

(一)变形基质

杂岩带基质主要从原兴华渡口岩群、佳疙瘩组、吉祥沟岩组、铜山组、裸河组、伊勒呼里山群、兴隆群、泥鳅河组的高绿片岩相—低绿片岩相变质沉积岩中解体出来,主要由构造片岩、千枚岩和板岩组成。

在伊尔施罕达盖北部，基质的岩石类型主要有绢云千枚岩、变凝灰质砂岩、灰绿色粉砂质绢云泥质板岩、灰色千枚状板岩；在头道桥—乌奴耳一带，基质主要由绿泥绢云片岩、绢云石英片岩、变质砂岩、变质绢云泥质板岩、变质流纹质沉凝灰岩、绢云千枚岩、绢云片岩、蓝闪石片岩、构造绿片岩等组成；在吉峰林场—嘎仙一带，基质主要由二云石英片岩、绿泥石英片岩、绢云石英片岩、变砂岩、板岩等组成；在环宇一带，基质主要由糜棱岩化砂岩、黑云石英片岩、糜棱岩化砂岩、糜棱岩化粉砂岩、糜棱黑云母石英片等组成；在兴隆一带，基质主要为板岩、千枚岩、片理化石英砂岩、绢云片岩、粉砂质绢云绿泥板岩等。基质岩石变质程度较低，原岩组构有一定保留，受后期构造影响变形较强，片理化、糜棱岩化、褶皱构造普遍发育，片理与糜棱线理走向多为北东向。原岩以砂泥质岩、硅泥质岩为主，为一套弧前盆地、海沟盆地及大洋盆地细碎屑沉积建造。岩石广泛发育片理、劈理和各种褶皱，变质变形程度在不同部位存在明显差别，从低角闪岩相到低绿片岩相均发育，原生岩层大部分由新生面理置换，多围绕岩块分布(图 3-8)。

图 3-8　环宇一带俯冲增生杂岩中的变形基质与岩块

倭勒根河右岸杂岩带中基质变形较强，以二云英片岩为主，内部含有多个大理岩岩块，构造层序为基质与岩块相间排列(图 3-9)。

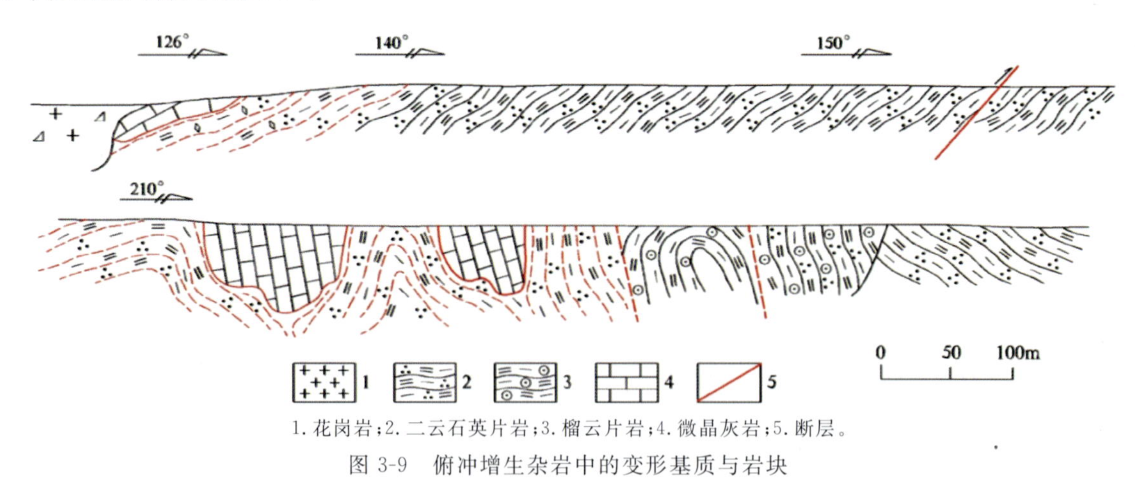

1. 花岗岩；2. 二云石英片岩；3. 榴云片岩；4. 微晶灰岩；5. 断层。

图 3-9　俯冲增生杂岩中的变形基质与岩块

剖面中断裂构造十分发育，使局部地层出现重复，剖面两侧的花岗岩具有压碎和片理化现象。构造层总体走向东西，岩片内所显示断块特征明显，变形较弱，所发育的面状构造主要为千枚理、板理等，原岩结构明显，主要岩石类型为片岩、灰岩。岩石经历多期变形后较为碎裂，呈片理化、糜棱岩化。

1∶25 万阿尔山幅区域地质调查工作(白志达和徐德兵，2015)，在头道桥—乌奴耳一带厘定出俯冲增生混杂岩(图 3-10)，基质为千枚状或片理化泥质岩，泥质岩均发生强烈的构造变形，面理发育，多绕岩块分布。红花尔基水库旁的泥沙质混杂岩总体特征与头道桥西相同,基质为片理化的板岩、千枚状粉砂岩,且该处基质中剪切面理发生倒转,总体向南东倾(140°∠60°),并可见变基性火山岩岩块挤入。从基质和岩块的变形特征及与邻近地质体的接触关系等均可将上述构造混杂堆积与滑塌堆积区分开来(汤耀庆,1986)。

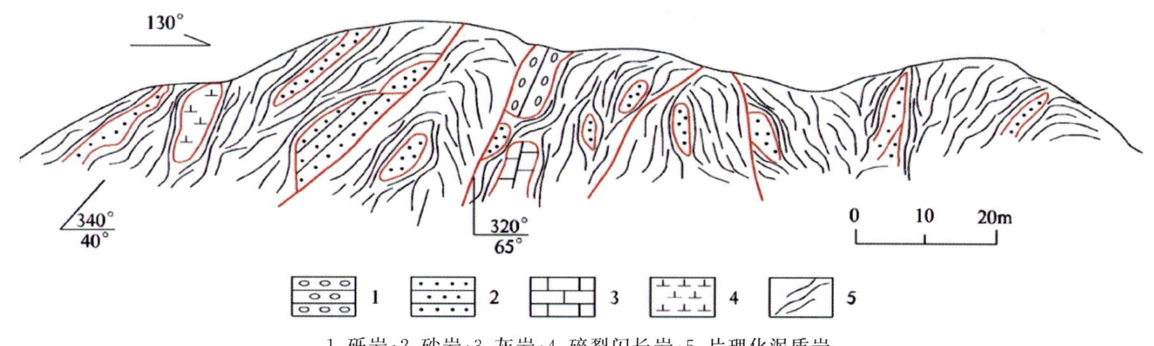

1.砾岩;2.砂岩;3.灰岩;4.碎裂闪长岩;5.片理化泥质岩。

图 3-10　头道桥西泥沙质构造混杂岩剖面图

头道桥-乌奴耳俯冲增生杂岩带内发育高压蓝片岩,出露面积约 $2km^2$,主要为一套绿泥石片岩,在剖面中部出露少量蓝闪石绿泥片岩。岩石总体表现为强变形域和弱变形域相间分布,局部发育构造透镜体及韧性变形。叶慧文等(1994)将这套高压变质岩与北东向构造延伸的新林、塔源蛇绿岩联系起来,并认为这套岩石可能是加里东期兴安地块与额尔古纳地块俯冲碰撞的产物。

头道桥蓝片岩带岩性组合主要为钠长绿泥绿帘片岩、绿泥石英片岩和钠长绿泥蓝闪石片岩(白志达和徐德兵,2015),岩石多为鳞片-纤状变晶结构,片状构造,岩石变形较强,构造片理发育。岩石主要由青铝闪石(5%～15%,蓝闪石变种)、钠长石(25%)、绿泥石(40%～45%)、白云母 15%,以及少量绿帘石、榍石、石英组成。从野外和镜下观察到的岩石变形特征可以看出,蓝片岩整体由弱变形域和强变形域两部分组成。弱变形域主要由弱变形的粗大钠长石、绿泥石和少量绿帘石组成,强变形域主要由强烈定向拉长的青铝闪石、绿泥石、白云母和绿帘石、钠长石组成(图 3-11)。蓝片岩中的高压变质矿物青铝闪石主要分布在强变形域中,并有两种产出形式:第一种为弱变形的粗大残留变斑晶(Crs1);第二种为基质中的强变形片状、纤维状和细小柱状晶体(Crs2),与定向排列的白云母、绿泥石、绿帘石构成岩石的主期面理,这两种青铝闪石均发生绿泥石交代退变反应。弱变形域的钠长石、绿泥石均变形较弱,且平衡共生,构成晚期绿片岩相退变质矿物共生组合,并对早期变质矿物青铝闪石发生退变交代反应。从变质变形特征分析,该地区蓝片岩至少存在两期变质,早期为高压蓝片岩相变质,并伴生强烈韧性变形,晚期为绿片岩相退变质阶段,总体上也反映了拼贴带的俯冲—逆冲折返构造过程。

头道桥-乌奴耳俯冲增生杂岩内同时也发育构造片岩,主要出露于夜宵外站北东,面积约 $2km^2$。构造面理十分发育,走向总体为北东向,倾角变化较大,主要为绿泥白云母石英片岩,夹有绿泥绿帘片岩、透闪石英片岩、千枚状硅质板岩及微晶石英岩。韧性变形发育,韧性变形带的糜棱岩与片岩相间出露,石英拔丝构造发育,长宽比约 10∶1,眼球构造多见。绿泥白云母石英片岩多为鳞片-纤状变晶结构,片状构造,片理由定向排列的白云母、绿泥石、绿帘石构成,主要由石英(10%～20%)、钠长石(25%)、绿泥石(35%)、白云母(20%)和少量绿帘石组成,局部白云母含量可达 30%～40%,白云母粒度较大,一般为 1～3mm,大者为 5～7mm。该片岩以面理、韧性变形发育,且白云母含量高、个体大为特征,主体为动力变质岩。钠长绿泥绿帘片岩为黄绿色,片状或条带状构造,小褶皱和劈理发育,纤维鳞片变晶结构,矿物成分主要为绿泥石(20%～30%)、钠长石(15%～20%)、绿帘石(5%～10%、)、纤闪石(10%～15%)等。

基质中沉积岩的稀土模式曲线基本一致,为不对称右倾(图 3-12),相对富集轻稀土,且轻稀土分馏程度较好,重稀土分馏程度差,Eu 为负异常;微量元素(图 3-13)表现为大离子亲石元素相对高场强元素富集,但 Sr 显示具较强亏损,高场强元素 Nb、Ta 显示负异常。基质浊积岩在 K_2O/Na_2O-SiO_2(图 3-

a. 蓝片岩中片理化构造　　b. 蓝片岩中强弱变形分带

c. 强变形域中发育的绿泥石、青铝闪石、白云母　　d. 弱变形域中发育的钠长石、绿泥石

Ab. 钠长石；Ch. 绿泥石；Crs. 青铝闪石；Ep. 绿帘石；Mus. 白云母。

图 3-11　头道桥蓝闪石片岩变质变形特征(据白志达和徐德兵，2015)

14)、$SiO_2/Al_2O_3-K_2O/Na_2O$ 构造环境判别图解(图 3-15)中主体投点于岛弧-活动大陆边缘环境范围(白志达和徐德兵，2012)，可能形成于弧前盆地环境。

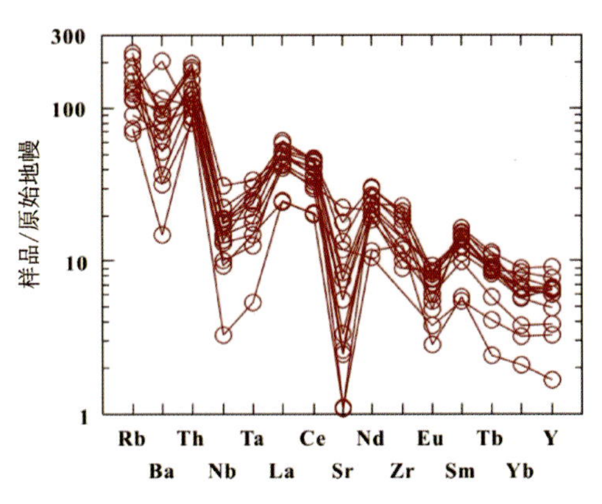

图 3-12　基质沉积岩稀土元素配分曲线图

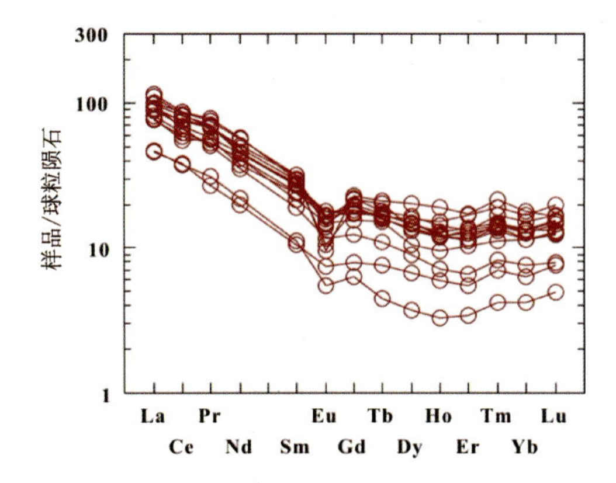

图 3-13　基质沉积岩微量元素蛛网图

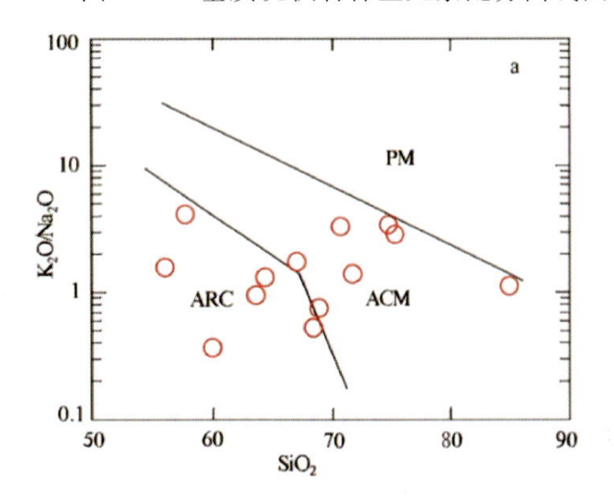

PM. 被动大陆边缘；ACM. 活动大陆边缘；ARC(A1、A2). 岛弧。

图 3-14　基质沉积岩 K_2O/Na_2O-SiO_2 构造环境判别图解

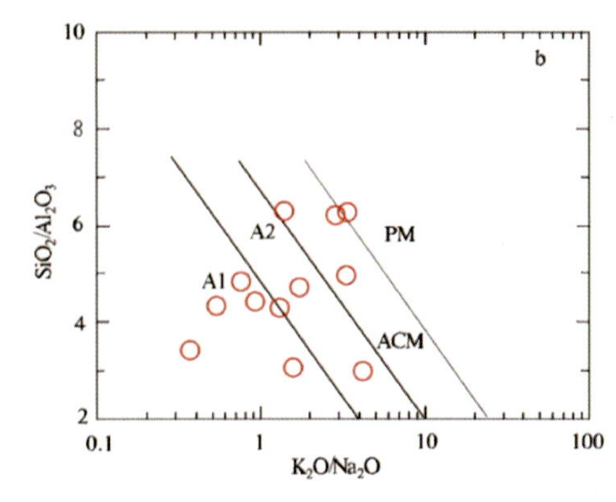

PM. 被动大陆边缘；ACM. 活动大陆边缘；ARC(A1、A2). 岛弧。

图 3-15　基质沉积岩 $SiO_2/Al_2O_3-K_2O/Na_2O$ 构造环境判别图解

（二）变质基底

头道桥-新林俯冲增生杂岩带的两侧均出露元古宙变质基底。北西侧基底主要由古元古界兴华渡口岩群变质表壳岩和新元古代变质深成岩组成，集中产出在兴华地块残块中。兴华渡口岩群主要由低角闪岩相—高绿片岩相的变质表壳岩组成，原岩为一套基性—中酸性火山岩-含铁硅泥质岩建造，为古元古代洋盆、活动陆缘建造，岩石组合以（黑云）斜长角闪岩、（黑云）斜长角闪片麻岩、角闪黑云斜长片麻岩、黑云石英片岩、黑云斜长变粒岩、大理岩等为主。新元古代变质深成岩主要由辉长岩、闪长岩、花岗闪长岩、二长花岗岩、正长花岗岩组成，具有典型岩浆弧Ⅰ型花岗岩特征，形成于活动大陆边缘岛弧环境。新元古代深成岩侵入兴华渡口岩群变质表壳岩，两者共同经历了变形改造，表现为片麻状的岩石外貌，构成了额尔古纳地块前寒武纪结晶基底。

俯冲增生杂岩带的南东侧基底主要由新元古界铁帽山组组成，岩石以浅粒岩、变粒岩、黑云斜长片岩、斜长角闪岩为主，含少量斜长角闪片岩、黑云石英片岩、二云石英片岩等。原岩以基性火山岩和长英质火山-沉积岩为主，为一套洋-陆转换期岛弧、弧前盆地、弧后盆地、洋盆、洋岛等建造，遭受了多期次构造改造，多以残块形式赋存在晚期构造带中，在早古生代洋-陆俯冲过程中作为地块基底卷入陆缘增生带中，形成低角闪岩相—高绿片岩相变质，构成兴安地块前寒武纪结晶基底。

（三）岩浆弧

俯冲增生杂岩带两侧均发育岩浆弧，杂岩带北西侧分布较多，集中在塔河一带，以侵入岩为主的岩浆弧大面积出露，侵位于基底变质岩系中，弧内残余于弧间盆地。杂岩带南东侧分布少量以喷出岩为主的火山弧，覆盖于基底变质岩系之上。

1.塔河早奥陶世侵入弧

该侵入弧分布于呼玛河两岸、富乐—馒头山北、内河—外河一带，面积约3 108.2km^2，岩石类型为角闪辉长岩、辉长岩、石英二长岩、石英闪长岩、花岗闪长岩、二长花岗岩、正长花岗岩等。岩石具有碎裂和糜棱岩化现象，与围岩多为断层接触或被地层覆盖。岩石形成时代主体为480～460Ma，时代跨越早—中奥陶世（刘渊等，2013）。角闪辉长岩被石英二长岩、花岗闪长岩、二长花岗岩侵入。侵入岩具有辉长岩→石英闪长岩→石英二长岩→花岗闪长岩→二长花岗岩→正长花岗岩演化，岩石化学从辉长岩到正长花岗岩变化。

辉长岩-闪长岩除呈脉状和小岩株状产出外，在岩体中常呈微粒闪长岩包体存在。岩石以块状构造为主，局部见有片麻状构造。堆晶结构，辉石、斜长石呈连续生长的堆晶产出，且由标准矿物计算出的斜长石牌号多在80～90之间，与较高的固结指数30～66所反映的幔源岩浆性质相符。在$TiO_2-MnO-P_2O_5$图解（图3-16）中，投影点均落入岛弧环境范围中，在Ti－Cr图解（图3-17）中，投影点均落入岛弧拉斑玄武岩区内（刘渊等，2013）。

花岗岩类岩体由花岗闪长岩、石英闪长岩和二长花岗岩组成，其中花岗闪长岩为主体岩性，石英闪长岩和二长花岗岩零星出露。岩石以块状构造为主，局部变形较强烈，可见条带状、片麻状构造。岩石属准铝质—过铝质高钾钙碱性—钾玄质系列石英二长岩-闪长岩-花岗闪长岩-花岗岩系列，显示正常镁闪长质$T_1G_1G_2$组合，属大陆边缘弧俯冲的构造背景（刘渊等，2013）。

石英闪长岩-花岗闪长岩的TFeO/MgO比值多大于2.0，K_2O/Na_2O比值多大于0.6，据Jakes等（1972）的研究，活动陆缘SiO_2质量分数为56%～75%，TFeO/MgO>2.0，K_2O/Na_2O>0.6，而岛弧环境中SiO_2质量分数为50%～66%，TFeO/MgO<2.0，K_2O/Na_2O<0.6，石英闪长岩-花岗闪长岩类的

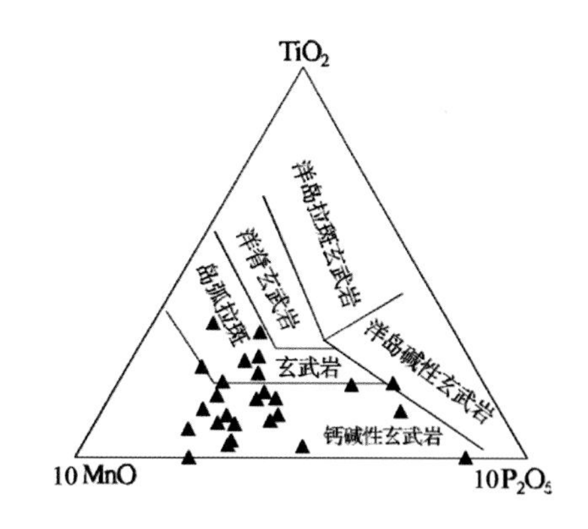

图 3-16　辉长岩 TiO_2 - MnO - P_2O_5 图解

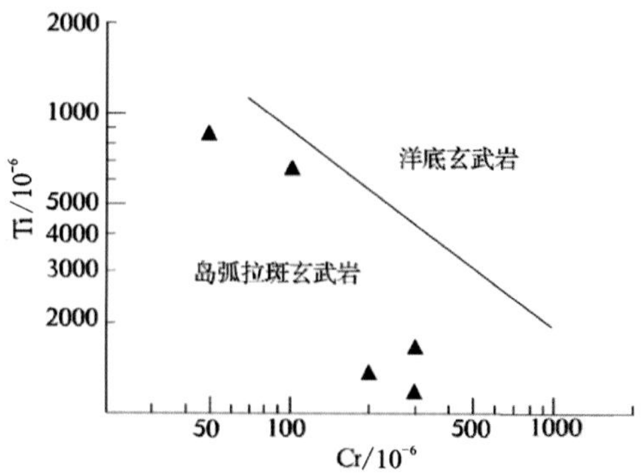

图 3-17　辉长岩 Ti - Cr 图解

构造环境更接近于大陆边缘弧环境。石英闪长岩-正长花岗岩在 I 型—A 型花岗岩的 Ce - SiO_2 图解(图 3-18)中，投影点均落入 I 型花岗岩区。在不同类型花岗岩的 Rb -（Yb＋Nb）构造判别图解(图 3-19)中，投影点基本落入火山弧花岗岩区；在 Rb -（Yb＋Ta）图解(图 3-20)中，花岗闪长岩及部分二长花岗岩落入火山弧花岗岩区，正长花岗岩及部分二长花岗岩落入板内花岗岩区。总体大地构造背景为活动大陆边缘，由挤压—张性环境的转化阶段，晚期花岗岩具后造山花岗岩特点(刘渊等，2013)。

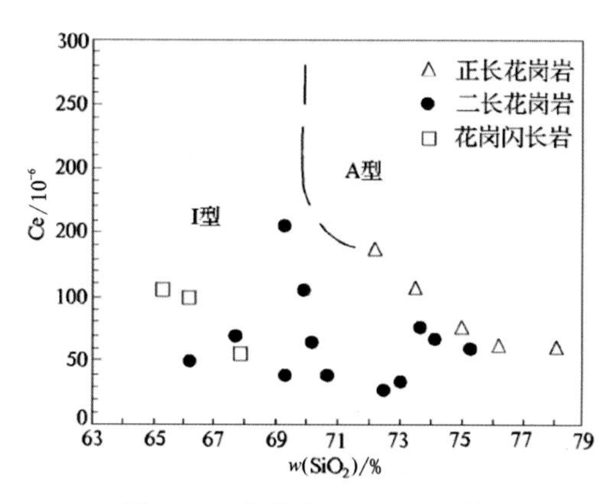

图 3-18　花岗岩 Ce - SiO_2 图解

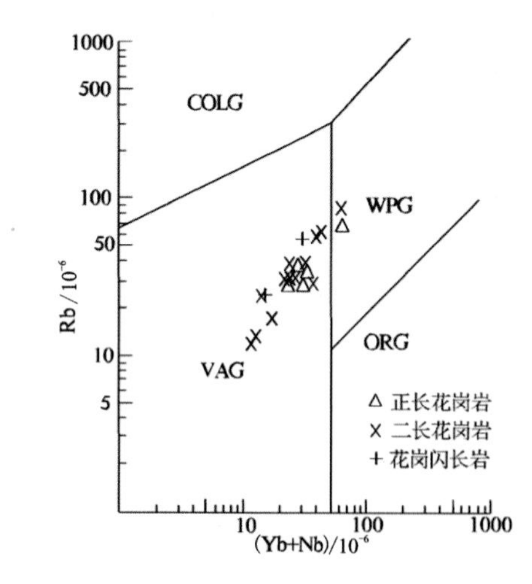

COLG. 同碰撞花岗岩；VAG. 火山弧花岗岩；
WPG. 板内花岗岩；ORG. 洋脊花岗岩。

图 3-19　花岗岩 Rb -（Yb＋Nb）构造判别图

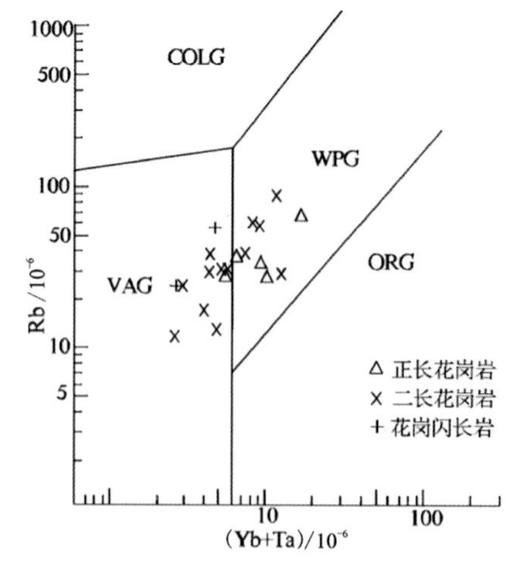

COLG. 同碰撞花岗岩；VAG. 火山弧花岗岩；
WPG. 板内花岗岩；ORG. 洋脊花岗岩。

图 3-20　花岗岩 Rb -（Yb＋Ta）图

2. 塔源镇西早奥陶世火山弧

该火山弧分布于新林区塔源镇西柯多蒂河上游一带，主要由大网子岩组变中性—中酸性火山岩及火山碎屑岩组成。岩石类型主要分为变质中基性岩类（包括变质玄武岩、变质角斑岩）和变质中酸性火山岩类（包括变质石英角斑岩、变英安岩等），其间夹有片岩和千枚岩等细碎屑沉积岩。变质矿物主要为绢云母、绿泥石、绿帘石、黑云母等。大网子组变火山岩发育片理和微型褶皱，受韧性剪切作用，杏仁体发生构造变形，形成拉伸线理及膝折等构造，受应力较强处形成糜棱结构岩石，受应力弱处形成劈理。大网子组原岩为一套岛弧火山建造，其变质火山岩的岩石化学、地球化学特征反映该组为一套岛弧钙碱性火山岩。运用 lgτ－lgσ 构造环境判别图解（图 3-21），岩石投影点基本落入造山带区，代表一种活动大陆边缘的岛弧构造环境。在元素 Ti－Zr 判别图解中（图 3-22），大网子岩组岩石投影点多落入岛弧玄武岩区。结合微量元素 Sr/Ba 比值多小于 1，该地区早奥陶世火山形成的构造环境应属岛弧环境（杜兵盈等，2016a、b）。

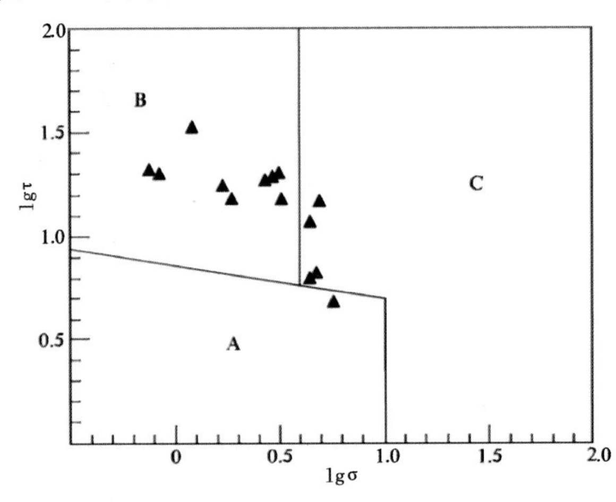

A. 板内火山岩；B. 岛弧火山岩；C. A、B 派生火山岩。

图 3-21　火山岩 lgτ－lgσ 构造环境判别图解

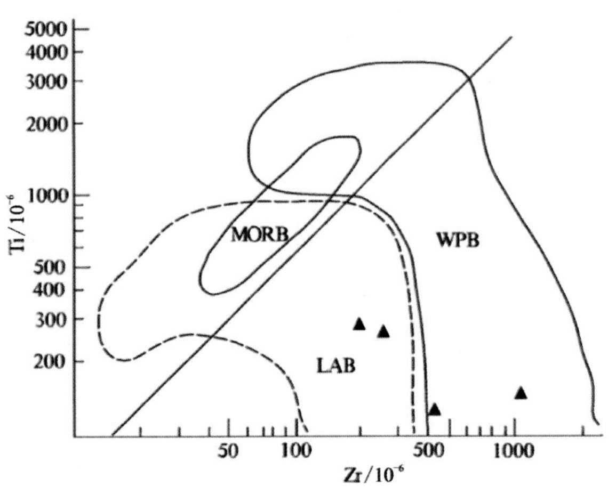

WPB. 板内玄武岩；LAB. 岛弧玄武岩；MORB. 洋脊玄武岩。

图 3-22　火山岩 Ti－Zr 判别图解

3. 大扬气—新天一带早奥陶世火山弧

该火山弧主要分布于大扬气—新天一带，呈北东向展布，岩石组合为火山灰凝灰岩、碎裂硅化火山灰凝灰岩、玻屑凝灰岩、糜棱岩化流纹岩、糜棱岩化英安岩、糜棱岩化安山质凝灰岩、糜棱岩化安山质晶屑凝灰岩、糜棱岩化英安质晶屑凝灰岩。变火山岩类 $w(SiO_2)=43.96\%\sim73.44\%$，$w(Al_2O_3)=13.97\%\sim19.29\%$，$w(Na_2O)<w(K_2O)$ 或 $w(Na_2O)>w(K_2O)$；原岩为中酸性凝灰岩、英安质凝灰岩，$0.53<\delta<3.15$，属强钙碱性—弱钙碱性岩系火成岩系列，表明该期变火山岩形成活动大陆边缘的岛弧构造环境（杜兵盈等，2016a、b）。

4. 西陵梯—壮志林场一带早奥陶世火山弧

该火山弧主要分布于西陵梯林场、壮志林场右乌鲁卡河、柯乌里河、大乌苏林场海莱河、大杨气河下游等地，呈北东向展布，岩性为片理化变英安质凝灰岩、变英安质晶屑凝灰岩、强片理化英安岩、片理化变流纹岩、变安山质凝灰岩、片理化变流纹质晶屑凝灰岩等。变火山岩类 $w(SiO_2)=53.88\%\sim71.23\%$，$w(Al_2O_3)=14.49\%\sim19.96\%$，$w(Na_2O)<w(K_2O)$ 或 $w(Na_2O)>w(K_2O)$。该变质岩部分原岩为英安质凝灰岩、英安岩、安山岩，$1.23<\delta<3.90$，属强钙碱性—弱钙碱性岩系火成岩系列，表明该变火山岩可能形成于岛弧环境（杜兵盈等，2016a、b）。

（四）弧前盆地

头道桥-新林俯冲增生杂岩带的两侧均发育弧前盆地，在北西侧规模较大，东南侧仅在阿龙山一带有小规模出露（图3-2）。在加格达奇—兴隆一带弧前盆地介于增生杂岩与岛弧或基底隆起带之间，呈不整合覆盖（断层）在基底或岛弧之上，多被中生代火山岩不整合覆盖。盆地沉积物主要由下奥陶统吉祥沟岩组、中—上奥陶统安娘娘桥组和黄斑脊山组构成。

吉祥沟岩组岩石以板岩、千枚岩、片岩、大理岩、变砂岩等为主，夹少量火山岩。它主要为浅海相细碎屑浊积岩建造（变质碎屑岩-板岩-片岩组合）和浅海相碎屑岩-碳酸盐岩建造（变砂岩-千枚岩-凝灰质粉砂质千枚岩-大理岩-白云质大理岩组合），另外还见少量岛弧型钙碱性火山岩建造（变酸性熔岩-变英安岩组合、中性火山岩组合）等。

安娘娘桥组主要发育在兴隆一带，不整合覆盖在俯冲增生杂岩和基地之上，被中生代火山岩不整合覆盖，局部被晚奥陶世花岗岩侵入。安娘娘桥组下部为砂砾岩段，主要有灰黄绿色砾岩、砂砾岩、砂岩，局部为细砂粉砂岩夹砾岩和大理岩；上部为板岩段，岩性有粉砂质板岩夹细砂粉砂岩或薄层灰岩，在板岩及粉砂岩中产三叶虫及腕足类化石 *Lingulella chinensis*、*L.* aff. *fostenmonensis*。黄斑脊山组为以黑色薄层状—微层状碳质板岩与绢云绿泥粉砂质板岩互层的板岩组合，含腕足类化石组合 *Finkelnburgia bellatula* – *Humaella huangbanjiensis* 和三叶虫 *Ceratopyge* – *Apatokephalus* 等早奥陶世化石组合。安娘娘桥组滨浅海相粗碎屑岩浊积岩组合呈现向上变深的退积型结构，反映盆地的不断沉降扩张特征，粗—细碎屑岩建造代表了由滨海向浅海过渡环境（《黑龙江省岩石地层》，1997）。吉祥沟岩组（黄斑脊山组）—安娘娘桥组沉积时间为早奥陶世—晚奥陶世，与增生杂岩和岩浆弧的演化时间基本相同，说明头道桥-新林俯冲增生杂岩带两侧的弧前盆地与洋-陆俯冲作用具有同步性。

（五）弧间盆地

该盆地主要发育在韩家园子一带，分布于早奥陶世岩浆弧之间或岩浆弧与基底隆起之间，不整合于基底变质岩之上，与岩浆弧火成岩多呈断层接触。该盆地岩石主要由早奥陶世倭勒根岩群吉祥沟岩组海相细碎屑沉积岩构成。岩石主要由片岩、千枚岩、大理岩、板岩、微晶灰岩、变细砂岩、变粉砂岩、杂砂岩夹角斑岩、细碧岩等组成，总体为一套中浅变质的浅海相细碎屑岩夹碳酸盐岩组合。岩石变质变形强烈，多形成构造片岩。岩石粒度较细，说明沉积水体较深，其间夹有的角斑岩、细碧岩代表弧间拉张强烈阶段海底火山喷发活动。岩石的成分成熟度与结构成熟度较低，代表了近源弧间盆地浅海沉积。细碧岩的锆石 U－Pb 测年数据为 477Ma（刘渊等，2013），说明弧间盆地拉张期在早奥陶世。

（六）俯冲增生杂岩带中蛇绿岩及岩块特征

头道桥-新林俯冲增生杂岩带中岩块非常发育，主要有超镁铁质岩和镁铁质岩、硅质岩、大理岩及基底变质岩、弧岩浆岩。超镁铁质岩残留部分主体为变质橄榄岩，自下而上由斜方辉橄岩和纯橄岩组成。变质橄榄岩 MgO/MgO+〈TFeO〉＝0.85，属富 Mg 低 Fe、Ti、K、Na 的镁质、镁铁质类型。上部镁铁质岩自下而上为层状堆积岩→席状岩床杂岩→变质玄武岩。层状堆积岩下堆积层由角闪橄榄岩、金云母角闪岩、辉石岩组成；上堆积层下部为辉长岩，上部为斜长岩。席状岩床杂岩由辉绿岩、角闪辉绿岩、细粒辉长岩及（大洋）斜长花岗岩等岩床组成，以辉绿岩为主平行产于堆积辉长岩之上，细粒辉长岩及斜长花岗岩较少。变质玄武岩为蛇绿岩最上部层位，属大洋拉斑玄武岩。

吉峰—环宇地区出露的蛇绿岩主要为橄榄岩、二辉橄榄岩、辉石岩、辉长岩、玄武岩、科马提岩等。在头道桥一带，出现的蛇绿岩组合包括辉橄岩、变辉长岩、辉绿岩、变玄武岩、含放射虫硅质岩等，辉长岩中发育由“粒序层理”显示的“堆晶结构”，枕状玄武岩岩石地球化学具有大洋玄武岩特征。岩块有镁铁质—超镁铁质岩、透镜状生物碎屑灰岩、酸性火山岩等。

1. 头道桥—乌奴耳一带蛇绿岩及岩块特征

在扎敦河—乌奴耳—六十四米桥一带，发育较多变玄武岩、变辉长岩和辉绿岩墙等，这些基性岩均与放射虫硅质岩伴生，部分地段剖面相对连续，其堆积序列与洋壳相似，基性侵入岩结构变化大，局部可见堆晶结构的条带状变辉长岩、辉绿岩等，上述部分应属古洋壳端元物质；向北东延伸到乌尔其汉东南，在早石炭世花岗闪长岩中见呈残留体出现的变角闪辉石橄榄岩。这说明该地区分布的蛇绿岩的岩石组合是相对齐全的，由“大洋地壳残片＋地幔岩”两部分组成(Dilek and Furnes，2011)，受后期俯冲-碰撞和岩浆侵入等强烈改造已支离破碎(白志达和徐德兵，2015)。

乌奴耳—六十四米桥一带蛇绿质混杂岩剖面产出的岩石自西向东依次为变玄武岩、变辉绿岩/辉绿玢岩墙、变玄武岩、放射虫硅质岩、变辉绿岩、变玄武岩、角砾状变玄武岩等(图 3-23)，岩石间界面产状和变形产状变化较大，多为构造接触或侵入接触。

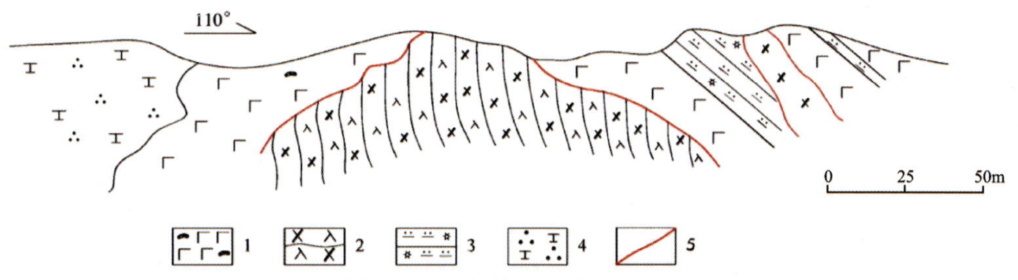

图 3-23　六十四米桥南蛇绿混杂岩剖面图(据白志达和徐德兵，2015 修改)

乌奴耳镇北蛇绿质混杂岩剖面中变玄武岩、变辉长岩、变辉绿岩/辉绿玢岩墙、放射虫硅质岩等代表洋壳端元的岩石单元均保存相对完整(图 3-24)。变辉长岩与后段辉绿岩/辉绿玢岩接触关系具渐变过渡特征。岩石地貌上陡立，后段变玄武岩覆盖在变辉绿岩/辉绿玢岩墙之上。变玄武岩局部有轻微的蛇纹石化，呈团块状岩石分布在变玄武岩中。变玄武岩中夹 3 层放射虫硅质岩，有变辉绿玢岩脉侵入。

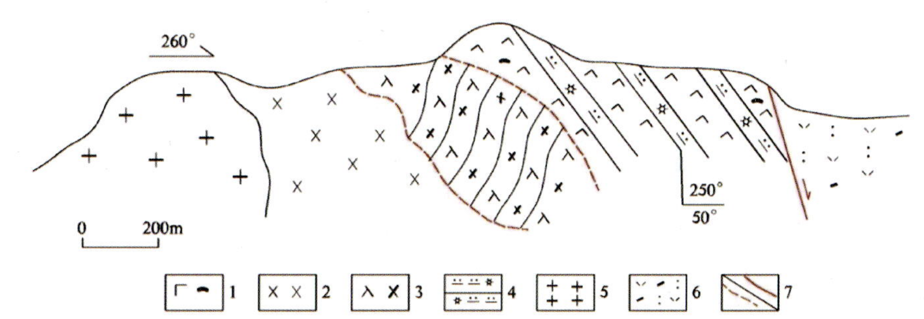

图 3-24　乌奴耳镇北蛇绿混杂岩剖面图(据白志达和徐德兵，2015 修改)

乌川东南蛇绿质混杂岩剖面中变玄武岩、变辉长岩、变辉绿岩/辉绿玢岩墙、放射虫硅质岩等代表洋壳端元的岩石单元均保存相对完整(图 3-25)。剖面虽遭受后期花岗斑岩的侵入和断裂破坏，但基本堆积序列仍较完整，由下而上为辉长岩→辉绿岩→玄武岩→放射虫硅质岩，与洋壳的结构类似。辉长岩呈块状结构、中细粒辉长结构、辉绿辉长结构；斜长石呈半自形板状，质量分数为 60%～65%；辉石呈柱粒状，大小一般为 1～2mm，少部分为 2～5mm。

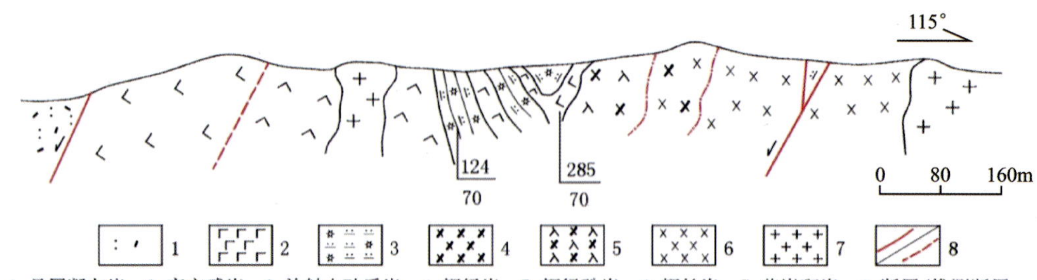

图 3-25 乌川东南蛇绿混杂岩剖面图(据白志达和徐德兵，2015 修改)

蛇绿质混杂岩中岩块岩石地球化学特征：头道桥-乌奴耳俯冲增生杂岩中伴生的变玄武岩、变辉长/辉绿岩等岩石的地球化学表现与 MORB 类似的 MORB-like 型特征，具有高 TiO_2 和轻稀土略亏损特征，为 SSZ 型蛇绿岩，与俯冲带上的岛弧环境有关(Pearce et al.，1984)。

1)主量元素特征

镁铁质岩石的 SiO_2 质量分数在 47.47%～50.34%之间(表 3-2)，平均值为 49.82%，Al_2O_3 质量分数在 13.41%～16.24%之间，平均值为 15.04%，标准矿物不出现刚玉，为铝不饱和岩石，与洋中脊拉斑玄武岩相近(Melson et al.，1976)；TiO_2 质量分数为 0.91～2.75%，平均值为 1.88%，略高于典型洋中脊玄武岩(1.5%)(Pearce，1983)和弧后盆地玄武岩(1.19%±0.39%)(Woodhead et al.，1993)，属 MORB-like 型蛇绿岩；蛇绿岩 MgO 质量分数在 5.72%～9.48%之间，$Mg^{\#}$［$Mg^{\#}=100Mg/(Mg+Fe^{2+})$］在 43～67 之间，低于原生岩浆 $Mg^{\#}$ 值(68～75)(Wilson，1989)。在 $Zr/TiO_2-Nb/Y$ 和 SiO_2-Zr/TiO_2 图解中，镁铁质岩石主体落入亚碱性玄武岩中(图 3-26a)。在 SiO_2-FeO_T/MgO 图解中，主体显示为拉斑玄武岩系列(图 3-26b)。从蛇绿岩镁铁质岩石的主量元素特征可以看出，蛇绿岩高 Ti 低 Al，具有大洋中脊玄武岩 MORB 特征，与 MORB-like 型蛇绿岩相似(白志达和徐德兵，2015)。

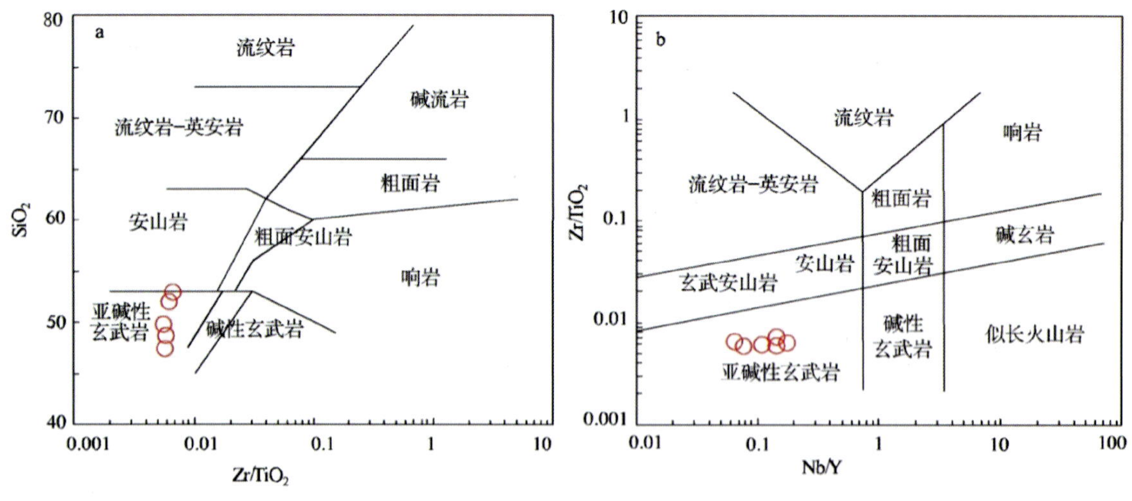

图 3-26 头道桥-乌奴耳俯冲增生杂岩带镁铁质岩石分类图

(a、b 据 Winchester and Floyd，1976)

2)稀土元素特征

镁铁质岩石的稀土元素表现为轻稀土元素 LREE 略亏损特征，$(La/Sm)_N$ 在 0.65～0.97 之间，略高于 N-MORB 值(表 3-2)，总体分布特征与 N-MORB 相似(图 3-27)，表明其来源应为亏损的地幔源区；但稀土总量相对较高，$\sum REE$ 介于$(54.03～99.14)\times10^{-6}$之间，平均为 71.64×10^{-6}，约为 N-MORB 稀土总量的 2 倍、球粒陨石的 31 倍，可能与岩石部分熔融程度较高有关(白志达和徐德兵，2015)。

表 3-2　镁铁质岩石主量元素、微量元素和稀土元素数据表

岩性	辉长岩	辉长岩	辉长岩	辉长岩	辉长岩	辉长岩	辉绿岩	辉绿岩	辉绿岩	变玄武岩	变玄武岩	变玄武岩
样号	P27-3	P27-4	P27-7	P27-9	2288	3294	4048	P27-6	P27-8	2285	2288	3292
SiO_2/%	48.23	46.03	46.91	48.01	46.54	47.74	46.93	46.62	46.78	46.23	50.43	49.97
TiO_2/%	1.49	1.11	1.47	1.71	2.75	1.6	2.13	2.75	2.38	1.42	0.88	2.1
Al_2O_3/%	15.06	19.65	14.95	13.12	13.66	14.36	14.6	13.60	14.45	15.39	15.28	13.41
Fe_2O_3/%	3.23	2.41	2.44	3.19	5.57	2.99	3.72	6.09	5.67	2.98	2.12	6.61
FeO/%	6.01	5.77	8.45	9.17	9.56	7.45	8.24	8.65	8.26	7.59	6.18	6.63
MnO/%	0.167	0.141	0.177	0.233	0.245	0.194	0.202	0.257	0.231	0.185	0.173	0.16
MgO/%	7.68	7.30	9.16	7.87	6.68	9.11	7.03	5.96	6.40	9.08	8.87	5.4
CaO/%	11.12	11.07	9.01	9.79	9.44	9.12	9.61	8.33	7.74	8.6	9.33	4.83
Na_2O/%	3.00	2.55	2.79	3.09	2.98	3.18	3.5	3.51	3.52	2.96	3.37	4.93
K_2O/%	0.60	0.30	0.56	0.37	0.37	0.21	0.1	0.11	0.70	0.18	0.5	0.08
P_2O_5/%	0.129	0.106	0.139	0.149	0.288	0.143	0.211	0.234	0.305	0.139	0.146	0.224
H_2O^+/%	2.60	3.07	3.37	2.80	1.13	3.11	3.43	3.10	3.05	3.95	1.68	3.34
H_2O^-/%	0.28	0.29	0.26	0.21	0.13	0.24	0.15	0.23	0.36	0.27	0.15	0.25
烧失量/%	3.08	3.45	3.75	3.16	1.78	3.74	3.62	3.77	3.40	5.01	2.58	5.55
合计/%	99.80	99.89	99.82	99.87	99.86	99.84	99.89	99.86	99.85	99.78	99.84	99.89
$Mg^{\#}$	60.8	62.3	60.8	54.1	46.0	63.0	53.0	43.2	46.3	62.0	67.0	43.0
SI	37.5	39.9	39.2	33.2	26.7	39.7	31.2	24.7	26.2	39.9	42.2	23.1
Rb/10^{-6}	14.1	9.8	16.4	8.5	10.87	5.21	2.23	1.7	17.7	3.55	15.36	1.73
Sr/10^{-6}	314.7	295.0	283.2	229.6	313	396	170	175.0	333.4	361	327	143
Zr/10^{-6}	83.2	72.2	102.8	114.6	160.5	93.9	131.9	147.4	166.7	86.8	57.2	149.1
Nb/10^{-6}	9.57	8.04	3.02	3.63	3.504	3.549	5.729	5.43	9.21	2.882	1.348	5.329
Ba/10^{-6}	114.9	31.7	81.5	75.1	82.9	76.2	50.1	43.7	134.5	810.6	128.5	86.4
La/10^{-6}	3.97	3.32	4.07	4.67	6.68	4.37	6.63	8.13	12.16	4.04	5.14	7.69
Ce/10^{-6}	10.79	8.83	11.46	12.77	21.61	12.19	18.23	20.38	28.30	13.31	15.04	20.79
Pr/10^{-6}	1.89	1.60	2.00	2.23	3.73	2.1	3.14	3.59	4.47	2.09	2.12	3.47
Nd/10^{-6}	9.57	8.04	10.41	11.46	20.98	11.69	16.91	18.32	21.32	11.54	11.14	18.62
Sm/10^{-6}	3.27	2.62	3.44	3.86	6.68	3.68	5.13	6.10	6.09	3.71	3.43	5.62
Eu/10^{-6}	1.26	1.08	1.31	1.55	2.47	1.33	2.02	2.21	2.05	1.46	1.15	2.1
Gd/10^{-6}	3.54	2.82	3.68	4.07	7.38	3.98	5.33	6.27	6.12	4.13	3.34	6.18
Tb/10^{-6}	0.78	0.58	0.77	0.85	1.62	0.86	1.17	1.32	1.20	0.89	0.68	1.28
Dy/10^{-6}	4.87	3.82	5.07	5.60	10.09	5.32	7.01	8.50	7.48	5.61	4.49	8.01
Ho/10^{-6}	1.00	0.79	1.01	1.13	2.16	1.15	1.47	1.75	1.52	1.25	1	1.67
Er/10^{-6}	2.53	2.04	2.70	2.91	7.95	3.43	4.33	4.49	3.92	5.29	4.65	4.94
Tm/10^{-6}	0.41	0.35	0.44	0.46	1.01	0.51	0.67	0.71	0.60	0.58	0.5	0.78
Yb/10^{-6}	2.44	2.10	2.71	2.83	5.98	2.95	3.97	4.33	3.65	3.15	3.02	4.59
Lu/10^{-6}	0.34	0.29	0.36	0.40	0.79	0.46	0.56	0.61	0.52	0.47	0.43	0.69
Y/10^{-6}	24.92	19.34	25.49	27.80	45.43	24.76	32.9	43.40	37.37	26.2	20.76	36.82
Hf/10^{-6}	3.34	2.86	4.05	4.27	11.57	4.48	7.07	6.87	6.14	5.37	3.82	7.07
Ta/10^{-6}	0.23	0.17	0.21	0.27	0.328	0.36	0.782	0.37	0.57	0.27	0.129	0.639
Pb/10^{-6}	1.71	1.41	1.78	5.03	12.77	2.52	3.19	2.63	3.38	10.21	13.34	5.86
Th/10^{-6}	0.20	0.18	0.19	0.21	0.765	2.319	2.383	0.42	0.81	0.938	1.189	0.624

续表 3-2

岩性	辉长岩	辉长岩	辉长岩	辉长岩	辉长岩	辉长岩	辉绿岩	辉绿岩	辉绿岩	变玄武岩	变玄武岩	变玄武岩
$U/10^{-6}$	0.07	0.06	0.07	0.09	0.22	0.176	0.178	0.14	0.25	0.178	0.31	0.218
$\Sigma REE/10^{-6}$	46.7	38.3	49.4	54.8	99.1	54.0	76.6	86.7	99.4	57.5	56.1	86.4
Zr/Hf	24.89	25.25	25.40	26.86	13.87	20.96	18.66	21.45	27.16	16.16	14.97	21.09
Nb/Ta	42.47	46.15	14.09	13.66	10.68	9.86	7.33	14.64	16.29	10.67	10.45	8.34
$An/10^{-6}$	26.75	42.81	27.72	21.56	23.26	25.27	24.75	21.9	22.38	29.73	25.79	15.1
$Ab/10^{-6}$	26.23	22.36	24.57	27.02	25.72	28	30.76	30.97	30.87	26.43	29.31	44.29
$Or/10^{-6}$	3.66	1.87	3.43	2.27	2.23	1.29	0.61	0.65	4.31	1.12	3.04	0.5
$Di/10^{-6}$	23.56	10.8	14.48	22.52	18.39	16.76	18.9	15.93	12.51	11.55	16.73	7.13
$Hy/10^{-6}$	3.55	3.59	7.76	9.09	13.15	9.84	5.09	15.51	10.45	10.73	10.96	18.54
$Ol/10^{-6}$	8.18	12.52	15.12	9.05	3.68	10.81	9.57	1.4	6.57	12.68	8.94	—
$It/10^{-6}$	2.93	2.19	2.91	3.36	5.33	3.16	4.2	5.44	4.69	2.85	1.72	4.23
$Mt/10^{-6}$	4.84	3.62	3.68	4.78	7.57	4.51	5.6	7.63	7.5	4.56	3.16	7.86
$Ap/10^{-6}$	0.31	0.26	0.33	0.36	0.68	0.34	0.51	0.56	0.73	0.34	0.35	0.55

注：$Mg^{\#}=100Mg/(Mg+Fe^{2+})$；∑REE 不包括 Y。数据来源：白志达和徐德兵(2015)。

3)微量元素特征

镁铁质岩石在大离子亲石元素(LILE)Rb、Ba、Th、U 表现为富集，与 E-MORB 或岛弧玄武岩特征相似(Sun and McDonough，1989；Shinjo et al.，1999)，同时由于 LILE 具有较强的活动性，这些元素绝对含量波动较大，个别样品相对正或负异常可能与后期变质流体/蚀变有关(Avison，1985；张旗，1990a；Xu et al.，2002)。从原始地幔和 N-MORB 标准化蛛网图可以看出(图 3-28)，蛇绿岩具有相对高的 Ti，在 N-MORB 标准图上表现为富集，同时蛇绿岩中 Nb、Ta、Zr、Hf 也均高于 N-MORB，但其中 Nb、Ta 相对 E-MORB 略低，具有弱的负异常，显示其源区可能存在相对较弱的俯冲板片流体交代改造(白志达和徐德兵，2015)。

蛇绿岩的镁铁质岩石在 Pb 上均表现为强的正异常(图 3-28)，与岛弧地区火山岩特征相似(Shinjo et al.，1999；Singer et al.，2007)。镁铁质岩石在原始地幔标准化蛛网图中并未出现明显的 Ti 负异常，暗示岩浆在地幔及构造侵位过程中均未受到地壳物质的混染(Rudnick and Gao，2003)。因此，这种 Pb 的富集可能与俯冲洋壳/沉积物脱水流体(Miller et al.，1994；Elliott et al.，1997；Class et al.，2000；Elliott，2003)或俯冲沉积物熔融形成的熔体(Turner et al.，1997；Singer et al.，2007)改造有关。

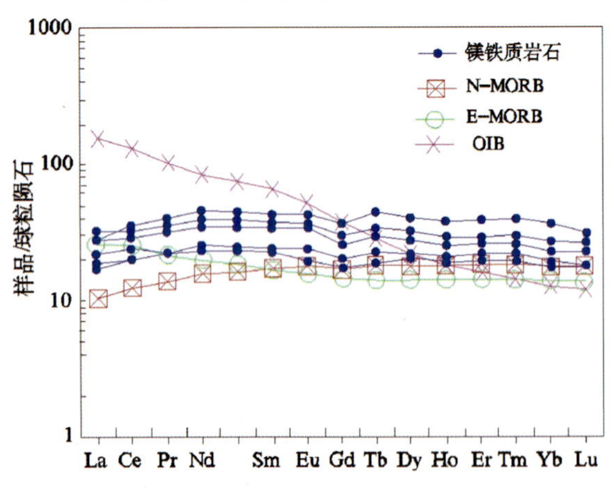

图 3-27 镁铁质岩石稀土元素曲线图

(球粒陨石、原始地幔 N-MORB、E-MORB、OIB 数据引自 Sun and McDonough，1989)

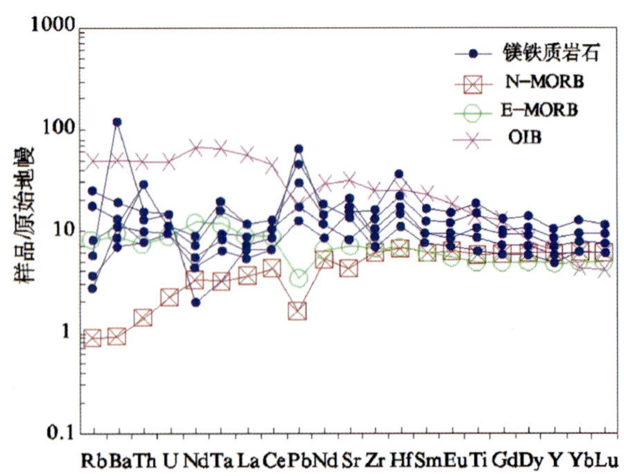

图 3-28 镁铁质岩石微量元素曲线图

(球粒陨石、原始地幔 N-MORB、E-MORB、OIB 据 Sun and McDonough，1989)

4)构造环境

镁铁质岩石的主微量元素研究表明,蛇绿岩具有高 Ti 低 Al、LREE 略亏损特征,总体特征与 N-MORB 类似,暗示其源区为弱亏损的二辉橄榄岩。但是这类蛇绿岩在微量元素组分中所表现的 LILE 的富集、Nb-Ta 弱的负异常及 Pb 的正异常的特征,均与典型大洋中脊的 N-MORB 不同,而与俯冲弧后盆地玄武岩 BABB 特征相似(Shinjo et al.,1999),暗示其形成环境可能与俯冲有关。蛇绿岩与 MORB-like 特征具有 N-MORB 向岛弧拉斑玄武岩过渡趋势。主微量元素构造环境分类图也总体反映出镁铁质岩石的上述特征(图 3-29)。

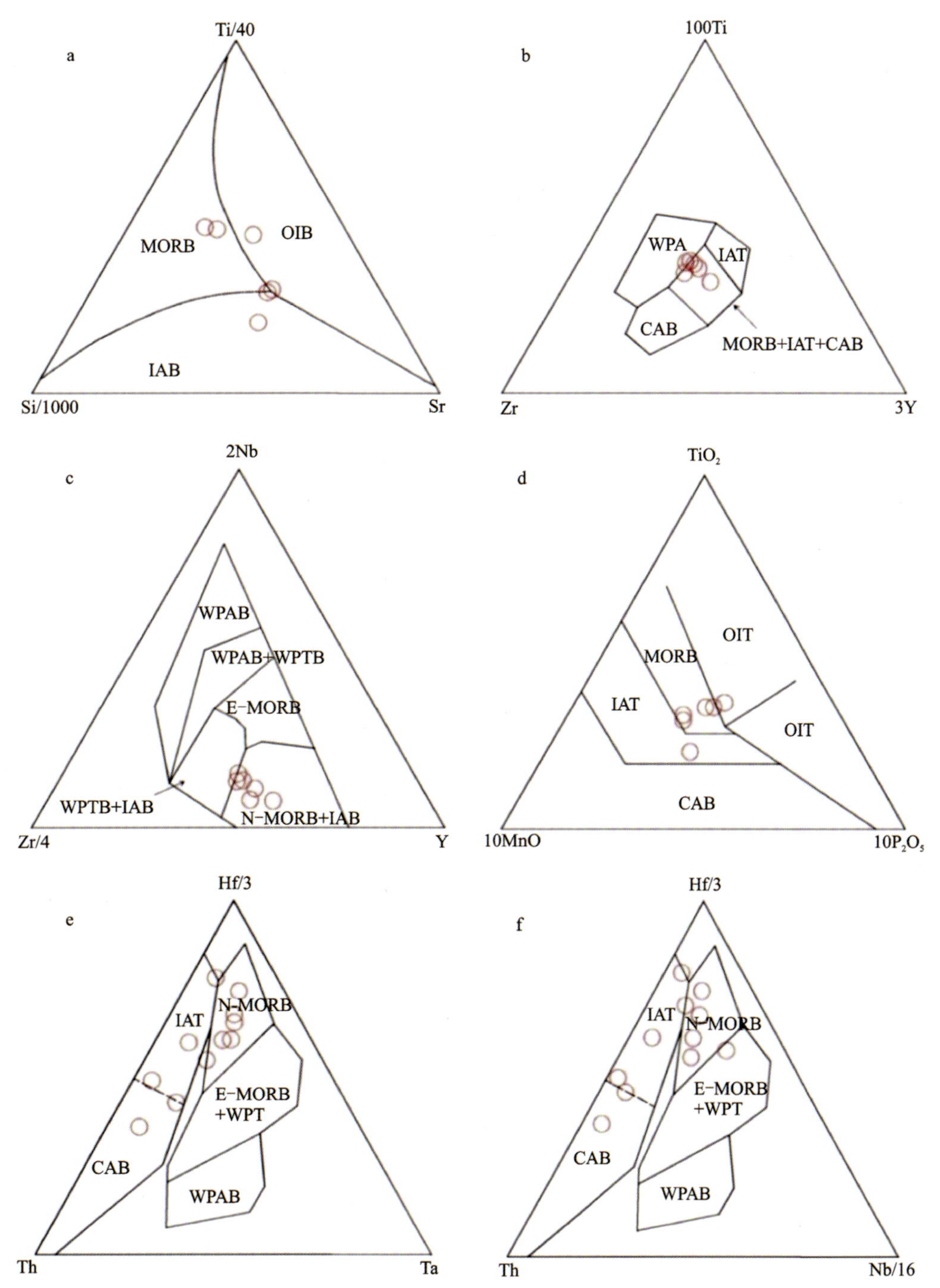

WPAB/WPA.板内玄武岩;WPTB/WPT.板内拉斑玄武岩;MORB.洋中脊玄武岩;N-MORB.正常型洋中脊玄武岩;E-MORB.富集型洋中脊玄武岩;IAT.岛弧拉斑玄武岩;CAB.岛弧钙碱性玄武岩;OIB.洋岛玄武岩;OIT.洋岛拉斑玄武岩。

图 3-29　镁铁质岩石构造环境判别图

(a~d 分别据 Vermeesch,2006;Pearce and Cann,1973;Meschede,1986;Mullen,1983;e、f 据 Wood,1980)

在 $TiO_2-MnO-P_2O_5$ 图中镁铁质岩石大部分投入 MORB 区域内(图 3-29d),而在 Hf-Th-Ta 及 Hf-Th-Nb 图中投入 IAT 区域内(图 3-29e、f),Ti-Si-Sr、Ti-Zr-Y 及 Nb-Zr-Y 判别图中该类岩石均投入 MORB+IAB 区域内(图 3-29a、b、c),显示该类岩石具有 MORB-IAT 特征。$TFeO/MgO-TiO_2$ 图解显示(图 3-30a),蛇绿岩主要投入 MORB 和 OIB 玄武岩区,在 TiO_2/Zr 图解(图 3-30b)中具有同样特征。结合该类镁铁质岩稀土及微量元素分布特征可以判断,镁铁质岩石总体上为 MORB-like 蛇绿岩,并具有向 IAT 过渡的趋势,这种过渡趋势应与俯冲板片流体交代有关(白志达和徐德兵,2015)。

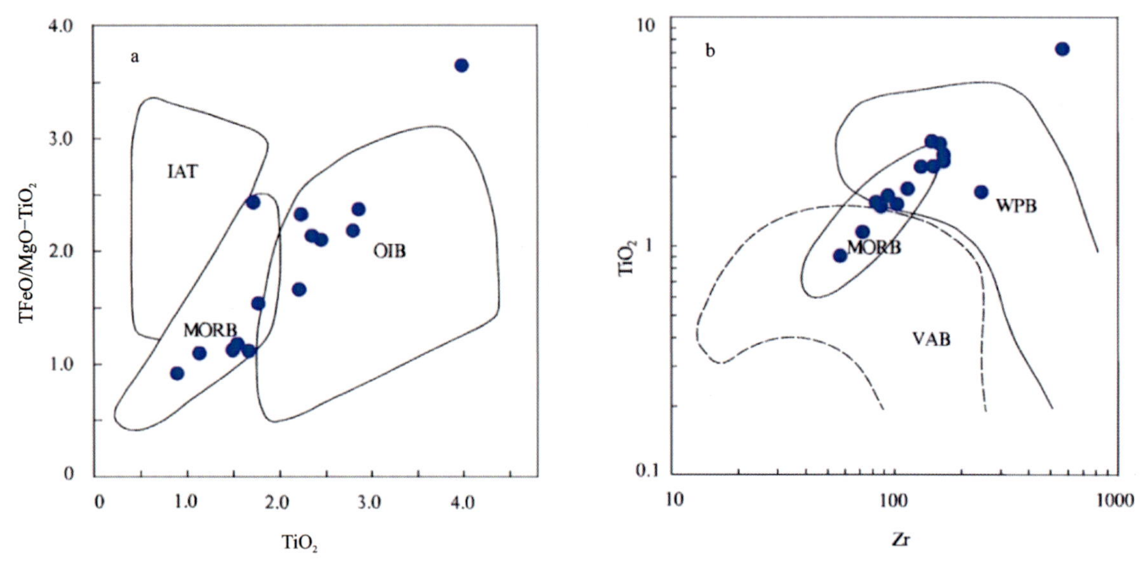

WPB. 板内玄武岩;MORB. 洋中脊玄武岩;IAT. 岛弧拉斑玄武岩;VAB. 岛弧玄武岩;OIB. 洋岛玄武岩。

图 3-30 镁铁质岩石 $TFeO/MgO-TiO_2$ 图解(a)和 TiO_2-Zr 图解(b)

2. 加格达奇—新林—兴隆一带蛇绿岩及岩块特征

加格达奇—新林—兴隆一带蛇绿岩呈零星岩块北东向分布于塔源、林海、大乌苏林场、兴隆等地区。蛇绿岩被呈菱形网络状展布的高角度逆冲断层和左行走滑断裂分割,与碎屑岩基质、镁闪长质 TTG 岩系均呈构造接触。蛇绿岩岩块包括林海地区富铌基性火山岩组合,兴隆地区高镁闪长质岩石组合,兴隆地区角闪石岩、辉长岩组合,塔源、林海、大乌苏林场地区蛇纹岩、蛇纹石化辉石橄榄岩、二辉辉石岩、角闪石岩、辉长岩组合。《黑龙江省区域地质志》(2020)划分了 5 处蛇绿岩,分述如下。

1)林海前弧富铌基性火山岩

林海俯冲增生杂岩剖面主要见富铌玄武岩、超镁铁质岩、辉长岩、大理岩岩块和碎屑岩基质及芙蓉世—早奥陶世后造山花岗岩组合。构造形迹上可识别出早期的韧性变形,不同块体边界发育一系列高角度倾向西南的逆冲-左行走滑断层及正断层(图 3-31)。

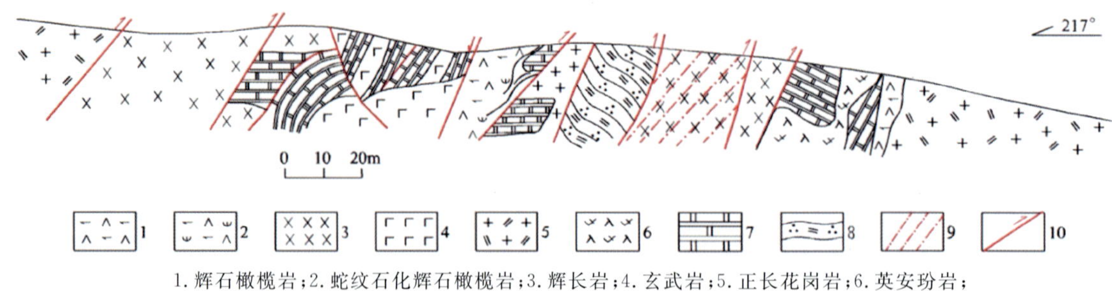

1. 辉石橄榄岩;2. 蛇纹石化辉石橄榄岩;3. 辉长岩;4. 玄武岩;5. 正长花岗岩;6. 英安玢岩;
7. 大理岩;8. 二云石英片岩;9. 糜棱岩化;10. 断层。

图 3-31 林海俯冲增生杂岩剖面(据《黑龙江省区域地质志》,2020)

富铌基性火山岩 SiO_2 质量分数为 47.58%～50.66%，Al_2O_3 质量分数为 14.47%～16.93%，TiO_2 质量分数为 1.1%～2.06%，Na_2O 质量分数为 2.78%～4.85%，K_2O 质量分数为 0.98%～2.39%；全碱 Na_2O+K_2O 质量分数为 4.19%～6.37%。在(Na_2O+K_2O)－SiO_2 图解(图 3-32)中，富铌基性火山岩样品投点主体分布在碱性系列；在 TFeO－(Na_2O+K_2O)－MgO 图解(图 3-33)中，富铌基性火山岩样品投点主体集中在钙碱性系列。

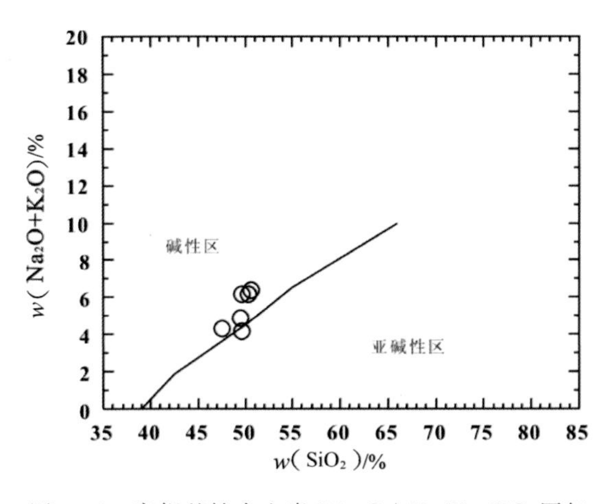

图 3-32　富铌基性火山岩(Na_2O+K_2O)－SiO_2 图解
(据《黑龙江省区域地质志》，2020)

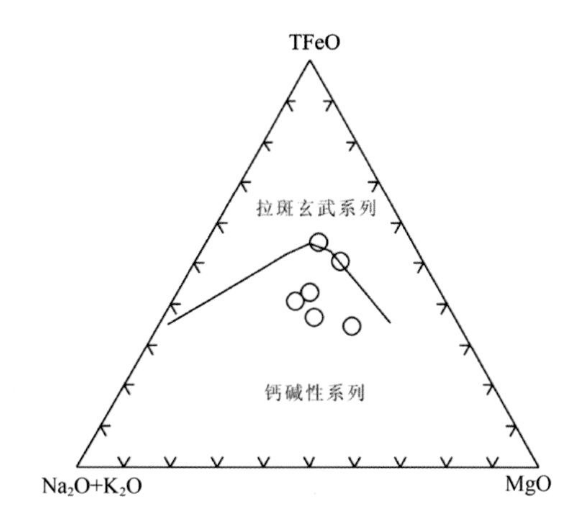

图 3-33　富铌基性火山岩 TFeO-(Na_2O+K_2O)-MgO 图解
(据《黑龙江省区域地质志》，2020)

富铌基性火山岩稀土总量(∑REE)为(119.05～272.75)$\times10^{-6}$；轻稀土总量(∑LREE)为(68.08～238.14)$\times10^{-6}$，重稀土总量(∑HREE)为(11.69～22.02)$\times10^{-6}$，轻重稀土比值 LREE/HREE 在 3.11～14.17之间；$(La/Yb)_N$=2.8～20.76，$(Ce/Yb)_N$=2.09～15.34，稀土配分曲线右倾；La/Sm=2.9～6.68(图 3-34)；δEu=0.87～1.14，Eu 弱亏损—弱富集。

从富铌基性火山岩微量元素曲线图可以看出，大离子亲石元素相对高场强元素富集。高场强元素 Nb、Ta、Zr、Hf 主体显示负异常(图 3-35)。Nb 含量为(7.02～11)$\times10^{-6}$，平均为 8.62$\times10^{-6}$，据 Sajona(1993)的研究成果，基性火山岩具富铌特征。富铌基性火山岩在 Th/Yb－Nb/Yb 判别图解(图 3-36)中主体投于大陆岛弧区，结合 Nb 含量将其划归 SSZ 型蛇绿岩。

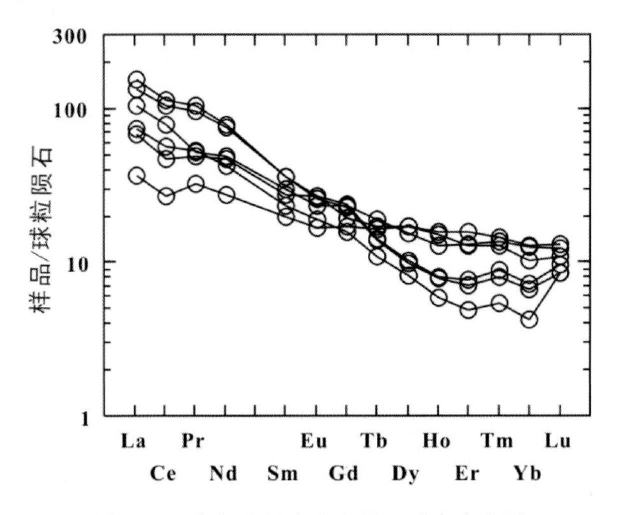

图 3-34　富铌基性火山岩稀土元素曲线图
(据《黑龙江省区域地质志》，2020)

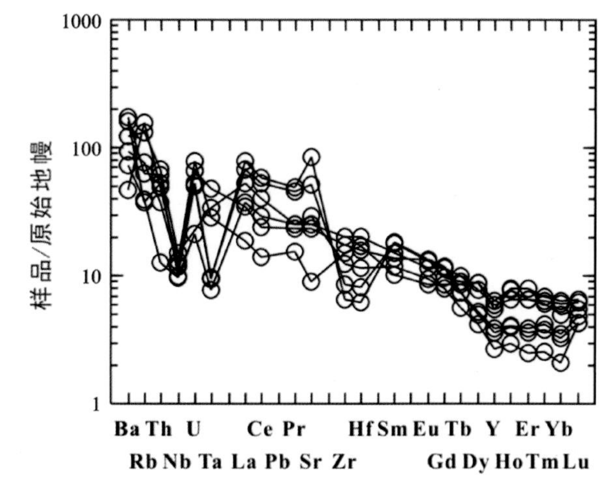

图 3-35　富铌基性火山岩微量元素曲线图
(据《黑龙江省区域地质志》，2020)

2)兴隆地区高镁闪长质岩石

兴隆地区高镁闪长质岩石主要有闪长岩、石英闪长岩、片麻状闪长岩、片麻状石英二长闪长岩等，均以“岩块”形式出露，本次工作发现共生的岩块还有大理岩、辉长岩等(图 3-37)，各种成分的岩块均被包

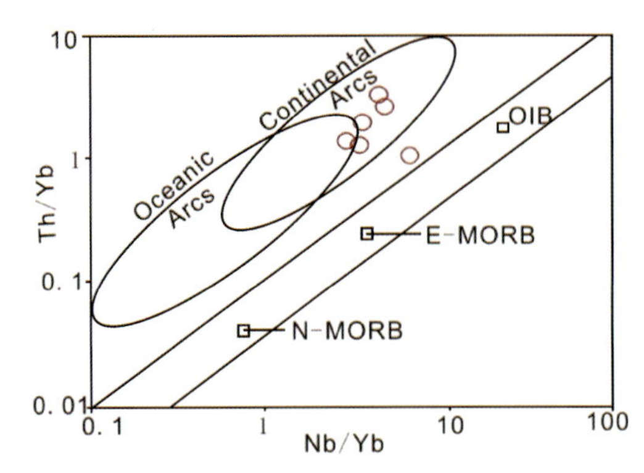

Oceanic Arcs. 大洋岛弧；Continental Arcs. 大陆弧；N-MORB. 正常型洋中脊；E-MORB. 富集型洋中脊；OIB. 洋岛玄武岩。

图 3-36　富铌基性火山岩 Th/Yb－Nb/Yb 判别图解（据《黑龙江省区域地质志》，2020）

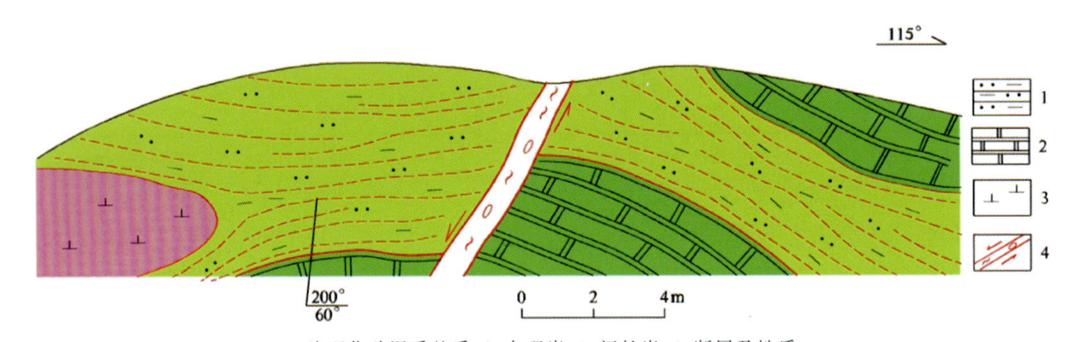

1. 片理化砂泥质基质；2. 大理岩；3. 闪长岩；4. 断层及性质。

图 3-37　兴隆一带俯冲增生杂岩中闪长岩、大理岩岩块

卷在变形基质中，形成俯冲增生杂岩。

高镁闪长质岩石常量元素特征：SiO_2 质量分数为 51.9%～56.3%；MgO 质量分数为 7.22%～8.79%；A/CNK 为 0.55～1.22，为亚铝—过铝质；里特曼指数（δ）为 1.21～3.14，为钙性—钙碱性；Na_2O/CaO 为 0.29～1.69；Na_2O/K_2O 为 2.05～6.05；MgO/TFeO 为 0.55～0.72；MgO/MnO 为 37.57～38.22；$Al_2O_3/(Na_2O+K_2O)$ 为 2.68～3.12。据邓晋福等（2007）高镁岩石化学判别方案，闪长质岩石化学显示高镁特征。

高镁闪长质岩石稀土 $\sum REE=(57.68\sim206.44)\times10^{-6}$；$(La/Yb)_N=2.66\sim8.65$；在稀土配分曲线图（图 3-38）上显示为右倾型—近平坦型，$\delta Eu=0.73\sim0.97$。高镁闪长质岩石微量元素大离子亲石元素（LILE）相对于高场强元素（HFSE）富集（图 3-39），高场强元素 Nb 显示负异常。高镁闪长质岩石样品在 Rb－(Y+Nb) 图解（图 3-40）和 Nb－Y 图解（图 3-41）中投于火山弧花岗岩区。将高镁闪长质岩石蛇绿岩类型划归 SSZ 型蛇绿岩。

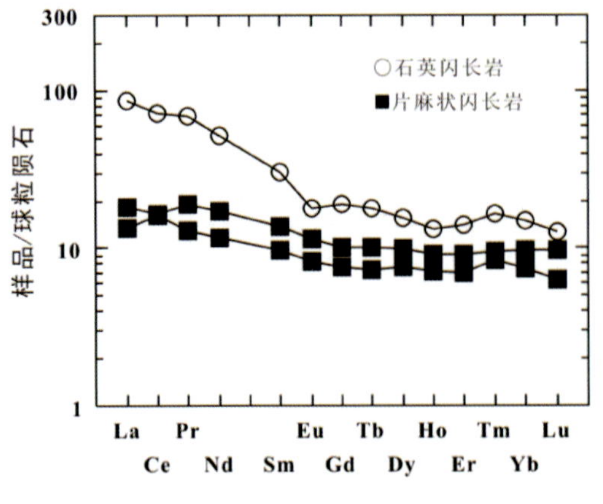

图 3-38　高镁闪长质岩石稀土元素配分曲线图
（据《黑龙江省区域地质志》，2020）

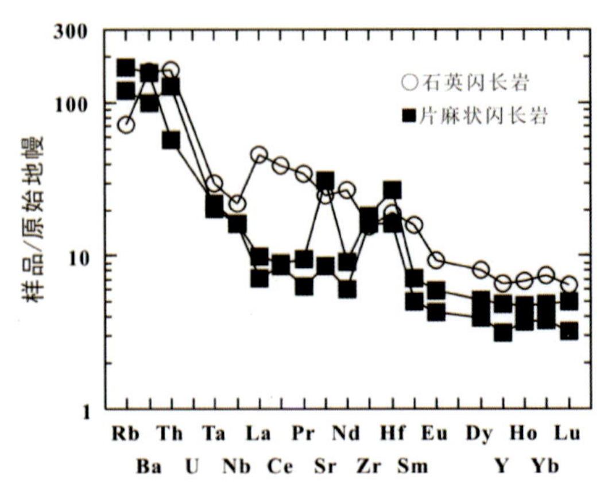

图 3-39　高镁闪长质岩石微量元素曲线图
（据《黑龙江省区域地质志》，2020）

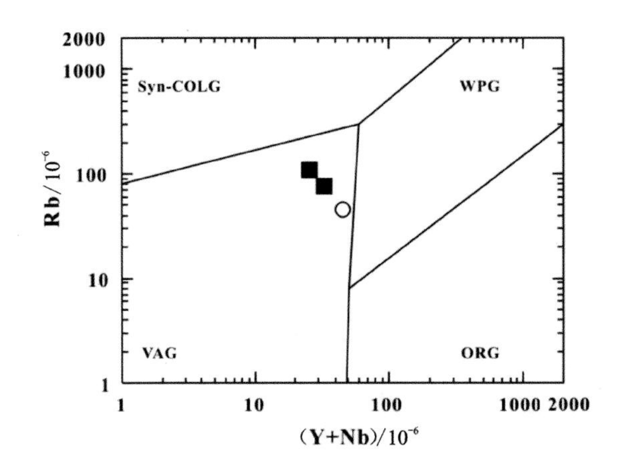

Syn-COLG. 同碰撞花岗岩；VAG. 火山弧花岗岩；WPG. 板内花岗岩；ORG. 洋脊花岗岩。

图 3-40　高镁闪长质岩石 Rb-(Y+Nb)构造环境判别图解(据《黑龙江省区域地质志》,2020)

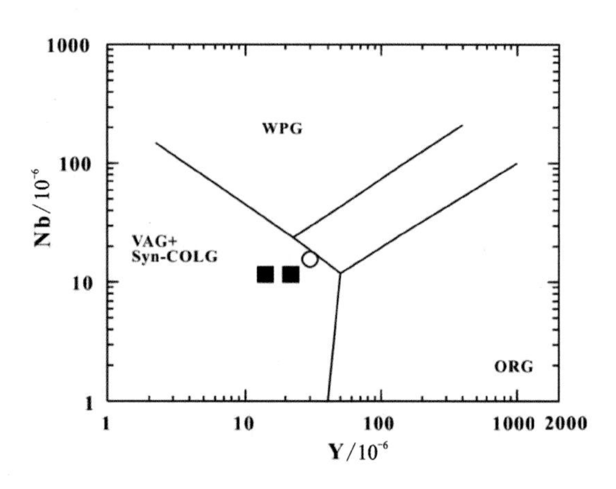

Syn-COLG. 同碰撞花岗岩；VAG. 火山弧花岗岩；WPG. 板内花岗岩；ORG. 洋脊花岗岩。

图 3-41　高镁闪长质岩石 Nb-Y 构造环境判别图解(据《黑龙江省区域地质志》,2020)

3)兴隆地区超镁铁质岩、辉长岩

主要岩块有含黑云母角闪石岩：粒柱状变晶结构。含斜长石辉石角闪石岩：不等粒自形—半自形粒状结构、包含结构。黑云母辉长岩：细粒半自形片粒状结构。超镁铁质岩 SiO_2 质量分数为 35.99%～37.24%，TiO_2 质量分数为 2.23%～3.86%，Al_2O_3 质量分数为 12.89%～16.45%，MgO 质量分数为 5.21%～10.65%；Na_2O+K_2O 质量分数为 2.1%～3.15%，CaO 质量分数为 12.15%～13.02%，$w(Na_2O)<w(K_2O)$。超镁铁质岩稀土元素总量(∑REE)为(247.58～300.5)×10^{-6}；轻重稀土比值(∑LREE/∑HREE)为 6.13～7.04，δEu 为 0.87～0.93。在稀土配分模式曲线图上(图 3-42)，曲线右倾，显示轻稀土富集型。超镁铁质岩与 N-MORB 微量元素标准曲线相比强烈富集大离子亲石元素，高场强元素 Nb、Ta、Zr、Hf 显示负异常(图 3-43)。超镁铁质岩在 Th/Yb-Nb/Yb 判别图解中投于靠近洋岛区域和与大陆岛弧区过渡部位(图 3-44)。将兴隆地区新元古代超镁铁质岩划归地幔柱型蛇绿岩。

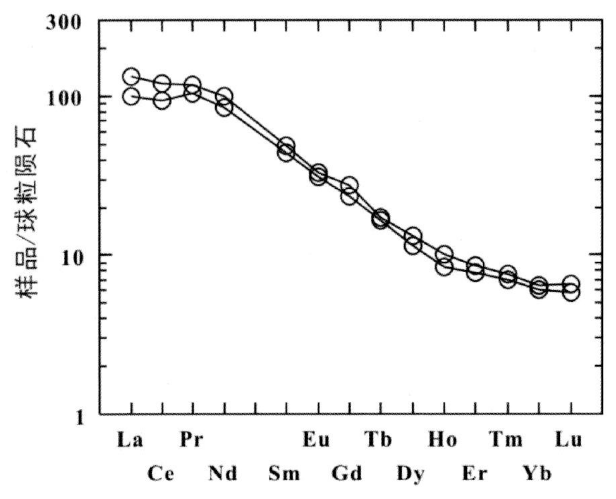

图 3-42　超镁铁质岩稀土元素配分曲线图(据《黑龙江省区域地质志》,2020)

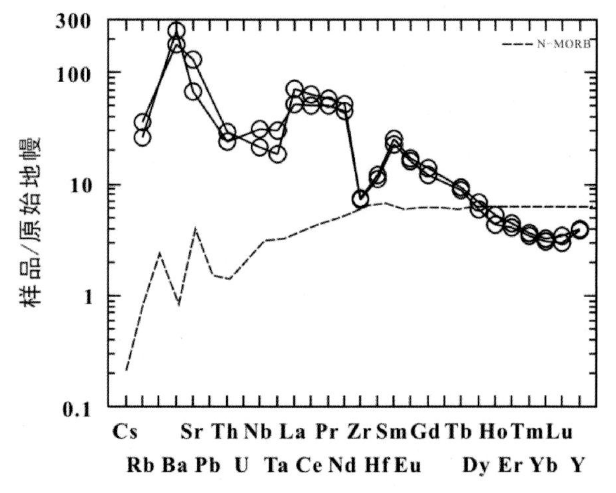

N-MORB. 正常型洋中脊。

图 3-43　超镁铁质岩微量元素曲线图(据《黑龙江省区域地质志》,2020)

辉长岩 SiO_2 质量分数为 47.7%～49%，TiO_2 质量分数为 1.27%～1.96%，Al_2O_3 质量分数为 14.2%～19.4%，MgO 质量分数为 3.26%～9.48%；Na_2O+K_2O 质量分数为 5.09%～7.56%，CaO 质量分数为 5.45%～9.63%，$w(Na_2O)>w(K_2O)$。在 TFeO-ALK-MgO 图解(图 3-45)中，辉长岩样品投于大洋中脊玄武岩区；在 Al_2O_3-CaO-MgO 图解(图 3-46)中，辉长岩样品主体投于镁铁质堆晶岩区。

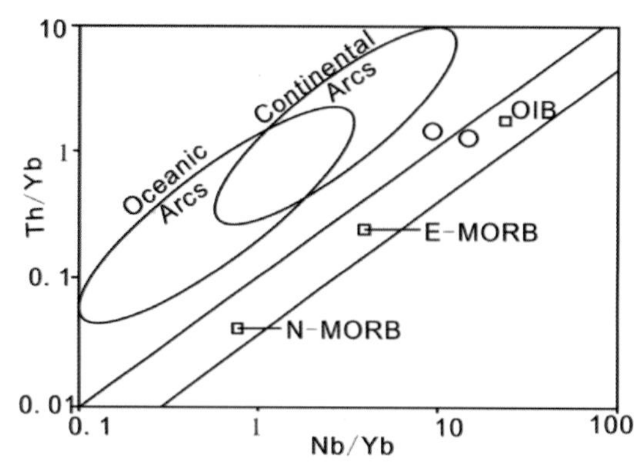

Oceanic Arcs. 大洋岛弧；Continental Arcs. 大陆弧；N-MORB. 正常型洋中脊；E-MORB. 富集型洋中脊；OIB. 洋岛玄武岩。

图 3-44 超镁铁质岩 Th/Yb－Nb/Yb 判别图解

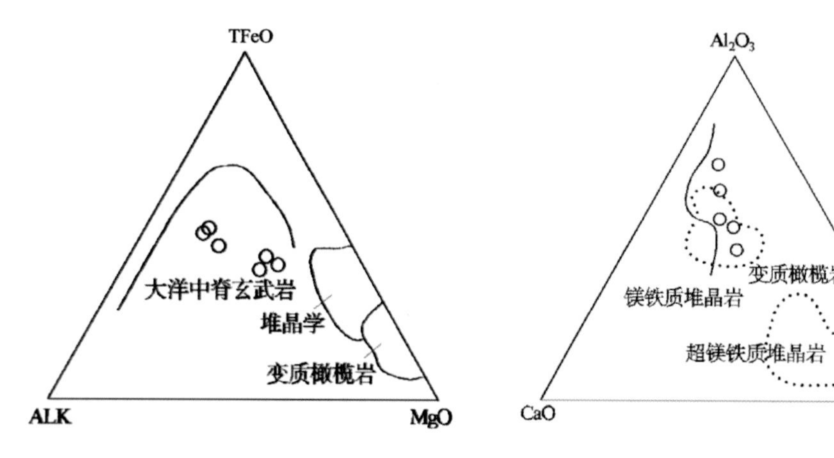

图 3-45 辉长岩 TFeO－ALK－MgO 图解　　图 3-46 辉长岩 Al_2O_3－CaO－MgO 图解

辉长岩稀土元素总量（$\sum$REE）为（25.58～152.2）$\times 10^{-6}$；轻重稀土比值（$\sum$LREE/$\sum$HREE）为 3.28～11.27；δEu 为 0.81～1.12。在稀土配分模式曲线图上（图 3-47），曲线右倾，显示轻稀土富集型。辉长岩与 N－MORB 微量元素标准曲线相比强烈富集大离子亲石元素，高场强元素 Nb、Ta、Zr、Hf 主体显示负异常（图 3-48）。辉长岩在 Th/Yb－Nb/Yb 判别图解中主体投于洋岛区两侧（图 3-49）。由上述可知，兴隆地区辉长岩为地幔柱型蛇绿岩组分。

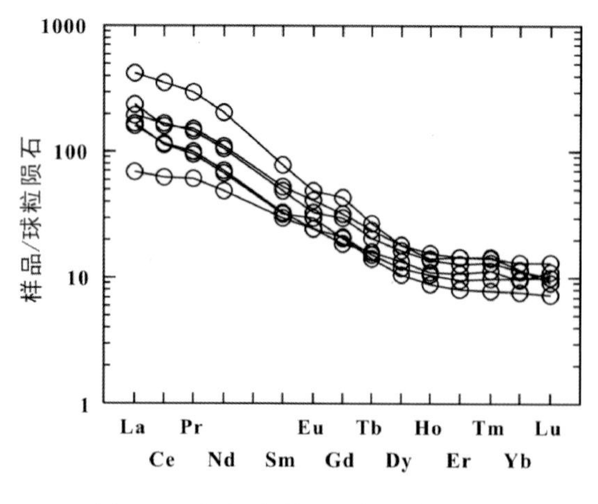

图 3-47 辉长岩稀土元素配分曲线图

（据《黑龙江省区域地质志》，2020）

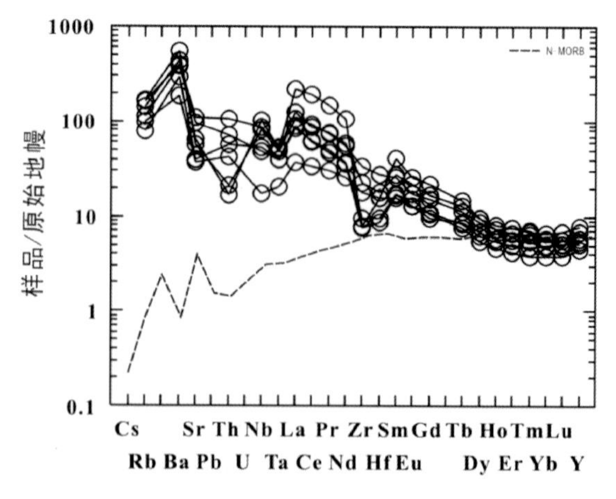

N-MORB. 正常型洋中脊。

图 3-48 辉长岩微量元素曲线图

（据《黑龙江省区域地质志》，2020）

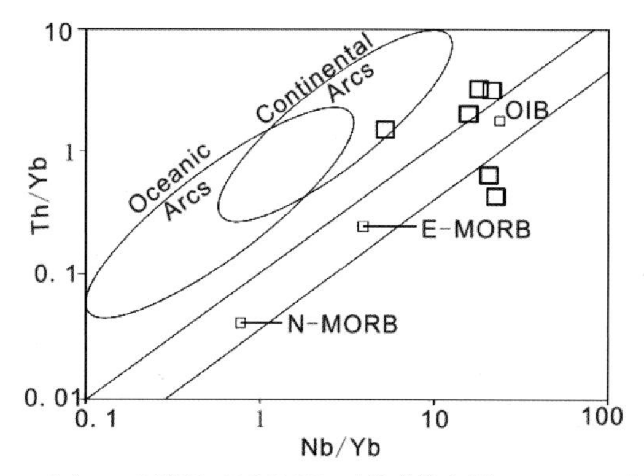

Oceanic Arcs. 大洋岛弧；Continental Arcs. 大陆弧；N-MORB. 正常型洋中脊；E-MORB. 富集型洋中脊；OIB. 洋岛玄武岩。

图 3-49　辉长岩 Th/Yb－Nb/Yb 判别图解(据《黑龙江省区域地质志》,2020)

4)塔源—大乌苏林场地区超镁铁质岩、辉长岩

塔源—大乌苏林场地区超镁铁质岩、辉长岩"岩块"出露较多。蛇纹岩：显微纤维变晶结构、交代网状结构，岩石由蛇纹石(95%)和碳酸岩(5%)组成，原岩结构消失，主要为蚀变矿物蛇纹石代替，部分保留粒状轮廓，晚期碳酸盐不规则交代蛇纹石，超镁铁质岩蛇纹石 MgO 质量分数为 38.50%～39.00%，TFeO 质量分数为 3.61%～3.67%。蛇纹石化辉石橄榄岩：岩石为中粒半自行粒状结构，块状构造，主要矿物为橄榄石和辉石。透闪石绿帘石化二辉辉石岩：岩石为中粒半自形粒状结构，块状构造，主要矿物为辉石和橄榄石，次要矿物为黑云母、斜长石、石英等。角闪石岩：中细粒、半自形柱粒状结构，包含结构，由小于 2.0mm 的柱粒状角闪石和斜长石、绿帘石组成，岩石中角闪石质量分数大于 80%，斜长石质量分数小于 10%，绿帘石质量分数小于 5%。角闪石自形细长柱状，产于斜长石中，部分角闪石略有次闪石化。

超镁铁质岩 SiO_2 质量分数为 33.57%～48.37%，TiO_2 质量分数为 0.01%～16.24%，Al_2O_3 质量分数为 0.2%～5.89%，MgO 质量分数为 2.81%～40.6%；Na_2O+K_2O 质量分数为 0.02%～0.47%，CaO 质量分数为 0.24%～20.33%，$w(Na_2O)>w(K_2O)$。

超镁铁质岩稀土元素总量(∑REE)为(1.31%～69.58)$\times10^{-6}$；轻重稀土比值(∑LREE/∑HREE)为0.27～3.45，δEu 为 0.79～3.20。在稀土元素配分曲线图(图 3-50)上，曲线呈平缓的右倾，显示轻稀土略富集型。超镁铁质岩与 N－MORB 微量元素标准曲线相比相对富集大离子亲石元素，高场强元素 Nb 显示负异常(图 3-51)。

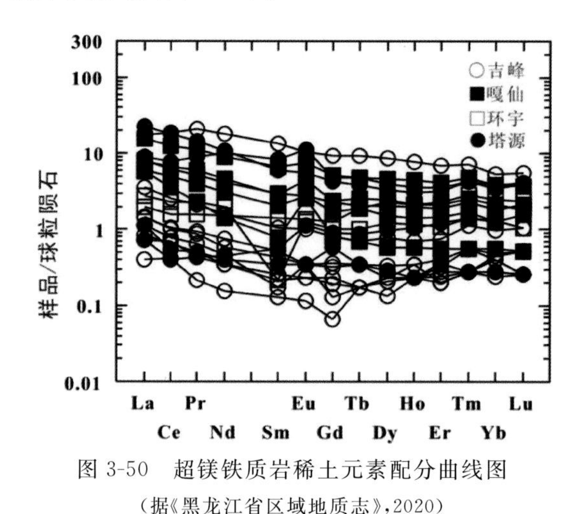

图 3-50　超镁铁质岩稀土元素配分曲线图

(据《黑龙江省区域地质志》,2020)

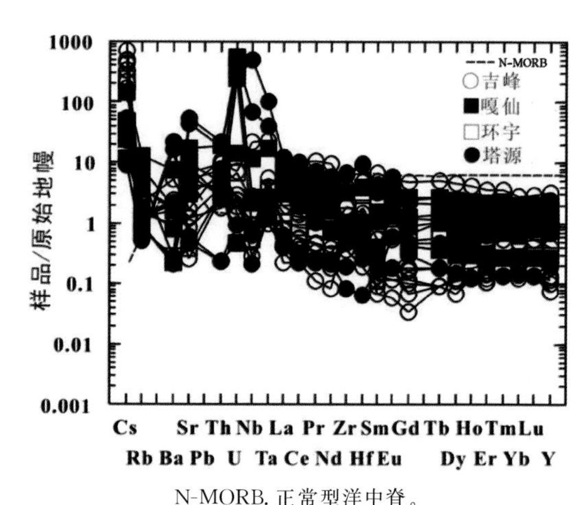

N-MORB. 正常型洋中脊。

图 3-51　超镁铁质岩微量元素曲线图

(据《黑龙江省区域地质志》,2020)

超镁铁质岩在 Th/Yb－Nb/Yb 判别图解中主体投于大陆岛弧区(图 3-52)，为与俯冲相关的蛇绿岩。辉长岩 SiO_2 质量分数为 44.08%～51.37%，TiO_2 质量分数为 0.34%～2.7%，Al_2O_3 质量分数为 12.59%～20.09%，MgO 质量分数为 5.28%～18.13%；Na_2O+K_2O 质量分数为 2.70%～5.93%，CaO 质量分数为 5.91%～12.86%，$w(Na_2O)>w(K_2O)$。在 TFeO－ALK－MgO 图解(图 3-53)中，辉长岩样品主体投于大洋中脊玄武岩区。辉长岩稀土元素总量为$(21.23\sim338.18)\times10^{-6}$；轻重稀土比值($\sum$LREE/$\sum$HREE)为 0.25～6.41；δEu 为 0.78～2.45。在稀土元素配分曲线图(图 3-54)上，曲线呈平缓右倾和平缓左倾，显示轻稀土富集型和亏损型。辉长岩与 N－MORB 微量元素标准曲线相比富集大离子亲石元素，高场强元素 Nb 显示亏损(图 3-55)。

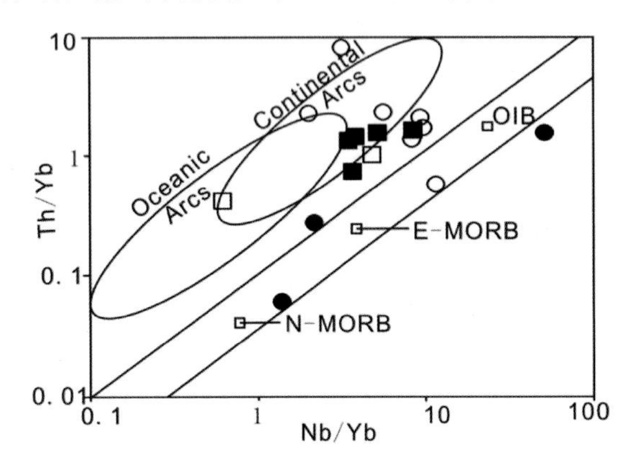

Oceanic Arcs. 大洋岛弧；Continental Arcs. 大陆弧；
N-MORB. 正常型洋中脊；E-MORB. 富集型洋中脊；OIB. 洋岛玄武岩。

图 3-52　超镁铁质岩 Th/Yb－Nb/Yb 判别图解

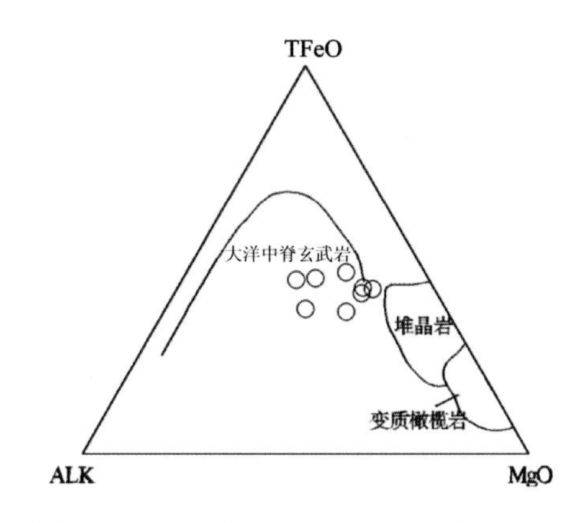

图 3-53　辉长岩 TFeO－ALK－MgO 图解

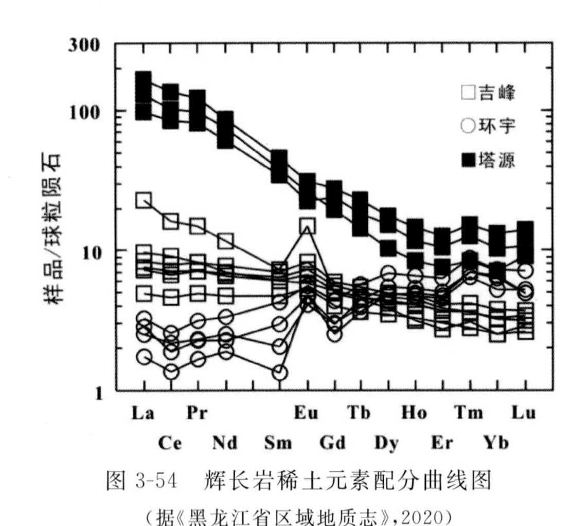

图 3-54　辉长岩稀土元素配分曲线图

(据《黑龙江省区域地质志》，2020)

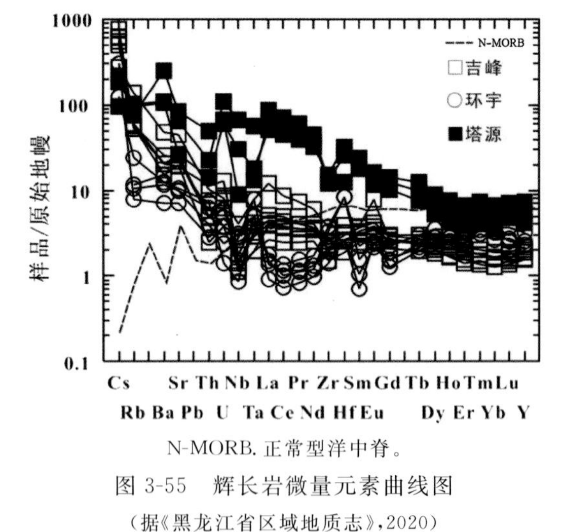

N-MORB. 正常型洋中脊。

图 3-55　辉长岩微量元素曲线图

(据《黑龙江省区域地质志》，2020)

辉长岩在 Th/Yb－Nb/Yb 判别图解中主体投于大洋与大陆岛弧区的交汇部位(图 3-56)，少量投于岛弧区与地幔演化区过渡部位；在 V-Ti 判别图解中，V/Ti 比率主要分布在小于 10 或大于 50 区域(图 3-57)，将塔源－大乌苏林场地区辉长岩划归为与俯冲相关的蛇绿岩。

5)大杨气林场地区超镁铁质岩、辉长岩

大杨气林场地区超镁铁质岩主要由蛇纹岩、变辉长岩、变玄武岩和绿片岩组成，多以混杂岩中岩块形式产出，此外还发育大理岩、角闪岩等岩块。阿里河相思谷一带出露有较多的变辉长岩、变玄武岩岩块(图 3-58)，以辉长岩居多，基质主要为强变形的绿片岩和板岩，多数变玄武岩、蛇纹岩包于辉长岩岩块之中，但多为断层接触，变辉长岩岩块主要分布于变形基质内。

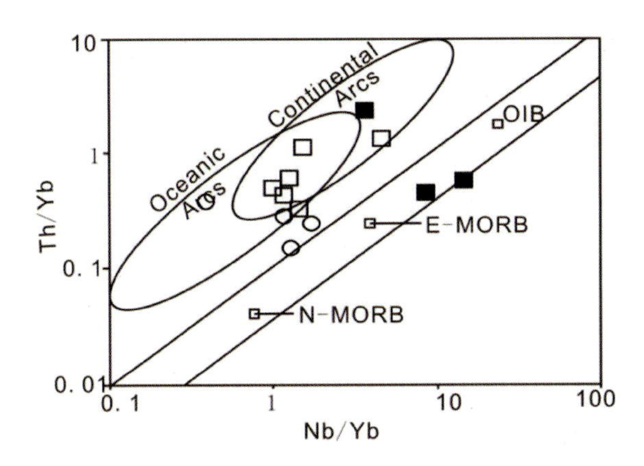

Oceanic Arcs. 大洋岛弧；Continental Arcs. 大陆弧；
N-MORB. 正常型洋中脊；E-MORB. 富集型洋中脊；OIB. 洋岛。
图 3-56　辉长岩 Th/Yb－Nb/Yb 判别图解
（据《黑龙江省区域地质志》，2020）

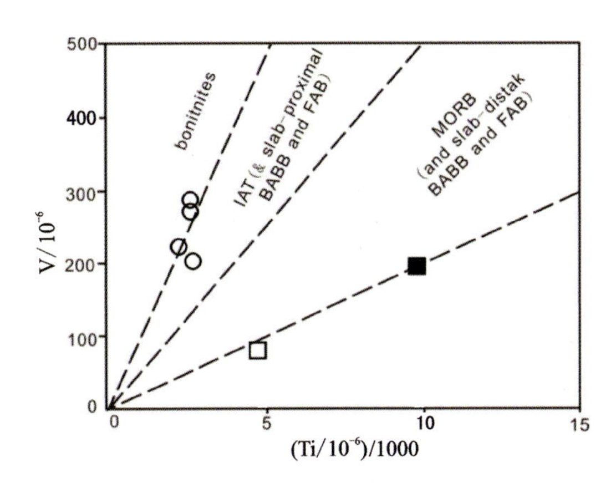

MORB. 洋中脊；IAT. 岛弧。
图 3-57　辉长岩 V－Ti 判别图解
（据《黑龙江省区域地质志》，2020）

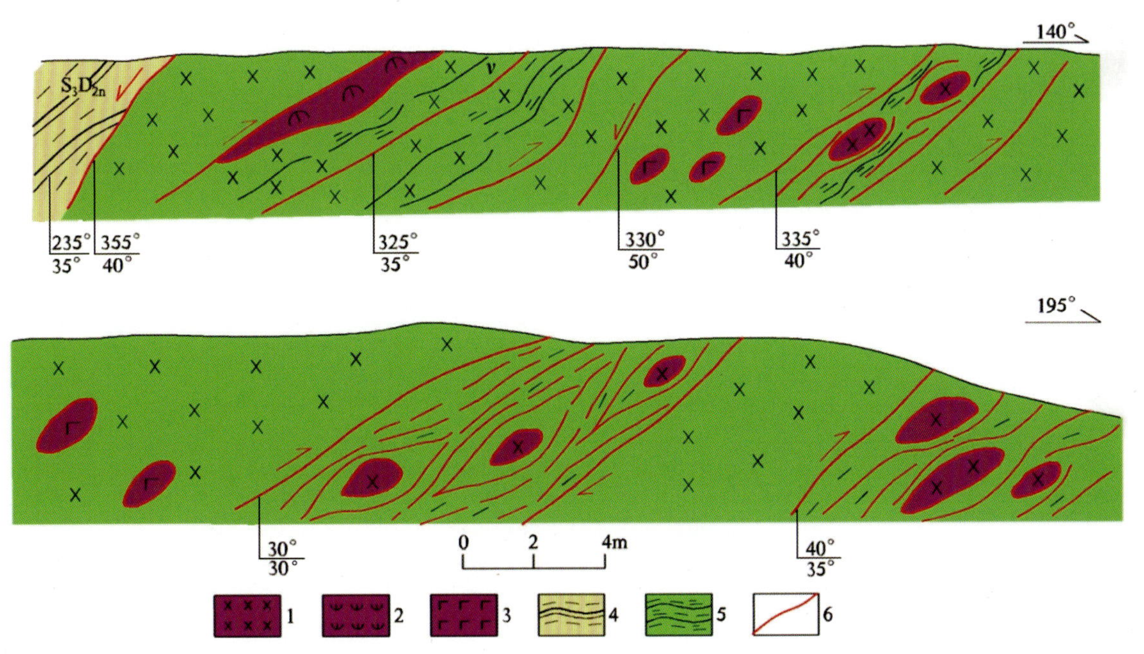

1. 片理化辉长岩；2. 蛇纹岩；3. 玄武岩；4. 泥质板岩；5. 绢云母片岩；6. 断层。
图 3-58　阿里河相思谷辉长岩、蛇纹岩、玄武岩岩块与变形基质

大杨气西地区的岩块主要由角闪石岩、变玄武岩和大理岩组成（图 3-59），变玄武岩和大理岩岩块具有似层状构造整合接触特点，具洋岛（海山）岩石组合特征。大理岩呈条带状结构，变余层理发育，大理岩内发育辉绿岩细脉，岩脉与大理岩呈断层接触。角闪石岩岩块呈长透镜状，岩石呈片麻状构造、细粒结构，可见变余辉石斑晶，粒径为 5～10mm，角闪石岩中发育不规则断裂，沿断裂带发育片理化构造，伴生有灰白色大理岩，与角闪石岩为断层接触。3 种岩块均发育韧变形构造，分别表现为片麻状、片理化、条带状构造，变形面理与基质中片理和板理一致，显示同构造变形特点，且基质多环绕岩块边界分布，呈韧性构造接触。从岩石组合特征来看，角闪石岩是地幔橄榄岩蚀变的产物，它和玄武岩可能代表大洋岩石圈的残片；而大理岩可能是洋岛沉积的产物，它们的共同出现可能代表一个古俯冲带的位置。

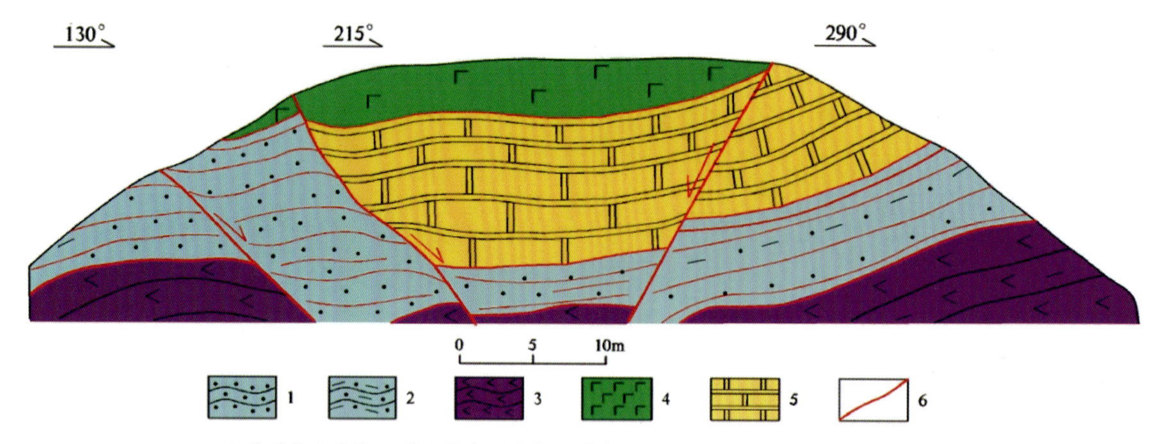

1.片理化变砂岩;2.片理化变泥砂岩;3.变角闪岩;4.玄武岩;5.大理岩;6.断层。

图 3-59 大杨气西增生杂岩中玄武岩、大理岩、角闪岩与变形砂泥质基质

二、俯冲增生杂岩带时代

多年来的地质调查研究工作在头道桥-新林俯冲增生杂岩带中获得了较多的年龄数据(表 3-3)。其中,仰冲地块基底上表壳岩的成岩时代为 1854～1847Ma,深成侵入岩的成岩时代为 903～798Ma,二者构成了头道桥-新林俯冲增生杂岩带陆缘基底,并经历了 903～798Ma 的区域变质和 497～494Ma 的动力变质作用。

表 3-3 头道桥-新林俯冲增生杂岩带同位素测年统计表

构造单元		年龄/Ma	测试方法	岩性	资料来源
变形基质	弧前盆地	＜468	U-Pb	变质石英砂岩	刘渊等,2013
		＜458	U-Pb	变长石石英砂岩	《黑龙江省区域地质志》,2020
		＜463	U-Pb	绢云石英片岩	孙巍,2014
		＜473	U-Pb	变凝灰质粉砂岩	杜兵盈等,2016a
		＜503	U-Pb	沉凝灰岩	杜兵盈等,2016a
		＜562	U-Pb	变长石石英砂岩	杜兵盈等,2016a
		＜518	U-Pb	变长石石英砂岩	杜兵盈等,2016a
	海沟及洋盆	＜536	U-Pb	变长石石英砂岩	杜兵盈等,2016a
		＜562	U-Pb	变泥质粉砂岩	《黑龙江省区域地质志》,2020
		＜596	U-Pb	变石英砂岩	《黑龙江省区域地质志》,2020
		＜624	U-Pb	石英片岩	白志达和徐德兵,2015
		498	U-Pb	钠长岩	《黑龙江省区域地质志》,2020

续表 3-3

构造单元		年龄/Ma	测试方法	岩性	资料来源
岩浆弧	火山岩	518	U-Pb	凝灰岩	杜兵盈等,2016a
		521	U-Pb	英安质凝灰岩	杨晓平等,2019
		477	U-Pb	细碧岩	刘渊等,2013
		482	U-Pb	糜棱岩化流纹岩	杜兵盈等,2016a
		491	U-Pb	变英质凝灰岩	杜兵盈等,2016a
		480	U-Pb	变英岩	杜兵盈等,2016b
		463	U-Pb	变质安山岩	张庆奎等,2016
	侵入岩	485	U-Pb	二长花岗岩	刘渊等,2013
		477	U-Pb	花岗闪长岩	刘渊等,2013
		484	U-Pb	二长花岗岩	杜兵盈等,2016b
		472	U-Pb	石英闪长岩	张庆奎等,2016
		478	U-Pb	辉长岩	刘渊等,2013
岩块洋壳残片		626	U-Pb	变辉石岩	佘宏全等,2012
		696	U-Pb	辉长岩	杜兵盈等,2016a
		647	U-Pb	辉长岩	冯志强等,2014
		557	U-Pb	辉长岩	杜兵盈等,2016b
		516	U-Pb	蓝片岩	Zhou et al.,2015
		511	U-Pb	蓝片岩	Zhou et al.,2015
		511	U-Pb	绿片岩	Zhou et al.,2015
基底	变质深成岩	798、789	U-Pb	辉长岩	刘涛等,2014
		815	U-Pb	二长花岗岩	刘涛等,2014
		815	U-Pb	石英二长闪长岩	刘涛等,2014
		903	U-Pb	辉长岩	刘玉等,2015
	变质表壳岩	1574	U-Pb	二云片岩	刘渊等,2013
		2405～1072	U-Pb	黑云斜变粒岩	杜兵盈等,2016b
		1429	U-Pb	长石二云片岩	刘渊等,2013
		1847	U-Pb	黑云斜长片麻岩	刘渊等,2013
		1837、1854	U-Pb	黑云斜长片麻岩	孙立新等,2013a

俯冲增生杂岩变形基质由两部分组成：一部分是奥陶纪弧前盆地沉积(碎屑锆石年龄分别小于503Ma、458Ma)，碎屑锆石年龄指示其演化时间晚于中奥陶世，从碎屑锆石年龄丰值上分析，与早奥陶世岩浆弧(502～463Ma)时代接近，显示物源主要来自早奥陶世岩浆弧，盆地主体沉积时间以晚奥陶世为主，表明俯冲作用持续至晚奥陶世；另一部分是纽芬兰世—苗岭世海沟及洋盆沉积(碎屑锆石年龄小于624～536Ma，同沉积火山岩成岩年龄为498Ma，碎屑锆石年龄指示其演化时代晚于纽芬兰世，同沉积的火山岩年龄显示洋盆和海沟盆地沉积时间为纽芬兰世—苗岭世，指示洋盆俯冲作用可能开始于纽芬兰世—苗岭世。杂岩带中岩块洋壳残片(洋岛残块)中的年龄为696～557Ma，指示洋壳的活动时间为新元古代。岩浆弧的形成时间为521～463Ma，反映俯冲作用可能始于纽芬兰世，持续至中奥陶世晚期。综合上述几类年龄数据，头道桥-新林俯冲增生杂岩带所代表的洋盆可能形成于新元古代晚期，纽芬兰世洋盆开始向额尔古纳地块东南缘俯冲，俯冲消减的主体时间为奥陶纪早期—奥陶纪晚期，晚奥陶世弧前盆地不整合覆盖在俯冲增生杂岩之上，标志晚奥陶世末期洋-陆俯冲作用结束。

三、洋-陆转换过程

1. 洋壳性质

头道桥-新林俯冲增生杂岩带零星分布蛇绿岩和蓝片岩，其中新林—吉峰地区发育的蛇绿岩较为典型。吉峰地区蛇绿岩岩石组合为超镁铁质岩-镁铁质岩(蛇纹岩、滑石岩、二辉橄榄岩、金云母岩)、辉长岩，该地区超镁铁质岩-镁铁质岩和辉长岩为E－MORB型，超镁铁质岩-镁铁质岩和辉长岩稀土元素曲线具右倾和平坦型特征，玄武岩为洋岛碱性玄武岩，发育海山碳酸盐岩建造，基质碎屑岩部分代表了弧前盆地沉积环境，为弧前盆地SSZ型蛇绿岩。嘎仙地区蛇绿岩岩石组合为超镁铁质岩—镁铁质岩(橄榄辉石岩、辉石岩)，具蛇绿岩堆晶岩系特征，主量-稀土-微量元素特征显示SSZ型蛇绿岩特征。吉峰、嘎仙地区SSZ型蛇绿岩代表了弧后盆地闭合过程中被肢解的弧后盆地洋壳碎片。

环宇地区环二库蛇绿岩岩石组合为超镁铁质岩-镁铁质岩(滑石化蛇纹石化橄榄岩、角闪石岩)、辉长岩，还发育洋岛-海山建造。该地区超镁铁质岩-镁铁质岩和辉长岩为N－MORB型，玄武岩为洋岛玄武岩，发育海山碳酸盐岩建造，为SSZ型蛇绿岩。新林—塔源地区蛇绿岩岩石组合为超镁铁质岩-镁铁质岩(角闪石岩、蛇纹石化辉石橄榄岩、二辉辉石岩)，还发育洋岛-海山碳酸盐岩建造和混杂堆积，该蛇绿混杂岩构造判别综合指示其为洋岛玄武岩，综合分析新林-塔源蛇绿岩为SSZ型蛇绿岩。综合分析新林蛇绿岩形成环境为陆缘弧后盆地环境。

头道桥-乌奴耳构造带内出露的蛇绿岩组合(辉橄岩、变辉长岩、辉绿岩、变玄武岩、蓝片岩、含放射虫硅质岩)及其岩石化学、地球化学特征也是大洋玄武岩的佐证。其中，头道桥蓝片岩的地球化学特征显示其原岩分属N－MORB和OIB、N－MORB和OIB组合，该组合通常是陆间洋盆玄武岩组合的典型标志。两处蓝片岩的锆石LA-ICP-MS、U－Pb年龄分别为513Ma和510Ma，指示蓝片岩原岩-玄武岩的形成时代为513～510Ma。头道桥蓝片岩中含有大量古老锆石，为芙蓉世扩张程度较低的类似日本海弧后盆地环境，是弧后盆地闭合过程中被肢解的弧后盆地洋壳碎片。

2. 洋-陆俯冲过程

头道桥-新林俯冲增生杂岩带产出在额尔古纳地块与兴安地块拼贴之处表明两个地块之间存在一个北东向展布的洋盆(新林洋)，该俯冲增生杂岩带作为洋盆消失的残迹记录了洋-陆转换过程。其内洋壳残片的年龄(696～557Ma)指示洋盆形成于新元古代(两地块基底形成之后)，基质中碎屑锆石年龄和同沉积的火山岩年龄揭示纽芬兰世以后洋盆开始发生俯冲，俯冲增生杂岩带两侧早奥陶世岩浆弧的出现表明洋盆向两侧地块俯冲增生的主体时代为早奥陶世，变质基底中497～494Ma的动力变质事件也响应了俯冲增生作用的发生,北西侧早奥陶世岩浆弧大量发育说明洋盆以向额尔古纳地块东南缘俯冲增生作用为主,南东侧兴安地块北西缘出现少量早奥陶世岩浆弧说明洋盆向兴安地块一侧的俯冲作用偏弱。基质中卷入有晚奥陶世弧前盆地沉积岩系,同时俯冲增生杂岩又被晚奥陶世弧前盆地沉积物覆盖,说明俯冲增生作用持续至晚奥陶世,就位于晚奥陶世。

从俯冲增生杂岩、地块基底、岩浆弧、弧前盆地、弧后盆地、弧间盆地的空间分布上分析(图3-2、图3-3),头道桥—新林一带的弧后洋盆主体向北西俯冲,北西部吉文—兴隆一带分布有大面积的基底(兴华地块残块)、岩浆弧(塔河岩浆弧),基底、岩浆弧和俯冲增生杂岩之间(上),发育早奥陶世弧后盆地、弧前盆地和弧间盆地,兴隆一带叠加有晚奥陶世弧前盆地,显示北西部额尔古纳地块为仰冲板块,遭受俯冲作用抬升,并发生后期的剥蚀,大面积的岩浆弧侵入岩出现,岩浆弧之间弧间盆地沉积的保存,说明弧间拉张作用较强,岩浆弧上部的弧火山岩遭受大量剥蚀进入弧间及弧前和弧后盆地。

俯冲增生杂岩带在走向上的宽窄变化也反映俯冲的强弱变化特征,俯冲增生杂岩带较窄处(兴隆、大杨气等地),两侧基底和岩浆弧出露面积较大,表明洋盆俯冲作用和仰冲板块的隆升作用强烈;俯冲增生杂岩带较宽处(头道桥、新林等地),基底和岩浆弧不发育,多被后期残余盆地和火山弧覆盖,说明洋盆俯冲作用和仰冲板块的隆升作用较弱。这种洋盆俯冲作用的强弱变化在时间上也不尽相同,俯冲作用强烈地段,演化速度快、时间短(早—中奥陶世);俯冲作用较弱地段,演化速度慢、时间偏长(奥陶纪)。新林一带俯冲增生杂岩带东南侧(兴安地块北西缘)出现新元古代地块残块和早奥陶世火山弧,表明新林洋盆在早奥陶世存在南向俯冲作用,兴安地块北西缘受到北侧洋盆的俯冲作用,导致地块基底发生动力变质并抬升,基底之上形成火山弧,基底和火山弧出露面积较小,表明南向俯冲作用较弱。

头道桥—乌奴耳一带俯冲增生杂岩中发育大量的基质和岩块,增生杂岩的宽度和长度均较大,但两侧缺少相应配套的岩浆弧和弧盆,说明弧后洋盆俯冲增生作用偏弱。其南东侧出露有基底、岩浆弧(多宝山组安山质火山弧)、弧后盆地(铜山组)、弧间盆地(裸河组),为奥陶纪伊尔施-多宝山俯冲增生杂岩带北西向俯冲形成的产物(后述)。此外,该俯冲增生杂岩带的两侧发育众多的石炭纪—二叠纪岩浆弧,主要是后期贺根山-黑河俯冲增生杂岩北向俯冲叠加形成的构造产物。在头道桥西部,该俯冲增生杂岩带北侧发育弧前盆地沉积(吉祥沟岩组),指示洋盆向北西向俯冲;另外,罕达盖一带增生杂岩北侧出露有弧安山岩岩块(年龄为463Ma),也显示了北侧发育火山弧的可能。因此,头道桥—乌奴耳一带俯冲增生杂岩总体显示北向俯冲特征,与吉文—新林—兴隆一带的俯冲增生杂岩俯冲极性基本相同。

综上所述,头道桥-新林蛇俯冲增生杂岩带代表的弧后洋盆地形成于新元古代;纽芬兰世以后洋盆开始向额尔古纳地块俯冲,早奥陶世—晚奥陶世为俯冲增生的主要阶段,形成俯冲增生杂岩和弧盆体系;晚奥陶世弧前盆地(安娘娘桥组)不整合覆盖在俯冲增生杂岩带和早奥陶世弧前盆地之上,标志弧后洋盆地在晚奥陶世消减结束;晚志留世—早泥盆世残余海盆(卧都河组、泥鳅河组)不整合于头道桥-新林俯冲增生杂岩带及奥陶纪弧盆系之上,也证明头道桥-新林弧后洋盆地在晚志留世之前闭合。

第三节　奥陶纪伊尔施-三卡俯冲增生杂岩带

伊尔施-三卡俯冲增生杂岩带是本书依据“洋板块地质学”思想新划分的俯冲增生杂岩带,分布于额仁高比—伊尔施—三卡一带(图3-60、图3-61),呈北东向断续出露,集中产出在东乌旗—额仁高比、伊尔施—腰站、多宝山—三卡一带,北西侧为兴安地块东南缘,南东侧为多宝山岛弧带(松嫩地块西北缘),构造位置、物质组成和时代显示出多宝山岛弧带西北部俯冲洋盆遗迹特征。该俯冲增生杂岩主要由北宽河组、嘎拉山岩组、兴华渡口岩群、佳疙瘩组、铜山组变质变形较强的部分及其中的刚性体(岩块)解体而来。

以往地质工作将伊尔施一带俯冲增生杂岩划归头道桥-新林俯冲增生杂岩带内或划为“史密斯”地

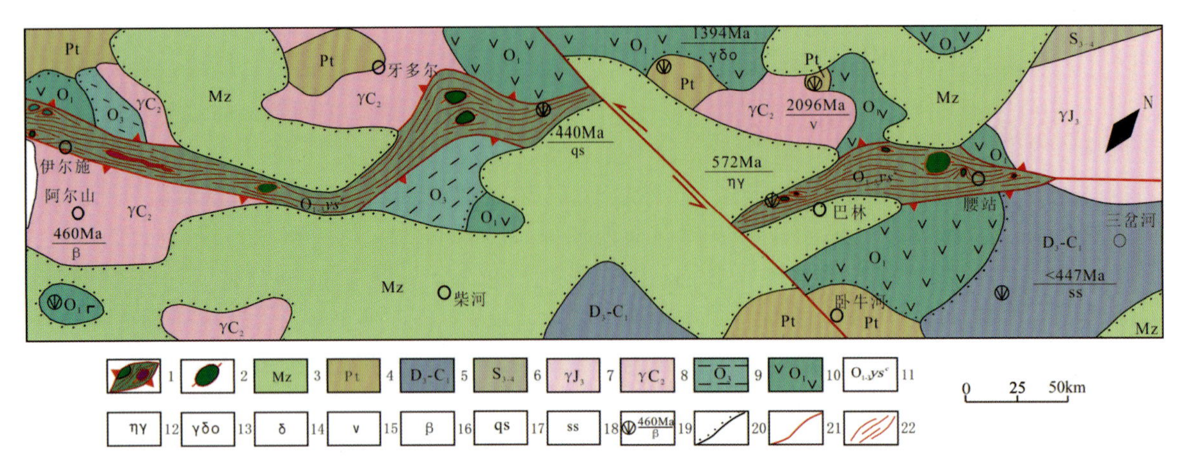

1. 俯冲增生杂岩;2. 岩块;3. 中生界;4. 新元古代地块残块;5. 下泥盆统—上石炭统;6. 中—上志留统;7. 晚侏罗世花岗岩;8. 晚石炭世花岗岩;9. 晚奥陶世弧前盆地;10. 早奥陶世火山弧;11. 伊尔施-三卡俯冲增生杂岩;12. 二长花岗岩;13. 英云闪长岩;14. 闪长岩;15. 辉长岩;16. 玄武岩;17. 石英片岩;18. 凝灰质砂岩;19. 同位素测年点及数据;20. 不整合界线;21. 断裂;22. 变形基质。

图 3-60　伊尔施—腰站一带奥陶纪俯冲增生杂岩带分布图

层中;而中东段杂岩大部分归为“史密斯”地层。本书依据杂岩带的物质组成、时代和岩浆弧带的空间展布等将它划出,并作为多宝山岛弧与兴安地块之间奥陶纪的结合带。该俯冲增生杂岩带的识别很好地解释了多宝山岛弧带的成因和演化,对后续寻找奥陶纪与弧盆有关的铜多金属矿产具有重要指示意义。本次运用“洋板块地质”学术思想对多宝山岛弧带进行了解体,恢复出构造混杂岩带、岩浆弧带、前弧盆地、弧间盆地、弧后盆地等五级构造单元。

一、主要构造单元特征

(一)变形基质

俯冲增生杂岩带中基质主要为变形较强的细碎屑沉积岩,岩石类型有片岩、千枚岩、板岩、变砂岩、变粉砂岩、凝灰岩等,动力变质作用较强,原岩主要为洋盆或海沟沉积的硅泥质岩、泥岩、粉砂岩和弧前盆地沉积的砂岩、粉砂岩、砾岩。以往工作多将它作为岩石地层划分,本次通过野外地质调研和综合编图,在其内发现大量岩块,基质与岩块之间多为构造环绕关系,岩性差异较大,分属不同构造环境和时代,具典型混杂岩特征,结合相邻的弧盆体系的展布,将其确定为俯冲增生杂岩的基质。基质成分和其内岩块在不同地区岩性略有变化,反映了俯冲增生作用的差异性。

(1)在伊尔施—苏呼河一带,基质分为两部分。一部分为较强的片理化、硅化的砾岩,中细粒砾岩,变质砾岩,砂砾岩,含砾粗砂岩,中粗粒岩屑砂岩,细砂岩,泥质砂岩和板岩,板岩中产腕足 *Platystrophia*? sp.、*Orthis* sp.、*Billingsella* sp.、*Glyptomena* sp.,三叶虫:*Illaenus*? sp.,珊瑚,苔藓虫等化石。另一部分为灰黑色、灰绿色、浅灰绿色绢云母板岩,变质泥质粉砂岩,变硅质泥岩。岩石粒度细小,泥质成分较高,局部见砂、泥质条带及泥砾。岩石多发育平行层理、纹层理及包卷层理。从岩石颜色上看,水体较深,属还原条件下的产物。从岩石层理特征及岩性上看,深水较动荡,具较明显的(浅)海相类复理石建造的特点,含腕足 *Onniella* sp.、*Leptaena nenjiangensis*、*Gunnarella* sp. 及双壳类 *Ctenodonta* sp. 化石。岩块有大理岩、微晶灰岩、蛇纹石化辉石橄榄岩、细碧岩、玄武岩、辉长岩、辉长闪长岩等,大理岩中含古杯类化石 *Ajacicyathus* sp.、*Densocyathus* sp.、*Robustocyathus yavorskii* 等。在阿尔山市大山发现典型的洋岛海山组合,以安山岩和大理岩交互出现,大理岩相对较厚。在安全站北山以大理岩为主。苏中组以本构造带的大理岩岩块存在。

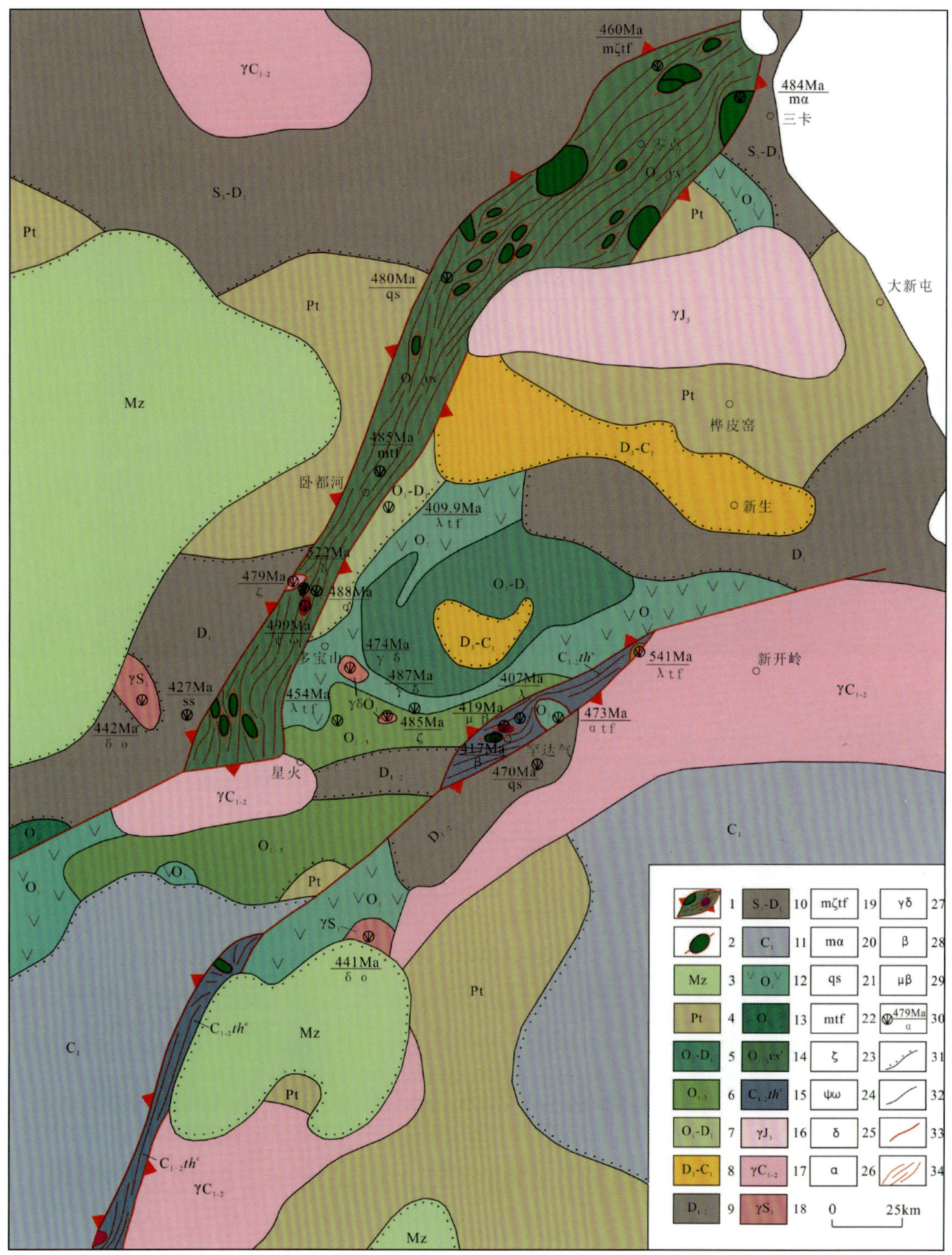

1.俯冲增生杂岩;2.岩块;3.中生界;4.元古代地块残块;5.晚奥陶世—早泥盆世弧间盆地;6.早—晚奥陶世弧间盆地;7.早奥陶世—早泥盆世弧前盆地;8.晚泥盆世—早石炭世前陆盆地;9.早—中泥盆世残余盆地;10.晚志留世—早泥盆世残余盆地;11.早石炭世火山弧;12.早奥陶世火山弧;13.晚奥陶世弧前盆地;14.伊尔施-三卡俯冲增生杂岩;15.突泉-黑河俯冲增生杂岩;16.晚侏罗世花岗岩;17.石炭纪侵入弧;18.早志留世侵入弧;19.变英安质凝灰岩;20.变安山岩;21.石英片岩;22.变凝灰岩;23.英安岩;24.蛇纹岩;25.闪长岩;26.安山岩;27.花岗闪长岩;28.玄武岩;29.细碧岩;30.同位素测年点及数据;31.不整合界线;32.地质界线;33.断裂;34.变形基质。

图 3-61 多宝山一带奥陶纪俯冲增生杂带分布图

在腰站—五十三公里外站一带，基质主要由原铜山组、裸河组板岩、粉砂质板岩、变质细砂岩等组成；岩块主要有辉长岩和大理岩、放射虫硅质岩等。在绰源(苏格河)一带，基质主要由原铜山组、裸河组、泥鳅河组绢云片岩、粉砂质板岩、变泥质粉砂岩等组成，岩块主要有辉长岩、细碧岩、大理岩、硅质岩等。

在呼玛老道店—十站河一带，基质主要由原北宽河组绢云片岩千枚岩(图 3-62)、片理化凝灰砂岩、含石榴微晶片岩、含十字石二云片岩、二云石英片岩等组成，岩块主要有硅质岩、大理岩、变玄武岩、变砂岩、片岩和辉长岩等。

图 3-62　呼玛老道店一带硅泥质千枚岩基质与硅质岩残块

在多宝山关鸟河、白银矿及小多宝、窝里河一带，基质主要由原北宽河组和铜山组的石英片岩、片理化蛇纹岩、变粉砂岩、片理化砂砾岩、千枚岩、板岩、凝灰质板岩等组成，发育较强的韧性变形构造(图 3-63)。

图 3-63　窝里河一带千枚岩基质中发育的韧性变形构造(条带状、膝折构造)

从原北宽河组解体出的基质主要为片岩和千枚岩，变质程度较高，相当于洋盆或海沟盆地沉积；从原铜山组中解体出的基质主要为板岩、凝灰质板岩、变砂岩，变质程度较低，相当于弧前盆地沉积。岩块主要有大理岩、苦橄岩、辉石橄榄岩、蛇纹岩、玄武岩、辉长岩、硅质岩等。在大理岩岩块中产腕足 *Cyrtonotella nenjiangensis* Su、*Orthambonites parvicrassicostatus* Cooper、*Onniella sinica* Su，三叶虫 *Amphilichas* sp.、*Uralichas* sp.、*Remopleuroides* sp.、*Amphyx* sp.，海林檎 *Echinosphaerites* sp. indet.，头足类 *Michelinoceras* sp.，腹足类 *Ptychospirina* sp. 和海百合茎 *Cyclocyclicus* sp. 化石，化石组合显示形成时代为早—中奥陶世。

据《黑龙江省区域地质志》(2020)，多宝山—呼玛一带基质(原北宽河组)中砂泥石的岩石化学 K_2/Na_2O-SiO_2 图(图 3-64a)、$K_2O/(Na_2O+CaO)-SiO_2/Al_2O_3$(图 3-64b)显示，物源区构造背景为大洋岛弧、活动大陆边缘、被动大陆边缘，以活动大陆边缘为主，表明沉积物源主要来自活动大陆边缘的陆缘碎屑，少量的大洋岛弧、被动大陆边缘特征反映了物源来自大洋盆地（大洋岛弧火成岩），与基质形成于海沟盆地或洋盆环境吻合。多宝山一带原铜山组砂岩与多宝山组火山岩的稀土元素配分模式非常相近（图3-65），说明铜山组物源可能来自多宝山组。同时，原铜山组砂岩的岩石化学特征（图3-66）反映其原岩形成的大地构造环境为大洋岛弧及大陆岛弧环境，也与多宝山组火山岩和增生杂岩的构造背景相同，原铜山组的双物源特征显示了弧前盆地沉积。

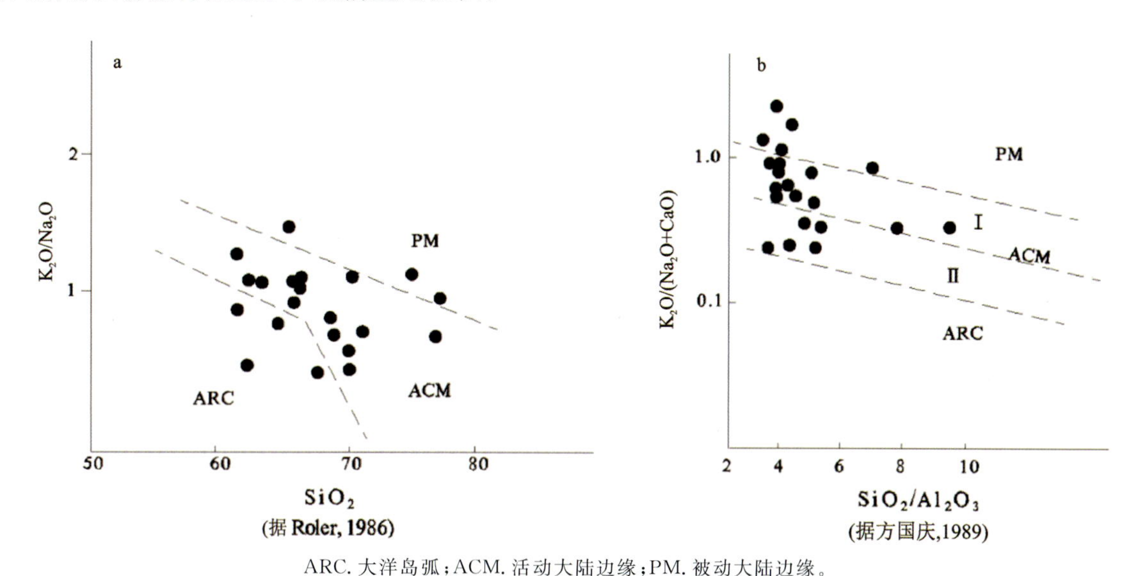

ARC. 大洋岛弧；ACM. 活动大陆边缘；PM. 被动大陆边缘。

图3-64　K_2/Na_2O-SiO_2 图(a)(据Roler,1986)和 $K_2O(Na_2O+Ca_2O)-SiO_2/Al_2O_3$ 图(b)(据方国庆,1993)

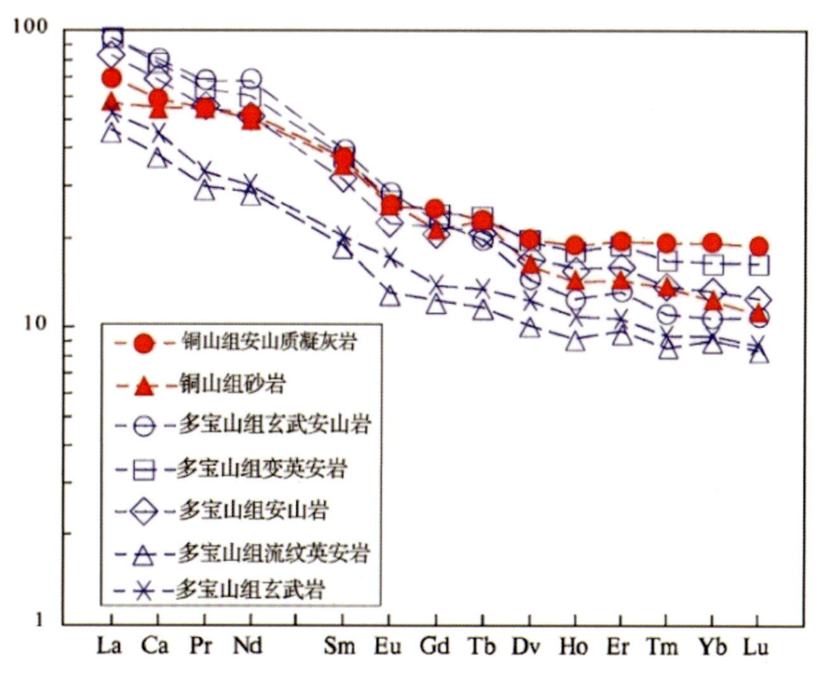

图3-65　铜山组砂岩与多宝山组火山岩稀土元素模式曲线图

基质的岩石组合复杂，原岩有火山碎屑岩及泥沙质沉积岩等，内部脆、韧性变形发育。基性火山碎屑岩变质后形成绿泥钠长片岩、绿泥片岩、绿泥斜长片岩、透闪绿泥片岩、阳起绿泥片岩、绿泥绿帘片岩、绿泥阳起片岩等。该套绿片岩总体矿物组合主要为：Ab＋Ep＋Chl＋Act、Ab＋Chl＋Act，表明其原岩主要为基性火山岩。岩性的差异，取决于原岩性质及变形程度，原基性火山岩变形改造强时多形成绿片岩，酸性火山碎屑岩形成浅粒岩，局部韧性变形强时形成糜棱岩。

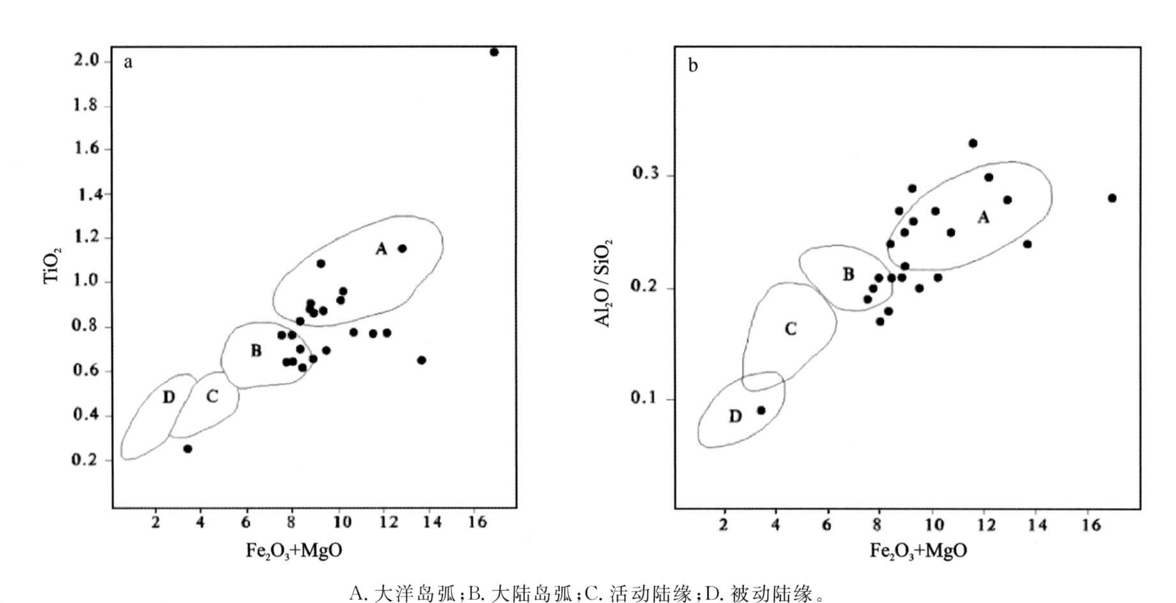

A. 大洋岛弧；B. 大陆岛弧；C. 活动陆缘；D. 被动陆缘。

图 3-66　古生代砂岩主要化学参数构造背景判别图(据 Bhatia,1983)

(二)地块残块

本次根据岩石组合、变质程度、构造层位等特征，圈定了伊尔施-多宝山俯冲增生带和多宝山岛弧的地块基底出露范围(图 3-1、图 3-60、图 3-61)，厘定铁帽山组、嘎拉山岩组、扎兰屯岩群 3 套低角闪岩相变质岩系，地块呈残块状展布于伊尔施-多宝山俯冲增生带的两侧。

1. 铁帽山组

该岩组主要分布于罕达盖、博克图、加格达奇、铁帽山一带伊尔施-多宝山俯冲增生带的西北部，位于兴安地块东南缘，多呈残留体形式分布在早石炭世和中侏罗世侵入岩中，由低角闪岩相浅粒岩、变粒岩、黑云斜长片岩、斜长角闪岩为主，以及少量斜长角闪片岩、含石榴石斜长片岩、黑云石英片岩、绿泥石英片岩、二云石英片岩、石英二云片岩、阳起片岩组成。它为一套基性、中酸性火山岩-碎屑岩建造，大部分为镁安山岩系列，部分为正常安山岩和高镁安山岩系列，形成洋-陆俯冲环境中的大陆边缘弧、洋内弧环境，相当于兴安地块东南缘的变质基底。

2. 嘎拉山岩组

该岩组主要分布于呼玛嘎拉山一带伊尔施-多宝山俯冲增生带的东南部，相当于松嫩地块西北缘位置，被多宝山弧盆系不整合覆盖，多呈残片形式分布在晚石炭世和早中侏罗世侵入体中。岩石组合以低角闪岩相—高绿片岩相为主，岩石混合岩化作用较强。嘎拉山岩组遭受多期次构造改造，以残块形式赋存在晚期构造带中，在早古生代洋-陆俯冲过程中作为地块基底卷入陆缘增生带中，发生动力变质。嘎拉山岩组相当于松嫩地块西北缘多宝山岛弧、弧前盆地、弧后盆地的陆缘基底。

3. 扎兰屯岩群

该岩群分布于扎兰屯岩—阿荣旗一带伊尔施-多宝山俯冲增生带的东南部，位于松嫩地块西北缘，由一套高绿片岩相的变质火山-陆缘碎屑岩组成，主要岩石有蚀变碎裂条带状绢云斜长片岩、黑灰色条带状斜长黑云石英片岩、条带状斜长黑云石英片岩、深灰色条带状黑云石英片岩、斜长绿帘片岩、条带状斜长绿帘阳起片岩等，发育大量的长英质条带。该套岩石组合因受强烈而复杂的构造作用影响，形成以北西走向为主的构造岩层，内部发育大量长英质条带，形成顺层固态流变褶皱，同斜褶皱两翼不同部位发育Z、W、M、S型褶曲，岩石为层状无序变质岩系。原岩为中基性—酸性火山岩及沉积岩系，形成于活动大陆边缘构造环境，相当于多宝山岛弧带的陆缘基底。

（三）岩浆弧

该岩浆弧沿伊尔施-三卡俯冲增生带的两侧分布，东南侧出露较多，分为以喷出岩为主的火山弧和以深成岩为主的岩浆弧，火山弧出露较多。岩石类型有辉长岩、闪长岩、石英闪长岩、花岗闪长岩、二长花岗岩、玄武岩、安山岩、英安岩、流纹岩及火山碎屑岩等。形成时代以早奥陶世为主，中—晚奥陶世较少，表明早奥陶世俯冲作用强烈，至中—晚奥陶世俯冲作用逐渐减弱。

1. 伊尔施一带基性岩浆弧

该岩浆弧分布于伊尔施一带杂岩带基质中，主要由辉长岩、玄武岩组成，辉长岩呈侵入体侵入基质，玄武岩呈岩块状赋存在基质中，宏观上呈现岩块特征。

岩石主微量元素数据结果见表3-4。岩石SiO_2质量分数为45.86%～50.91%，平均值为48.39%，Al_2O_3质量分数介于16.46%～20.27%之间，与高铝岛弧玄武岩相近(>16.5%)(Crawford et al.，1987)，并且具较低的TiO_2(0.46%～0.76%)特征，与岛弧火山岩TiO_2相近。MgO质量分数为6.06%～9.87%，$Mg^{\#}$在44～64之间，均低于原生岩浆$Mg^{\#}$值(68～75)(Wilson，1989)。岩石的主量元素显示低Ti高Al的岛弧火山岩特征，与岛弧型IAB-like蛇绿岩相似。

表3-4 伊尔施一带基性岩主量元素、微量和稀土元素数据

岩性	辉长岩	辉绿岩	辉绿岩	辉绿岩	辉绿岩	变玄武岩	变玄武岩	变玄武岩
SiO_2/%	48.95	49.25	46.66	44.82	45.96	44.53	42.52	44.11
TiO_2/%	0.46	0.56	0.71	0.70	0.47	0.45	0.58	0.66
Al_2O_3/%	17.42	16.14	17.61	19.00	18.34	19.35	18.32	17.50
Fe_2O_3/%	6.35	4.17	3.62	4.33	4.24	6.37	5.07	2.55
FeO/%	5.84	6.35	7.74	7.45	6.27	5.03	6.16	9.15
MnO/%	0.173	0.212	0.182	0.177	0.232	0.183	0.158	0.191
MgO/%	6.06	8.07	6.05	5.00	9.87	7.57	6.17	7.10
CaO/%	5.40	9.21	5.03	8.68	5.11	8.14	10.62	6.01
Na_2O/%	5.08	3.35	4.22	3.84	3.94	3.02	2.45	4.37
K_2O/%	0.56	0.38	1.07	0.16	0.71	2.08	0.51	0.24
P_2O_5/%	0.036	0.110	0.147	0.119	0.069	0.069	0.10	0.129
H_2O^+/%	2.98	1.69	4.67	5.44	4.07	2.10	6.24	5.86
H_2O^-/%	0.26	0.24	0.43	0.34	0.36	0.27	0.48	0.34
LOI/%	3.57	2.08	6.77	5.61	4.69	3.12	7.01	7.87
Total/%	99.89	99.87	99.80	99.87	99.88	99.91	99.65	99.87
$Mg^{\#}$	48.0	59.0	51.0	44.0	64.0	55.0	51.0	54.0
SI	25.6	36.3	26.7	24.2	39.6	31.8	30.6	30.3

续表 3-4

岩性	辉长岩	辉绿岩	辉绿岩	辉绿岩	辉绿岩	变玄武岩	变玄武岩	变玄武岩
$Rb/10^{-6}$	4.74	3.13	10.99	2.92	6.11	52.21	4.08	8.86
$Sr/10^{-6}$	173	482	1018	231	247	280	134	458
$Zr/10^{-6}$	35.5	43.1	38	42.7	36.3	35.5	91.7	42.9
$Nb/10^{-6}$	0.795	0.872	0.931	1.211	0.576	0.721	1.114	1.365
$Ba/10^{-6}$	48.1	63.3	99.4	89.1	42	143.1	63.7	95.8
$La/10^{-6}$	3.43	5.95	4.44	7.49	2.31	2.24	5.9	10.49
$Ce/10^{-6}$	7.03	13.26	10.59	16.92	5.72	4.83	13.43	21.64
$Pr/10^{-6}$	0.96	1.9	1.67	2.38	0.91	0.73	1.9	3.02
$Nd/10^{-6}$	4.06	8.51	8.21	10.79	4.24	3.39	8.48	13.23
$Sm/10^{-6}$	1.02	1.98	2.24	2.79	1.17	1.06	2.22	3.06
$Eu/10^{-6}$	0.34	0.65	0.84	0.95	0.34	0.32	0.69	0.99
$Gd/10^{-6}$	0.98	1.61	1.95	2.59	1.05	0.97	1.87	2.67
$Tb/10^{-6}$	0.18	0.3	0.37	0.52	0.22	0.21	0.36	0.48
$Dy/10^{-6}$	1.29	1.88	2.44	2.93	1.56	1.59	2.3	2.84
$Ho/10^{-6}$	0.28	0.36	0.49	0.65	0.33	0.34	0.5	0.63
$Er/10^{-6}$	0.81	1.08	1.43	2.51	1.03	1.05	1.37	2.21
$Tm/10^{-6}$	0.14	0.19	0.25	0.33	0.18	0.19	0.24	0.31
$Yb/10^{-6}$	0.76	1.04	1.44	2.21	1.06	1.13	1.48	1.9
$Lu/10^{-6}$	0.14	0.2	0.26	0.33	0.2	0.2	0.22	0.31
$Y/10^{-6}$	7.29	9.86	13.51	13.51	8.6	9.05	12.11	13.83
$Hf/10^{-6}$	1.14	1.45	1.31	1.67	1.24	1.56	0.84	1.89
$Ta/10^{-6}$	0.07	0.083	0.068	0.236	0.061	0.082	0.153	0.117
$Pb/10^{-6}$	7.66	4.4	3.3	5.36	9.45	10.22	3.93	6.46
$Th/10^{-6}$	4.953	3.519	2.319	6.063	3.705	3.457	1.201	2.883
$U/10^{-6}$	0.363	0.296	0.192	0.753	0.237	0.267	0.327	0.598
$\sum REE/10^{-6}$	21.4	38.9	36.6	53.4	20.3	18.2	41.0	63.8
Zr/Hf	31.14	29.72	29.01	25.57	29.27	22.76	109.2	22.70
Nb/Ta	11.36	10.51	13.69	5.13	9.44	8.79	7.28	11.67

注：数据来源于白志达和徐德兵(2015)。

岩石轻稀土表现富集特征(图 3-67)，稀土总量相对较低，$\sum REE$ 分布在$(18.24\sim53.39)\times10^{-6}$之间，低于 N－MORB 和 E－MORB 稀土总量，表明其源区可能为更亏损的软流圈地幔，LREE 略富集暗示其地幔源区可能存在富集组分流体的交代改造。

微量元素中大离子亲石元素(LILE)Rb、Ba、Th、U 表现富集，与 E－MORB 或岛弧玄武岩特征相似(Sun and McDonough，1989；Shinjo et al.，1999)。在原始地幔标准化蛛网图上(图 3-68)，岩石表现较低的 Ti，在 N－MORB 标准图表现为亏损，同时 Nb、Ta、Zr、Hf 也均低于 N－MORB，并且具有明显的

Nb、Ta负异常特征，与俯冲环境下岛弧玄武岩特征相同，暗示其源区应存在较强烈的俯冲板片流体交代作用。Pb均表现为强的正异常，与岛弧地区火山岩特征相似。因此，Pb的富集应与俯冲洋壳/沉积物脱水流体或俯冲沉积物熔融形成的熔体改造有关。

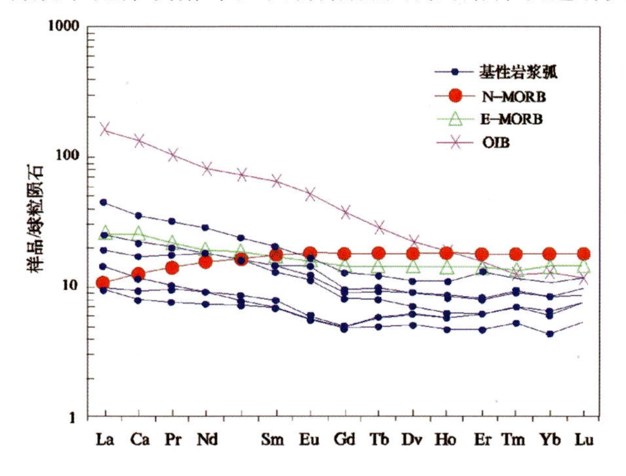

N-MORB、E-MORB、OIB分别为正常型洋中脊、富集型洋中脊、洋岛玄武岩典型稀土元素微量元素曲线。

图3-67　基性岩浆弧岩石稀土元素模式曲线图

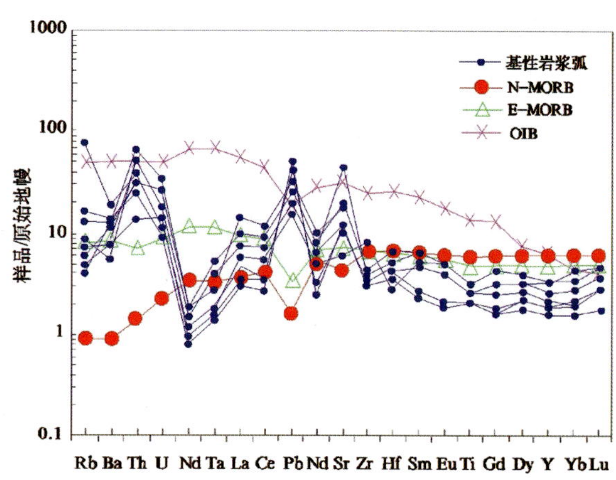

N-MORB、E-MORB、OIB分别为正常型洋中脊、富集型洋中脊、洋岛玄武岩典型稀土元素微量元素曲线。

图3-68　基性岩浆弧岩石微量元素曲线图

岩石的主微量元素显了俯冲岛弧火山岩特征（IAB-like），并具有向岛弧钙碱性玄武岩演化的趋势，同时还具有高铝玄武岩特征（＞16.5%），其Al_2O_3质量分数分布在16.46%～20.27%之间，平均质量分数为18.97%。在TFeO/MgO－TiO_2图（图3-69a）和TiO_2－Zr图（图3-69b）中主要投入IAT和VAB区。结合该类镁铁质岩稀土元素及微量元素分布特征判断，总体形成环境与IAB－like类似，并且具有向岛弧钙碱性演化趋势，反映该类岩石地幔源区应遭受较为强烈的俯冲板片流体改造。

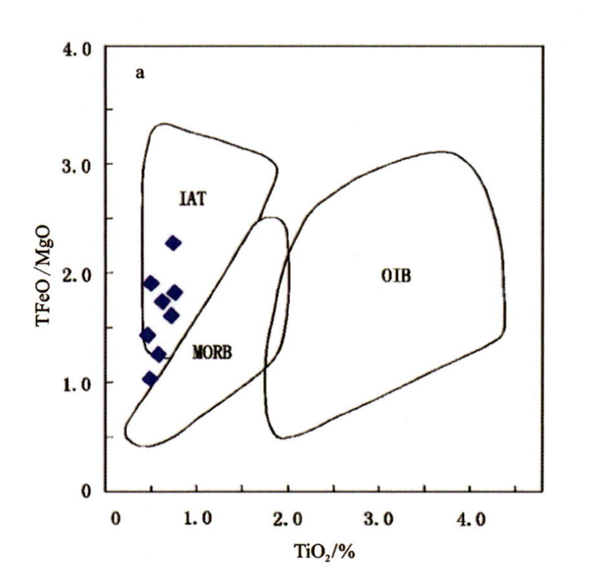

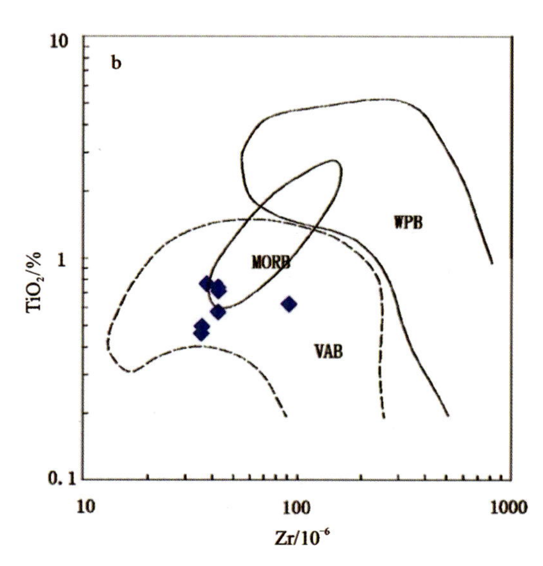

WPB. 板内玄武岩；MORB. 洋中脊玄武岩；IAT. 岛弧拉斑玄武岩；VAB. 岛弧玄武岩；OIB. 洋岛玄武岩。

图3-69　基性岩浆弧岩石TFeO/MgO－TiO_2图解（a）和TiO_2－Zr图解（b）

岩石在Ti-Zr-Y、Nb-Zr-Y判别图中投入MORB＋IAB区域（图3-70b、c），在Ti-Si-Sr、TiO_2－MnO－P_2O_5中投入IAB中IAT－CAB过渡区中（图3-70a、d），在Hf-Th-Ta及Hf-Th-Nb图均投入CAB范围（3-70e、f），显示该类岩石具有IAT－CAB演化趋势。

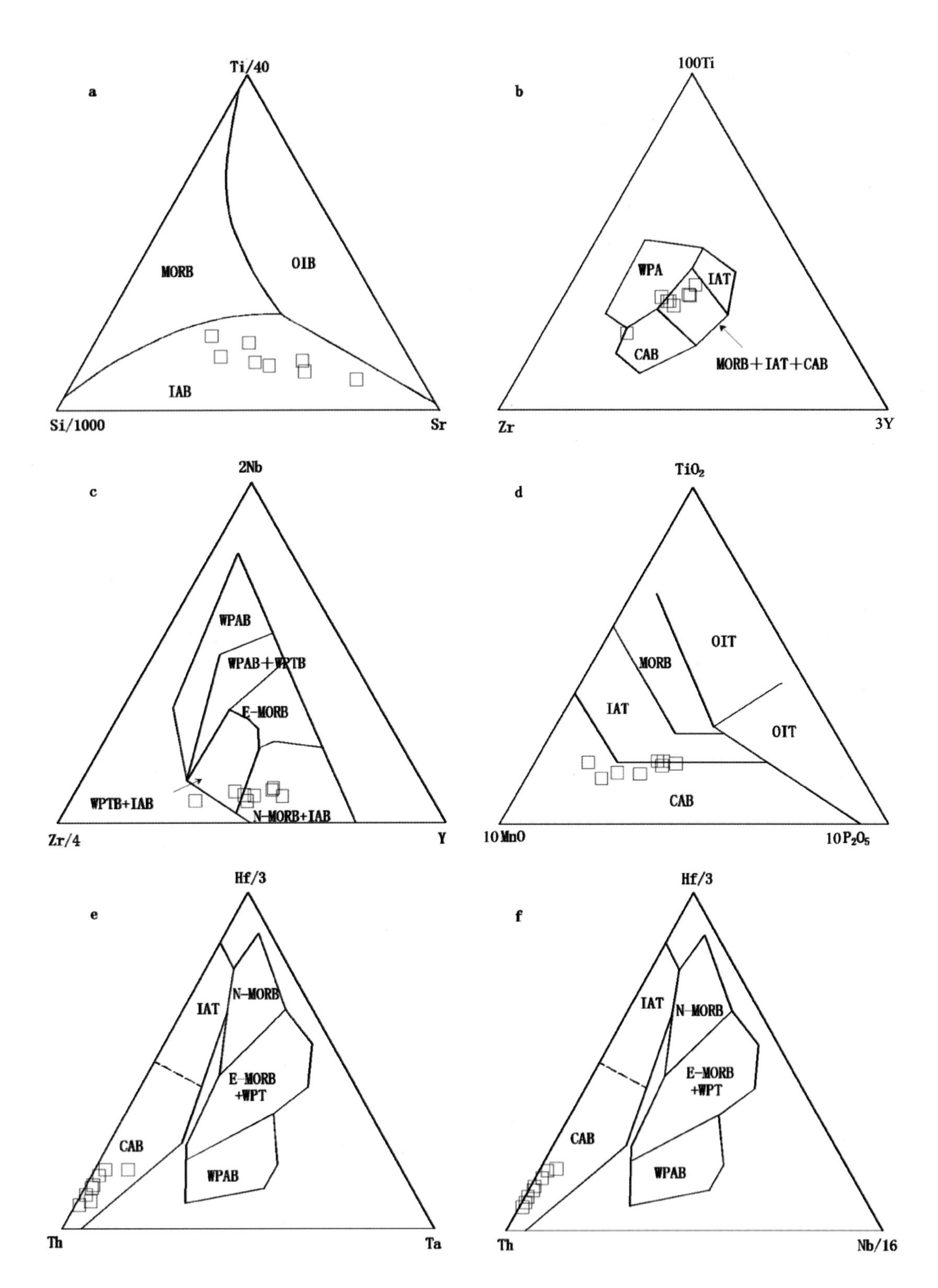

WPB. 板内玄武岩；MORB. 洋中脊玄武岩；IAT. 岛弧拉斑玄武岩；VAB. 岛弧玄武岩；OIB. 洋岛玄武岩；WPAB/WPA. 板内碱性玄武岩；WPTB/WPT. 板内拉斑玄武岩；N-MORB. 正常型洋中脊玄武岩；E-MORB. 富集型洋中脊玄武岩；CAB. 岛弧钙碱性玄武岩；OIT. 洋岛拉斑玄武岩。

图 3-70 基性岩浆弧岩石构造环境判别图

（a～d 分别据 Vermeesch，2006；Pearce and Cann，1973；Meschede，1986；Mullen，1983；e、f 据 Wood，1980）

2. 伊尔施北中酸性侵入弧

该侵入弧主要分布于伊尔施—腰站一带俯冲增生杂岩带的西北侧哈拉哈河北部，以岩基、岩滴的形式产出，主要侵入体为中细粒石英闪长岩、中粗粒二长花岗岩，在乌拉盖地区和五岔沟地区的杂岩带南侧也有零星分布。侵入岩整体蚀变较强，岩石碎裂结构普遍，石英普遍具波状消光时代为奥陶纪。

据白志达和徐德兵(2015)的研究成果，在 Na_2O-K_2O 图解(图 3-71)中基本全落入Ⅰ型花岗岩区域，早古生代花岗岩主体属于Ⅰ型花岗岩。Ⅰ型主要发育在大洋-大陆汇聚板块边缘，其可能由俯冲洋壳的部分熔融与楔形地幔及上覆地壳不同程度的混源所形成。另外，石英闪长岩 Sr 值较高，为(332～756)$\times10^{-6}$，Yb 值较低，为(2.8～3.3)$\times10^{-6}$，基本落在埃达克型花岗岩范围，显示该区石英闪长岩可能为埃达克岩质岩石。石英闪长岩 Sr 值较高，Yb 值较低，具埃达克岩的特征。在 Rb-Hf-Ta 判别图中，该区花岗岩基本全落入火山弧花岗岩区域内(图 3-72)，表明该区的花岗岩类主要形成于岛弧型的构造环境中，在 Nb/Y-Ta/Yb 图解(图 3-73)中，也基本全部落入岛弧区。该侵入弧岩石总体属于钙碱性系列的Ⅰ型花岗岩，形成于岛弧环境。

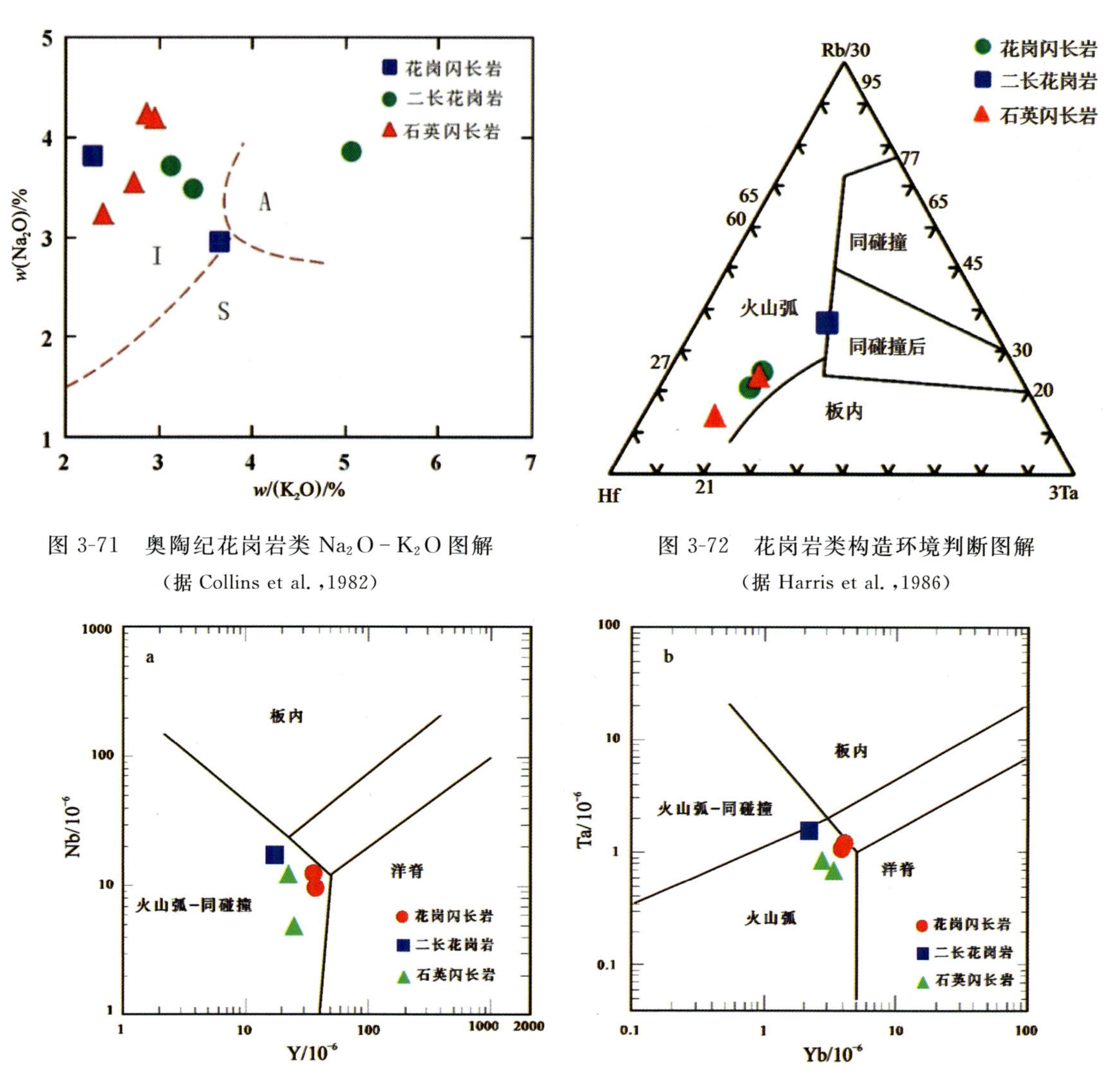

图 3-71　奥陶纪花岗岩类 Na_2O-K_2O 图解
(据 Collins et al.,1982)

图 3-72　花岗岩类构造环境判断图解
(据 Harris et al.,1986)

图 3-73　奥陶纪花岗岩类微量元素 Nb/Y(a)和 Ta/Yb(b)构造环境判别图解(据 Pearce et al.,1984)

3. 伊尔施—腰站一带中基性火山弧

该火山弧分布于伊尔施—腰站一带俯冲增生杂岩带的两侧，杂岩带北侧绰源—博克图一带和伊尔施北部集中分布，面积约 250km²，杂岩带南侧零星分布，沿杂岩带两侧呈北东向展布，显示洋盆双向俯冲特征。火山弧主要由多宝山组中性—中基性火山岩组成，与下伏地层呈断层接触，其上被中生代火山岩系不整合所覆。岩石组合类型主要为变安山岩、变玄武岩山岩、变酸性火山岩，少量为变玄武岩，普遍发生变质作用。

据白志达和徐德兵(2015)的研究成果，该处多宝山组中基性、中性岩 SiO_2 质量分数为51.99%～57.74%，TiO_2 质量分数为 0.95%～1.63%，Al_2O_3 质量分数为 15.11%～15.94%，MgO 质量分数为 1.19%～4.97%，K_2O 质量分数为 1.63%～2.76%，Na_2O 质量分数为 3.00%～6.07%，整体属于钠质岩石。岩石组合为变安山岩-变玄武岩-变酸性火山岩。结合地球化学特征，该地区多宝山组火山岩与典型的岛弧系列岩石特征相似。Sr/Y－Y 构造环境判别图解(图 3-74)中投点均落入经典岛弧系列区域；Rb－(Ta＋Yb)构造环境判别图解(图 3-75)中投点均在岛弧区域。并且 La/Nb 的值较高，明显大于洋中脊与洋岛环境的火山岩。因此，这套火山岩为一套继承性的弧火山岩，可能为洋壳熔融产生流体后上升萃取地幔物质而产生的熔浆，据此可推测其与洋盆俯冲作用有关。

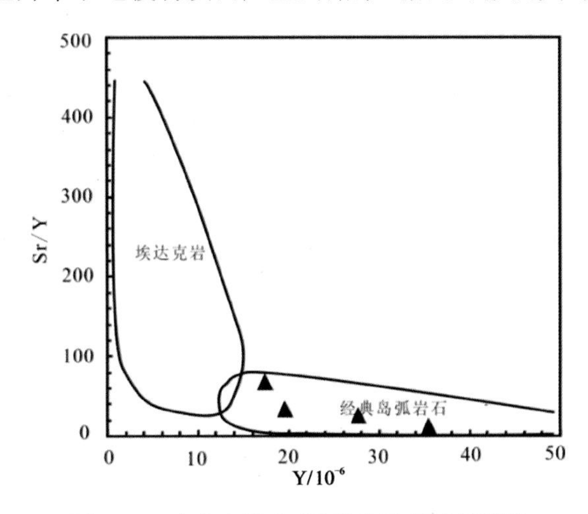

图 3-74　多宝山组 Sr/Y-Y 构造环境判别图

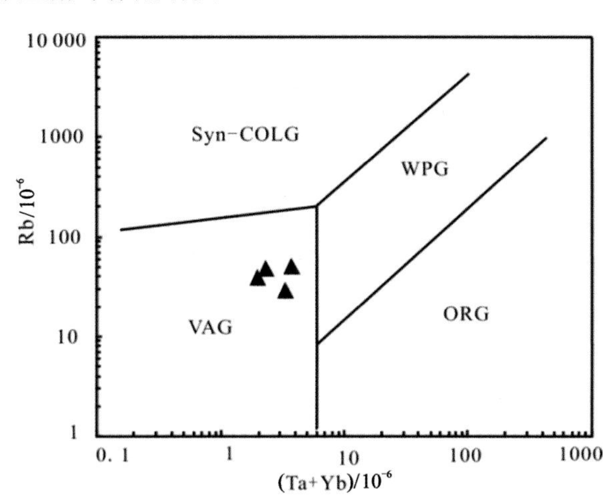

图 3-75　多宝山组 Rb-(Ta＋Yb)构造环境判别图

4. 多宝山一带侵入弧

该侵入弧位于伊尔施-多宝山俯冲增生杂岩带的南侧，岩石类型由花岗闪长岩、花岗闪长斑岩、石英闪长岩等组成，时代为奥陶纪。主体岩石为早奥陶世花岗闪长岩，分布在多宝山和三岔河、清水河一带，由 5 个侵入体组成，面积约 8.57km²。多宝山侵入体长轴总体呈北西向，呈岩株状产出，岩体边部呈不规则状，小岩体近东西向，呈岩枝状产出。岩体主要沿北西向断裂和背斜核部出露，侵入多宝山组，岩体内多见围岩捕虏体，深度几十米至几百米均见有捕虏体存在。

据 1∶5 万多宝山幅区域地质矿产调查报告(石国明等，2019)研究成果，花岗闪长岩类全碱 $w(Na_2O+K_2O)$=8.18%～9.8%，碱质量分数较高，里特曼指数(δ)在 1.49～2.27 之间，小于 3.3，为钙碱性岩系。花岗闪长岩属中钾、过铝质钙碱性系列岩石；花岗闪长斑岩属高钾、次铝质钙碱性系列岩石的 I 型侵入岩，具岛弧特征。花岗闪长(斑)岩，SiO_2 质量分数介于 64.64%～72.3%之间，$w(K_2O)/w(Na_2O)<1$，显示 I 型花岗岩特征。从该岩体所处的构造环境(火山岛弧)及其副矿物中出现磁铁矿等因素上分析，该岩体应属 I 型花岗岩。稀土元素特征表明源区残留相没有斜长石存在。微量元素具有明显的 Nb、Ta、Ti 负异常，有岛弧钙碱性岩浆特征，说明其岩浆形成深度应在 80～100km 的榴辉岩部分熔融区。在构造环境 Nb-Y 判别图(图 3-76)上，所有样品均落入火山弧花岗岩区加同碰撞花岗岩区

(VAG+COLG)；在 Rb-(Yb+Nb)图解(图 3-77)上，各样品投点均落入 VAG 区，属火山弧花岗岩。因此，奥陶纪花岗闪长岩为岩浆弧环境。

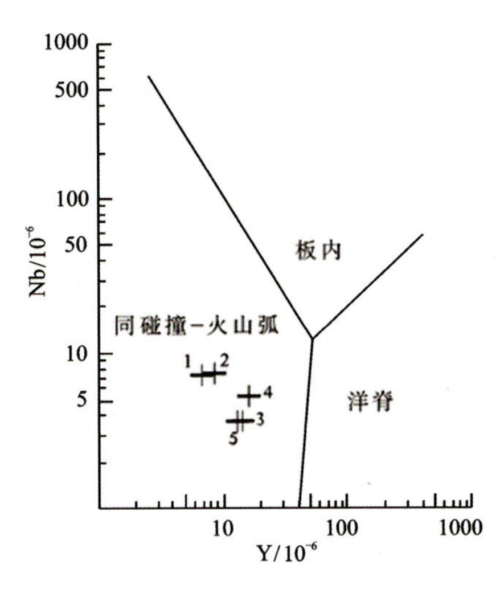

图 3-76　花岗闪长岩 Nb-Y 图解
(据 Pearce，1984)

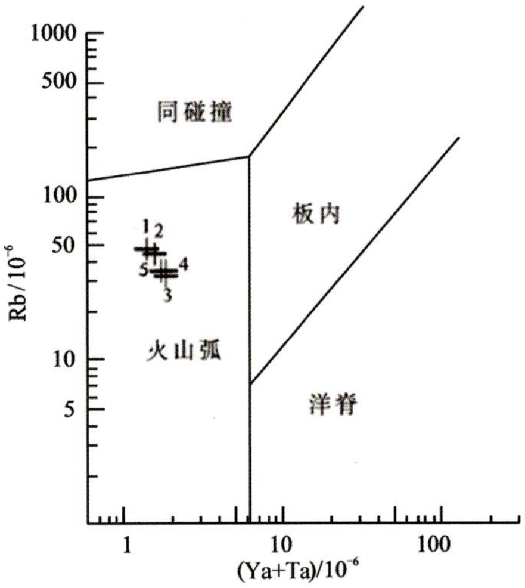

图 3-77　花岗闪长岩 Rb-(Yb+Nb)图解
(据 Pearce，1984)

5. 多宝山一带火山弧

多宝山一带的奥陶纪火山弧较发育，集分布在多宝山一带俯冲增生杂岩带的东南侧，构成著名的多宝山岛弧带，杂岩带北则零星分布，火山弧叠加后期弧前盆地、弧后盆地和弧间盆地等沉积岩。火山弧主要物质组成为多宝山组中性火山岩，岩石类型较复杂，以片理化蚀变安山岩、变质安山质、变质英安岩、变质流纹岩、变英安质流纹质凝灰岩、变质玄武岩为主，夹少量沉积岩，受后期改造多具有青磐岩化、绿泥石化、硅化及片理化等。同期火山岩还有北宽河组和铜山组中酸性火山碎屑岩。

火山岩由玄武岩、安山岩、英安岩、流纹岩等熔岩及其火山碎屑岩组成，为一套分异作用程度较低的岛弧型钙碱性中性—中基性火山岩系列。与洋岛和洋脊玄武岩相比，最显著的特征是含 TiO_2 低，TiO_2 质量分数均小于 1%，具有岛弧火山岩的特征。在 $TFeO/MgO-TiO_2$ 图解(图 3-78)中，中基性火山岩多数点投在岛弧拉斑玄武岩区，少量进入洋中脊区。在 $\lg\tau-\lg\sigma$ 构造环境判别图(图 3-79)中，中酸性火山岩主要投入造山带火山岩区。综合两类岩石的构造背景，多宝山一带的奥陶纪火山岩主要形成于火山弧环境。

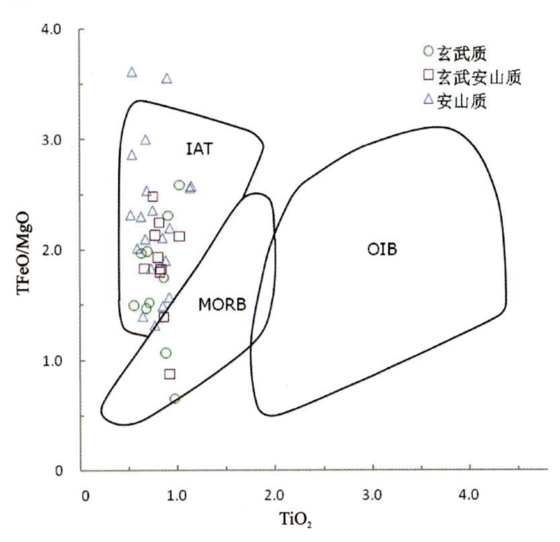

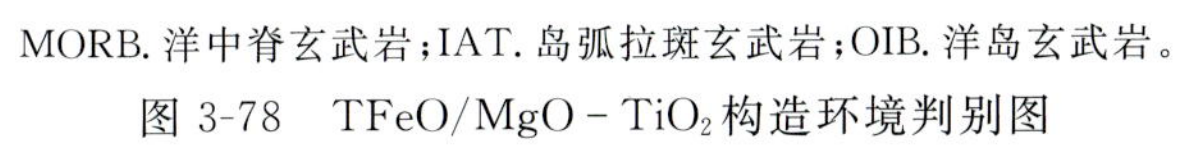
MORB. 洋中脊玄武岩；IAT. 岛弧拉斑玄武岩；OIB. 洋岛玄武岩。

图 3-78　$TFeO/MgO-TiO_2$ 构造环境判别图

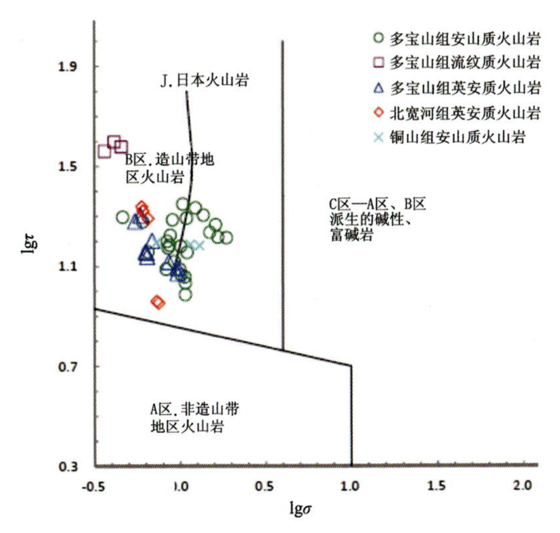

图 3-79　$\lg\tau-\lg\sigma$ 构造环境判别图

火山岩轻稀土质量分数相对较低，与岛弧安山岩的REE平均质量分数较接近，反映大洋岛弧安山岩特征。火山岩稀土配分曲线右倾(图3-80)，属轻稀土富集型，a/Sm为1.98～3.75，说明轻重稀土分馏明显，Eu为0.73～1.02，Eu弱亏损，具有弧火山岩特征。火山岩微量元素蛛曲线(图3-81)上具有明显的K、Th、Nb、P、Ti负异常，Ba、U、Sm正异常，具钙碱性弧火山岩特征。

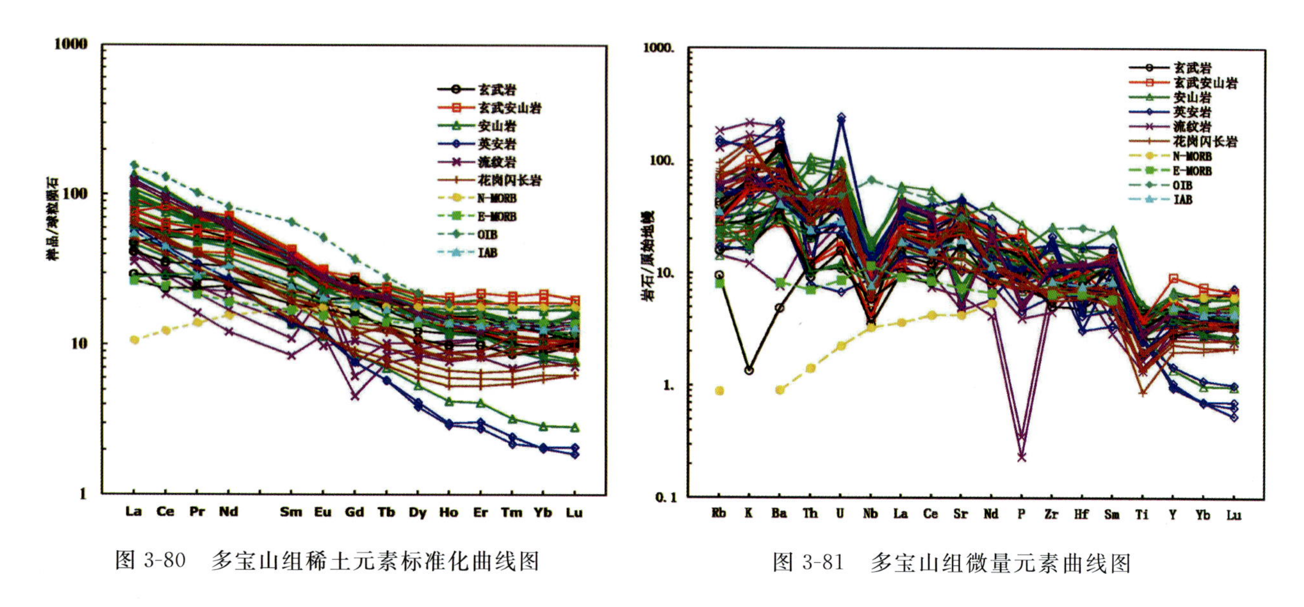

图3-80　多宝山组稀土元素标准化曲线图

图3-81　多宝山组微量元素曲线图

火山岩地球化学显示了岛弧火山岩特征。在中酸性火山岩Rb-(Y+Nb)图解(图3-82)和Rb-(Yb+Ta)图解(图3-83)中，投点主要落入火山弧区；在中基性火山岩Ti/100-Zr-3Y图解(图3-84)和Ti/100-Zr-Sr/2图解(图3-85)中，投点主要落入火山弧区，少量落入洋中脊与岛弧过渡区和岛弧拉斑玄武岩区。综上所述，多宝山期火山岩形成于岛弧环境，与早奥陶世花岗闪长岩和花岗闪长斑岩形成环境一致，为岩浆弧环境。

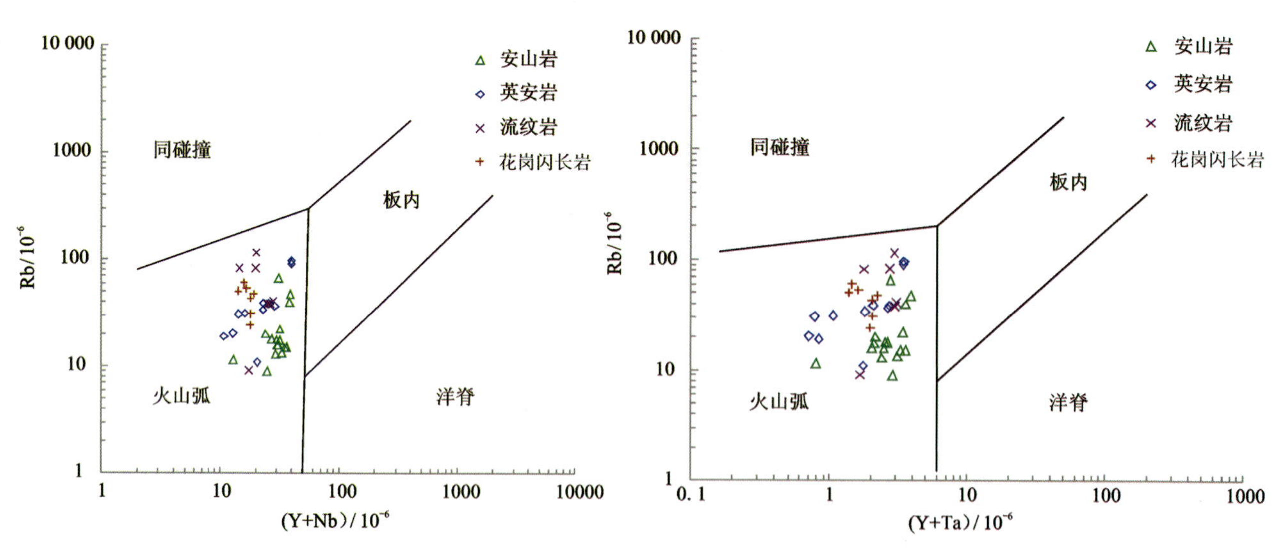

图3-82　中酸性火成岩Rb-(Y+Nb)图解

图3-83　中酸性火成岩Rb—(Yb+Ta)图解

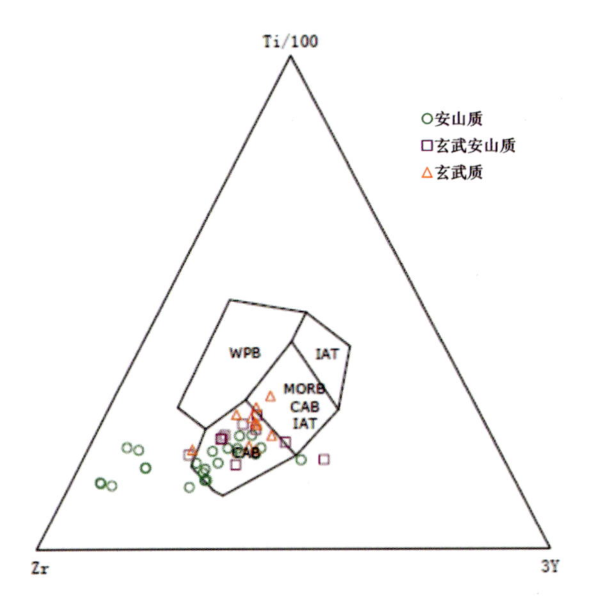

WPB. 板内玄武岩；MORB. 洋中脊玄武岩；
IAT. 岛弧拉斑玄武岩；CAB. 岛弧钙碱性玄武岩。
图 3-84　中基性火山岩 Ti/100 - Zr - 3Y 图解

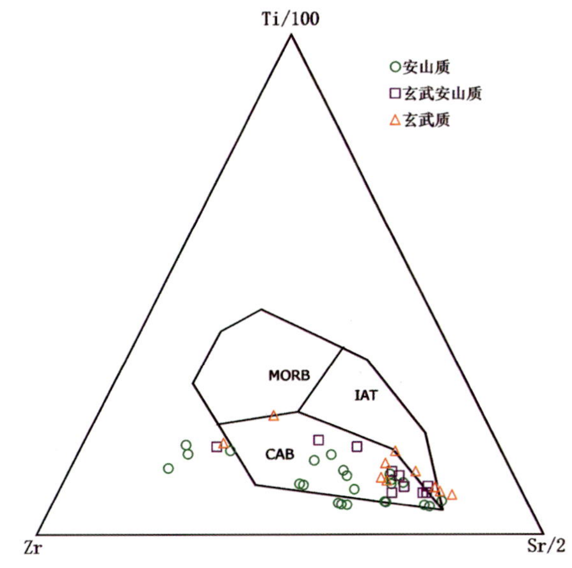

MORB. 洋中脊玄武岩；IAT. 岛弧拉斑玄武岩；
CAB. 岛弧钙碱性玄武岩。
图 3-85　中基性火山岩 Ti/100 - Zr - Sr/2 图解

6. 弧前盆地

弧前盆地主要分布在伊尔施-多宝山俯冲增生杂岩带的两侧，南东侧分布较多，北西侧较零星，介于俯冲增生杂岩带与岩浆弧之间，指示洋盆具双向俯冲特征，南东侧盆地发育，表明洋盆向南东向俯冲作用较强，与南东侧发育岩浆弧的特点一致。弧前盆地主要由中—下奥陶统铜山组，上奥陶统裸河组、爱辉组变质砂岩、粉砂岩、泥岩等组成，后期叠加有志留纪—早泥盆世残余盆地。部分中—下奥陶统铜山组卷入增生杂岩中，形成变形较强的基质，大部分呈不整合覆盖于增生杂岩和火山弧之上。在物质成分上，弧前盆地砂岩的岩屑及砾石成分以流纹岩、硅质岩、英安岩、安山岩、玄武岩为主，物质主要来源于火山岩，岩屑成分与多宝山组岩石组合相似，暗示沉积物源可能为多宝山组火山岩，另外硅质岩砾石可能来自增生杂岩中洋壳残块。弧前盆地岩石成分中砂屑分选性和成分成熟度很低，也反映了近物源区特点（岛弧和增生杂岩之间）。砂岩化学特征反映其源区大地构造环境为大洋岛弧及大陆岛弧环境，显示了双物源弧前盆地环境。

7. 弧间盆地

该盆地主要分布在伊尔施和多宝山一带，在伊尔施一带发育在俯冲增生杂岩带的北西侧，位于岛弧之间，主要由上奥陶统裸河组变砂岩、变粉砂岩、变硅泥质岩组成，夹少量硅质岩、灰岩，为一套滨浅海相—半深海相沉积，不整合于两侧岛弧火山岩之上，构造变形后呈“夹层”状产出在弧火山岩之间，以往工作多将它归为多宝山组，并作为火山弧，但实际上岩石组合和构造位置及时代相当于弧间盆地。弧间盆地在多宝山一带发育于俯冲增生杂岩带的南东侧，位于多宝山岛弧之间，与岛弧火山岩之上多为断层或不整合接触，主要由中—下奥陶统铜山组，上奥陶统裸河组、爱辉组，下志留统黄花沟组的变砂岩、变粉砂岩、变硅泥质岩、碳质板岩及火山碎屑岩组成，夹少量硅质岩和灰岩，含笔石、三叶虫等化石，具深水沉积特征，从铜山组到爱辉组构成一个向上变深型层序，爱辉组岩石粒度最细，以泥质岩为主，为深水凝缩段沉积，从铜山组到爱辉组总体显示扩张型海盆特征，黄花沟组岩石粒度较爱辉组粗，出现反旋回地层结构，指示盆地进入萎缩阶段。中志留世八十里小河组为一套红层，以红色、紫色杂砂岩和粉砂岩为主，超覆于黄花沟组之上，显示水体较浅的干旱环境。铜山组—八十里小河组在构造变形后也呈夹层状产出于岛弧火山岩之间，以往工作多视为火山岩夹层，本书根据弧盆体系的解析将弧间盆地沉积岩层从原岛弧火山地层中单独划出，作为弧盆体系的独立构造单位。

8. 弧后盆地

该盆地分布于伊尔施北部头道桥和多宝山一带。在头道桥地区产出于变质基底和岛弧带北西侧靠近陆缘一侧，主要由中—下奥陶统铜山组变砂岩、变粉砂岩及火山碎屑岩组成，为浅海相沉积，指示洋盆向北西向俯冲。伊尔施一带的弧后盆地与多宝山岛弧火山岩和岩浆弧侵入岩为构造接触，主要由中—下奥陶统铜山组，上奥陶统裸河组变砂岩、变粉砂岩、板岩等组成，局部夹灰岩，为一套浅海相沉积建造，弧后盆地发育在岛弧的东南侧，指示洋盆向东南方向俯冲。多宝山一带的弧后盆地主要分布在多宝山岛弧带的东南侧，与岛弧火山岩多呈构造接触，局部不整合于岛弧火山岩之上，指示洋盆南南东向俯冲，主要由中—下奥陶统铜山组变砂岩、变粉砂岩、板岩等组成，局部夹火山碎屑岩，之上叠加有上奥陶统裸河组、爱辉组，下志留统黄花沟组，中志留统八十里小河组浅海相沉积岩，晚志留世—中泥盆世叠加弧后残余盆地卧都河组—泥鳅河组—腰桑南组陆表海沉积，盆地由下而上构成两个完整的沉降-沉积旋回，早奥陶世—中志留世为弧后盆地，晚志留世—中泥盆世为弧后残余盆地，两者均被晚泥盆世—早石炭世前陆盆地不整合覆盖。

9. 前陆盆地(残余海盆)

在伊尔施-多宝山俯冲增生杂岩带的两侧广泛分布晚志留世—中泥盆世卧都河组—泥鳅河组—腰桑南组陆表海沉积，该沉积曾被认为是继多宝山弧盆系之后又一次伸展沉积事件。卧都河组富含 *Tuvaella gigantea* 化石，对区域地层和构造分区具有重要指示意义，常被认为是南、北两大板块分区的主要标志。本次通过地质编图发现，卧都河组—泥鳅河组主要分布于伊尔施-多宝山俯冲增生杂岩带与头道桥-新林俯冲增生杂岩带之间，主要集中于兴安地块内，在呼玛一带多被认为是呼玛弧后盆地的重要组成部分(《黑龙江省矿产资源潜力评价》,2012)。卧都河组不整合于奥陶纪—中志留世多宝山弧盆系之上，底部发育近源堆积的砾岩，内部发育大量石英砂岩，砾岩和砂岩的砾石和岩屑成分有变流纹岩、变基性火山岩、花岗岩、石英砂岩、安山岩、脉石英和结晶灰岩等，局部灰岩成分质量分数高，且多呈次棱角状，具底砾岩属性，高质量分数的石英砂岩指示物源区有较多的花岗岩，碎屑的成分反映源区主要为多宝山弧盆系和岩浆弧，其下伏八十里小河组为一套弧背盆地红层沉积，与之上卧都河组底砾岩形成了构造不整合面，以往的整合关系(《黑龙江省岩石地层》,1997)应为构造平行化的假整合。卧都河组之下的岩石多发生变质变形，局部有变质基底出露，结合卧都河组—泥鳅河组—腰桑南组的浅海相旋回沉积和产出的构造位置，相当于多宝山洋盆俯冲后的前陆盆地，位于伊尔施-多宝山俯冲增生杂岩带北西侧的晚志留世—中泥盆世沉积建造相当于周缘前陆盆地，位于多宝山岛弧带东南侧的晚志留世—中泥盆世沉积建造相当于弧后前陆盆地或弧间前陆盆地。该套沉积建造标志多宝山一带早古生代早期洋盆俯冲作用结束，晚志留世转为陆表沉积，暗示兴安地块与额尔古纳地块和松嫩地块拼贴时限大致为中志留世末。卧都河组之上的泥鳅河组为一套泥质岩、粉砂岩、灰岩组合，显示浅海—半深海环境；在罕达气一带其内夹有基性—酸性双峰式火山岩，说明该地区存在残余海盆，并具较强的拉张作用；火山喷发之后发育腰桑南组红层沉积，红层顶部为晚泥盆世不整合面，至早石炭世接受陆相沉积。

（四）俯冲增生杂岩中岩块特征

伊尔施-三卡俯冲增生杂岩带中岩块较发育，岩石类型主要有硅质岩、大理岩、变玄武岩、细碧岩、角斑岩、斜长角闪岩、苦橄岩、辉石橄榄岩、蛇纹岩、辉长岩及岛弧火山岩和基质变质岩等。岩块及蛇绿岩主要集中产出在伊尔施和多宝山地区。

1. 伊尔施地区岩块特征

伊尔施哈拉河北构造混杂岩带呈北东东向展布，西南端进入蒙古国境内，区内长约30km，宽3～5km。带内不同时代和不同性质的岩片均呈断层接触，断裂既有脆性变形，也有韧性变形。带内岩石组合由蛇绿混杂岩、构造绿片岩组成。蛇绿质混杂岩由蛇纹石化辉橄岩、变辉长岩、变辉绿岩、变基性火山岩和放射虫硅质岩组成，这些岩石多呈岩块散布，蛇绿岩的组分齐全。蛇纹石化辉橄岩断续延长约7km，辉长岩沿该构造带呈透镜体断续分布。蛇绿质混杂岩与寒武系苏中组灰岩、下—中奥陶统哈拉哈河组灰色石英砂岩和志留系卧都河组粉砂岩及变质砾岩均呈断层接触，并存在较强的韧性变形，形成糜棱岩或糜棱岩化岩石。

在哈拉哈河北岸，岩块主要为蛇纹石化辉橄岩-变辉长岩-变辉绿岩-变基性火山岩-放射虫硅质岩。这些岩块散布在拼贴带内，蛇绿岩断续延长约7km，辉长岩、辉绿岩、变基性火山岩和放射性硅质岩沿该带呈构造透镜体断续分布。

蛇绿质混杂岩与寒武系苏中组灰岩、中奥陶统哈拉哈河组石英砂岩和志留系卧都河组粉砂岩及变质砾岩均呈断层接触，形成逆冲推覆构造带，局部发育较强的韧性变形，形成糜棱岩或糜棱岩化砂岩及构造片岩。该带蛇绿岩的岩石组合相对较全，但由于受到后期岩浆及构造作用的改造，现已支离破碎。

据白志达和徐德兵(2015)的研究，硅质岩SiO_2质量分数低于纯硅质岩(SiO_2质量分数为91%～99.8%)(Murray et al.,1992)，为67.73%；Al_2O_3质量分数为14.69%，Si/Al远低于纯硅质岩Si/Al(80～1400)(Murray et al.,1992)，表明含有较高的陆源泥质沉积物。$Al_2O_3/(Al_2O_3+Fe_2O_3)$可以作为判别硅质岩形成环境的指标(Murray et al.,1994)，大洋盆地硅质岩介于0.4～0.7之间，洋中脊硅质岩的比值小于0.4，大陆边缘硅质岩介于0.5～0.9之间，伊尔施北硅质岩$Al_2O_3/(Al_2O_3+Fe_2O_3)$为0.944，显示该区为大陆边缘环境。

敦德额热格河西侧剖面中辉绿岩呈透镜体状出露于片理化火山岩中，而变玄武岩、辉橄岩和变质砾岩均为断层接触(图3-86)，由南而北依次为苏中组灰岩→片理化变玄武岩→变玄武岩→变质砾岩→蛇纹石化辉橄岩。敦德额热格河东侧山脊剖面自南向北岩性依次为灰岩→变玄武岩→辉橄岩→变质砂岩(图3-87)。

新巴尔虎左旗巴日图东中产出有奥陶纪增生杂岩、火山弧和弧后盆地。增生杂岩发育硅质岩、辉长岩、变粗玄岩岩块。岩块包卷在变形砂泥质“基质”中，剖面北西段产出有以安山岩为代表的火山弧和砂砾岩沉积的弧后盆地，指示洋盆向北西方向俯冲。

阿尔山市大山一带产出有洋岛岩块与火山弧，洋岛岩块主要由灰岩和安山岩互层构成，呈大型岩块出露，火山弧主要由玄武安山岩和流纹质晶屑凝灰岩组成。岩块与火山弧之间为断层接触，两者的相对位置指示洋盆向南东俯冲。

伊尔施镇十七大桥南产出奥陶纪洋壳残片、洋内弧、洋岛残块。洋壳残片主要由玄武岩和细碧岩组成，夹少量角斑岩，内部侵位有多条辉长岩脉；洋内弧主要由角斑岩和石英角斑岩组成，内部侵入有辉长

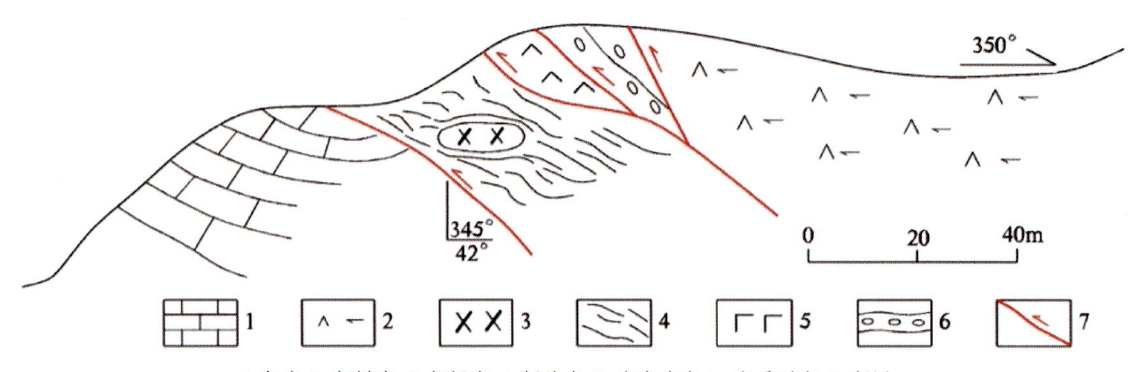

1. 灰岩；2. 辉橄岩；3. 辉绿岩；4. 绿片岩；5. 变玄武岩；6. 变质砾岩；7. 断层。

图 3-86　敦德额热格河西侧蛇绿岩剖面(据白志达和徐德兵，2015)

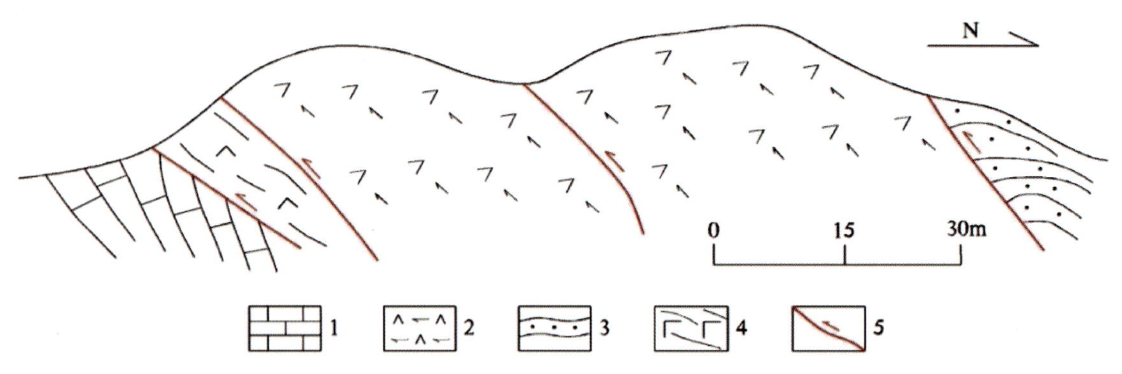

1. 灰岩；2. 辉橄岩；3. 变质砂岩；4. 变玄武岩；5. 断层。

图 3-87　敦德额热格河东侧蛇绿岩剖面图(据白志达和徐德兵，2015)

岩脉；洋岛残块主要由大理岩组成。三者均呈断层接触，局部发育变形基质，包卷部分岩块。

此外，多处可见该蛇绿混杂岩与寒武系苏中组灰岩、上志留统变质砾岩、下中奥陶统、上泥盆统等岩块混杂在一起。早古生代地层和蛇绿混杂岩普遍遭受较强变形，而泥盆系变形很弱，说明蛇绿混杂岩应形成于泥盆纪以前。与蛇绿混杂岩平行分布的下奥陶统多宝山组是典型的弧火山岩(锆石U－Pb年龄为457Ma)；奥陶纪石英闪长岩类似于埃达克岩(锆石U－Pb年龄为453Ma)。弧火山岩和埃达克质岩年龄反映的是板块消减事件的年龄，标志着洋壳俯冲萎缩消减的阶段，应晚于蛇绿岩。因此，蛇绿岩形成应早于奥陶纪。寒武纪苏中组碳酸盐岩夹细碎屑岩建造，为近岸浅海环境，为海盆扩张的初期阶段，扩张至有洋壳出现大致为苗岭世—芙蓉世，伊尔施北蛇绿岩的形成时代应为苗岭世—芙蓉世。

1)辉橄岩岩石化学与地球化学特征

据白志达和徐德兵(2015)的研究，蛇纹石化辉橄岩 SiO_2 质量分数为44.14%～46.00%；TiO_2 质量分数为0.01%～0.02%，远低于洋中脊地幔 TiO_2 质量分数(0.1%～0.4%)；Al_2O_3 质量分数为1.11%～1.92%，MgO质量分数为36.51%～38.14%；CaO质量分数为0.11%～2.05%；FeO质量分数为2.38%～3.31%；Fe_2O_3 质量分数为5.27%～8.06%；Na_2O、K_2O 质量分数极低，为0.00%～0.02%。岩石 Al_2O_3、TiO_2、CaO、Na_2O、K_2O 质量分数较低，MgO质量分数高，$Mg^{\#}$ 值介于93.00～94.67之间，与典型方辉橄榄岩的变化范围[$w(SiO_2)$＝39.6%～48.4%，$Mg^{\#}$＝88.6～92.1]基本一致；MgO/(MgO＋TFeO)比值为0.81～0.84，总体表现为残存地幔岩特性，表明蛇纹石化辉橄岩为地幔岩块。

蛇纹石化辉橄岩稀土元素质量分数相对较低，∑REE介于$(1.36\sim4.02)\times10^{-6}$之间，比球粒陨石∑REE丰度值(5.42μg/g)低，相近于世界蛇绿岩中方辉橄榄岩的∑REE丰度范围(0.001～0.5倍于球粒陨石)，表明其地幔源区亏损；LREE/HREE是1.83～2.58，$(La/Yb)_N>1$，变化于1.01～1.77之间；轻稀土略微富集，中稀土亏损，LREE富集的"U"形配分模式和正Eu异常特征的超基性岩稀土元素配分型式与SSZ型蛇绿岩的地幔橄榄岩稀土元素配分型式相似。蛇纹石化辉橄岩为亏损程度较强的地幔橄榄岩的代表，稀土元素及轻稀土元素应该是亏损的，而该区表现出相对富集轻稀土，可能与后期受到了熔体/流体改造这一地质作用的叠加有关。TiO_2质量分数与俯冲消减的SSZ型蛇绿岩TiO_2质量分数范围相似，说明岩石形成环境为俯冲消减的SSZ型。

蛇纹石化辉橄岩微量元素相对富集Ba、Sr等LILE(大离子亲石元素)，亏损Nb、Ti等HFSE(高场强元素)。Nb/Ta在2.15～6.47之间，平均为4.38；Zr/Hf在13.98～44.62之间，平均为26.39。而Pb表现为强烈的正异常，与岛弧地区火山岩特征相似，表明与俯冲消减过程当中的流体作用的改造有关。

2)镁铁质岩岩石化学与地球化学特征

镁铁质岩石主量元素总体高Si、Al、Ti、Na，低Mg、K。SiO_2质量分数一般在48.05%～51.08%之间，个别辉绿岩高者达55.35%，其中辉长岩岩石的SiO_2质量分数在49.97%～51.09%之间；Al_2O_3质量分数在16.21%～16.96%之间，TiO_2质量分数在1.27%～1.59%之间，与洋中脊玄武岩特征相似。

辉绿岩和变玄武岩TiO_2质量分数为1.14%～1.95%，介于洋中脊玄武岩(1.5%)和弧后盆地玄武岩(1.19%±0.39%)之间；Al_2O_3质量分数为15.11%～16.36%，略高于洋中脊拉斑玄武岩，与高铝岛弧玄武岩接近(>16.5%)；MgO质量分数为3.56%～7.93%，平均为5.49%；$Mg^{\#}$在35～60.73之间，低于原生岩浆$Mg^{\#}$值(68～75)；镁铁质岩石CaO质量分数变化较大，为0.99%～8.35%，平均为6.01%；TFeO质量分数为4.36%～7.14%，平均为5.63%；Fe_2O_3质量分数为2.09%～5.01%，平均为3.55%；TFeO为7.78%～10.00%，平均为8.82%；Na_2O质量分数为3.06%～5.62%，平均为4.07%，钠含量高；K_2O质量分数为0.85%～2.15%，平均为1.54%，$w(Na_2O)>w(K_2O)$，$w(Na_2O+K_2O)$为4.43%～6.66%。

主量元素成分特征表明，镁铁质岩石铝偏高、富钠，具有洋中脊和消减带高铝玄武岩过渡的特性。铝高可能由俯冲板片之下地幔部分熔融构成的玄武质熔体经橄榄石、单斜辉石强分离后的派生岩浆引起；也可能是在岛弧区由俯冲洋壳部分熔融的原生岩浆构成，区内辉绿玢岩中存在斜长石斑晶，暗示这类玄武质岩浆可能由俯冲洋壳部分熔融的原生岩浆经历了分离结晶作用，反映本区镁铁质岩石成因应与俯冲环境关联。

稀土元素特征：镁铁质岩石稀土$\sum$REE较高，在95.63～167.83μg/g之间，远高于N-MORB和E-MORB稀土总量(两者含量分别为39.12μg/g、49.09μg/g；Sun and McDonough，1989)；LREE/HREE值为3.81～7.81，富集LREE，表明其地幔源区存在富集组分流体交代改造的可能；δEu和δCe分别为0.76～1.12和0.94～1.01，无明显异常。球粒陨石标准化散布型式图(图3-88a)中表现轻稀土富集型，重稀土平直，接近E-MORB，整体介于E-MORB与OIB之间，反映岩浆来源于弱富集地幔，同时又具有岛弧玄武岩配分模式的一些特征，暗示与俯冲作用有关。各岩石REE散布型式类似，表明其成因或源区一致，属于具备亲缘性的蛇绿岩岩石组合。

其中，变辉长岩$\sum$REE在95.63～190.62μg/g之间，LREE/HREE值为3.81～7.77，富集LREE；δEu和δCe无明显异常。稀土分布型式为右倾型，轻稀土富集，重稀土分馏不明显，接近E-MORB的重稀土分布型式特征；变辉绿岩$\sum$REE介于115.21～205.83μg/g之间，LREE/HREE值为4.83～7.44，富集LREE；δEu介于0.76～1.12之间，稀土分布型式与辉长岩相似；变玄武岩$\sum$REE介于131.84～173.30之间，富集LREE，LREE/HREE值为4.28～7.81；δEu介于0.75～0.95之间，具弱的负异常。

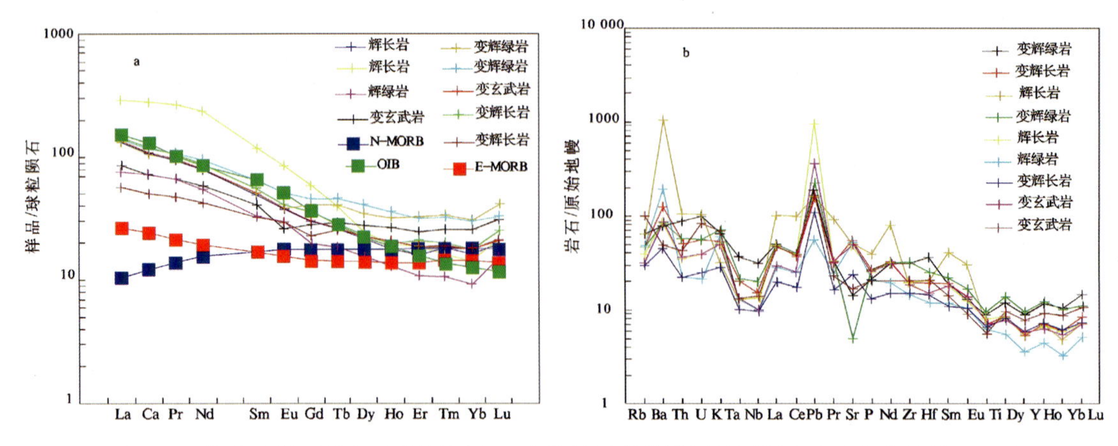

图 3-88　镁铁质岩石稀土元素曲线图(a)和微量元素曲线图(b)(据白志达和徐德兵,2015)

(球粒陨石数据、N-MORB 和原始地幔数据均引自 Sun and McDonough,1989)

微量元素与原始地幔标准化蛛网曲线图(图 3-88b)中表现强不相容元素富集,所有样品富集 Ru、Ba、Th、U 等大离子亲石元素(LILE),各样品间同一元素基本无波动,表现出良好的一致性,总体具有富集型大洋玄武岩配分模式,但又有岛弧玄武岩的一些特征(Shinjo et al.,1999);Nb、Ta、Zr、Hf 高于 N-MORB,介于 E-MORB 与 OIB 之间,且 Nb、Ta 呈明显的负异常,与俯冲构造环境下的岛弧玄武岩特征相同(Condie,2003),暗示其源区应存在强烈的俯冲板片流体交代作用(赵振华,2005),高场强元素(HFSE)分布型式与 E-MORB 相似,这与重稀土配分型式接近 E-MORB 的特征相同;Nb/Ta 介于 12.69～18.43 之间,平均为 16.16,与正常岛弧玄武岩接近;Zr/Hf 介于 31.15～46.22之间,平均为 39.66,略高于 OIB(35.9)。Nb、Ta、Zr、Hf 质量分数及 Nb/Ta、Zr/Hf 值明显高于蛇纹石化辉橄岩,与岛弧地区火山岩相似。在原始地幔比值蛛网图中 Ti 表现为弱负异常,暗示岩浆在上升过程中受到轻微的地壳混染。镁铁质岩石和蛇纹石化辉橄岩共同具有强烈的 Pb 正异常,暗示二者岩浆源区的继承性。微量元素分布型式总体与富集型大洋玄武岩相似,但又有岛弧玄武岩的一些特征,反映与俯冲作用有一定关联。

伊尔施北蛇绿混杂岩带岩石组合比较齐全,对超铁镁质岩石和镁铁质岩石的岩石地球化学分析表明,各岩石之间具有亲缘性。蛇绿混杂岩的地球化学性质及形成构造环境复杂多样,可以概括为与俯冲作用无关和与俯冲作用相关(张旗,1995;史仁灯,2005;周国庆 2008;Dilek and Furnes,2011)的两种类型。以往研究表明,大陆造山带中多半蛇绿岩构成环境为俯冲带上(SSZ)的弧前盆地、弧后盆地、岛弧、大陆被动陆缘或小洋盆等(张旗等,2001)。

该区蛇纹石化辉橄岩 TiO_2 含量在 SSZ 型变化范围内,稀土配分模式为中稀土相对亏损的“U”形分布模式;富集 Ba、Sr 等 LILE 大离子亲石元素,亏损 Nb、Ti 等 HFSE 高场强元素,具 Pb 强的正异常,共同说明其形成与俯冲消减作用关联。岩石先经较强的部分熔融,导致轻稀土亏损,尔后因俯冲消减当中富含轻稀土元素和 LILE 离子的富水流体交代,使轻稀土元素又相对富集。镁铁质岩石主量元素显示高铝、富钠的俯冲消减带高铝玄武岩特征,岩石系列以钙碱性系列为主;富集轻稀土(LREE),重稀土分馏不明显,类似于岛弧钙碱性火山岩,与当代弧后盆地玄武岩特性近似;富集(LILE)大离子亲石元素,Nb、Ta 为负异常,与辉橄岩同具有强烈的 Pb 的正异常,与俯冲构造环境下岛弧玄武岩相似,也类似陆缘弧后盆地 Okinawa 玄武岩特点,重稀土(HREE)和高场强元素(HFSE)分布特征介于 E-MORB 和弧后盆地 Okinawa 玄武岩之间。微量元素与原始地幔标准化图 Ti 表现出不同程度的负异常,暗示岩浆在上升过程中受到地壳物质的轻微混染。含放射虫硅质岩 $Al_2O_3/(Al_2O_3+Fe_2O_3)$值为 0.944,也指示其形成于大陆边缘。蛇纹石化辉橄岩、镁铁质岩石和含放射虫硅质岩的岩石化学及岩石地球化学特性表明，其成因与俯冲作用关联，为 SSZ 型蛇绿岩，可能形成于陆缘弧后扩张盆地。

在 Hf-Th-Ta 及 Hf-Th-Nb 构造环境判别图中投到钙碱性玄武岩(CAB)区域内(图 3-89、图 3-90)，显示该类岩石具有 CAB－IAT 演化趋势。在 Th/Yb－Ta/Yb 图解(图 3-91)中，所有样品落入活动大陆边缘区域，以岛弧钙碱性系列玄武岩为主，明显与形成于洋内弧后盆地环境的玄武岩(MTB)不同，而与陆缘弧后盆地环境的现代 Okinawa 玄武岩(Shinjo，1999)类似。上述特征表明，伊尔施北蛇绿混杂岩中的镁铁质岩石属岛弧钙碱性系列岩石，其形成与俯冲作用相关，属 SSZ 型蛇绿岩，可能形成于陆缘弧后盆地扩张环境。

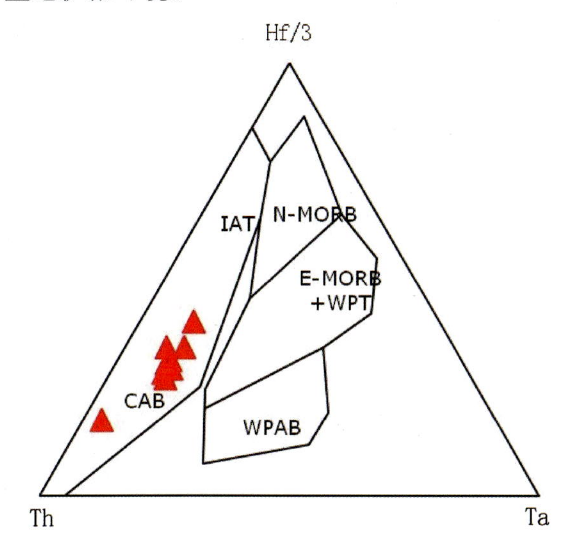

WPB. 板内玄武岩；MORB. 洋中脊玄武岩；IAT. 岛弧拉斑玄武岩；VAB. 岛弧玄武岩；OIB. 洋岛玄武岩；WPAB. 板内碱性玄武岩；WPT. 板内拉斑玄武岩；N-MORB. 正常型洋中脊玄武岩；E-MORB. 富集型洋中脊玄武岩；CAB. 岛弧钙碱性玄武岩。

图 3-89　镁铁质岩石 Hf-Th-Ta 构造环境判别图
(据 Wood，1980)

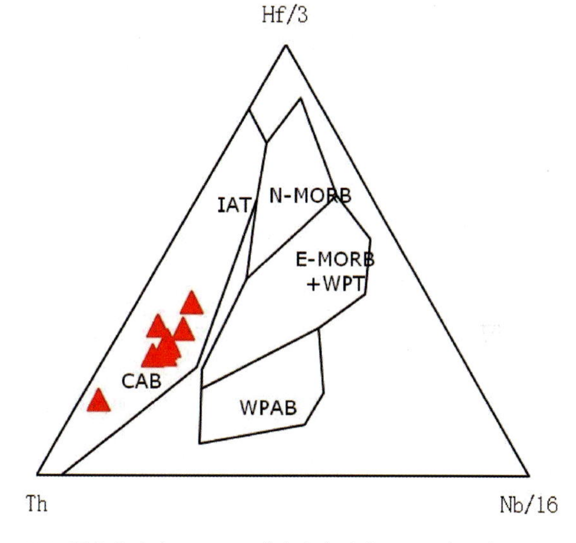

WPB. 板内玄武岩；MORB. 洋中脊玄武岩；IAT. 岛弧拉斑玄武岩；VAB. 岛弧玄武岩；OIB. 洋岛玄武岩；WPAB. 板内碱性玄武岩；WPT. 板内拉斑玄武岩；N-MORB. 正常型洋中脊玄武岩；E-MORB. 富集型洋中脊玄武岩；CAB. 岛弧钙碱性玄武岩。

图 3-90　镁铁质岩石 Hf-Th-Nb 构造环境判别图
(据 Wood，1980)

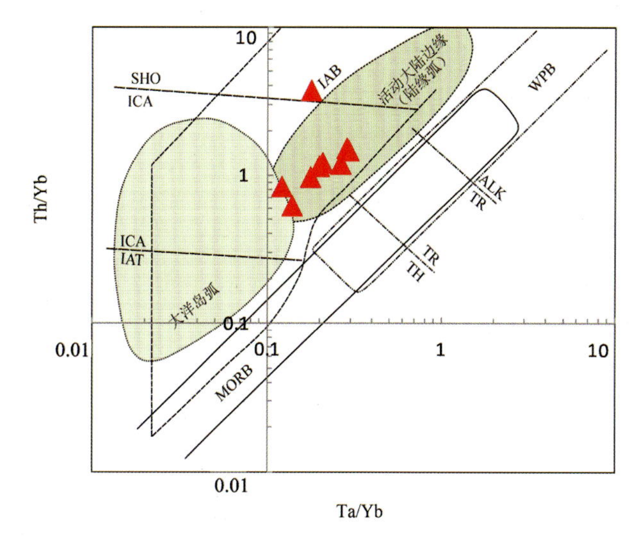

IAB. 岛弧玄武岩；IAT. 岛弧拉斑玄武岩；ICA. 岛弧钙碱性系列；SHO. 岛弧橄榄玄粗岩系列；WPB. 板内玄武岩；MORE. 洋中脊玄武岩；TH. 拉斑玄武岩；TR. 过渡玄武岩；ALK. 碱性玄武岩。

图 3-91　镁铁质岩石 Th/Yb－Ta/Yb 构造环境判别图(据 Pearce，1982)

与俯冲作用有关的蛇绿岩可以形成于弧前、弧间或弧后环境(大陆弧后或者大洋弧后),而且由于俯冲消减带的仰冲构造运动有利于蛇绿岩的保存和就位,国内外多数蛇绿岩均产于消减带关联的俯冲环境中(Stern et al.,1992)。在俯冲带之上(SSZ)的岛弧及弧前环境中形成的蛇绿岩多为岛弧拉斑玄武岩(IAT)和玻安岩(Hawkins,2003)。造山带中弧后盆地火山岩系常常具有洋中脊火山岩系和岛弧火山岩系的双重特点(夏林圻,2001),不成熟的弧后盆地玄武岩兼有MORB和IAT的特征;弧间盆地环境产出的岛弧蛇绿岩也具有IAT和MORB两者的性质(张旗等,1999),伊尔施地区蛇绿岩中镁铁质岩石也兼有MORB和IAT的特征;岩石地球化学特征和构造环境判别图解显示,伊尔施北蛇绿混杂岩中镁铁质岩石有向岛弧拉斑玄武岩(IAT)演化趋势,但主要为岛弧钙碱性系列玄武岩(CAB),主量、稀土及微量元素分布模式和岩石系列均与形成于陆缘弧后盆地环境的当代Okinawa玄武岩有类似特性。结合区域构造资料,初步认为断崖山-伊尔施北蛇绿岩的成因与俯冲作用关联,属SSZ型蛇绿岩(俯冲带上盘型),形成的构造环境应为弧后盆地扩张环境,且为不成熟的弧后盆地。

2. 多宝山地区岩块特征

1)岩块地质特征

多宝山地区的俯冲增生杂岩主要产出在关鸟河—窝理河—三卡一带,呈北东向展布于多宝山岛弧带的西北缘,与多宝山岛弧带之间为断层接触,两侧多被晚古生代之后地层不整合覆盖或岩体侵入。构造混杂岩带主要由基质和岩块组成。岩块主要成分有橄榄岩、辉石岩、玄武岩、硅质岩、大理岩、辉长岩和火山弧安山岩、英安质凝灰岩等;基质主要由原北宽河组和铜山组硅泥质、凝灰质板岩、千枚岩、变粉砂岩及凝灰岩组成,遭受动力变质作用较强,局部形成构造片岩。岩块组分中可恢复出洋壳残块、洋内弧残块、洋岛(海山)残块、岛弧残块等。

在零点—老道店一带俯冲增生杂岩基质(原北宽河组片岩)中发现了玄武岩、硅质岩岩块(图3-92),玄武安山岩岩块呈团块状被包卷在变形基质中,岩块大小为2~4m,基质为变形较强的泥质板片岩和粉砂质板岩,总体表现为深海硅泥质岩和洋壳玄武岩、硅质岩混杂特征。前人的地质调查曾认为北宽河组中有玄武岩、硅质岩和大理岩夹层,本次工作调查发现其主要为一套构造混杂岩,与西南部多宝山一带俯冲增生杂岩为同一条构造带。

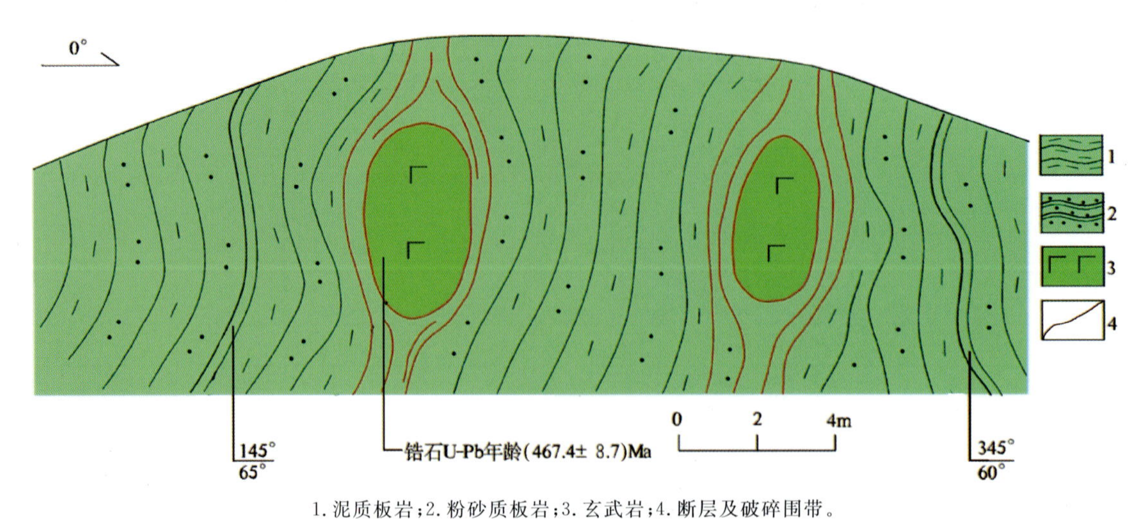

1.泥质板岩;2.粉砂质板岩;3.玄武岩;4.断层及破碎围带。

图3-92 老道店村北奥陶纪俯冲增生杂岩中玄武岩岩块

在呼玛宽河电站一带原多宝山组火山岩上新解体出了洋内弧高镁安山岩(图 3-93),佐证了多宝山岛弧带北侧存在有早古生代洋盆。岩石 SiO_2 质量分数为 54.5%～54.4%;MgO_2 质量分数为 6.7%～11.4%,化学成分相当于玄武安山岩,周围伴生有奥陶纪石英闪长岩,露头中有多条晚期花岗岩脉侵入,玄武安山岩中发育较强的孔雀石化和黄铜矿化,与多宝山地区早奥陶世火山弧(玄武)安山岩类岩石特征相近,高镁安山岩出露规模大于 650m。

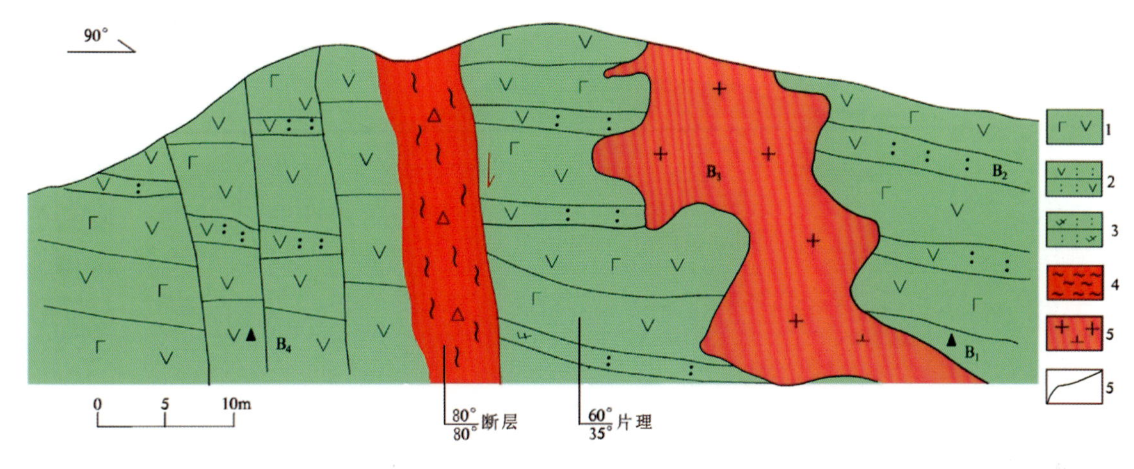

1. 玄武安山岩;2. 安山质凝灰岩;3. 英安质凝灰岩;4. 构造破碎带;5. 花岗闪长岩;6. 断层。

图 3-93 宽河电站早奥陶世洋内弧玄武安山岩

在关鸟河一带,原铜山组中产有大量的大理岩,曾被认为是成层有序地层,前人发现共有 5～7 层大理岩,本次工作野外调查发现大理岩多呈岩块赋存在铜山组变质砂泥质岩层中(图 3-94、图 3-95),大理岩与变质砂泥质岩之间多为构造接触。本次工作将块状产出的大理岩作为混杂岩的岩块,将变形的砂泥质岩石作为混杂岩的基质。该点向西南和东北均可延伸。

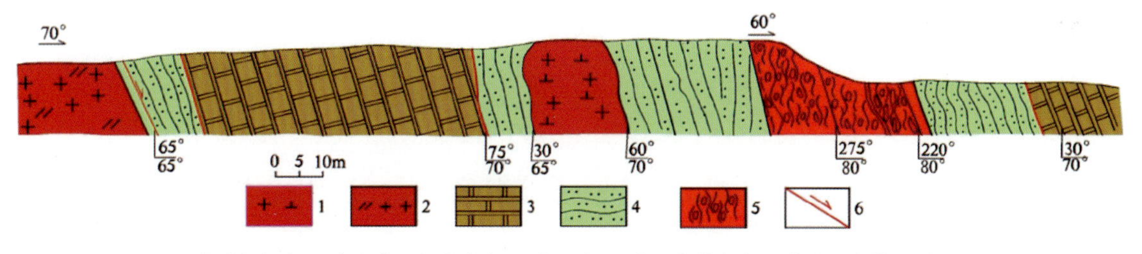

1. 花岗闪长岩;2. 似斑状二长花岗岩;3. 大理岩;4. 片理化粉砂岩;5. 构造破碎带;6. 断层。

图 3-94 关鸟河一带奥陶纪俯冲增生杂岩中大理岩岩块

图 3-95 关鸟河大理岩矿内产出大理岩岩块与砂泥质基质

笔者在小多宝矿坑内新发现洋岛(海山)岩石组合(图3-96、图3-97),层序下部为洋岛变玄武岩(SiO_2质量分数为47.15%),上部为大理岩,两者被多宝山组安山岩[(479.18±1.1)Ma]不整合覆盖。变玄武岩呈片理化构造,局部有气孔状构造,内部夹有黑色泥岩,出露宽度大于200m,与上覆大理岩为构造整合关系,表现构造平行化;大理岩呈粒状变晶结构,条带状构造,条带面理与变玄武岩中片理产状一致,出露宽度大于60m。该露头位于为多宝山早奥陶世俯冲增生杂岩带内,洋岛(海山)岩石组合的存在为伊尔施-多宝山俯冲增生杂岩带的确定提供了新证据。

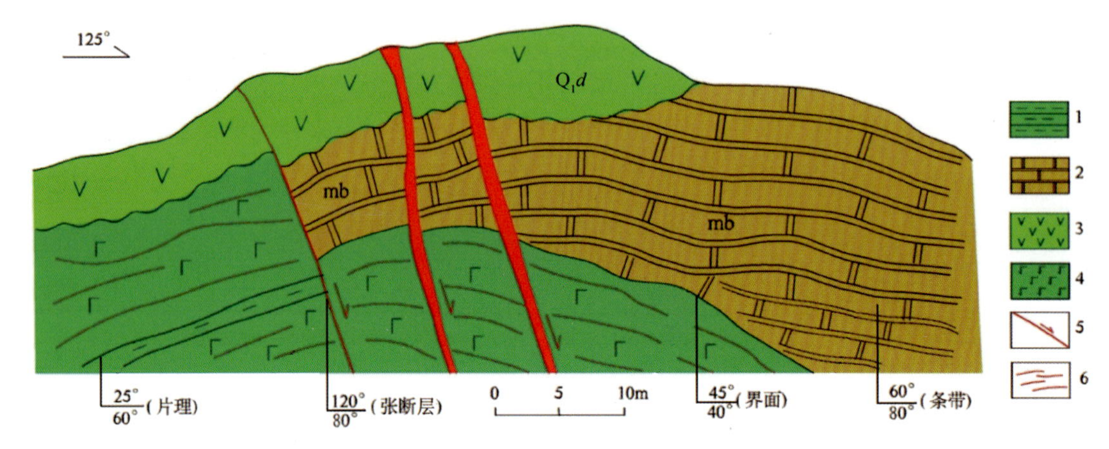

1.泥岩;2.大理岩;3.安山岩;4.玄武岩;5.断层;6.片理化构造。

图3-96 小多宝矿坑内玄武岩和大理岩构成的洋岛(海山)组合

图3-97 小多宝矿坑内玄武岩和大理岩构成的洋岛组合

笔者在窝里河一带新发现一条蛇绿岩,由蛇纹岩基质和辉石橄榄岩、苦橄岩、枕状玄武岩、辉长岩、硅质岩、弧火山岩等岩块组成(图3-98)。岩块呈大小不一(15cm~20m)的团块和透镜体包卷在蛇纹岩基质中,玄武岩岩块数量最多,并发育枕状构造(图3-99),隐晶或微晶结构,枕状或块状构造;苦橄岩为隐晶或微晶结构,块状构造;辉长岩为微晶—细晶结构,产出2处;硅质岩仅产出1处(大小20m左右);英安岩产出2处。蛇绿岩岩石类型出露较齐全,剖面出露宽度300余米,蛇绿岩上部与早奥陶世多宝山组安山岩为断层接触,多宝山组安山岩逆冲在蛇绿岩之上。蛇纹岩基质多发生片理化,片理多环绕岩块分布。

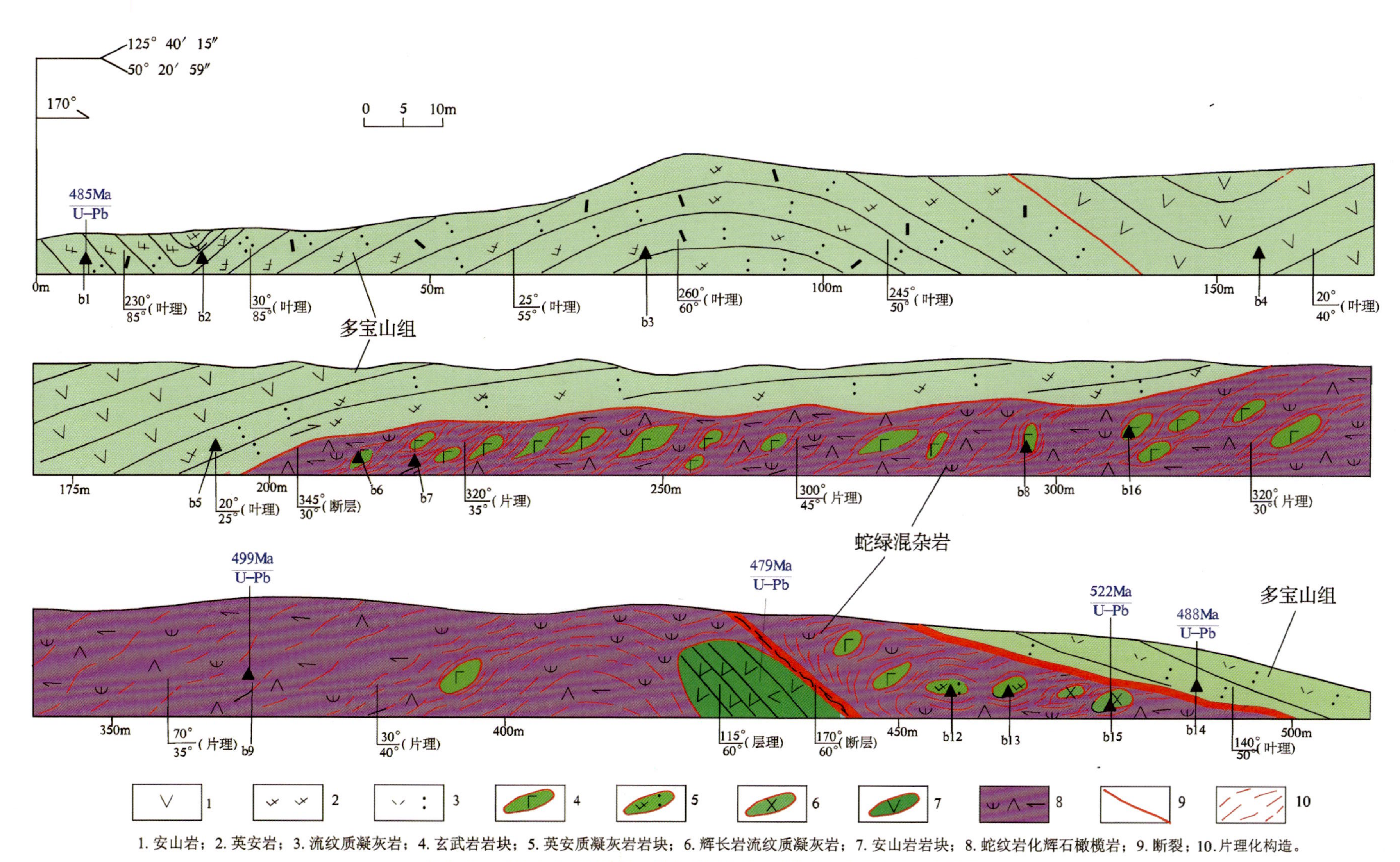

1. 安山岩；2. 英安岩；3. 流纹质凝灰岩；4. 玄武岩岩块；5. 英安质凝灰岩岩块；6. 辉长岩流纹质凝灰岩；7. 安山岩岩块；8. 蛇纹岩化辉石橄榄岩；9. 断裂；10. 片理化构造。

图3-98　多宝山北西窝里河一带早奥陶世蛇绿混杂岩与岛弧火山岩剖面图

图 3-99 窝里河一带蛇纹岩基质中发育的枕状玄武岩岩块

2)岩块岩石化学、地球化学特征

岩石化学特征:镁铁质岩石主量元素质量分数见表 3-5。岩石烧失量较大,介于 3.05%~12.86%之间。岩石 SiO_2 质量分数一般在 34.24%~57.20%之间,蛇纹岩为 34.24%~40.96%,玄武安山岩为 56.13%~57.20%,辉长岩和玄武岩为 47.03%~51.25%。辉长岩和玄武岩 Al_2O_3 质量分数为 15.36%~17.27%,与高铝岛弧玄武岩接近(>16.5%)(Crawford et al.,1987),TiO_2 质量分数在 0.80%~1.22%之间,与弧后盆地玄武岩(1.19%±0.39%)(Woodhead et al.,1993)相似。在岩石分类 TAS 图(图 3-100)中,多宝山地区奥陶世俯冲增生杂岩中岩块主要为橄榄岩、碱玄岩、碧玄岩、粗面玄武岩、玄武岩(辉长岩)、玄武安山岩等。在岩石 TFeO/MgO－TiO_2 构造环境图(图 3-101)中,样品主要投入洋中脊区和岛弧拉斑玄武岩区。主量元素成分特征表明,镁铁质岩石铝偏高、富钠,具有洋中脊和消减带高铝玄武岩过渡的特性,反映多宝山地区镁铁质岩石成因与俯冲作用有关。

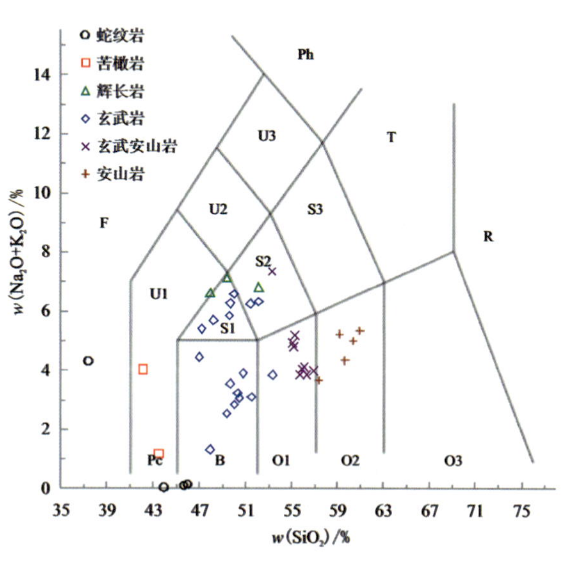

F. 付长石岩;Ph. 响岩;Pc. 苦橄玄武岩;T. 粗面岩;B. 玄武岩;U1. 碱玄岩-碧玄岩;U2. 响岩质碱玄岩;U3. 碱玄质响岩;S1. 粗面玄武岩;S2. 玄武粗安岩;S3. 粗安岩;O1. 玄武安山岩;O2. 安山岩;O3. 英安岩;R. 流纹岩。

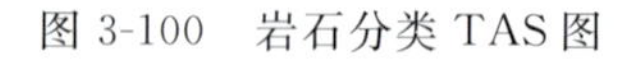

图 3-100 岩石分类 TAS 图

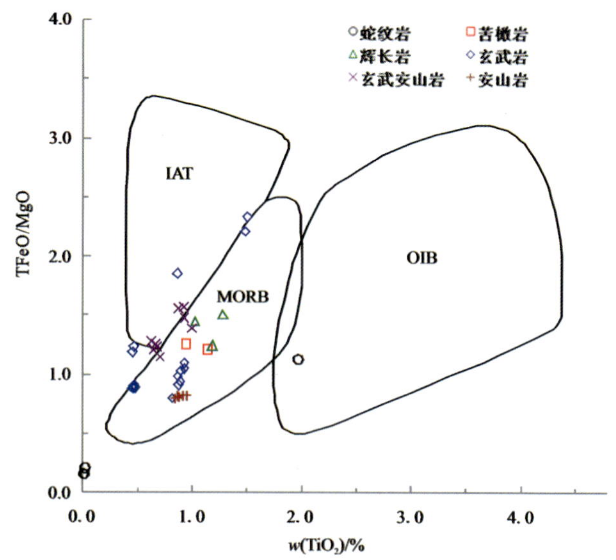

MORB. 洋中脊玄武岩;IAT. 岛弧拉斑玄武岩;OIB. 洋岛玄武岩。

图 3-101 岩石 TFeO/MgO－TiO_2 构造环境图

表 3-5　多宝山地区俯冲增生杂岩中岩块各类岩石硅酸岩分析结果

岩性	Na_2O/%	MgO/%	Al_2O_3/%	SiO_2/%	P_2O_5/%	K_2O/%	CaO/%	TiO_2/%	MnO/%	Fe_2O_3/%	FeO/%	烧失量/%	合计/%
蛇纹岩	0.061	40.38	0.093	39.84	0.003 0	0.028	0.077	0.018	0.10	3.57	3.10	12.86	100.13
	0.007 0	39.20	0.48	38.07	0.003 0	0.040	0.029	0.021	0.20	5.36	3.28	13.30	99.99
	0.070	40.06	0.027	40.04	0.003 0	0.060	0.084	0.009 5	0.097	3.59	3.03	12.82	99.89
	0.42	13.27	20.84	34.24	0.19	3.52	1.88	1.81	0.27	1.50	13.61	8.23	99.78
苦橄岩	0.72	10.46	17.66	39.65	0.13	3.08	8.33	1.07	0.31	1.47	11.32	5.48	99.68
	0.30	9.75	15.25	40.96	0.14	0.82	13.46	0.89	0.33	1.72	10.74	5.53	99.89
玄武岩	5.54	5.54	15.47	50.06	0.15	0.55	4.69	1.43	0.25	2.51	9.97	3.54	99.70
	5.13	5.42	15.81	49.36	0.16	0.89	4.72	1.44	0.27	2.73	10.20	3.77	99.90
	5.60	7.35	15.83	51.25	0.14	1.48	3.16	0.96	0.16	1.18	9.16	3.65	99.92
	2.34	5.17	15.36	50.58	0.36	1.31	8.86	0.82	0.16	4.01	5.98	4.75	99.70
	0.86	7.72	15.36	47.16	0.17	0.45	19.48	0.80	0.21	1.13	5.17	1.49	100.00
玄武安山岩	2.16	6.16	13.73	53.30	0.32	2.49	7.44	0.89	0.18	3.63	6.38	3.03	99.71
	2.43	6.87	12.88	53.27	0.32	2.34	7.14	0.90	0.18	3.52	6.97	3.27	100.09
	2.49	5.95	14.08	53.36	0.33	2.52	7.24	0.84	0.17	3.10	6.50	3.05	99.63
	3.32	7.41	13.67	52.95	0.38	0.071	7.55	0.80	0.11	0.63	5.48	7.15	99.52
辉长岩	4.71	8.61	17.66	47.03	0.15	2.10	2.85	1.13	0.20	1.55	9.34	4.29	99.62
	4.80	8.56	17.27	45.61	0.15	1.52	2.81	1.22	0.23	1.83	11.23	4.88	100.11
	5.05	7.30	15.90	50.08	0.12	1.50	4.30	0.99	0.19	1.90	8.85	3.33	99.51
玄武安山岩	3.96	7.51	14.03	56.13	0.38	0.13	4.99	0.82	0.094	0.57	5.53	5.78	99.92
	4.55	5.42	15.33	56.60	0.40	0.14	5.84	0.86	0.094	1.12	3.44	5.88	99.67
	4.94	5.29	15.50	57.20	0.42	0.079	4.99	0.89	0.088	1.25	3.22	5.85	99.72
	4.92	7.04	14.05	56.50	0.38	0.079	5.93	0.80	0.099	1.08	4.64	3.86	99.38

稀土元素特征：镁铁质岩石稀土丰度见表3-6，$\sum$REE按橄榄岩→碱玄岩(碧玄岩)、玄武岩(辉长岩)→(玄武)安山岩依次增高。(玄武)安山岩轻稀土富集(图3-102)，δEu弱亏损，稀土曲线与典型洋岛玄武岩稀土曲线相似，轻稀土高于岛弧拉斑玄武岩，具洋岛火山岩特征；碱玄岩(碧玄岩)-玄武岩(辉长岩)多数稀土曲线平直，重稀土相对富集，Eu具正异常，大部分曲线与E-MORB相似，少部分玄武岩稀土曲线右倾，轻稀土富集，与洋岛玄武岩稀土曲线相似，反映基性岩浆来源于富集地幔，形成于洋中脊和洋岛环境；橄榄岩多数$\sum$REE远低于E-MORB和N-MORB，显示原始地幔特点，轻稀土略富集，Eu、Gd、Tb元素具正异常，Dy、Ho、Tm元素弱亏损，可能与后期蚀变作用有关，有一个样品稀土曲线与E-MORB相似，具洋中脊形成特征。整体介于E-MORB与OIB之间，反映岩浆来源于弱富集地幔，同时又具有岛弧玄武岩配分模式的一些特征，暗示与俯冲作用有关。各岩石稀土元素散布型式类似，表明其成因或源区一致，属于具有亲缘性的蛇绿岩岩石组合。

微量元素特征：镁铁质岩石微量元素丰度见表3-7，微量元素与N-MORB和原始地幔标准化蛛网曲线见图3-103，强不相容元素富集，大部分岩石富集Sr、Ba、U、La、Sm等大离子亲石元素(LILE)，总体具有富集型大洋玄武岩配分模式，但又有岛弧玄武岩一些特征(Shinjo et al.，1999)；Zr、Hf高于N-MORB，介于E-MORB与OIB之间，且Nb、Ta呈明显的负异常，与俯冲构造环境下的岛弧玄武岩特征相同(Condie，2003)，暗示其源区应存在强烈的俯冲板片流体交代作用(赵振华，2005)，高场强元素(HFSE)分布型式与E-MORB相似，这与重稀土配分型式接近E-MORB的特征相同，与正常岛弧玄武岩接近；Nb、Ta、Zr、Hf含量及Nb/Ta、Zr/Hf值明显高于蛇纹石化辉橄岩，相当于岛弧地区火山岩(Singer et al.，2007)。微量元素分布总体与富集型大洋玄武岩相似，但又有岛弧玄武岩的一些特征，反映其与俯冲作用有一定关联。

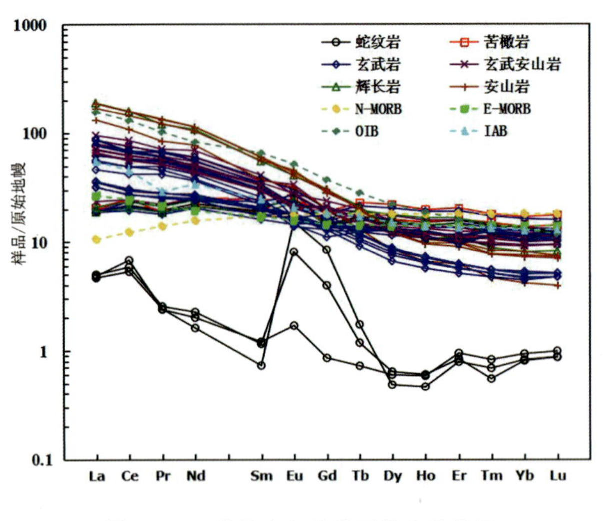

图3-102 岩块中各类岩石稀土曲线图

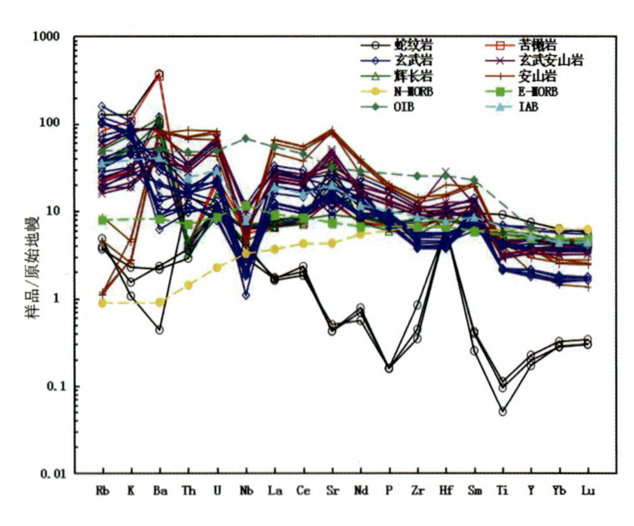

图3-103 岩块中各类岩石微量元素曲线图

表 3-6　多宝山地区俯冲增生杂岩中岩块各类岩石稀土元素分析结果

岩性	La/10^{-6}	Ce/10^{-6}	Pr/10^{-6}	Nd/10^{-6}	Sm/10^{-6}	Eu/10^{-6}	Gd/10^{-6}	Tb/10^{-6}	Dy/10^{-6}	Ho/10^{-6}	Er/10^{-6}	Tm/10^{-6}	Yb/10^{-6}	Lu/10^{-6}	Y/10^{-6}
蛇纹岩	1.18	3.57	0.24	1.05	0.18	0.47	0.81	0.044	0.16	0.034	0.14	0.014	0.14	0.022	0.88
	1.14	4.13	0.23	0.94	0.18	0.098	0.18	0.027	0.15	0.033	0.16	0.021	0.16	0.025	1.02
	1.10	3.25	0.23	0.75	0.11	0.88	1.73	0.065	0.12	0.026	0.13	0.018	0.14	0.022	0.77
	5.24	15.80	2.46	14.60	4.20	1.80	4.38	0.97	6.42	1.33	3.84	0.52	3.08	0.42	33.80
苦橄岩	4.51	13.30	1.85	10.40	2.91	1.64	2.96	0.64	4.05	0.85	2.60	0.35	2.30	0.31	22.50
	4.64	15.10	1.78	9.90	2.86	1.67	2.84	0.62	4.06	0.86	2.64	0.38	2.33	0.36	22.50
玄武岩	4.92	15.00	2.08	11.70	3.72	1.40	3.87	0.86	5.58	1.11	3.37	0.46	2.87	0.45	29.70
	4.50	14.30	2.02	11.60	3.53	1.55	3.77	0.79	5.17	1.07	3.18	0.44	2.77	0.40	27.40
	4.57	13.00	1.79	9.86	2.75	0.96	2.79	0.59	3.82	0.79	2.46	0.34	2.14	0.31	21.30
	22.60	52.30	6.75	32.20	6.24	1.58	4.86	0.75	3.99	0.76	2.25	0.30	2.01	0.30	19.20
	4.43	11.90	1.70	9.51	2.45	0.83	2.27	0.46	2.91	0.61	1.75	0.24	1.59	0.24	15.00
玄武安山岩	20.50	45.90	6.39	28.10	5.86	1.74	4.12	0.70	3.86	0.80	2.23	0.33	2.14	0.31	22.00
	19.00	42.50	5.79	25.40	5.36	1.60	3.82	0.64	3.53	0.74	2.05	0.32	1.95	0.28	21.80
	20.10	46.60	6.19	27.80	5.58	1.94	4.08	0.70	3.70	0.80	2.23	0.32	2.03	0.30	21.10
	31.30	66.20	7.99	36.10	5.69	1.83	4.15	0.49	2.16	0.37	1.02	0.12	0.70	0.10	9.09
辉长岩	5.59	15.00	2.10	11.70	3.19	1.43	3.19	0.68	4.41	0.89	2.65	0.36	2.31	0.33	23.30
	4.97	14.20	2.00	11.20	3.17	1.39	3.33	0.73	4.48	0.94	2.70	0.37	2.26	0.30	24.90
	4.47	12.50	1.77	9.84	2.82	1.31	2.91	0.60	3.90	0.80	2.43	0.31	1.92	0.28	21.00
玄武安山岩	45.00	97.40	11.40	50.20	8.38	2.35	6.16	0.79	3.47	0.60	1.84	0.22	1.37	0.21	15.60
	44.70	96.10	12.60	53.10	9.14	2.34	5.98	0.75	3.12	0.55	1.61	0.20	1.27	0.18	13.30
	44.50	97.00	12.80	53.00	9.25	2.49	6.26	0.75	3.06	0.54	1.49	0.19	1.22	0.18	16.50
	40.30	88.50	11.60	48.50	8.53	2.64	5.78	0.76	3.23	0.60	1.63	0.21	1.37	0.19	17.90

表 3-7　多宝山地区俯冲增生杂岩中岩块各类岩石微量元素分析结果

岩性	Rb/10^{-6}	Ba/10^{-6}	Th/10^{-6}	U/10^{-6}	Nb/10^{-6}	La/10^{-6}	Ce/10^{-6}	Sr/10^{-6}	Nd/10^{-6}	Zr/10^{-6}	Hf/10^{-6}	Sm/10^{-6}	Y/10^{-6}	Yb/10^{-6}	Lu/10^{-6}	Cr/10^{-6}	Sc/10^{-6}	Ta/10^{-6}
蛇纹岩	3.08	3.05	1.23	0.23	2.70	1.18	3.57	8.95	1.05	3.86	1.95	0.18	0.88	0.14	0.022	2600	44.0	3.23
	2.49	16.4	0.31	0.23	2.07	1.14	4.13	8.85	0.94	9.34	1.95	0.18	1.02	0.16	0.025	3100	45.5	1.94
	2.35	15.1	0.25	0.22	3.07	1.10	3.25	10.6	0.75	4.94	2.05	0.11	0.77	0.14	0.022	2200	49.1	1.44
	80.8	2600	0.37	0.20	4.72	5.24	15.8	500	14.6	115.45	2.68	4.20	33.83	3.08	0.42	38.4	52.6	1.98
苦橄岩	52.0	2500	0.33	0.44	3.91	4.51	13.3	685	10.4	74.61	2.45	2.91	22.51	2.30	0.31	50.0	43.5	1.42
	14.5	714	0.35	0.51	4.57	4.64	15.1	264	9.90	70.79	2.62	2.86	22.47	2.33	0.36	59.7	35.0	0.72
玄武岩	11.8	378	0.33	0.21	4.34	4.92	15.0	294	11.7	88.51	3.16	3.72	29.71	2.87	0.45	24.0	41.3	0.39
	15.4	843	0.29	0.18	4.83	4.50	14.3	351	11.6	87.08	3.00	3.53	27.35	2.77	0.40	25.9	37.1	0.42
	25.9	355	0.31	0.24	4.38	4.57	13.0	284	9.86	67.18	2.80	2.75	21.27	2.14	0.31	46.3	37.8	0.65
	21.7	372	2.86	1.31	8.45	22.6	52.3	217	32.2	127.36	3.32	6.24	19.19	2.01	0.30	84.4	28.6	0.66
	23.7	59.2	0.68	0.49	4.00	4.43	11.9	391	9.51	42.08	2.08	2.45	15.02	1.59	0.24	80.8	33.9	1.16
玄武安山岩	37.7	604	2.98	1.47	7.36	20.5	45.9	683	28.1	118.64	3.49	5.86	21.99	2.14	0.31	110	37.1	0.26
	33.7	638	2.94	1.41	7.37	19.0	42.5	614	25.4	120.60	8.61	5.36	21.84	1.95	0.28	125	40.9	0.34
	38.8	621	3.00	1.40	6.62	20.1	46.6	711	27.8	115.26	3.88	5.58	21.12	2.03	0.30	99.0	35.1	0.30
	2.94	526	3.71	0.89	3.69	31.3	66.2	1700	36.1	141.56	1.80	5.69	9.09	0.70	0.10	329	12.0	0.26
辉长岩	31.7	815	0.39	0.22	4.58	5.59	15.0	436	11.7	80.29	2.48	3.19	23.31	2.31	0.33	55.5	46.0	0.44
	22.3	531	0.37	0.33	5.12	4.97	14.2	191	11.2	92.73	2.44	3.17	24.86	2.26	0.30	40.5	46.3	1.25
	20.3	706	0.28	0.18	3.25	4.47	12.5	750	9.84	59.76	2.45	2.82	21.04	1.92	0.28	47.9	41.0	0.52
玄武安山岩	5.51	570	5.68	1.37	3.19	45.0	97.4	1600	50.2	144.94	6.16	8.38	15.61	1.37	0.21	330	19.6	0.61
	0.72	538	7.15	1.72	2.83	44.7	96.1	1800	53.1	158.78	4.75	9.14	13.31	1.27	0.18	367	19.0	0.44
	0.70	539	5.99	1.71	3.45	44.5	97.0	1700	53.0	159.80	4.74	9.25	16.52	1.22	0.18	374	19.0	0.28
	0.76	591	5.90	1.60	3.05	40.3	88.5	1600	48.5	139.53	4.51	8.53	17.86	1.37	0.19	336	17.2	0.26

在岩石 TiO_2－Zr 构造环境图（图 3-104）中，样品投入洋中脊与火山弧交集区和火山弧区，1 个样品进入洋中脊和板内交集区；在 Hf/3-Th-Nb/16 构造环境图（图 3-105）中，样品主要投入 N 型洋中脊区和岛弧钙碱性火山岩区，1 个样品进入岛弧拉斑玄武岩区。综合岩石化学和地球化学特征，多宝山一带的基性、超基性岩块具有洋中脊玄武岩和岛弧钙碱性火山岩及岛弧拉斑玄武岩特征，其形成的构造背景可能为弧后盆地，与伊尔施地区的蛇绿岩同属陆缘弧后扩张型盆地产物。

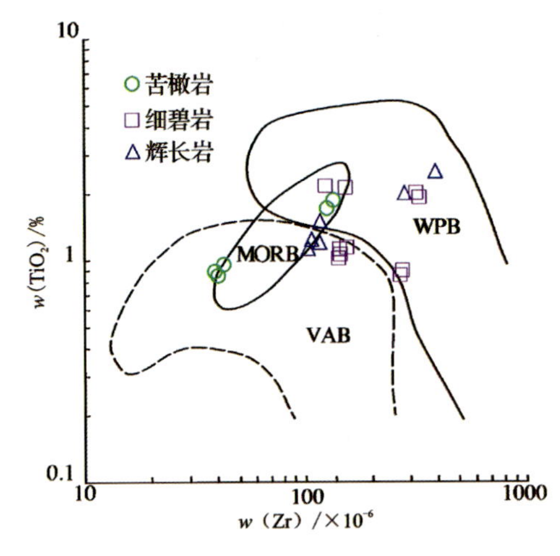

WPB. 板内玄武岩；MORB. 洋中脊玄武岩；VAB. 岛弧玄武岩。

图 3-104　岩块中岩石 TiO_2－Zr 构造环境图

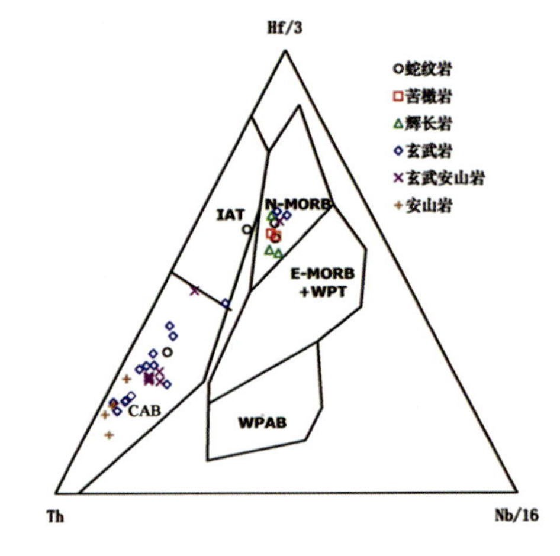

IAT. 岛弧拉斑玄武岩；WPAB. 板内碱性玄武岩；WPT. 板内拉斑玄武岩；N-MORB. 正常型洋中脊玄武岩；E-MORB. 富集型洋中脊玄武岩；CAB. 岛弧钙碱性玄武岩。

图 3-105　岩块中岩石 Hf/3-Th-Nb/16 构造环境图

3. 早—中奥陶世海勒斯台俯冲增生杂岩

根据 1∶5 万牛汾台林场等 4 幅区调（林敏等，2019）工作成果，在海勒斯台一带（原佳疙瘩组中解体）发现并命名。根据岩石学、岩石地球化学和同位素年代学的综合分析，认为海勒斯台一带发育的这套地质体为一套俯冲增生杂岩体系，由基质和岩块两部分组成。沿海勒斯台扎拉格—1101 高地—1076 高地—套海锡热扎拉格一带呈北东向带状展布，北西侧及南西端被燕山期岩体侵入，南东侧及北东端为中生代火山岩覆盖，出露延伸长约 9km，宽 500～2000m。基质主要岩石组合为糜棱岩、千糜岩、超糜棱岩等，以及少量的变质粉砂岩、细砂岩和沉凝灰岩，显示整体无序、局部有序的特征。岩块主要处于糜棱岩中，多呈大小不一的透镜状块体，部分见糜棱岩化。

（1）基质的物质组成。基质岩石具强烈的韧性变形，片理揉皱发育普遍，并显示多期次变形特征，局部发育鞘褶皱和不对称小褶皱，顺片理石英脉韧性拉长变形，表现“多米诺骨牌”特征，构造样式整体为左行逆冲剪切。原岩主要为砂泥质碎屑岩建造，多受俯冲增生作用影响形成（眼球状、条带状）的糜棱岩、千糜岩、超糜棱岩等。超糜棱岩中矿物仅残留少部分（约 5%）石英，呈碎屑状，粒径在 0.2～3.5mm 之间，强波状消光。大部分糜棱基质发生重结晶，形成新生矿物黑云母、绢云母。绢云母、黑云母呈显微鳞片状，构成岩石之千糜（枚）状构造、千糜（枚）状弯曲。在准艾勒一带可见变形较弱的沉积岩基质，岩性主要为（阳起石化）片理化粉砂岩、细砂岩、凝灰质砂砾岩及沉凝灰岩等。粉（细）砂岩岩石具粉（细）砂状结构，个别残块可见发育水平层理。沉凝灰岩岩石主要由粉（细）砂状石英、长石组成。长英质矿物被阳起石（15%）、绿泥石（2%）矿物交代。沉凝灰岩中岩浆锆石 U－Pb 年龄为（512.5±0.92）Ma，表明洋盆形成于黔东世。砂质糜棱岩中出现 474.3～463.6 Ma，暗示盆地沉积时间可能延至晚奥陶世。

（2）主要岩块物质组成。岩块主要为角闪辉长岩、堆晶角闪石岩、玄武岩、碎裂岩化橄榄玄武岩、（玄武）安山岩、角闪石闪长岩及少量的粗面岩、凝灰岩、闪长岩、石英闪长岩、花岗岩闪长岩等。糜棱岩、超糜棱岩基质围绕岩块转动构成典型混杂岩外貌。其中的闪长岩、安山岩、石英闪长岩、花岗岩闪长岩等岩块主要为岩浆弧残块，在俯冲增生过程中包卷在基质中。

镁铁质岩石的 SiO_2 质量分数为 41.98%～51.60%，属于超基性—基性岩范围；MgO 质量分数较高，为 4.53～12.53%，具原始岩浆成分特点；Na_2O 质量分数变化较大，为 0.2%～4.99%；K_2O 质量分数为 0.07%～2.73%；多数样品 Na_2O 质量分数大于 K_2O，Na_2O/K_2O 为 0.90～4.61，平均值为 2.37；TiO_2 质量分数为 1.16%～2.68%，平均值为 2.08%，远高于大西洋、太平洋和印度洋中脊拉斑玄武岩的 TiO_2 平均质量分数（分别为 1.49%、1.77%、1.19%）；Al_2O_3 质量分数为 9.74%～18.24%，平均值为 14.89%；$Mg^{\#}$ 在 48.34～65.73 之间，平均值为 59.28，略低于原生岩浆范围（$Mg^{\#}$ = 68～75），表明岩浆可能经历了弱的结晶分异作用。

镁铁质岩石稀土总量为 $(154.70 \sim 412.34)\times10^{-6}$，平均为 278.54×10^{-6}，$\sum LREE/\sum HREE$ 值为 4.88～10.68，平均为 7.82；$(La/Yb)_N$ = 4.53～13.44，平均值为 8.82；高的 $\sum LREE/\sum HREE$ 和 $(La/Yb)_N$ 值，表明该类岩石的稀土分馏程度高，轻重稀土分馏较明显；δEu 值变化在 0.80～1.01 之间，平均为 0.89，具 Eu 轻微负异常。在球粒陨石标准化 REE 配分模式图（图 3-106）上表现出轻稀土富集的明显右倾形态，类似 OIB 的特点。

镁铁质岩石在 $TiO_2/Yb-Nb/Yb$ 构造环境判别图解（图 3-107）中，全部投影于 OIB 区域，且多数属于拉斑玄武岩系列（Th），少数投在碱性玄武岩内。另一方面，岩石中 MgO 质量分数较高，为 8.18%，较高的 MgO 质量分数也是地幔柱型蛇绿岩有别于洋中脊型蛇绿岩的一大特征。综上所述，上述样品形成环境应属于洋岛海山环境（OIB）。

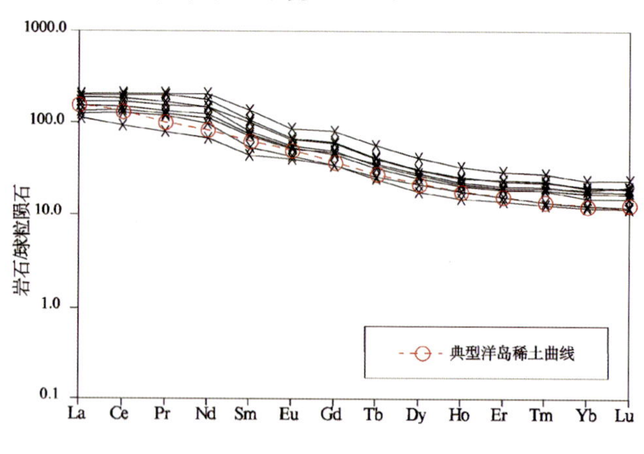

图 3-106　洋岛海山岩块稀土配分模式图

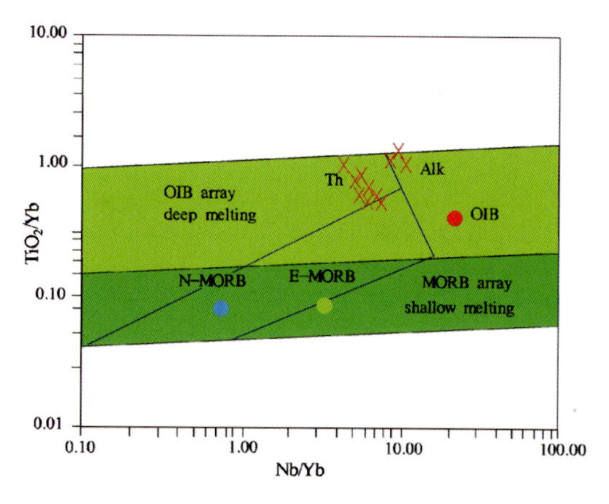

N-MORB. 正常型洋中脊；E-MORB. 富集型洋中脊；OIB. 洋岛；TH. 拉斑玄武岩；ALK. 碱性玄武岩。

图 3-107　洋岛型岩块 $TiO_2/Yb-Nb/Yb$ 图解

准艾勒一带的角闪辉长岩中锆石 U-Pb 同位素年龄值为 (478.2±2.3) Ma（n = 23，MSWD = 0.18），代表了岩块的成岩年龄。

火山弧岩块分布较多，主要为中酸性岩，岩性主要为（玄武）安山岩、闪长岩、辉长岩、玄武岩、辉绿岩以及少量的粗面岩、凝灰岩等。岩块形成于与俯冲有关的活动陆缘环境下。锆石 U-Pb 同位素年龄分别为 (540.4±4.8) Ma、(512.5±4.0) Ma、(464.1±2.3) Ma、(463.0±2.4) Ma，主要为纽芬兰—黔东世和中奥陶世火山弧残块。

二、俯冲增生杂岩的形成时代

伊尔施-三卡俯冲增生杂岩带中各类岩石同位素测年结果见表 3-8。

表 3-8　伊尔施-三卡俯冲增生杂岩带中各类岩石同位素测年结果统计表

构造单元		同位素年龄/Ma	测试方法	矿物/岩性	资料来源
地块残块	变质深成岩	2096	U－Pb	变质角闪辉长岩	何会文等，2006
		1394	U－Pb	英云闪长岩	
		1048	U－Pb	二长闪长岩	
		572	U－Pb	二长花岗岩	李仰春等，2013
		522	U－Pb	闪长岩	朱群等，2021
	变质表壳岩	546	U－Pb	角闪斜长片麻岩	
		541	U－Pb	变酸性凝灰岩	
		551	U－Pb	石英片岩	邵军等，2019
		556	U－Pb	石英片岩	
变形基质	洋盆与海沟盆地	＜470	U－Pb	绿泥石英片岩	孙巍，2014
		＜480	U－Pb	二云石英片岩	
		485	U－Pb	变流纹质凝灰岩夹层	朱群等，2021
		＜485	U－Pb	凝灰质粉砂质板岩	
		467	U－Pb	玄武安山质凝灰岩夹层	
		457	U－Pb	变英安质凝灰岩夹层	
		460	U－Pb	流纹质凝灰岩夹层	
		461	U－Pb	变英安质凝灰岩夹层	
		＜460	U－Pb	含砾砂岩	
弧盆	弧前盆地、弧间盆地	＜455	U－Pb	二云母片岩	赵院冬，2017
		＜450	U－Pb	二云母片岩	
		466	U－Pb	流纹质凝灰岩夹层	朱群等，2021
		＜467	U－Pb	变长石砂岩	
		458	U－Pb	流纹质凝灰岩夹层	
		＜461	U－Pb	角岩化砂岩	
		465	U－Pb	变流纹质凝灰岩夹层	
		＜453	U－Pb	变细中粒岩屑砂岩	
		454	U－Pb	流纹质凝灰岩夹层	
		＜440	U－Pb	黑云绿泥石英片岩	王阳等，2016
残余洋壳	洋壳洋中脊	522	U－Pb	辉长岩	朱群等，2021
		499	U－Pb	蛇纹石化橄榄岩	
		478	U－Pb	角闪辉长岩	林敏等，2019
		526	U－Pb	蛇纹石化橄榄岩	李运，2016
		497、491	U－Pb	蛇纹石化橄榄岩	Feng et al.，2017
	洋内弧、洋岛	486	U－Pb	玄武岩	朱群等，2021
		503	U－Pb	变安山质晶屑凝灰岩	
		482	U－Pb	变安山质熔结凝灰岩	
		506	U－Pb	高镁玄武岩	Zhao et al.，2019
		485	U－Pb	高镁玄武安山岩	
岩浆弧	火山弧	467	U－Pb	变玄武安山岩	朱群等，2021
		489	U－Pb	安山岩	
		473	U－Pb	安山质凝灰岩	
		479、485	U－Pb	变英安岩	
		484	U－Pb	变英安岩	孙巍，2014
		480	U－Pb	英安斑岩	Wang et al.，2018
		480、481	U－Pb	英安斑岩	车合伟等，2015
		447	U－Pb	安山岩	Wu et al.，2015
		450	U－Pb	玄武安山岩	

续表 3-8

构造单元		同位素年龄/Ma	测试方法	矿物/岩性	资料来源
岩浆弧	侵入弧	474	U-Pb	花岗闪长斑岩	石国明等,2019
		487、480	U-Pb	花岗闪长岩	石国明等,2019
		447	U-Pb	辉长岩	朱群等,2021
		477、477、481、492、469、436	U-Pb	闪长斑岩	Wang et al.,2018
		440、479	U-Pb	闪长岩	
		486	SHRIMP	花岗闪长岩	Ge et al.,2007
		472	U-Pb	石英闪长岩	Liu et al.,2017
		478	U-Pb	花岗闪长岩	Hu et al.,2017
		463	U-Pb	辉长岩	李运,2016
		442	U-Pb	石英闪长岩	韩湘峰等,2016
		478、481	U-Pb	变英安斑岩	车合伟等,2015
		475、478、484	U-Pb	花岗闪长岩	向安平等,2012
		476	U-Pb	花岗闪长岩	Hao et al.,2015
		479	U-Pb	花岗闪长岩	Wu et al.,2015
		462	U-Pb	英云闪长岩斑岩	Gao et al.,2017
		477、482	U-Pb	花岗闪长斑岩	Zeng et al.,2014
		476、478	U-Pb	花岗闪长斑岩	Zhao et al.,2018
		481	U-Pb	闪长岩	Shen et al.,2014
		479、480	U-Pb	花岗闪长斑岩	Hu et al., 2015
		484	U-Pb	花岗闪长岩	佘宏全等,2012
		478、474	U-Pb	正长花岗岩	
		479	SHRIMP	花岗闪长岩	崔根等,2008
		441、471	SHRIMP	二长闪长岩	赵忠海等,2014
		443	U-Pb	石英闪长岩	石国明等,2019
		455、436	U-Pb	花岗闪长斑岩	宋国学等,2015
		462	U-Pb	英云闪长斑岩	杨永胜等,2016
		478	U-Pb	闪长玢岩	李运等,2016
		470、477	Re-Os	黄铜矿	Liu et al.,2017
		482	Re-Os	黄铜矿	Liu et al.,2012
		486	Re-Os	黄铁矿	
		486	Re-Os	辉钼矿	
		480	Re-Os	辉钼矿	李运等,2016
		473	Re-Os	辉钼矿	Hao et al.,2015
		475	Re-Os	辉钼矿	向安平等,2012
		476、505、507、509	Re-Os	辉钼矿	赵一鸣,1999

1. 地块残块的形成时代

伊尔施-三卡俯冲增生杂岩带两侧地块残块主要由变质深成岩和变质表壳岩组成。变质表壳岩主要由低角闪岩相—高绿片岩相变质岩组成，在低角闪岩相的斜长角闪岩和片麻岩中获得的年龄数据普遍较小(450～250Ma)，主要反映了后期变质年代；在高绿片岩相变中基性火山岩、变中酸性凝灰岩中获得的年龄数据(540～521Ma)，代表了基底中最年轻的火山岩年龄，时代为纽芬兰世，石英片岩中碎屑锆石最小年龄为556～551Ma，表明碎屑锆石最年轻物源为新元古代晚期，也佐证了地块中年轻基底的形成时代为新元古代晚期—纽芬兰世。基底变质深成岩由新太古代—古元古代—纽芬兰世侵入岩组成，表明伊尔施-多宝山俯冲增生杂岩带两侧存在前寒武纪基底，其中新元古代—纽芬兰世侵入岩与变质表壳岩的形成时代接近，并可能是石英片岩的物源之一。

2. 洋盆的形成时代

伊尔施-三卡俯冲增生杂岩带内的洋盆物质主要由洋壳残片、洋内弧、洋岛残块和远洋沉积岩构成，其岩石的时代基本可反映大洋盆地的形成时限。洋壳组分中蛇纹岩、玄武岩的成岩年龄为499～496Ma，表明洋壳可能形成于芙蓉世晚期；洋壳之上的洋内弧和洋岛变玄武安山岩、辉长岩的形成时代(478Ma、484Ma)为早奥陶世，说明早奥陶世洋盆内发生有俯冲作用。基质中洋盆与海沟盆地沉积的石英片岩中碎屑锆石最小年龄为480～470Ma，表明洋盆和海沟盆地沉积作用持续到早奥陶世之后；卷进入基质中的弧前盆地沉积的片岩中碎屑锆石年龄为455～449Ma，反映洋盆持续俯冲作用延续到晚奥陶世之后；弧前盆地同沉积凝灰岩中锆石结晶年龄为461～457Ma，反映洋盆俯冲作用延至晚奥陶世。综合各类岩石的测年结果，伊尔施—多宝山地区的古洋盆可能形成于芙蓉世，于早奥陶世早期开始向陆缘俯冲，俯冲作用延续到晚奥陶世。

3. 岩浆弧的形成时代

岩浆弧是俯冲作用的主要产物，大量火成岩的保存能有效地记录俯冲作用时代。伊尔施-多宝山俯冲增生杂岩带两侧保留了大量岩浆弧火成岩，以往工作也获得较丰富的年代学资料，为厘定伊尔施-多宝山俯冲增生杂岩带的活动规律提供了充分的证据。伊尔施—三卡一带的岩浆弧主要由中酸性火山岩和侵入岩组成，两类岩中的同位素年龄数据结果基本一致，主要分3个期次：早奥陶世(485～470Ma)数据最多，反映这一时期岩浆活动最为强烈，暗示洋壳俯冲作用也最强；中奥陶世(462～460Ma)数据最少，岩浆活动最弱，洋壳俯冲作用也弱；晚奥陶世(454～441Ma)数据也很少，显示洋壳俯冲作用较弱。从岩浆弧的年代分布上看，早奥陶世是岩浆活动最强时期，也是洋-陆俯冲作用最强阶段，中—晚奥陶世俯冲作用减弱。

从伊尔施-三卡俯冲增生杂岩带内各类构造单元岩石中的年龄数据分析，伊尔施—多宝山地区存在新太古代—元古宙—纽芬兰世地块变质基底，芙蓉世早期形成洋盆，早奥陶世发生洋内和洋-陆俯冲，俯冲作用持续到晚奥陶世。

三、洋-陆转换过程

综合前述资料，可将伊尔施-三卡俯冲增生杂岩带演化大致分为3个阶段：洋盆形成阶段、俯冲消减阶段、洋-陆转换阶段。

1. 洋盆形成阶段

前述表明伊尔施—多宝山地区发育新太古代—元古宙—纽芬兰世地块变质基底，从洋壳残片、洋内弧、洋岛残块和远洋沉积岩的年代学上可以推断洋盆形成于芙蓉世早期，扩张至芙蓉世晚期，从分布位置和时间上分析，该洋盆应形成于兴安地块和松嫩地块基底结晶之后，增生杂岩中蛇绿岩的岩石组合及地球化学特征显示弧后洋盆 SSZ 型特征，说明伊尔施-多宝山洋盆是在两地块之间发育起来的弧后洋盆。根据该俯冲增生杂岩的北东向展布和区域上北西侧和南东侧发育奥陶纪岩浆弧、弧前盆地、弧后盆地推断洋盆在奥陶纪分向北西向和南东向俯冲。

2. 洋盆俯冲消减阶段

伊尔施-三卡俯冲增生杂岩带产出在兴安地块与松嫩地块之间，表明两个地块之间存在一个北东向展布的洋盆（多宝山洋），该俯冲增生杂岩带作为洋盆消失的残迹记录了洋盆的演化过程。俯冲增生杂岩带两侧早奥陶世岩浆弧的大量保存表明，洋盆向两侧地块俯冲增生的主体时代在早奥陶世，变质基底中 449Ma 变质事件、晚奥陶世岩浆弧和弧前盆地、弧后盆地的保留说明俯冲增生作用持续到晚奥陶世。伊尔施—博克图一带俯冲增生杂岩带的北西侧发育大面积的早奥陶世岩浆弧和弧后盆地，说明洋盆以向兴安地块东南缘俯冲增生作用为主，仰冲板块（兴安地块东南缘）基底变质岩出露较多，响应了仰冲板块受俯冲抬升特点；南东侧出现少量早奥陶世岩浆弧，说明洋盆向松嫩地块一侧的俯冲作用偏弱。扎兰屯-多宝山带俯冲增生杂岩的南东侧发育大面积的早奥陶世岩浆弧和弧后盆地、弧前盆地、弧间盆地（图 3-108），说明洋盆以向松嫩地块北西缘俯冲增生作用为主（图 3-109），仰冲板块（松嫩地块北西缘）基底变质岩出露较多，响应了仰冲板块受俯冲抬升的特点。

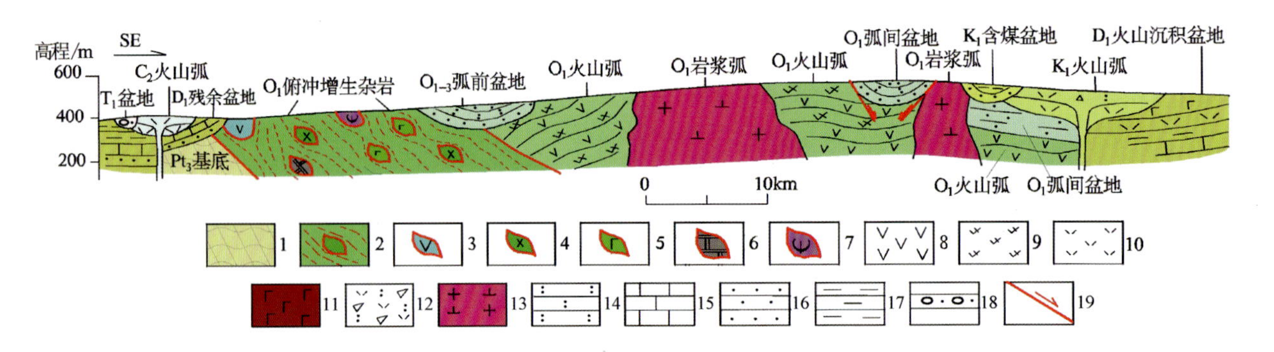

1. 地块残块；2. 增生杂岩基质与岩块；3. 安山岩岩块；4. 辉长岩岩块；5. 玄武岩岩块；6. 大理岩岩块；7. 蛇纹岩岩块；8. 安山岩；9. 英安岩；10. 流纹岩；11. 玄武岩；12. 流纹质角砾凝灰岩；13. 花岗闪长岩；14. 凝灰碉；15. 灰岩；16. 砂岩；17. 泥岩；18. 砂砾岩；19. 断层。

图 3-108 三矿沟—多宝山—黑宝山一带地质构造剖面

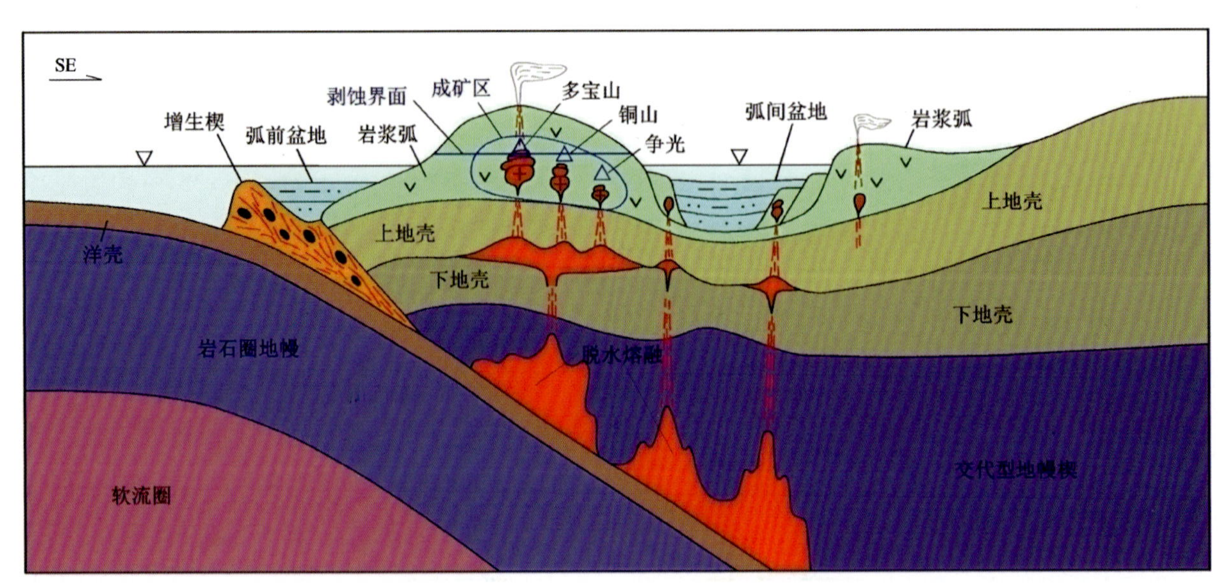

图 3-109 多宝山地区奥陶纪洋-陆俯冲模式

北西侧出现少量早奥陶世岩浆弧和弧前盆地，说明洋盆向兴安地块一侧的俯冲作用偏弱。基质中卷入晚奥陶世弧前盆地沉积岩系，同时发育晚奥陶世岩浆弧，说明俯冲增生作用持续至晚奥陶世，并就位于晚奥陶世。

从俯冲增生杂岩、地块残块、岩浆弧、弧前盆地、弧后盆地、弧间盆地的空间分布上分析（图 3-60、图 3-61），伊尔施—多宝山一带的弧后洋盆在早奥陶世分别向北西向和南东向俯冲。伊尔施一博克图一带俯冲增生杂岩北西侧分布有大面积的地块残块、火山弧，岩浆弧西北部发育早奥陶世弧后盆地和弧间盆地，显示北西部兴安地块为仰冲板块，遭受俯冲作用抬升，并发生后期的剥蚀，岩浆弧侵入岩出露；弧间盆地和弧后盆地的保存，说明弧间和弧后拉张作用较强，岩浆弧上部的弧火山岩遭受大量剥蚀进入弧间和弧后盆地。俯冲增生杂岩带较窄处，基底和岩浆弧出露面积较大，表明洋盆的俯冲作用和仰冲板块的隆升作用强烈；俯冲增生杂岩带较宽处，基底和岩浆弧不发育，多被后期残余盆地和火山弧覆盖，说明洋盆俯冲作用和仰冲板块的隆升作用较弱。扎兰屯—多宝山一带俯冲增生杂岩带东南侧出露有面积较大的地块残块和早奥陶世火山弧，表明洋盆在早奥陶世南东向俯冲作用强烈，松嫩地块西北缘受到北侧洋盆的俯冲作用，导致地块基底发生动力变质并抬升，基底之上形成火山弧和弧前盆地、弧后盆地、弧间盆地，北西侧基底和火山弧出露面积较小，表明北西向俯冲作用较弱。嘎拉山—零点一带俯冲增生杂岩中发育大量的基质和岩块，增生杂岩的宽度和长度均较大，两侧缺少相应配套的岩浆弧和弧盆，说明弧后洋盆俯冲增生作用偏弱。

3. 洋-陆转换阶段

目前发现的弧后洋盆洋壳大致形成于苗岭世晚期—芙蓉世晚期，未发现更新的洋壳及弧后洋盆的洋中脊物质。早奥陶世—晚奥陶世为俯冲增生的主要阶段，形成俯冲增生杂岩和弧盆体系，弧盆体系中陆续发育早中志留世残余海盆，表明俯冲结束后，弧间和弧后地区发生伸展作用，使奥陶纪弧盆进一步沉降，接受了早中志留世残余海盆沉积，晚志留—晚泥盆世前陆盆地沉积不整合于奥陶纪增生杂岩和弧盆系之上，表明晚志留世—晚泥盆世发生弧-陆汇聚挤压，弧后洋盆闭合，结束了弧后洋盆向大陆的转换。晚志留世—早泥盆世前陆盆地沉积之后转为晚泥盆世—石炭纪陆表海沉积。

第四节　贺根山-大石寨石炭纪结合带

贺根山-大石寨石炭纪结合带属于二连-贺根山-黑河缝合带的一部分，西侧延入蒙古国，大兴安岭地区从查干敖包经贺根山、乌斯尼黑、东乌旗至大石寨，在大石寨地区与突泉-嫩江-黑河俯冲增生杂岩带相连，总体呈北东—北北东向展布于东乌旗-多宝山岛弧带和锡林浩特地块之间，相当于东乌旗-多宝山岛弧带与锡林浩特地块之间的结合带（图 3-110）。本次工作将原贺根山-黑河缝合带北段（大石寨—嫩江—黑河一带）北北东向展布的俯冲增生杂岩带重新厘定为突泉-黑河俯冲增生杂岩带，作为限定松嫩地块与大兴安岭弧盆系的缝合带，将贺根山-黑河缝合带的西南段（贺根山—大石寨）北东向展布的两条俯冲增生杂岩带厘定为贺根山-大石寨石炭纪结合带，作为限定东乌旗-多宝山岛弧带和锡林浩特地块的缝合带。南、北两带的物质组成和形成演化时代大致相同，反映古洋盆具有一定连通性，可能同属一个大洋盆的不同分支，突泉-黑河俯冲增生杂岩带的演化时间更长一些，两者所处的构造位置也不同。

贺根山-大石寨石炭纪结合带由南、北两条俯冲增生杂岩带组成，北部朝克乌拉-呼和哈达俯冲增生杂岩带沿朝克乌拉—贺根山—梅劳特乌拉—大石寨一线呈北东向展布；南部白音高勒-科右前旗俯冲增生杂岩带沿巴彦查干—西乌旗—白音布拉格—乌兰哈达—科右前旗一线呈北东向展布，南、北两条俯冲

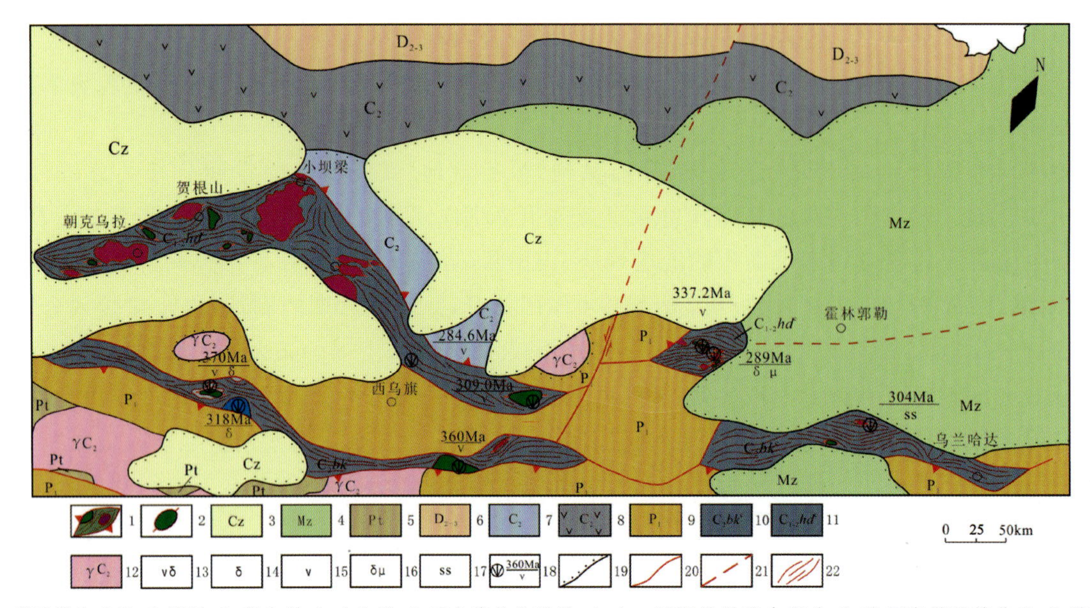

1. 俯冲增生杂岩；2. 岩块；3. 新生界；4. 中生界；5. 元古代地块残块；6. 中—晚泥盆世残余海盆；7. 晚石炭世弧前盆地；8. 晚石炭世火山弧；9. 早二叠世残余海盆；10. 白音高勒-科右前旗俯冲增生杂岩带；11. 贺根山-大石寨俯冲增生杂岩带；12. 晚石炭世侵入弧；13. 辉长闪长岩；14. 闪长岩；15. 辉长岩；16. 闪长玢岩；17. 砂岩；18. 同位素测年点及数据；19. 不整合界线；20. 断裂；21. 隐伏断裂；22. 变形基质。

图 3-110 贺根山-大石寨俯冲增生杂岩带分布图

增生杂岩带近平行状分布，两者的物质组成和形成时间基本相同，根据增生杂岩带影响的弧盆体系分布特征推断两条俯冲增生杂岩带分别向南、北两个方向俯冲，时间上具有准同时性，北部朝克乌拉-呼和哈达俯冲增生杂岩带的俯冲时间略早一些，为早石炭世—晚石炭世，南部白音高勒-科右前旗俯冲增生杂岩带俯冲时间主要在晚石炭世，南、北两条俯冲增生杂岩带的背向同时俯冲且相距较近，之间未有基底出现，显示两者同属一个洋盆，洋盆在石炭纪分别向南、北两个地块或古老岛弧俯冲，形成陆-弧间洋盆消减结合带。

两条俯冲增生杂岩带均由岩块和基质组成，带内蛇绿岩较发育，多呈岩块状产出，由贺根山、朝克山、小坝梁、崇根山、乌斯尼黑、白音布拉格等几个互不连续的岩块组成。蛇绿岩由二辉橄榄岩、斜辉辉橄岩、纯橄岩、含长橄榄岩、辉长岩、玄武岩、橄长岩、硅质岩、辉绿岩及斜长花岗岩组成，构成完整的蛇绿岩套剖面（包志伟和陈森煌，1994；白文吉等，1995）。两条俯冲增生杂岩带的南、北两侧均发育石炭纪岩浆弧、弧前盆地等弧盆体系（图 3-110），南部产出锡林浩特地块残块，北部产出奥陶纪火山弧，指示增生杂岩带所代表的洋盆向南、北两侧俯冲，周围大部分被自晚二叠世以来的地质体覆盖或破坏。

一、岩块特征

贺根山-大石寨石炭纪结合带的南、北两条俯冲增生杂岩带的物质组成基本相同，均由大量岩块和基质组成，岩块在基质中的质量分数为 30%～50%，北部俯冲增生杂岩带中岩块偏多，研究程度也相对较高。岩块由大小不等、形态各异的超镁铁质岩、辉长质岩、镁铁质火山岩、硅质岩等组成。呈岩块产出的超基性岩洋壳残片形变方式以剪切破裂为主，形成一系列菱形块体。细碧岩、闪长岩岩块的变形表现为十分发育的次级构造裂隙面及分布方向不同的镜面和擦痕，布满岩块的各个部位。含榴石二云片岩、浅粒岩岩块形变相对弱，而岩块的规模相对较大，以叠加退变质为主，表现为强烈的次生蚀变。橄榄岩多表现为脆性变形，岩石破碎强烈，节理发育，节理面上有几厘米厚的蛇纹石、绿帘石层。蛇绿岩以强烈的构造碎块形式出现，产出状态及构造特征均表明其是异地残留的古洋壳碎块。处于软基质中的坚硬岩块发生旋转变形，片理和碎裂岩化带围绕岩块分布，并指示运动学特征。构造斜列岩块主要见于冲断带的南侧，以闪长质糜棱岩为基质，以斜长花岗岩为岩块，显示出强烈的碎裂作用和混合作用。碎裂作用在洋壳残片的超基性岩和岛弧型花岗岩中表现最为强烈，表现出挤压、剪切、旋转等一系列复杂的变形过程。

1. 朝克乌拉蛇绿岩

该蛇绿岩分布在北部朝克乌拉-呼和哈达俯冲增生杂岩带朝克乌拉一带，南北宽约 8km，北东长近 20km。西边与中上泥盆统塔尔巴格特组(基质)、格根敖包组断层接触，被哲斯组角度不整合覆盖，在巴拉巴契乌拉一带被中二叠世正长花岗岩侵入，在朝克乌山北逆冲在中元古界温都尔庙群之上。蛇绿岩主要为超镁铁质岩、辉长质岩类、玄武岩类及硅质岩。岩石类型主要为蛇纹石化橄榄岩、橄榄岩、蛇纹石化辉石橄榄岩、蛇纹石及蚀变辉长岩、片理化泥质硅质岩、紫红色硅质岩、玄武质火山岩，硅质岩与玄武质火山岩互层产出。在贺根山西侧巴格达乌拉北部塔尔巴格特组分布区，紫红色硅质岩呈孤立的岩块分布，出露面积几平方米至几十平方米均有。

2. 贺根山蛇绿岩

该蛇绿岩分布在贺根山一带，出露面积约 60km²，南北宽约 6km，北东长约 12km，除东侧与塔尔巴格特组断层接触外，其余均被下白垩统大磨拐河组不整合覆盖。其主要由蛇纹石化方辉辉橄岩组成，在该岩块中心部位出露纯橄岩透镜体，而西南和东北边缘出露有含长纯橄岩、橄长岩、辉长岩和少量斜长岩等堆晶岩，在堆晶岩上部被薄层状镁铁质熔岩覆盖，顶部是放射虫硅质岩和硬砂岩。构成一个较完整的蛇绿岩套层序。发育强烈的韧性剪切变形，强变形带和弱变形域相间分布，靡棱面理近东西向，具有左旋剪切特征。深海沉积零星分布在蛇绿岩的南西端，面积约 2km²，岩性为紫红色含铁碧玉岩、放射虫硅质岩、灰白色细粒大理岩。硅质岩与镁铁质火山杂岩互层产出或呈透镜状分布。

3. 松根乌拉蛇绿岩

该蛇绿岩总体为南北走向，区内长约 30km，东西向最大宽约 18km，岩块南端与塔尔巴格特组断层接触，被哲斯组、本巴图组角度不整合覆盖，其余大部分地段被新生代沉积物掩盖。主要为超镁铁质岩，岩石类型为含铬铁矿蛇纹石化斜方辉石橄榄岩、蛇纹岩、辉石橄榄岩、纯橄榄岩等，有少量辉长岩及辉绿岩。岩块北端铬铁矿化发育。

4. 小坝梁蛇绿岩

该岩块分布于朝克乌拉-呼和哈达俯冲增生杂岩带北部，面积近 150km²。该岩块北部被哲斯组、宝力高庙组角度不整合覆盖，中部逆冲在中元古界温都尔庙群哈尔哈达组之上，其余大部分地段被新生代沉积物掩盖。主要为超镁铁质岩，岩石类型为含铬铁矿蛇纹石化斜方辉石橄榄岩、蛇纹岩、辉石橄榄岩、纯橄榄岩等，有少量辉长岩及辉绿岩。岩块北端铬铁矿化发育，中部堆晶构造比西侧发育。大部分走向北东，南部倾向北，北部倾向南；整个岩块走向有由南向北、北东东—北东—北北东向偏转的特点。

5. 乌斯尼黑蛇绿岩

该蛇绿岩分布于朝克乌拉-呼和哈达俯冲增生杂岩带乌斯尼黑地区，其西延伸至贺根山蛇绿混杂岩，出露面积约 34km²。主要由斜辉辉橄岩组成，其中发育单辉辉橄岩、纯橄榄岩、二辉辉橄岩、二辉橄榄岩、橄辉岩及辉石岩等包体或构造透镜体。由艾很延昭、吉力很萨那、哈丹呼舒 3 种蛇绿岩组成，呈北东东向展布。其中，艾很延昭蛇绿岩东西出露长约11km，中部最宽约6km，东、西两端被第四系覆盖，南北被本巴图组不整合覆盖。岩体呈不规则纺锤形出露，与辉长岩共生。吉力很萨那蛇绿岩位于中部，东西出露长约8km，平均宽2～3km，东端狭小，西端较宽。东西两端均被第四系覆盖，南、北两侧被本巴图组不整合于其上。哈丹呼舒蛇绿岩位于北部，东西出露长约10km，西部宽约2km，东部变窄，被本巴图组不整合覆盖。

乌斯尼黑超基性岩的变形作用非常强烈，岩石主要以透镜状、块状、角砾状、片状构造产出，呈大小不一的透镜状块体相互镶嵌在一起，且具有多期构造活动特征。岩石组成以地幔超基性岩为主，有少量的辉长岩和辉绿岩脉(墙)。上覆岩系可见变质玄武岩和硅质岩，呈零散的块体夹杂于超基性岩组合之中。

蛇绿岩的各个岩石单元均有出露，可与世界上的典型蛇绿岩对比。地幔岩石有二辉辉橄岩、斜辉辉橄岩纯橄岩；少量的堆晶杂岩，包括橄榄岩、含长纯橄岩和辉长(辉绿)岩；辉长(辉绿)岩席状岩墙群；其上覆岩系有变质玄武岩和硅质岩。主体由斜辉辉橄岩组成，其中夹杂大小不一的各种单辉辉橄岩、纯橄榄岩、含长纯橄岩、二辉橄榄岩、二辉辉橄岩、易剥橄榄岩、橄榄岩、橄辉岩、辉石岩等组成超基性岩混杂体，各种岩性之间以断层(劈理)相互接触，另有少量辉长岩和辉绿岩岩墙产出。变质玄武岩分布在蛇绿混杂岩带的北部，呈孤岛状或长透镜状夹于超基性岩组合之中，岩石为灰绿色，变形变质强烈，呈小的透镜状紧密的叠瓦状堆积在一起，近于垂直构造线方向发育密集的微裂隙，内充填有碧绿色的硅质细脉，显示出构造侵位特征。由于强烈的变形变质，岩石表现出密集的条纹条带状。硅质岩为浅蓝灰色，也呈小的块体夹杂于超基性岩组合之中。

6. 梅劳特乌拉蛇绿岩

梅劳特乌拉蛇绿岩分布于朝克乌拉-呼和哈达俯冲增生杂岩带梅劳特乌拉地区，近东西向转北东向展布，带宽6～11km，断续延伸约24km。蛇绿岩岩性主要为蛇纹石化方辉辉橄岩、层状辉长岩、中粗粒—细粒块状辉长岩、辉绿岩脉(墙)、辉斑玄武岩、枕状玄武岩、气孔杏仁状玄武岩、球粒玄武岩、角砾状玄武岩等，其上覆岩系主要为纹层状硅质岩、硅质泥岩。玄武岩在梅劳特乌拉蛇绿岩带中出露规模最大，约占出露总面积的60%；宏观上主要呈透镜状北东东向转北东向展布，与辉长岩、硅质岩等断层接触，局部见玄武岩与硅质岩呈互层状产出；根据变形特征可分为碎裂岩化玄武岩、糜棱岩化玄武岩、片理化玄武岩。蛇绿岩带内普遍发育构造糜棱岩带，糜棱岩带内发育强变形带和弱变形域，在强变形带中蛇纹石化方辉辉橄岩形成蛇纹石片岩，细粒均质辉长岩形成糜棱岩化片理化细粒辉长岩，玄武岩形成绿片岩，在弱变形域中各种岩块形成相对凸起的地貌。

7. 白音布拉格蛇绿岩

白音布拉格蛇绿岩出露于西乌旗-科右前旗俯冲增生杂岩带白音布拉格—陶勒斯陶勒盖—温多尔图一带，由近东西向转北东向展布，带宽约3km，断续延伸约30km。蛇绿岩带南、北两侧分别与寿山组和大石寨组地层呈断层或韧性剪切带接触，被早白垩世二长花岗岩、花岗闪长岩和碱长花岗岩侵入。该带蛇绿岩各组分岩石出露较为齐全，主要呈构造岩片分布，岩性主要为蛇纹石化方辉橄榄岩、层状辉长岩、中粗粒—细粒均质块状辉长岩、斜长岩、细碧岩、枕状玄武岩、球颗玄武岩、角砾状玄武岩、角斑岩、石英角斑岩，其中以玄武岩、细碧岩最为发育，厚度最大，构成蛇绿岩的主体。蛇绿岩上覆岩系主要为与蛇绿岩密切相伴的纹层状硅质岩、硅质泥岩及洋岛玄武岩、碳酸盐岩等岩块。白音布拉格蛇绿岩剖面(图3-111)的岩石组合层序较为完整，表现为底部为蛇纹石化方辉橄榄岩，向上依次为层状辉长岩、中粗粒—细粒均质块状辉长岩、斜长岩、细碧岩、枕状玄武岩、脉状斜长花岗岩和硅质岩，各单元断续呈背形分布。

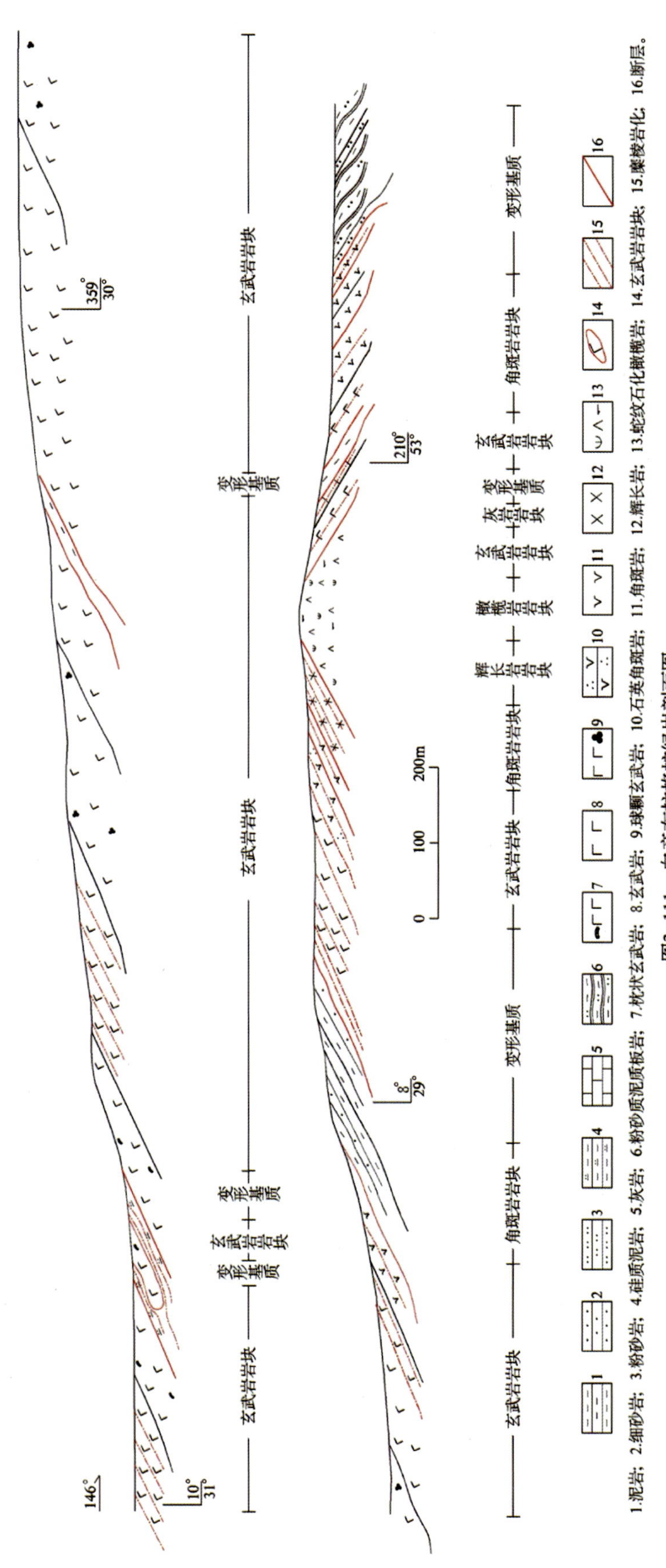

1.泥岩；2.细砂岩；3.粉砂岩；4.硅质泥岩；5.灰岩；6.粉砂质泥质板岩；7.枕状玄武岩；8.玄武岩；9.球颗玄武岩；10.石英角斑岩；11.角斑岩；12.辉长岩；13.蛇纹石化橄榄岩；14.玄武岩岩块；15.糜棱岩化；16.断层。

图3-111　白音布拉格蛇绿岩剖面图

8. 崇根山蛇绿岩块

崇根山蛇绿岩块是该地区出露面积最大的蛇绿岩块，出露面积近 400km²。岩石类型主要为含单斜辉石的方辉辉橄岩和纯橄岩，岩石中发育弱片理，显示挤压剪切特征。除上述大岩块外，在贺根山东测区河北农场—扎狠花一带，零星分布多个孤立的小蛇绿岩块，长几百米，宽 10 余米，最大者面积不足 2km²。蛇绿岩岩石类型为含铬铁矿蛇纹石化斜方辉石橄榄岩、蛇纹岩、辉石橄榄岩、纯橄榄岩、辉长岩、辉绿岩等，与基质塔尔巴格特组呈断层接触。蛇绿岩伴生有深海沉积硅质岩、含石灰质白云岩；在河北农场一带橄榄岩中产铬铁矿。超基性岩与辉绿岩、石英闪长岩断层接触。超基性岩表面常形成碳酸盐化硅质风化壳，为地表风化淋滤的产物。

另外，在花敖包特、北萨拉、吉仁高勒、归流河、大石寨等地也发育较多的超基性岩、基性岩、硅质岩、大理岩及变砂砾岩等岩块。岩块规模多较小，但种类较多，反映俯冲作用强烈，混入到基质中异岩组分多，同时岩块和基质的变质变形也较强烈，岩块遭受持续剪切和碎裂，相互挤压、研磨，规模越来越小。部分粗粒度的侵入岩类（辉长岩、闪长岩）岩块破碎程度较熔岩类岩块要强，细小岩块逐渐演变成基质，熔岩类和灰岩类的岩块保存较多，岩块的成分和大小含量也反映了俯冲作用的强弱变化特征。

二、变形基质

在贺根山地区基质是从原中上泥盆统塔尔巴格组、安格尔音乌拉组和上石炭统本巴图组中解体而来的，主要为变质中粗粒石英砂岩、细粒岩屑石英砂岩、细粒石英砂岩、灰色粉砂岩、深灰色硅质岩、凝灰质板岩、粉砂质板岩等，变形较强，发育片理、糜棱叶理和板理，其内包卷各种岩块。岩块主要有大理岩、硅质岩、含铁碧玉岩、玄武岩、蛇纹石化辉石橄榄岩、辉长岩等。基质主要表现为强糜棱岩化、强片理化，发育间隔不等的韧性剪切变形带，带内岩石中矿物形变显著，辉石、长石细粒化，矿物拉伸线理非常发育，σ 型碎斑系常见，局部可见有 S-C 组构。局部具动态重结晶，与围岩形成明显差别。其次，该类岩石脆性变形也较强烈，发育多期次的构造裂隙，其中有两期裂隙呈正交，裂隙宽在 3～5mm 之间，被白色的斜长岩充填。岩石中发育花岗质细脉，脉宽几厘米到十几厘米，经强烈变形已成为蠕虫状、石香肠状构造。硅泥质岩石变形比较复杂，形成一系列 a 型杆状构造、塑性流变褶皱等。

大石寨地区的基质主要为一套绢云板岩，从原上石炭统本巴图组中解体而来，沿基质中板理发育糜棱叶理和压性断层，基质内包卷有辉长岩、安山岩岩块，岩块大小几米至几百米，基质塑性变形后环绕岩块分布，形成混杂岩。该地区的辉长岩、安山岩原划为弧岩浆岩，可能在洋盆俯冲过程中岩浆弧残块混入弧前盆地基质中。

在大石寨地区呼和哈达一带俯冲增生杂岩（图 3-112）中，基质分为两种：一种为蛇纹岩，由橄榄岩蚀变成片理化蛇纹岩，脆韧性变形强烈，其内包卷有橄榄岩、辉长岩和大理岩岩块，基质中压性断层发育；第二种为变泥质粉砂岩和变粉砂质泥岩，多呈板状构造，发育塑性流变褶皱，包卷橄榄岩、辉长岩岩块。两类基质呈断层接触，蛇纹岩基质逆冲在砂泥质基质之上，蛇纹岩基质可能为早期岩块。

三、早石炭世—晚石炭世侵入弧

在贺根山-大石寨石炭纪结合带的南、北两侧均出露晚石炭世侵入弧，南部白音高勒-科右前旗俯冲

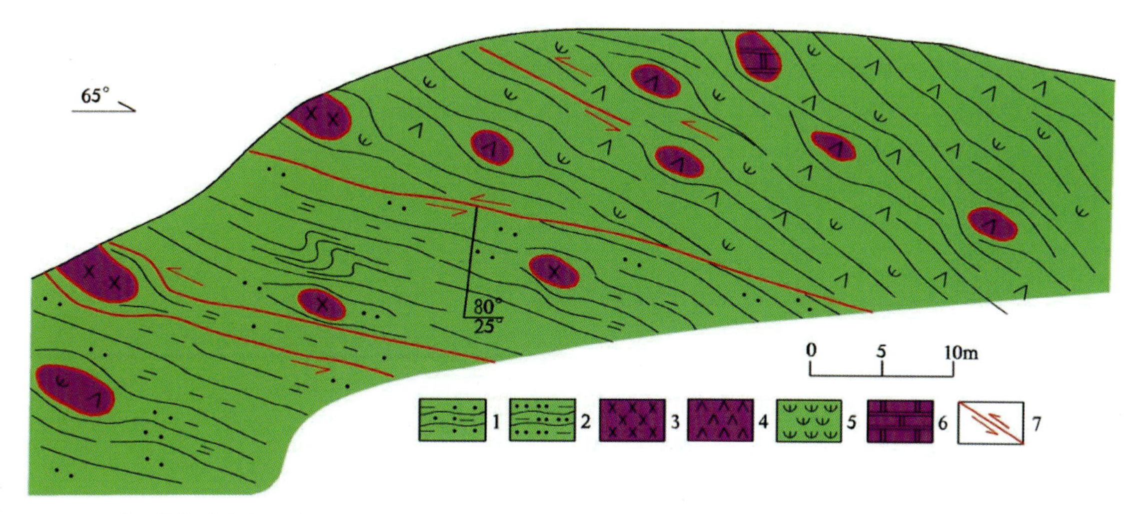

1.片理化泥质砂岩；2.片理化粉砂质泥岩；3.辉长岩；4.橄榄岩；5.片理化蛇纹岩；6.大理岩；7.实测逆断层。

图3-112　大石寨地区呼和哈达俯冲增生杂岩中基质与岩块

增生杂岩带南侧出露面积较大，呈北东向带状展布，侵位于锡林浩特岩群之中，与俯冲增生杂岩之间为断层接触，被早二叠世弧盆系不整合覆盖；白音高勒-科右前旗俯冲增生杂岩带北侧也出露有少量晚石炭世侵入弧，说明白音高勒-科右前旗俯冲增生杂岩带存在南北向双向俯冲。贺根山-大石寨石炭纪结合带北侧晚石炭世侵入弧出露较少，多与晚石炭世火山弧共生，被早二叠世弧盆系不整合覆盖。岩石类型主要有英云闪长岩、石英闪长岩、花岗闪长岩、二长花岗岩等，空间上总体呈带状展布，岩体长轴方向为北东向，在区域上构成了近北东向分布的岩浆岩带。

石炭纪英云闪长岩的矿物组成及地球化学特征与Barbarin的含角闪石钙碱性花岗岩类(ACG)相似(Barbarin，1999)，反映了与俯冲带有关的弧岩浆岩特征。英云闪长岩属钙碱性岩，其稀土曲线呈轻稀土富集的右倾型，微量元素中Nb、Ta、Zr、Hf略为亏损，这些特征与岛弧背景下形成的岩浆岩一致(李英杰等，2016a)。

陈斌等(2000)对西部苏左旗地区白音宝力道岩体的研究表明，其岩石组合主要为石英闪长岩和英云闪长岩，少量辉长闪长岩和花岗闪长岩，在石英闪长岩中得到了490Ma和310Ma两期同位素年龄，并认为其属于岛弧花岗岩(石玉若等，2004，2005)。对比研究表明，晚石炭世英云闪长岩形成时代与白音宝力道岩体相似。刘建峰等(2009)对西乌旗南部达其浑迪和金星石英闪长岩体的时代进行了研究，得到二者的同位素年龄分别为(325±3)Ma和(322±3)Ma，认为西乌旗地区产出的闪长岩、石英闪长岩和花岗闪长岩组合具有活动大陆边缘岩浆岩的地球化学特征，共同构成早石炭世末到晚石炭世的苏左旗-西乌旗大陆边缘弧。刘翼飞等(2010)测得锡林浩特拜仁达坝矿区闪长岩体的时代为(326.5±1.6)Ma，认为其形成于火山岛弧环境；上述岩体可能是同一个火山弧环境下的产物，形成于古亚洲洋俯冲的背景下。英云闪长岩岩石地球化学特征与岛弧岩石特征较为一致，应与上述区域上发育的岛弧侵入岩形成于同一构造背景下，为古亚洲洋俯冲的产物。

四、晚石炭世火山弧

在贺根山-大石寨俯冲增生杂岩带北侧发育大面积的晚石炭世钙性中酸性火山岩，断续分布于东乌旗—五叉沟一带，总体呈北东走向，与俯冲增生杂岩带展布方向平行，显示与俯冲有关的火山弧特征。火山建造主要由上石炭统宝力高庙组中酸性火山岩组成，岩石组合以安山岩、粗安岩、英安岩、流纹岩及其火山碎屑岩、火山碎屑沉积岩为主，夹少量玄武岩。在东乌旗宝力高庙—小坝梁—达布苏诺尔一带，厚度大于2397m。岩石组合为安山岩-英安岩-流纹岩夹陆源碎屑岩，并伴生晚石炭世大洋俯冲环境侵入岩。在五叉沟一带为玄武岩、片理化安山岩、片理化流纹岩、英安岩等，厚度大于1070m。

火山岩的SiO_2质量分数为49.30%～75.68%，其岩石化学成分跨度较大，从基性—中性—酸性岩，但以中酸性岩为主。Al_2O_3质量分数为12.67%～17.08%，多数样品大于15%，质量分数较高；除部分流纹岩和流纹质熔结凝灰岩外，其余岩石普遍$K_2O/Na_2O<1$，以富钠贫钾为特征；里特曼指数(δ)为0.99～4.81，显示钙碱性系列岩石特点，具有岛弧火山岩化学特征。

火山岩稀土元素中玄武安山岩、辉石粗安岩、安山岩及粗面岩稀土总量低，$\sum REE$为$(95.82\sim148.48)\times10^{-6}$，$\delta Eu$为0.74～1.16，轻重稀土分馏不明显，与大陆边缘安山岩稀土配分型式相似。流纹岩、英安岩类稀土总量变化大，铕具中等至较强的负异常；轻重稀土分馏明显，轻稀土富集、重稀土亏损，铕处多呈“V”形谷，具有岛弧火山岩稀土特征。

玄武岩富集大离子亲石元素Rb、Sr、Ba和高场强元素Zr，亏损高场强元素Nb。中性岩类除歪长粗面岩外，均亏损大离子亲石元素Rb、Sr、Ba和高场强元素Zr，而富集高场强元素Ta和Hf。流纹岩、英安岩类多亏损大离子亲石元素Rb、Sr、Ba和高场强元素Ta，而富集高场强元素Zr和Hf，具有岛弧火山岩地球化学特征。宝力高庙期火山岩组合总体形成于陆缘弧和弧后环境。

五、晚石炭世弧前盆地

贺根山-大石寨石炭纪俯冲增生杂岩带的北侧分布有晚石炭世海相沉积，呈北西向展布于贺根山-大石寨石炭纪俯冲增生杂岩带与晚石炭世火山弧之间，构造位置、形成环境和时代显示为洋-陆俯冲过程的弧前盆地。沉积建造为本巴图组浅海相碎屑沉积岩，主要由灰色、灰绿色粉砂质板岩，长石石英砂岩，石英砂岩及粉砂岩等组成，局部夹砾岩、含砾砂岩、粗砂岩，岩石普遍受到变质作用，粉砂质板岩板理十分发育，具丝绢光泽，砂岩中也见一定数量的绢云母。岩石成分比较简单，以泥质、粉砂质、砂质为主，粒度比较均匀，分选性好。水平层理发育，呈薄层状。在板岩中含有一定数量的碳质，说明有机质较多。中下部层位细碎屑岩中含火山岩屑砂岩，表明有火山活动，但是距离火山中心较远。据岩性组合及沉积构造特征，下部岩性为灰色—灰褐色中细粒石英砂岩、长石砂岩夹粉砂质板岩，属近滨—远滨沉积，表明水体渐深，总体为退积—加积层序。上部发育非旋回性基本层序，岩石组合主要为粉砂质板岩夹细砂岩、凝灰岩，为浅海相沉积，总体为加积层序。横向上均为陆源滨浅海相碎屑岩、碳酸盐岩、中酸性火山岩及火山碎屑岩组合。

六、主要岩块的岩石地球化学及构造环境

1.岩石化学特征

主要氧化物含量及主要参数见表3-9(鞠文信等，2008a)。超镁铁质岩类SiO_2平均质量分数为33.88%，分异指数为0.48，固结指数为82.11，氧化率为0.82。二辉橄榄岩SiO_2平均质量分数为45.09%，里特曼指数为0.03，分异指数为1.89，固结指数为82.87，含铝指数为1.71。二辉辉橄岩SiO_2

平均质量分数为39.6%，分异指数为0.23，固结指数为82.59。斜辉辉橄岩 SiO_2 平均质量分数为36.94%，分异指数为0.48，固结指数为83.98。单辉辉橄岩 SiO_2 平均质量分数为40.05%，分异指数为0.29，固结指数为82.1。蛇纹岩 SiO_2 质量分数为46.99%，里特曼指数为0.01，固结指数为88.2。辉长岩类 SiO_2 平均质量分数为46.2%，里特曼指数为0.37～0.87，分异指数为6.73～19.69，固结指数为56.95～80.91，氧化率为0.75，含铝指数为0.72。上述特征表明岩石分异极差，氧化率较高，里特曼指数为0～0.37，属钙碱性岩系。玄武岩 SiO_2 平均质量分数为49.42%，Al_2O_3 为15.74%，A/NKC为0.57，里特曼指数为1.83，为次铝的钙碱性岩，DI为28.19，SI为40.09，表明岩浆分异程度极弱。

表3-9　贺根山蛇绿岩岩石化学特征表

岩石名称	氧化物平均值/%													
	SiO_2	Al_2O_3	FeO	Fe_2O_3	TiO_2	CaO	MgO	K_2O	Na_2O	MnO	P_2O_5	H_2O^+	烧失量	合计
辉长苏长岩	45.47	2.92	2.27	6.19	0.09	1.04	39.93	0.58	0.38	0.12	0.014	0	0.70	99.704
二辉橄榄岩	45.09	2.46	0.24	8.27	0.04	0.58	42.347	0.071	0.17	0.09	0.02	0	1.49	100.87
辉长岩	49.86	17.50	3.22	3.08	0.22	11.36	11.56	0.45	1.99	0.11	0.07	0	0.10	99.52
玄武岩	49.42	15.74	5.56	3.43	1.09	12.14	8.31	0.22	3.21	0.15	0.08	0	0.02	99.37
纯橄岩	33.88	0.69	4.12	4.65	0.02	0.27	40.48	0.01	0.04	0.16	0	15.52	0.09	99.93
斜辉辉橄岩	36.94	0.74	3.50	3.95	0.02	0.47	39.31	0.01	0.04	0.13	0	15.04	0.01	100.16
二辉辉橄岩	39.60	1.94	2.25	5.21	0.03	1.44	35.54	0.01	0.02	0.12	0	13.39	0.62	100.17
单辉辉橄岩	40.05	2.13	2.63	5.14	0.07	1.37	35.83	0.02	0.02	0.13	0	11.66	0.53	99.58
蛇纹岩	46.99	2.99	2.87	2.46	0.01	0.63	41.24	0.03	0.16	0.09	0	0	2.51	99.98
岩石名称	标准矿物/%					主要参数								
	Or	Ab	An	Q	C	δ	AR	DI	SI	FL	MF	OX	A/NKC	XP
辉长苏长岩	21	22	57			0.37	1.64	6.73	80.91	48.00	17.48	0.78	0.93	73
二辉橄榄岩	6	20	74		1.09	0.03	1.17	1.89	82.87	29.35	16.3	0.8	1.71	78
辉长岩	3	18	79			0.87	1.18	19.69	56.95	1768	35.27	0.73	0.72	81
玄武岩	3	32	66			1.83	1.28	28.19	40.09	22.03	51.97	0.71	0.57	66
纯橄岩	2	12	86		0.15	0	1.11	0.48	82.11	15.63	17.81	0.82	1.17	88
斜辉辉橄岩	1	10	89			0	1.09	0.48	83.98	9.62	15.93	0.82	0.78	90
二辉辉橄岩	0	2	98			0	1.02	0.23	82.59	2.04	17.35	0.82	0.73	99
单辉辉橄岩	1	1	98			0	1.02	0.29	82.1	2.84	17.82	0.81	0.88	99
蛇纹岩	2	19	79		1.55	0.01	1.11	1.57	88.2	23.17	11.45	0.8	2.07	81

2. 稀土元素地球化学特征

稀土元素丰度及参数见表3-10。超基性岩∑REE为$(1.72\sim16.61)\times10^{-6}$，Ce/Y为1.69～8.18，δEu为0.74，稀土配分曲线总体呈左高右低且平缓(图3-113)，指示轻稀土相对富集，重稀土略具亏损特点，与洋内强烈亏损的地幔岩石相似；辉长岩稀土元素总体富集，∑REE为$(58.72\sim65.6)\times10^{-6}$，与球粒陨石比值达20倍以上，轻重稀土比值为0.96，为轻稀土亏损型，δEu为0.34，负Eu异常明显，稀土配分曲线为锯齿状，表明轻、重稀土分馏程度较差，与蛇绿岩中的辉长岩稀土元素具有一定的相似特点，具有洋内拉斑玄武岩特征；玄武岩的稀土元素特征与辉长岩非常相似，玄武岩稀土总量变化为$(41.32\sim77.27)\times10^{-6}$，轻重稀土比值在1.17～1.61之间变化，表明轻、重稀土分馏程度差，δEu最小值为1.17，最大值为2.02，无负Eu异常。稀土配分曲线为平坦型(图3-113)，与蛇绿岩中的基性熔岩稀土配分型式相近，$(La/Yb)_N$值为0.48及0.58，与标准洋中脊玄武岩(N-MORB)相当。

3. 微量元素特征

微量元素丰度及参数见表3-11。在蛇绿混杂岩微量元素曲线图(图3-114)中，超基性岩的大离子亲石元素Rb、Sr、Cs、Th、Ba较富集，高场强元素Ce、Zr、Hf、Sm、Y、Yb、Nd、Ta、Ti明显亏损，高场强元素和重稀土元素与原始地幔的比值均小于0.1，特别是Nd、TiO_2明显亏损，具有岛弧扩张脊(N-MORB)或洋内岛弧的微量元素特征；辉长岩和辉绿岩单元的微量元素总体富集，LILE明显富集，多数比值大于10，HFSE略富集，比值在1～10之间，具有洋内岛弧和活动陆缘的特征。

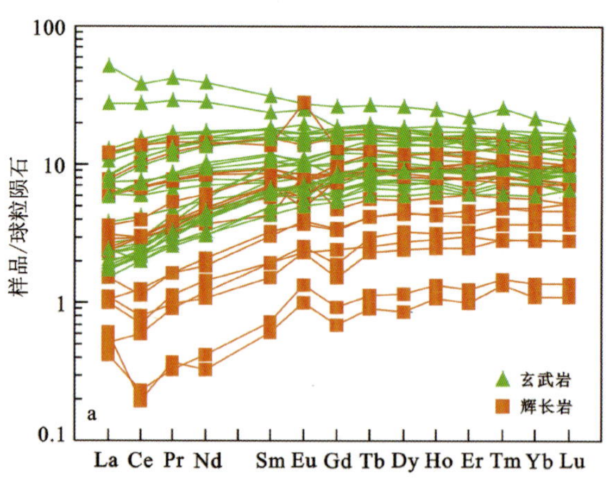

图3-113 蛇绿混杂岩稀土元素标准化图解

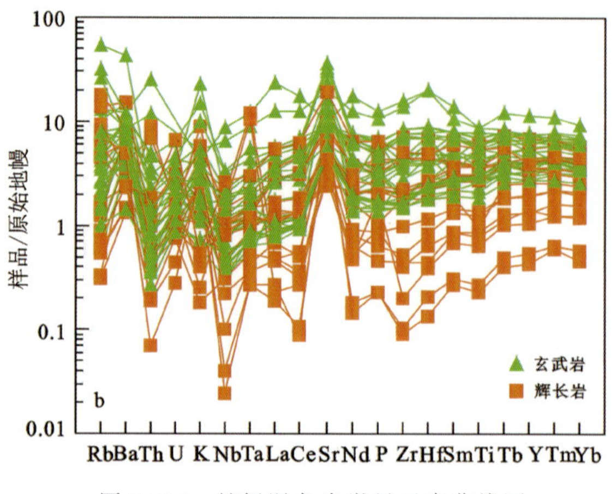

图3-114 蛇绿混杂岩微量元素曲线图

表 3-10 贺根山蛇绿岩稀土元素分析结果及相关参数表

岩性	La/ 10^{-6}	Ce/ 10^{-6}	Pr/ 10^{-6}	Nd/ 10^{-6}	Sm/ 10^{-6}	Eu/ 10^{-6}	Gd/ 10^{-6}	Tb/ 10^{-6}	Dy/ 10^{-6}	Ho/ 10^{-6}	Er/ 10^{-6}	Tm/ 10^{-6}	Yb/ 10^{-6}	Lu/ 10^{-6}	Y/ 10^{-6}	LREE/ 10^{-6}	HREE/ 10^{-6}	∑REE/ 10^{-6}	LREE/ HREE	δEu	$(La/Yb)_N$	$(Ce/Yb)_N$
橄榄岩	0.2	0.5	0.1	0.01	0.1	0.01	0.01	0.01	0.1	0.01	0.04	0.01	0.05	0.01	0.4	1.11	0.23	1.74	4.83	0.55	2.71	2.58
橄榄岩	0.22	0.5	0.1	0.1	0.1	0.02	0.1	0.01	0.1	0.02	0.06	0.01	0.09	0.02	0.6	1.04	0.41	2.05	2.54	0.6	1.65	1.44
橄榄岩	1.1	2.2	0.2	0.2	0.2	0.05	0.1	0.03	0.2	0.04	0.12	0.02	0.13	0.02	12	3.95	0.66	16.61	5.97	0.96	5.73	4.39
橄榄岩	0.44	0.7	0.1	0.2	0.1	0.05	0.2	0.04	0.2	0.05	0.17	0.03	0.21	0.04	2.3	1.59	0.94	4.83	1.69	1.06	1.42	0.87
橄榄岩	0.11	0.3	0.1	0.1	0.1	0.01	0.1	0.01	0.1	0.02	0.05	0.01	0.09	0.02	0.6	0.72	0.4	1.72	1.8	0.31	0.81	0.86
二辉橄榄岩	0.55	1.3	0.2	0.6	0.1	0.03	0.1	0.01	0.1	0.01	0.04	0.01	0.06	0.01	0.4	2.78	0.34	3.52	8.18	0.91	6.10	5.55
辉长岩	0.44	1.1	2.2	1.2	4.2	0.3	0.7	1.15	1.2	0.25	0.73	0.78	4.95	0.1	46.3	9.44	9.86	65.6	0.96	0.34	0.06	0.06
玄武岩	4.87	14.0	0.2	12.3	0.3	1.52	4.9	0.17	7.7	1.61	4.73	0.12	0.73	0.68	6.9	33.19	20.64	60.73	1.61	2.02	4.5	4.97
玄武岩	1.55	4.1	0.7	4.1	1.4	0.61	1.8	0.44	3.0	0.66	1.97	0.33	2.16	0.30	18.2	12.46	10.66	41.32	1.17	1.17	0.48	0.49
玄武岩	3.43	9.0	1.4	7.8	2.9	1.16	3.3	0.8	5.5	1.15	3.5	0.58	3.9	0.54	32.4	25.6	19.27	77.27	1.33	1.14	0.58	0.6

表 3-11 贺根山蛇绿岩岩石微量元素分析结果及相关参数表

岩性	K/ 10^{-6}	Rb/ 10^{-6}	Ba/ 10^{-6}	Th/ 10^{-6}	Ta/ 10^{-6}	Nb/ 10^{-6}	La/ 10^{-6}	Ce/ 10^{-6}	Sr/ 10^{-6}	Nd/ 10^{-6}	P/ 10^{-6}	Zr/ 10^{-6}	Sm/ 10^{-6}	Ti/ 10^{-6}	Y/ 10^{-6}	Yb/ 10^{-6}	Tb/ 10^{-6}	V/ 10^{-6}	Sc/ 10^{-6}	Co/ 10^{-6}	Cr/ 10^{-6}	Ga/ 10^{-6}	Hf/ 10^{-6}	Li/ 10^{-6}	Ni/ 10^{-6}	Zn/ 10^{-6}	Cu/ 10^{-6}	$(Rb/Yb)_N$	Nb^*	Ti^*
橄榄岩	8300	2.3	55.7	6.4	0.04	2.7	0.44	0.6	16.6	0.21	43 700	10.7	0.15	12 000	2.3	0.09	0.15	55.8	6.9	19.7	2 565.1	1	0.3	4.7	1899	10.7	58.4	2.94	0.56	2.38
辉长岩	373 500	11.3	95	6.4	0.38	3	0.44	1.1	148	1.2	30 590	48.6	4.2	132 000	28.4	4.95	1.15	220	61.6	32	641	15	2.9	13.5	132	48.6	46.2	0.26	0.01	11.63
辉绿岩	182 600	8	40	4.6	0.43	4.1	1.55	9	148	8	34 960	103	1.2	1 140 000	27	2.3	0.44	364	41.5	42.6	154	20.2	3.4	6.5	54.7	103	58.2	0.4	0.02	171
原始地幔	252	0.86	7.56	0.096	0.043	0.62	0.71	1.9	23	1.29	90.4	11	0.385	1200	4.87	0.1	0.099	53	—	105	1020		0.35		2400	53	26			

注:数据来自鞠文信等(2008a)。

4. 蛇绿岩构造环境

关于贺根山一带蛇绿岩的形成环境存在不同的认识，曹从周等(1986)、包志伟和陈森煌(1994)认为其形成于大洋中脊环境，Robinson 等(1999)认为辉绿岩的成因类似于成熟岛弧亏损的拉斑玄武岩，熔岩部分类似于辉绿岩，部分类似于洋岛玄武岩。李英杰等(2013，2015)认为，梅劳特乌拉蛇绿岩为典型的 SSZ 构造背景成因的熔岩特征，其中白音布拉格蛇绿岩产于岛弧和弧前环境，兼有洋中脊与岛弧双重特性。1∶25 万西乌旗幅区域地质调查曾对出露于乌斯尼黑、梅劳特乌拉地区的蛇绿混杂岩生成环境进行过系统讨论，总体认为其属洋中脊环境，同时具有洋内岛弧或弧后扩张脊的环境特点。

贺根山-大石寨石炭纪结合带内玄武岩和辉长岩样品在 TFeO－MgO－TiO_2图解(图 3-115)中，投点主要落入洋中脊火山岩区，少量进入洋岛火山岩区；在 TFeO/MgO－TiO_2图解(图 3-116)中，投点主要落入洋中脊拉斑玄武岩区；在 Hf/3－Th－Ta 图解(图 3-117)中，主要投入岛弧拉斑玄武岩区；在 Th/Yb－Ta/Yb 图解(图 3-118)中，主要投入洋脊拉斑玄武岩区和洋岛拉斑玄武岩区。

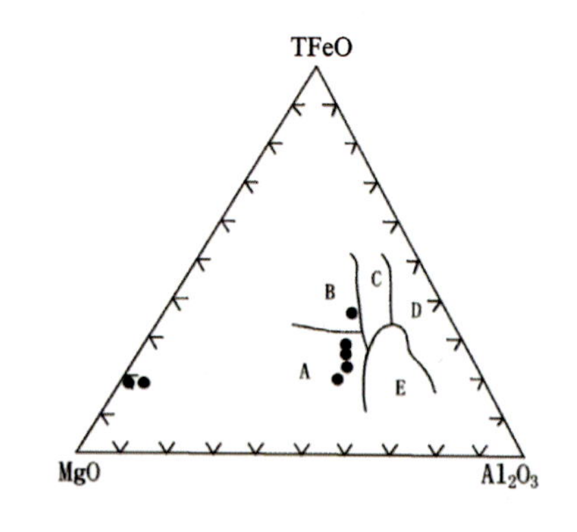

A. 洋中脊火山岩；B. 洋岛火山岩；C. 大陆火山岩；D. 岛弧扩张中心火山岩；E. 造山带火山岩。

图 3-115　TFeO－MgO－Al_2O_3图解

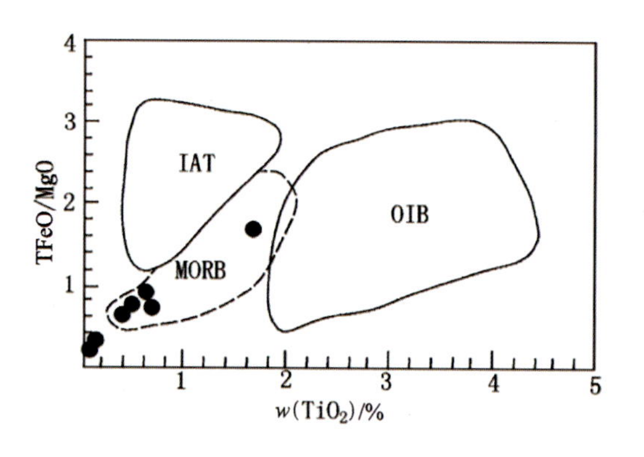

MORB. 洋中脊拉斑玄武岩；OIB. 洋岛拉斑玄武岩；IAT. 岛弧拉斑玄武岩。

图 3-116　TFeO/MgO－TiO_2图解

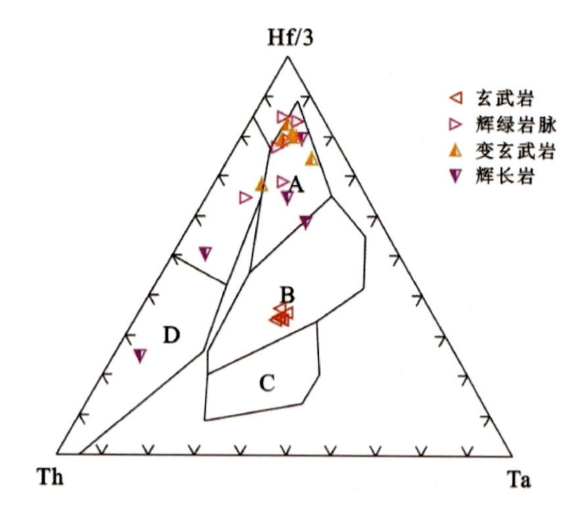

A. 正常洋中脊玄武岩；B. 富集洋中脊玄武岩；C. 板内碱性玄武岩；D. 岛弧拉斑玄武岩。

图 3-117　Hf/3－Th－Ta 图解

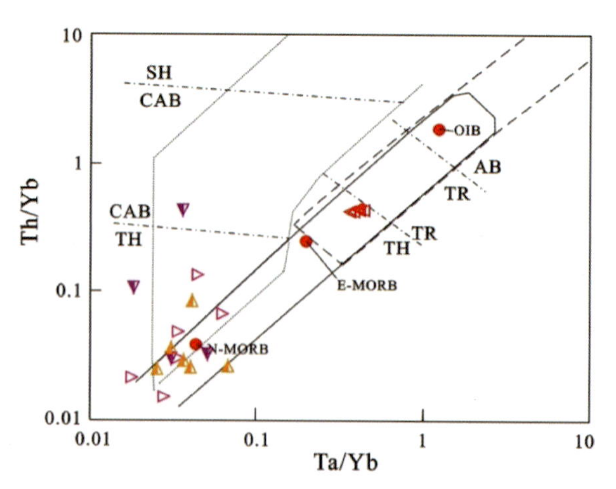

MORB. 洋中脊拉斑玄武岩；OIB. 洋岛拉斑玄武岩；CAB. 钙碱性玄武岩；TH. 拉斑玄武岩；TR. 过渡玄武岩；ALK. 碱性玄武岩。

图 3-118　Th/Yb－Ta/Yb 图解

综合贺根山-大石寨石炭纪结合带内岩石组合和地球化学特征，贺根山-大石寨结合带内岩块中的基性岩和超基性岩主要为蛇绿岩组分，形成环境包括洋中脊、洋岛、洋内弧。岩块中硅质岩可能形成于大洋盆地或海沟盆地，大理岩可能形成于洋岛（海山），一部分辉长岩和玄武岩可能形成于陆缘岛弧。总体上该结合带内岩石是一套洋盆向陆（弧）俯冲的增生杂岩，由多个构造环境岩石组成，因此不同岩石表现的构造环境也不尽相同，但同属于一个洋-陆俯冲的增生杂岩系列。

七、地块残块

贺根山-大石寨石炭纪结合带两侧各出露前石炭纪地块残块。朝克乌拉-呼和哈达俯冲增生杂岩带北侧主要出露的是早奥陶世岩浆弧石英闪长岩和早中泥盆世残余海盆沉积的砂泥岩夹碳酸岩，均发生低绿片相变质，形成糜棱化石英闪长岩、变砂岩、板岩、千枚岩、结晶灰岩等，是东乌旗-多宝山岛弧带的弧盆系组成部分。南部白音高勒-科右前旗俯冲增生杂岩带南侧出露锡林浩特岩群高绿片岩相—低角闪岩相的黑云（角闪）斜长片麻岩、黑云（石英）片岩、斜长角闪岩、变粒岩及大理岩等岩石组合，岩石经历了多期变形与变质作用改造，原岩主要为一套砂泥质岩-基性—中酸性火山岩建造，是锡林浩特地块的重要物质组成。贺根山-大石寨石炭纪结合带南、北两侧出露的前石炭纪地质体相当于贺根山-大石寨古洋盆向南、北两侧俯冲的陆（弧）基底，在洋-陆（弧）俯冲过程中遭受动力变质，并处于仰冲板块逆冲抬升，出露地表。

八、俯冲增生杂岩带形成时代

贺根山-大石寨石炭纪结合带内岩石同位素测年结果统计见表3-12。

表3-12　贺根山-大石寨石炭纪结合带岩石同位素测年结果统计表

构造单元	年龄/时代	测试方法	岩性	资料来源
洋壳	晚泥盆世	放射虫化石鉴定	硅质岩	鞠文信等，2008a
				白文吉等，1986
	中—晚泥盆世			曹从周等，1986
	383Ma	$^{40}Ar/^{39}Ar$	蓝片岩（玄武岩）	徐备等，2001
洋中脊	360Ma	U-Pb	辉长岩	张长捷等，2005
	370Ma	U-Pb	辉长闪长岩	张学斌等，2014
	362Ma	U-Pb	辉长岩	刘建雄等，2006
	372Ma	U-Pb	辉长岩	刘建峰等，2019
洋内弧洋岛洋中脊	337Ma	U-Pb	辉长岩	卢清地等，2013
	354Ma	U-Pb	辉长岩	Jian et al.，2012
	333Ma	U-Pb	玄武岩	Jian et al.，2012
	315Ma	U-Pb	辉长岩	Li et al.，2015
	308Ma	U-Pb	辉长岩	Li et al.，2015
	333Ma	U-Pb	玄武岩	Li et al.，2015

续表 3-12

构造单元		年龄/时代	测试方法	岩性	资料来源
岩浆弧	侵入岩	322Ma	U-Pb	石英闪长岩	刘建峰等，2014
		309Ma	U-Pb	辉长岩	张长捷等，2005
		326Ma	U-Pb	石英闪长岩	张长捷等，2005
		310Ma	U-Pb	花岗闪长岩	张学斌等，2014
		315Ma	U-Pb	二长花岗岩	鞠文信等，2008b
		318Ma	U-Pb	闪长岩	张学斌等，2014
		319Ma	U-Pb	花岗闪长岩	葛梦春等，2008
		323Ma	U-Pb	二长花岗岩	刘锐等，2016
	火山岩	306Ma	U-Pb	片理化流纹岩	赵芝等，2010
		314Ma	U-Pb	变英安岩	曾维顺等，2011
		311Ma	U-Pb	安山质凝灰熔岩	贺宏云等，2016
		311Ma	U-Pb	变安山岩	苏尚国等，2013
		312Ma	U-Pb	变安山岩	马国祥等，2014
		329Ma	U-Pb	变安山岩	聂童春等，2012a
		310Ma	U-Pb	变安山岩	朱群等，2021
弧前基质		304Ma	U-Pb	砂岩	聂童春等，2012b
基底		489Ma	U-Pb	石英闪长岩	鞠文信等，2008b
		437Ma	U-Pb	花岗闪长岩	施光海等，2003
		1516Ma	U-Pb	花岗片麻岩	孙立新等，2013b

贺根山地区蛇绿混杂岩的形成时代，早期认为是二叠纪侵入的超基性岩体(超基性岩体侵入下二叠统格根敖包组——冷侵位)。在1∶25万西乌旗、东乌旗地区均见宝力高庙组不整合覆盖于蛇绿岩之上，指示其形成时代早于晚石炭世。

1. 洋壳形成时代

王乃文(1982)在贺根山放射虫硅质岩中鉴定出 *Entactinia*. sp.、*H Tetrentactinia* sp.，后者时代定为晚泥盆世(鞠文信等，2008a)。曹丛周等(1986)在同一地点的硅质岩中发现了腔肠动物门栉水母类的一种支柱构造，为 *Melanosteus* sp.，时代定为中晚泥盆世。苏尼特左旗一带蓝片岩钠质闪石$^{40}Ar/^{39}Ar$同位素等时线年龄为(383±13)Ma(徐备等，2001)，记录了洋壳形成时代为中泥盆世晚期。综合化石和同位素年代，贺根山一带蛇绿岩代表的洋壳形成时代可能在中晚泥盆世。王荃等(1991)和邵济安(1991)曾认为贺根山蛇绿岩形成时代为早—中泥盆世。

蛇绿岩的岩石地球化学特征显示为SSZ型，为弧后盆地型洋盆，结合区域地质构造位置和时代，该位置相当于东乌旗-多宝山岛弧的弧后位置，多宝山弧盆系在泥盆纪曾发生伸展作用，沿东乌旗-多宝山岛弧带和贺根山-大石寨石炭纪俯冲增生杂岩带之间广泛发育泥盆纪海相沉积(泥鳅河组、罕达气组、腰桑南组、大民山组、塔尔巴格特组)，这期间火山活动较强，罕达气组、大民山组细碧角斑岩和双峰式火山岩建造说明拉张作用较强，也指示弧后洋盆规模较大。从位置和时间上推断贺根山一带的洋盆可能是在东乌旗-多宝山岛弧弧后盆地的基础上发育起来的弧后洋盆，化石和同位素测年指示洋盆形成于中晚泥盆世，该阶段沉积的塔尔巴格特组作为基质卷入了增生杂岩带。

2. 洋中脊活动时代

具有洋中脊地球化学特征的辉长岩、辉长闪长岩的U－Pb测年为370～360Ma，指示弧后洋盆形成后，370～360Ma洋中脊形成，并不断扩张，354～308Ma发育的洋中脊、洋岛、洋内弧辉长岩、玄武岩表明在洋中脊扩张过程中，逐渐发生洋内俯冲、地幔热柱活动，形成一系列洋内弧、洋岛（海山）建造，洋岛上部大理岩中含有晚石炭世生物化石证实晚石炭世洋盆内存在地幔热柱活动。

3. 洋-陆俯冲时代

岩浆弧是反映洋-陆俯冲最直接的地质建造，贺根山-大石寨石炭纪结合带的两侧均发育规模较大的钙碱性弧岩浆岩，北部朝克乌拉—呼和哈达俯冲增生杂岩带的北部火山岩保存较多，其锆石U－Pb年龄 从329～306Ma，说明贺根山洋盆向北侧俯冲作用始于早石炭世，结束于晚石炭世，岩浆弧中火成岩以晚石炭世为主，说明晚石炭世洋-陆俯冲作用最强，该期间发育的弧前盆地也证实了这一时期强烈的洋-陆俯冲作用。南部白音高勒-科右前旗俯冲增生杂岩带的南侧以晚石炭世弧侵入岩为主，而且面积较大，表明贺根山洋盆向南侧的俯冲作用主要在晚石炭世。贺根山-大石寨石炭纪结合带内大部分石炭纪地质体被早二叠世及以后地质体覆盖或破坏（图3-119），表明早二叠世贺根山弧后洋盆消减结束。

九、洋-陆转换过程

贺根山-大石寨石炭纪结合带分布于东乌旗-多宝山岛弧带和锡林浩特地块（宝力道-锡林浩特弧盆系）之间，显示贺根山洋是介于两个弧-陆之间的弧后或弧间洋盆。前述贺根山-大石寨石炭纪结合带所代表的古洋盆是在东乌旗-多宝山岛弧弧后盆地的基础上发育起来的中晚泥盆世弧后洋盆，硅质岩中放射虫和蓝片岩$^{40}Ar/^{39}Ar$等时线年龄（383±13）Ma指示洋壳形成于中泥盆世晚期，白音高勒-科右前旗俯冲增生杂岩带中的370～360Ma洋中脊辉长岩指示洋盆从中泥盆世晚期扩张至晚泥盆世并形成洋中脊，表明贺根山洋盆南侧白音高勒—科右前旗一线是洋中脊发育区。洋盆自晚泥盆世持续扩张，至早石炭世，洋盆内相继发生俯冲和地幔热柱活动，形成一系列洋内弧和洋岛，增生杂岩带中一部分显示洋岛和洋内弧特征的辉长岩、玄武岩岩块（354～333Ma）代表了这一阶段洋内俯冲和地幔热柱活动。

早石炭世晚期，开始发生洋-陆（弧）俯冲，从俯冲增生杂岩带的展布、岩浆弧和弧前盆地的时空展布分析，洋盆北侧向北部东乌旗-多宝山岛弧带俯冲（图3-120），形成北部朝克乌拉—呼和哈达俯冲增生杂岩带和早石炭世—晚石炭世弧盆系；晚石炭世洋盆南侧向锡林浩特地块俯冲，形成白音高勒-科右前旗俯冲增生杂岩带和晚石炭世岩浆弧。岩块中有较多333Ma左右的辉长岩、玄武岩，说明这一时期洋内俯冲作用仍在持续。岩浆弧中329～326Ma石英闪长岩、安山岩较少，表明早石炭世洋-陆俯冲开始，俯冲作用较弱。晚石炭世，洋岛和洋内弧的岩块（315～308Ma）数量减少，而岩浆弧（322～306Ma）的规模增大，显示洋内俯冲作用减弱，洋-陆（弧）俯冲作用增强，洋盆以向陆（弧）俯冲作用为主。

结合带周围被晚石炭世以后的地质体覆盖，推测盖层之下发育古岛弧或地块基底。朝克乌拉—呼和哈达俯冲增生杂岩带的北侧有大面积晚石炭世火山弧、岩浆弧、弧前盆地以及早奥陶世火山弧和泥盆纪弧间盆地出露，反映增生杂岩带北侧为仰冲板块，遭受俯冲作用抬升并发生后期的剥蚀，使大面积的先期地质体出露，岩浆弧与增生杂岩带之间弧前盆地的保存，说明俯冲作用较强，北侧岩浆弧火成岩遭受大量剥蚀进入弧前盆地。弧前盆地中有石英砂岩类沉积，表明岩浆弧中有深成岩隆升出露地表，北侧出露的晚石炭世侵入岩应为弧前盆地的主要物源之一。白音高勒-科右前旗俯冲增生杂岩带的南侧出露有较大规模的晚石炭世岩浆弧和锡林浩特地块残块，反映增生杂岩带南侧为仰冲板块，受到洋板块俯冲作用，仰冲板块发生变质变形并抬升，遭受后期的剥蚀，使大面积的地块基底和侵入岩出露地表。

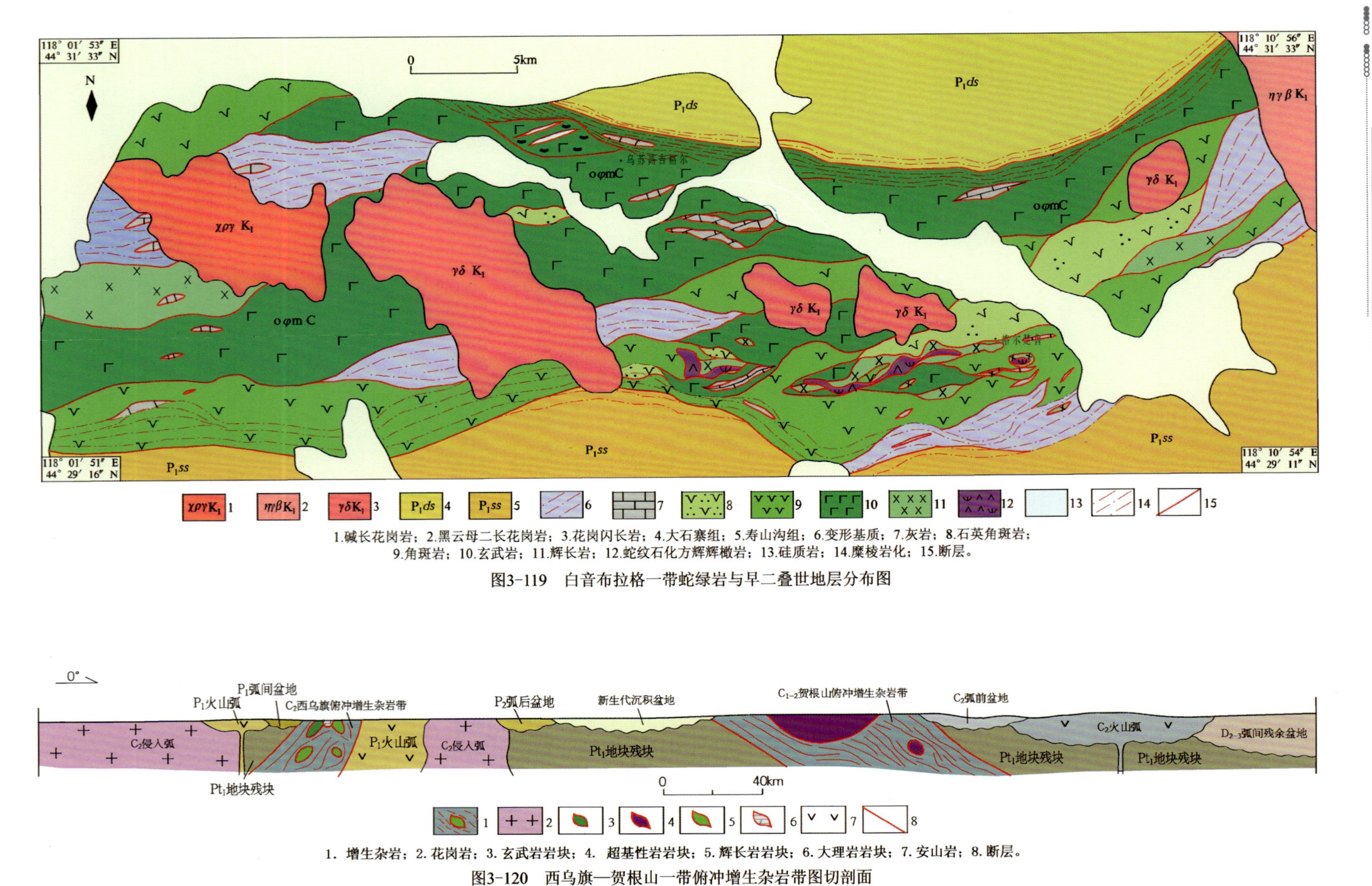

图3-119　白音布拉格一带蛇绿岩与早二叠世地层分布图

图3-120　西乌旗—贺根山一带俯冲增生杂岩带图切剖面

综上所述，贺根山-大石寨石炭纪结合带代表的贺根山弧后洋盆形成于中泥盆世晚期，晚泥盆世开始扩张并形成洋中脊，早石炭世洋盆开始向东乌旗-多宝山岛弧带发生俯冲，在北部仰冲板块之上形成有少量岩浆弧，同时洋内俯冲和地幔热柱活动强烈，形成较多的洋内弧和洋岛（海山）；晚石炭世为洋-陆（弧）俯冲增生主要阶段，贺根山弧后洋盆分别向南、北弧（陆）双向俯冲，形成南、北两俯冲增生杂岩带和岩浆弧及弧前盆地，并导致仰冲板块基底发生变质并抬升，此时洋内俯冲作用减弱，仅形成少量的洋内弧和洋岛。晚石炭世末期，洋盆俯冲消减作用结束，俯冲增生杂岩带被早二叠世弧盆系不整合覆盖，洋盆转化成陆缘，结合带内未见弧-陆碰撞岩石记录，表明洋盆消减结束后，未发生弧-陆碰撞，洋盆有一定残留，早二叠世转化成残余盆地。贺根山-大石寨石炭纪结合带是介于东乌旗-多宝山岛弧带和锡林浩特地块（宝力道-锡林浩特弧盆系）之间的缝合带，贺根山弧后洋盆的消减过程代表了弧陆间拼贴汇聚过程。

第五节　突泉-黑河石炭纪—二叠纪俯冲增生杂岩带

突泉-黑河石炭纪—二叠纪俯冲增生杂岩带为本次工作依据“洋板块地质学”思想新厘定的构造带。以往工作多将扎兰屯—嫩江—黑河一带的构造带作为贺根山-黑河蛇绿混杂岩带的一部分，被《黑龙江省区域地质志》（2018）称为嫩江-黑河早石炭世俯冲增生杂岩带，付俊彧等（2013）将北段划为嫩江-黑河蛇绿混杂岩带、南段划为蘑菇气-大石寨-突泉蛇绿混杂岩带。杨雅军等（2016）将北段划为二连-贺根山-黑河蛇绿混杂岩带、南段划为嫩江蛇绿混杂岩带，并认为其是 2 个不同块体的缝合带。本次工作依据杂岩带的物质组成、时空展布和基底分布，将突泉—黑河一带的构造杂岩单独划出，作为松嫩地块与大兴安岭的弧盆系之间缝合带（图 3-121），在科右前旗与贺根山-大石寨石炭纪结合带重合，两者可能共同延伸至嫩江—黑河一带。该俯冲增生杂岩带南端被巴彦锡勒-牤牛海俯冲增生杂岩带截切，北端延伸至黑河一带出境，由突泉-万宝、宝力根花、巴达尔湖、济沁河、莫力达瓦、哈达阳、罕达气 7 处增生杂岩构成北北东向展布的俯冲增生杂岩带。

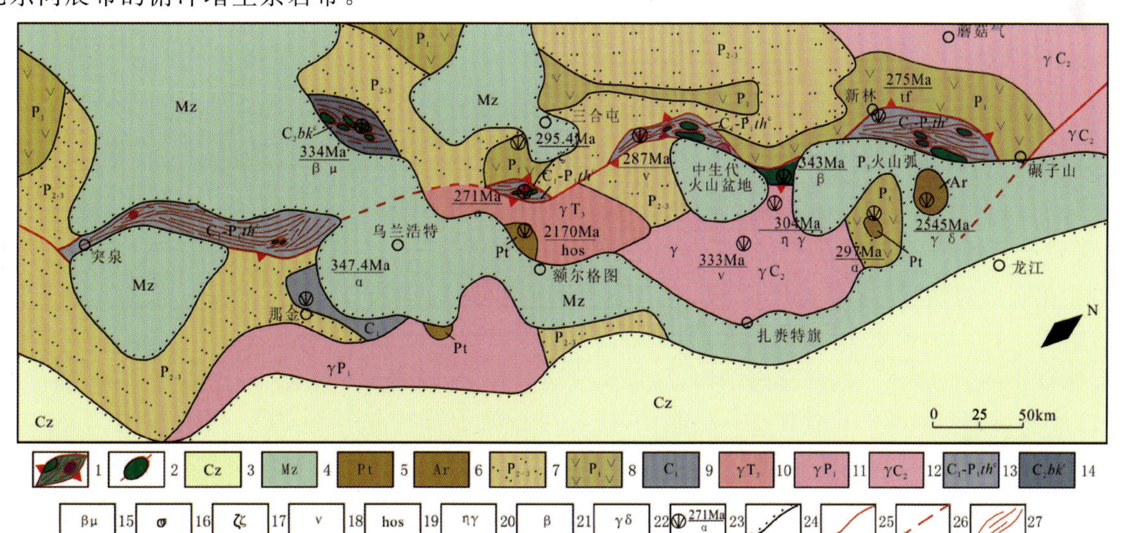

1.俯冲增生杂岩；2.岩块；3.新生界；4.中生界；5.元古代地块残块；6.太古代地块残块；7.中—晚二叠世残余盆地；8.早二叠世火山弧；9.早石炭世火山弧；10.晚三叠世侵入岩；11.早二叠世侵入弧；12.晚石炭世侵入弧；13.突泉-黑河俯冲增生杂岩带；14.白音高勒-科右前旗俯冲增生杂岩带；15.辉绿岩；16.闪长岩；17.英安岩；18.辉长岩；19.角闪片岩；20.二长花岗岩；21.玄武岩；22.花岗闪长岩；23.同位素测年点及数据；24.整合界线；25.断裂；26.隐伏断裂；27.变形基质。

图 3-121　突泉-黑河石炭纪—二叠纪俯冲增生杂岩带

突泉-黑河石炭纪—二叠纪俯冲增生杂岩带的两侧出露有太古宙、元古宙和早古生代地块残块，表明两侧发育古老地块，地块残块之上发育早石炭世—早二叠世岩浆弧和中晚二叠世弧前、弧间残余盆地，指示洋盆在早石炭世—早二叠世期间向两侧地块或古老弧盆系俯冲。俯冲增生杂岩带由变形基质和岩块组成，带内基性、超基性岩较发育，多以岩块状产出，同时硅质岩、大理岩岩块也很发育。周围大部分被晚二叠世以后的地质体覆盖或破坏。

一、岩块特征

突泉-黑河石炭纪—二叠纪俯冲增生杂岩带内岩块较发育，主要岩石有(二辉)橄榄岩、蛇纹石化辉石橄榄岩、枕状玄武岩、细碧岩、辉长岩、硅质岩、大理岩，局部见基底和岛弧残块(斜长角闪岩、安山岩、花岗岩等)卷入杂岩基质中，也有岛弧岩浆岩侵入基质中(斜长花岗岩、英云闪长岩等)。

1.巴达尔湖一带

大兴安岭成矿带突泉—翁牛特地区地质矿产调查项目(汪岩等，2019)在巴达尔湖一带爱民屯—查干楚鲁地区新厘定出一套构造混杂岩(图3-122)。构造混杂岩带中发育较多的岩块，主要有橄榄岩、枕状玄武岩、辉长岩、安山岩、斜长角闪岩、斜长花岗岩、英云闪长岩、奥长花岗岩、花岗闪长岩、硅质岩等，岩块总体变形弱，但橄榄岩变形较强，多蚀变成片理化蛇纹岩，枕状玄武岩等能干性较强的岩石主要发生脆性破裂。斜长花岗岩、英云闪长岩、奥长花岗岩、花岗闪长岩呈侵入体产出，代表地幔岩结晶后的一次酸性岩浆活动。岩块间的基质主要为韧性剪切变形岩石，表现为千糜岩、微晶片岩、变质粉砂岩等，韧性剪切运动方向为左行挤压剪切。

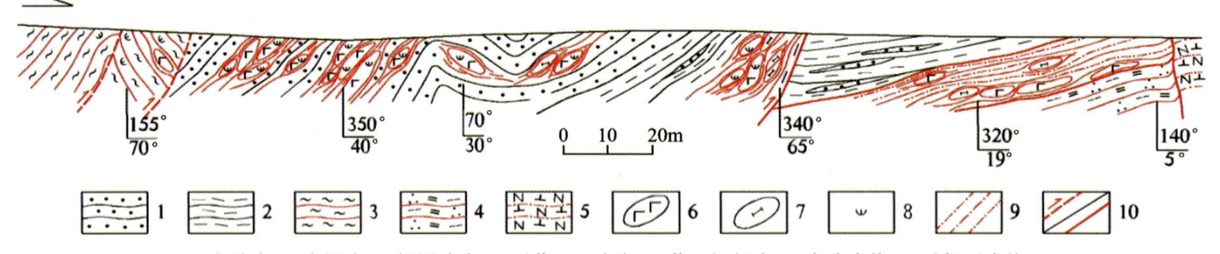

1.变砂岩；2.变泥岩；3.绿泥片岩；4.石英二云片岩；5.英云闪长岩；6.玄武岩块；7.透辉石岩块；8.蛇纹岩；9.糜棱岩；10.推测/实测断层。

图3-122 内蒙古扎赉特旗爱民屯俯冲增生杂岩

斜长花岗岩岩块，中细粒花岗结构，岩石由黑云母(8%)、斜长石(53%)、碱性长石(2%)及石英(37%)组成。U-Pb年龄为(297.1±2.3)Ma，时代为早二叠世早期。

石榴石花岗岩(岩枝)，细粒花岗结构，局部反应边结构、显微文象结构，岩石由红柱石、石榴子石、黑云母、白云母、斜长石、碱性长石和石英组成；红柱石与石榴子石共占15%；黑云母约占10%；白云母约占5%；斜长石约占15%；碱性长石约占23%；石英约占30%。U-Pb年龄为(279.7±2.0)Ma，时代为早二叠世晚期。

斜长花岗岩一般代表地幔岩结晶后参与岩浆结晶的产物，为查干楚鲁构造混杂岩中镁铁质岩石演化晚期的产物，其以岩块形式出现，标志了构造混杂岩就位形成时代的下限。而石榴石花岗岩一般被认为是富铝的S型花岗岩，为碰撞地壳增厚期的产物，且产状往往以岩枝形式侵入到构造混杂岩中，其年龄代表了该处构造混杂岩形成的上限。二者年龄限定了构造混杂岩的就位时代在297～279Ma之间，指示该构造混杂岩就位于早二叠世。

2. 突泉一带基性、超基性岩岩块

突泉一带发育一套基性—超基性岩石组合，零星出露于突泉县夏家屯及万宝镇前塔拉、国光村等地，总体上呈北东向展布，该套岩石组合主要由晚石炭世超基性岩[U－Pb 年龄为(303.4±1)Ma]、辉绿岩、枕状玄武岩等组成。该套基性—超基性岩石可能代表了晚古生代洋壳的残留痕迹。

超基性岩出露于夏家屯一带，岩体呈南东东-北西西走向出露，长约 250m，宽 10～45m，呈纺锤状，被满克头鄂博组不整合覆盖，主要岩石有透闪石-滑石岩、滑石化蛇纹岩、直闪石岩，岩石整体破碎、蚀变较严重，局部见东西向擦痕、构造摩擦镜面，岩石风化面呈灰黑色，新鲜面呈灰黑色，纤维鳞片变晶结构，片状构造。主要矿物成分为滑石(80%)、蛇纹石(15%)。岩石被滑石强烈交代，并具铬铁矿化、透闪石化和碳酸盐化。岩石主量元素 SiO_2、MgO 质量分数明显增高(SiO_2平均为 59.82%；MgO 平均为 29.53%)。

辉绿岩出露于前塔拉村东南及国光村西南。岩石风化、破碎，被后期节理多方向切割。辉绿岩与玄武岩伴生，二者呈断层接触，与基质为构造接触。辉绿岩呈灰黑色或灰绿色，(变余)辉绿结构，块状构造。岩石由辉石(15%)、斜长石(65%)及隐晶铁质成分(20%)组成。

玄武岩在前塔拉村枕状构造发育，呈椭球状、岩舌状，岩枕大小不一，大的长轴长 2～3m，小的长轴约 0.6m。灰黑色，细碧结构，枕状构造、块状构造。在椭球体周围隐约可见少量气孔定向分布。岩石发生钠长石化，主要由微晶钠长石(80%)及微晶辉石(5%～20%)组成。在夏家屯南采坑玄武岩中获得高精度 LA-ICP-MS 锆石 U－Pb 年龄为(303.4±1)Ma，为晚石炭世。

3. 哈达阳一带镁铁质—超镁铁质岩

它分布于哈达阳一带俯冲增生杂岩中，岩石类型主要为角闪辉长岩和角闪石岩，呈岩块产出。据付俊彧等(2015)研究，构造混杂岩中基质为绿帘绿泥黑云构造片岩及绿帘黑云绿泥构造片岩；岩块主要有镁铁质—超镁铁质岩类(角闪石岩和角闪辉长岩)、二长花岗岩、碎裂花岗斑岩、变质酸性火山岩类、绿帘二云构造片岩、含绿帘黑云斜长片岩、肉红色绿帘白云片岩等。混杂岩内各岩块均为构造接触，岩块原生构造被后期构造改造或置换，发育透入性构造面理，产状均较陡倾，成为堆叠在一起的构造杂岩体。

角闪石岩表面风化色为黄褐色，新鲜面为浅绿色，交代残余、交代假象结构，块状构造，局部见斑杂状构造。岩石主要由角闪石等(45%～65%)和绿泥石、纤闪石、阳起石等(35%～60%)组成。矿物粒径为 0.2～3.6mm，以原生矿物角闪石等相对粗大为特征。

角闪辉长岩表面风化色为黑褐色，新鲜面为灰黑色，交代残留结构、聚晶结构、富屑结构，斑杂状构造和块状构造。岩石主要由角闪石(45%～65%)和斜长石(35%～55%)组成，部分岩石绿泥石化、绿帘石化蚀变，蚀变矿物可达 20%左右，其中见有 2%左右的榍石。矿物粒径一般为 0.2～3.6mm，局部角闪石被斜长石交代呈斑块状残留，最大粒径可达 1.2cm。

哈达阳镁铁质—超镁铁质岩主要表现拉斑玄武岩系列特征(图 3-123)，角闪石岩具有低 K[K_2O=(0.04%～0.12%)]、低 Na[Na_2O=(0.11%～0.50%)]、低 P[P_2O_5=(0.12%～0.16%)]、Ba 亏损特征，与洋脊拉斑玄武岩类似，Ce/Nb(介于 2.31～2.56 之间)、Zr/Nb(介于 10～17 之间)、Hf/Ta(介于 4.36～7.14 之间)与洋中脊拉斑玄武岩相应比值(2.39、19.57、8.41)接近(付俊彧等，2015)；在 Ti－Zr 构造环境判别图解(图 3-124)中，样品落入岛弧玄武岩与洋中脊玄武岩重叠区附近；在 Ti/100－Zr－Sr/2 图解(图 3-125)中，样品落入洋脊拉斑玄武岩区及其附近。上述资料信息表明，角闪石岩总体形成于类似于大洋中脊构造环境，部分表现出岛弧火山岩特征，或形成于消减带之上的前弧区(付俊彧等，2015)。

角闪辉长岩中 TiO_2含量却较高[TiO_2=(1.30%～1.56%)]，与洋中脊拉斑玄武岩相近；微量元素比值，Ce/Nb(介于 3.77～4.72 之间)、Zr/Nb(介于 18.12～25.59 之间)、Hf/Ta(介于 7.15～10.68 之间)与岛弧拉斑玄岩相应比值(4.08、23.53、11.71)接近；在 Ti-Zr 构造环境判别图解(图 3-124)中，2 个样品落入岛弧玄武岩与洋中脊玄武岩重叠区，1 个样品点落入板内玄武岩区；在 Ti/100－Zr－Sr/2 图解

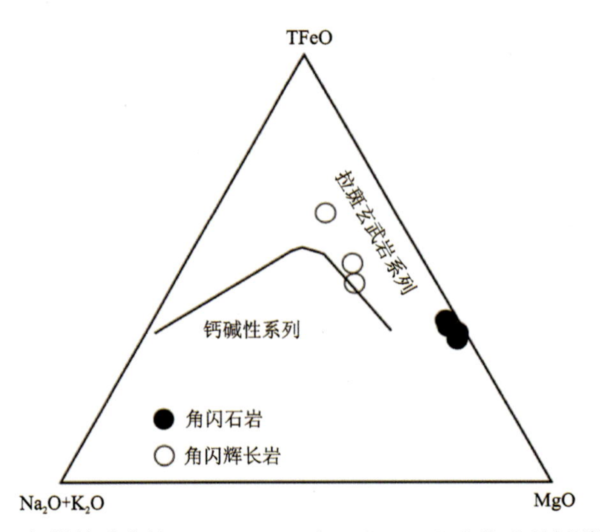

图 3-123 哈达阳镁铁质—超镁铁质岩的 TFeO-(Na_2O+K_2O)-MgO 成分系列判别图解(据付俊彧等,2015)

(图 3-125)中,2 个样品点落入岛弧钙碱性玄武岩区。角闪辉长岩主要形成于岛弧构造背景;其稀土元素配分型式与角闪石岩基本一致,只是丰度较高,表现出岩浆源的亲缘性;二者的形成均与板块俯冲-消减作用有关,可能形成于洋岛或洋中脊环境。

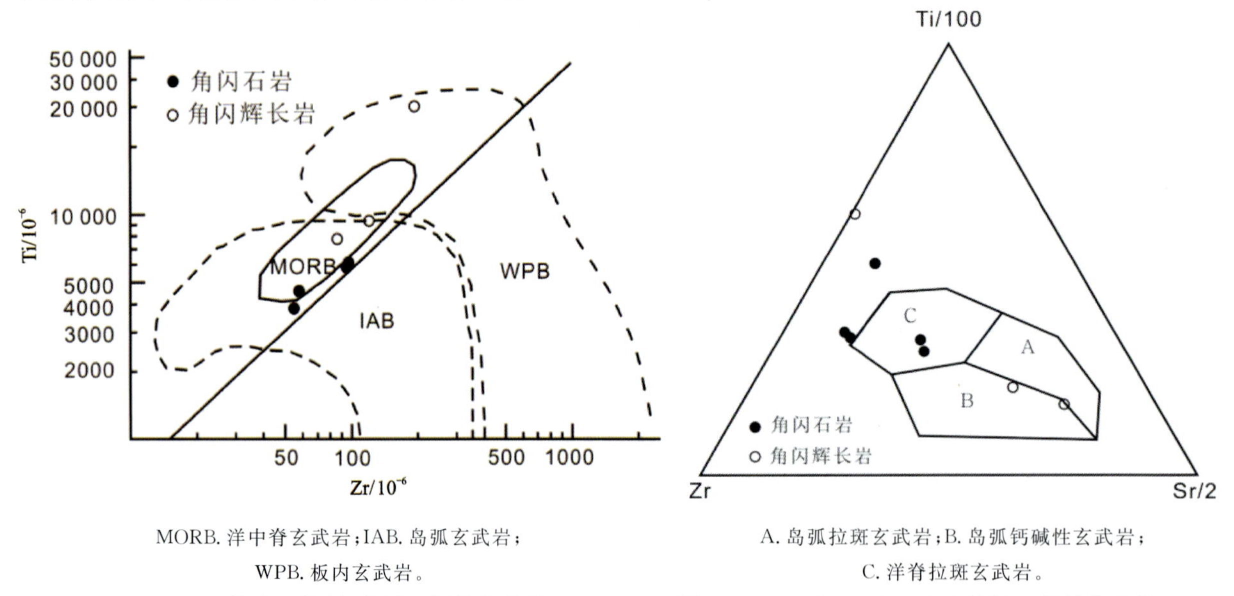

MORB. 洋中脊玄武岩;IAB. 岛弧玄武岩;
WPB. 板内玄武岩。

图 3-124 Ti-Zr 构造环境判别图解(据付俊彧等,2015)

A. 岛弧拉斑玄武岩;B. 岛弧钙碱性玄武岩;
C. 洋脊拉斑玄武岩。

图 3-125 Ti/100 - Zr - Sr/2 图解(据付俊彧等,2015)

4. 大石寨地区超基性岩

大石寨地区超基性岩主要分布于呼和哈达一带,面积约 $1km^2$,呈大小不等的似脉状和透镜状产出,整体呈北东—北北东走向,可划分为 4 个块体。岩石较为破碎,多呈岩块状堆叠,整体指示北西-南东向逆冲的特点,周围碎基亦为同成分强蚀变橄榄岩。与围岩寿山沟组为构造接触,可见粉砂质板岩与蛇纹石化橄榄岩构造协调接触,并在其接触边部见多个小褶皱,显示逆冲特征。

蛇纹石化纯橄榄岩相带:呈狭长的似脉状分布在岩体中部,其产状与岩体产状一致,主要由灰紫色、灰绿色及暗绿色块状蛇纹石化纯橄岩与黑色全蛇纹石化粒状纯橄岩组成,岩石呈网格状密集、网状交代残余网格状隐晶质结构,次为纤维变晶结构。

蛇纹石化斜方辉石橄榄岩相带:约占岩体总面积的 80%,是本区岩体的主要岩相,主要由灰绿色、暗绿色块状,似斑状,蛇纹石化斜辉辉橄岩组成,夹有少量斜辉橄榄岩、纯橄榄岩及辉石岩异离体。

蛇纹石化含辉石纯橄榄岩相带：呈条带状分布于岩体中部或上、下盘附近，与蛇纹石化纯橄榄岩、蛇纹石化斜方辉石橄榄岩呈渐变过渡关系，主要由灰绿色、暗绿色、斑杂状蛇纹石化斜辉橄榄岩及古铜色全蛇纹石化斜辉橄榄岩组成。蛇纹石化橄榄岩，为交代残留结构、交代假象结构，网状结构。岩石由原生矿物橄榄石（30%）及次生矿物蛇纹石（60%）、铁质成分（5%）、滑石（5%）组成。

糜棱岩化黝帘透闪石岩：弱糜棱结构构造，岩石由绿泥石（10%）、黝帘石（35%）及透闪石（55%）组成。绿泥石呈淡黄色，定向分布。黝帘石为半自形柱状或雾迷状集合体，多分布于绿泥石集合体之上，异常靛蓝干涉色，显示方向性，最大粒径为0.1mm。透闪石可大致分残斑与糜棱基质两部分。残斑呈不规则眼球状、透镜状残斑集合体或晶体，范围可达0.34mm，占15%～20%。糜棱基质中透闪石呈细小粒状、长条柱状隐晶质，略定向分布。

据1∶25万乌兰浩特幅区调报告（苏尚国等，2013）研究成果，超基性岩：Si_2O质量分数介于36.58%～41.58%之间；TiO_2质量分数较小，多小于0.05%，Fe_2O_3质量分数介于6.02%～8.68%之间；FeO介于0.82%～2.42%之间；CaO介于0.25%～1.12%之间；K_2O介于0.016%～0.2%之间；Na_2O介于0.002%～0.23%之间；MgO质量分数较大，在32.28%～39.33%之间。阳起石岩和透闪石岩：Si_2O介于51%～70.40%之间；TiO_2跨度较大，介于0.02%～0.46%之间，Fe_2O_3介于0.73%～1.34%之间；FeO介于1.39%～5.26%之间；CaO介于1.81%～13.93%之间；K_2O介于0.032%～4.62%之间；Na_2O介于0.026%～2.77%之间；MgO质量分数在1.02%～14.93%之间，平均质量分数9.02%。总体上来说，大石寨地区的超基性岩（蛇纹岩、蛇纹石化橄榄岩、辉橄岩）以含Si_2O、TiO_2、K_2O、CaO、Na_2O偏低而富含TFeO和MgO为特征，并且6组数据数值比较接近。而透闪石岩、黝帘透闪石岩和绿泥绿帘透闪石岩以含Si_2O、TFeO、CaO、MgO偏高而TiO_2、MnO、P_2O_5少为特征。超基性岩主要为苦橄玄武岩。与原始地幔进行比较：超基性岩中的易熔元素CaO、TiO、Al_2O_3的质量分数远低于原始地幔，说明岩石亏损；从MgO的质量分数来看，大石寨超基性岩中MgO明显高于原始地幔，说明岩石的橄榄石质量分数高于原始地幔；超基性岩中TiO_2都小于0.1%。主量元素特征表明超基性岩为曾遭受强烈蚀变和水化作用的地幔岩石，其应该形成于洋脊扩张的环境中，可能为残余洋壳的一部分。

超基性岩中REE丰度都较低，且跨度较大，从$(0.73\sim7.22)\times10^{-6}$，LREE/HREE=2.66～9.06，$(La/Yb)_N$为1.49～8.01，$(La/Sm)_N$为1.77～14.78，轻稀土元素稍富集，表明深部地幔经历过较强的富集事件。δEu值分别为0.88～2.93，表现出Eu略具负异常，显示一种残留地幔岩的稀土元素地球化学特征。稀土元素配分模式代表了超基性岩为亏损地幔源区早期部分熔融结晶分异的产物。

超基性岩的微量元素中富集U等大离子亲石元素，亏损Rb、Nb、Y等元素，部分元素值接近原始地幔值。Rb、Nb明显亏损，而Nb亏损是N型地幔岩的标志，表明超基性岩来自亏损的地幔。Ta/Yb为0.02～0.09，与原始地幔大致相当（Ta/Yb=0.06），Th/Yb为0.3～2.5，表明很少通过地壳混染形成（Qi and Zhou，2008）。La/Yb为2.07～9.71，微量元素质量分数整体高于原始地幔，表现出整体轻微右倾的特征。表明地幔橄榄岩发生部分熔融时橄榄石是比较稳定的相。

5.马鞍山地区高镁安山岩

1∶5万哈拉黑等8幅区域地质调查项目（张庆奎等，2019）发现，杨宾等（2018）进行了研究，将马鞍山地区原划分的大石寨组进行了解体，划分出浊积岩、辉绿岩、枕状玄武岩、泥硅质岩、安山岩、英安岩等，彼此之间呈断块接触，厘定为构造混杂岩。在马鞍山兴安水库“构造混杂岩”之中产出的变质安山岩具斑状结构，斑晶质量分数小于10%，主要为斜长石；基质为玻晶交织结构，斜长石微晶具半定向排列，在斜长石间隙中充填有角闪石微晶和玻璃质，角闪石均有绿帘石化和碳酸盐化。

安山岩SiO_2质量分数为53.22%～54.22%（表3-13）；Al_2O_3质量分数为14.37%～15.94%；TiO_2质量分数为0.74%～0.76%；MgO质量分数为7.21%～10.03%，$Mg^{\#}$为68%～74%；CaO质量分数为4.81%～5.94%；Na_2O质量分数为3.87%～4.34%，K_2O为0.49%～0.93%，样品均有$w(Na_2O)>w(K_2O)$的特征，显示富钠低钾，具有钙碱系列—低钾拉斑系列岩石特征。

表 3-13 马鞍山地区高镁安山岩主量、微量元素和稀土元素化学成分

样品	SiO_2/%	TiO_2/%	Al_2O_3/%	Fe_2O_3/%	FeO/%	MnO/%	MgO/%	CaO/%	Na_2O/%	K_2O/%	P_2O_5/%	LOI/%	合计/%	$Mg^{\#}$
HP3S1	53.22	0.75	15.94	1.62	5.00	0.13	8.68	5.94	4.34	0.81	0.22	3.17	99.82	0.72
SK01	54.22	0.75	15.27	1.45	5.19	0.17	8.62	4.81	4.33	0.49	0.23	2.67	99.89	0.72
SK02	53.35	0.76	15.25	1.68	5.18	0.17	7.95	5.94	4.27	0.68	0.23	3.19	99.88	0.70
SK03	54.10	0.74	15.27	1.64	5.28	0.18	7.21	5.16	4.12	0.66	0.22	2.88	99.89	0.68
SK04	53.43	0.75	14.37	1.87	4.99	0.14	10.03	5.78	3.87	0.93	0.20	3.46	99.81	0.74

样品	Li/10^{-6}	Be/10^{-6}	Sc/10^{-6}	V/10^{-6}	Cr/10^{-6}	Co/10^{-6}	Ni/10^{-6}	Ga/10^{-6}	Rb/10^{-6}	Sr/10^{-6}	Nb/10^{-6}	Cs/10^{-6}	Ba/10^{-6}	Hf/10^{-6}
HP3S1	29.30	0.91	21.60	145.0	369.0	30.40	204.00	18.30	13.70	336.0	3.01	1.28	317.00	2.63
SK01	18.25	0.91	21.33	169.7	364.0	34.89	203.49	20.15	13.39	336.5	2.88	1.30	337.84	2.65
SK02	21.47	0.91	26.92	164.8	365.0	29.13	210.70	19.62	13.64	335.0	2.78	1.62	308.78	3.10
SK03	27.01	0.77	28.93	154.0	370.0	34.60	210.52	17.90	9.97	346.7	2.85	1.22	277.28	2.64
SK04	32.13	0.81	25.75	162.2	428.8	35.20	207.81	17.35	13.77	327.7	2.79	0.94	330.05	2.90

样品	Ta/10^{-6}	Pb/10^{-6}	Th/10^{-6}	U/10^{-6}	Zr/10^{-6}	Sr/Y	La/10^{-6}	Ce/10^{-6}	Pr/10^{-6}	Nd/10^{-6}	Sm/10^{-6}	Eu/10^{-6}	Gd/10^{-6}	Tb/10^{-6}
HP3S1	0.34	0.22	2.08	0.54	89.40	23.33	12.90	27.50	3.87	17.10	3.41	1.06	2.95	0.47
SK01	0.17	5.00	1.99	0.44	91.12	23.16	11.75	26.89	3.82	15.83	3.70	1.02	2.52	0.47
SK02	0.17	3.99	1.90	0.50	92.78	23.37	11.92	26.35	3.13	15.08	3.03	1.03	2.86	0.43
SK03	0.14	4.08	1.85	0.42	83.37	28.64	11.65	27.36	3.64	15.11	3.44	1.01	2.37	0.44
SK04	0.17	3.71	1.86	0.48	104.5	25.65	11.62	25.47	3.49	14.74	2.95	0.91	2.48	0.39

样品	Dy/10^{-6}	Ho/10^{-6}	Er/10^{-6}	Tm/10^{-6}	Yb/10^{-6}	Lu/10^{-6}	Y/10^{-6}	ΣREE/10^{-6}	LREE/HREE	La/Y_N	δEu	Ba/Th	Th/Yb	La/Sm
HP3S1	2.54	0.49	1.37	0.21	1.28	0.21	14.40	75.36	6.92	7.23	1.00	152	1.63	3.78
SK01	2.36	0.44	1.44	0.23	1.27	0.20	14.53	71.94	7.05	6.62	0.97	169	1.56	3.18
SK02	2.78	0.44	1.33	0.21	1.27	0.21	14.34	70.06	6.36	6.74	1.05	162	1.50	3.93
SK03	2.18	0.43	1.35	0.22	1.28	0.20	12.11	70.69	7.34	6.53	1.02	149	1.45	3.39
SK04	2.23	0.42	1.19	0.21	1.26	0.19	12.78	67.52	7.08	6.64	1.00	177	1.49	3.94

注：数据来源于杨宾等(2018)。

安山岩的ΣREE在(67.52～75.36)$\times10^{-6}$之间(表3-13)，球粒陨石标准化的REE配分图解显示稀土分布曲线右倾(图3-126a)，轻稀土元素(LREE)富集，重稀土亏损。$(La/Yb)_N=7.38\sim7.53$，轻重稀土分异明显；没有明显Eu负异常，$\delta Eu=0.97\sim1.05$。在微量元素原始地幔标准化图解上(图3-126b)表现出大离子亲石元素Cs、Sr、Rb、K、Ba明显富集，高场强元素Nb、Ta、P、Ti相对亏损。高镁安山岩具富MgO(7.21%～10.03%)、Cr[(364～429)$\times10^{-6}$]和Ni(11～203$\times10^{-6}$)、LILE、LREE富集、HREE含量低的特点(表3-13)，表明其为地幔部分熔融形成；LILE、LREE富集，而HREE含量较低则暗示岩浆源区为交代地幔。稀土和微量元素分布(图3-126a、b)与赞岐岩具有相似征。在微量元素所确定的高镁安山岩分类图上样品点均落入赞岐岩区(图3-127)，显示为赞岐岩型高镁安山岩。在Nb/Th-Nb和$(Nb/Zr)_N$-Zr构造环境判别图投入到与俯冲有关的弧火山岩区(图3-128)，具有前弧(洋内弧)火山岩特点，高镁安山岩锆石U-Pb年龄为(346.4±1.4)Ma，表明早石炭世存在着大洋俯冲作用(洋内弧)。

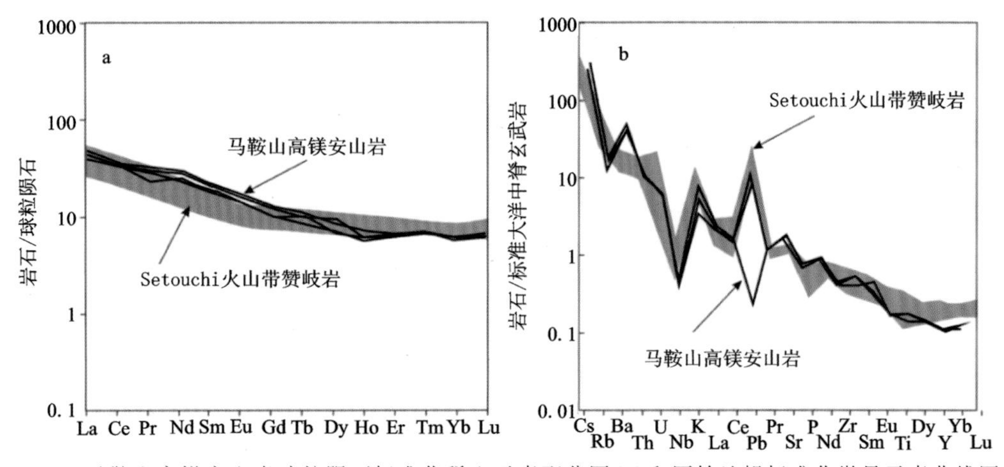

图 3-126　马鞍山高镁安山岩球粒陨石标准化稀土元素配分图(a)和原始地幔标准化微量元素曲线图(b)

(球粒陨石和原始地幔的标准值据 McDonough and Sun,1995)

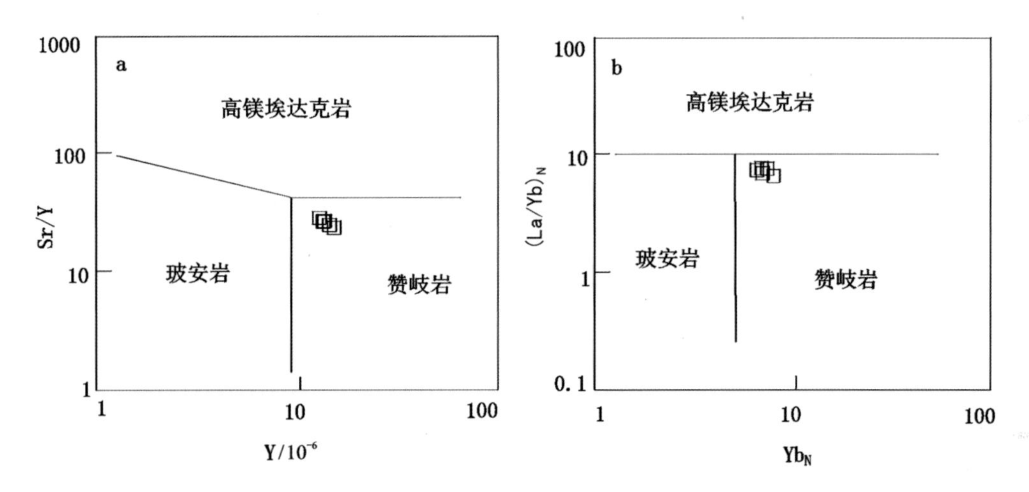

图 3-127　高镁安山岩的分类图

(据杨宾等,2018)

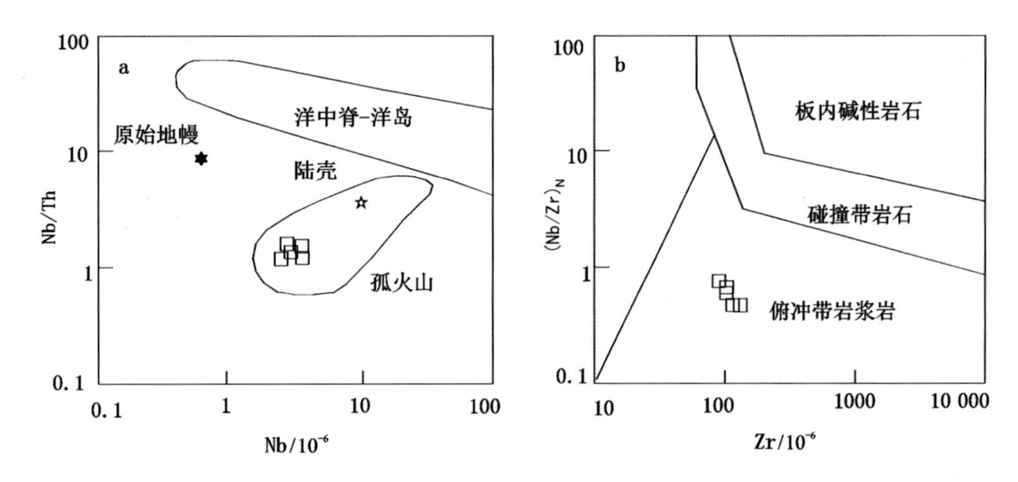

图 3-128　Nb/Th－Nb(a)和$(Nb/Zr)_N$－Zr(b)构造环境判别图

(据杨宾等,2018)

6. 罕达气地区基性、超基性岩

本次工作在罕达气村西原泥鳅河变砂泥质岩中发现多个大小0.5～5m的细碧岩和变玄武岩岩块(图3-129),个别岩块的化学成分达超基性岩含量,相当于苦橄岩成分。基质为糜棱岩化变粉砂岩和板岩,环绕岩块分布,两者构成了俯冲增生杂岩。

在罕达气村东原泥鳅河变砂泥质岩中发现有大理岩岩块(图3-130),基质为变形较强的粉砂质和泥质板岩,大理岩呈岩块状与两侧围岩均为断层接触,北侧为多宝山组弧安山质凝灰岩。西南与变砂泥质岩基质共同组成了北东向构造混杂岩带。

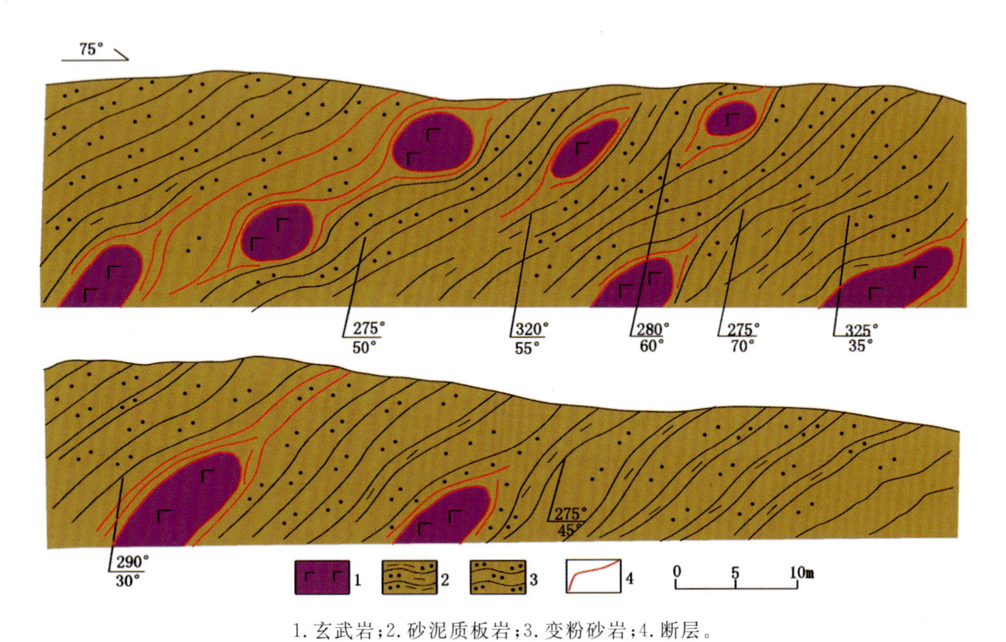

1.玄武岩;2.砂泥质板岩;3.变粉砂岩;4.断层。

图3-129 罕达气西砂泥质板岩中发育玄武岩(细碧岩)岩块

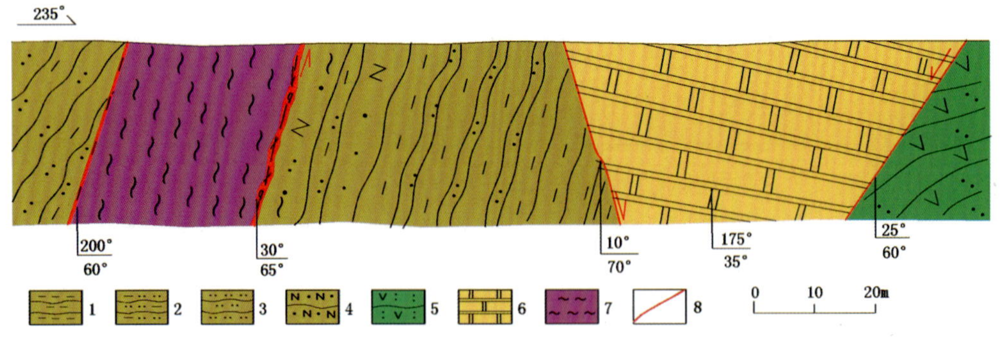

1.泥岩;2.泥质粉砂岩;3.砂岩;4.变长石砂岩;5.安山质凝灰岩;6.大理岩;7.断层破碎带;8.断层。

图3-130 罕达气村东泥鳅河变砂泥质岩中大理岩岩块

此外,在七二七林场一带出露(角闪)辉长岩、角闪岩岩块,主体为辉长岩。中细粒角闪辉长岩:变余辉长结构、嵌晶含长结构,岩石由黑云母(2%)、角闪石(45%)、斜长石(45%)及磁铁矿(8%)组成。黑云母:宽片状,暗褐色,部分解理弯曲。角闪石:黄绿色,半自形长柱状、板柱状、粒状,闪石式解理,表面新鲜洁净,局部与斜长石平直镶嵌共生,部分角闪石中嵌有自形柱状斜长石微晶,粒径为0.4～2.4mm。斜长石:半自形宽板状、板柱状,聚片双晶带较宽,环带发育,晶面中心绢云母化,粒径为0.4～2.0mm。

细碧岩:变余少斑状结构。基质:细碧结构,变余。斑晶成分中斜长石为半自形板柱状、柱状,裂纹发育,表面强绢云母化,粒径为0.8～2.0mm,占2%～3%。基质成分中钠长石微晶杂乱分布,其间充填隐晶质成分；钠长石为不规则长柱状，聚片双晶带较宽，粒径为 0.08～0.18mm。

岩石化学特征：罕达气一带镁铁质岩石主量元素含量见表 3-14。岩石烧失量较大，介于 1.55%～16.38%之间。岩石 SiO_2的质量分数一般在 37.77%～50.05%之间，MgO 为 5.12%～14.16%，为典型镁铁质岩石。在岩石分类 TAS 图(图 3-131)中，罕达气一带岩块主要为碱玄岩、碧玄岩、粗面玄武岩、玄武岩(辉长岩)，个别为苦橄岩等。在岩石 TFeO/MgO－TiO_2构造环境图(图 3-132)中，主要投入洋中脊区和洋岛玄武岩区。主量元素成分特征表明，镁铁质岩石铝偏高、富钠，具有洋中脊和洋岛玄武岩过渡的特性，反映罕达气一带镁铁质岩石形成于洋中脊和洋岛环境。

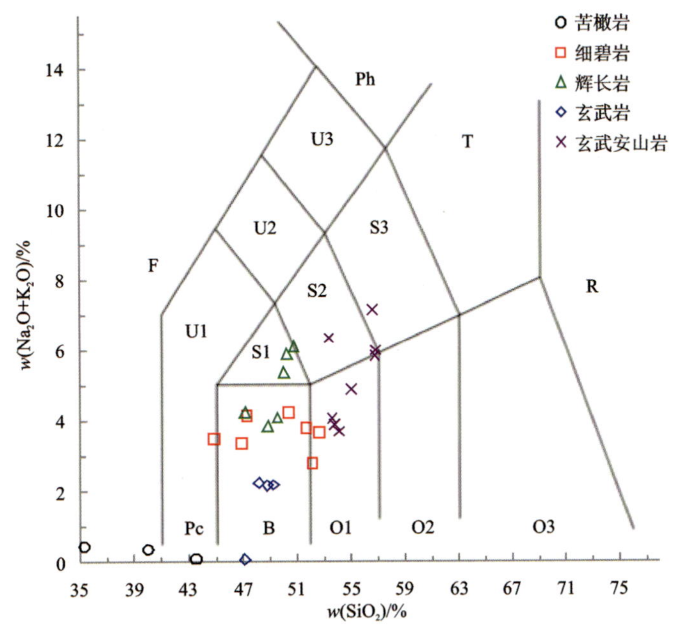

F. 付长石岩；Ph 响岩；Pc. 苦橄玄武岩；T. 粗面岩；B. 玄武岩；U1. 碱玄岩-碧玄岩；U2. 响岩质碱玄岩；U3. 碱玄质响岩；S1. 粗面玄武岩；S2. 玄武粗安岩；S3. 粗安岩；O1. 玄武安山岩；O2. 安山岩；O3. 英安岩；R. 流纹岩。

图 3-131　镁铁质岩石分类 TAS 图

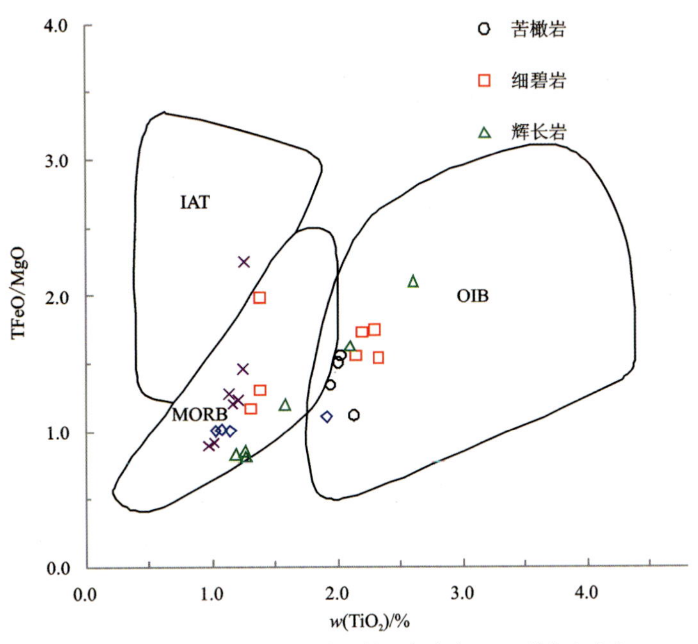

MORB. 洋中脊玄武岩；IAT. 岛弧拉斑玄武岩；OIB. 洋岛玄武岩。

图 3-132　镁铁质岩石 TFeO/MgO－TiO_2构造环境图

表 3-14 罕达气地区基性、超基岩岩石化学成分分析结果

送样号	岩性	Na_2O/%	MgO/%	Al_2O_3/%	SiO_2/%	P_2O_5/%	K_2O/%	CaO/%	TiO_2/%	MnO/%	Fe_2O_3/%	FeO/%	烧失量/%	合计/%
D17099B1-1	流纹岩	3.49	0.25	14.51	71.26	0.041	2.64	0.13	0.34	0.039	3.82	0.72	2.41	99.65
D17099B1-2		4.19	0.068	13.88	74.95	0.022	2.22	0.031	0.32	0.028	2.13	0.45	1.62	99.91
D17099B1-3		5.12	0.070	13.72	73.79	0.020	1.71	0.042	0.31	0.031	3.12	0.43	1.62	99.98
Pm054Gs35	玄武岩	2.37	4.11	15.09	50.66	0.36	0.90	9.93	0.81	0.16	3.53	5.95		99.28
Pm056Gs99	英安质凝灰岩	2.20	2.47	13.42	69.20	0.26	1.90	0.41	0.69	0.19	5.46	0.73		99.94
Pm051Gs11	安山质角砾岩	3.99	6.19	13.88	58.28	0.37	0.98	5.50	0.78	0.12	3.90	2.90		99.65
D17095B1-1	苦橄岩(岩块)	0.98	9.57	12.56	40.72	0.087	0.83	7.88	0.90	0.13	1.02	8.76	16.38	99.82
D17095B1-2		0.96	9.71	13.36	41.68	0.092	0.89	7.10	0.87	0.12	0.72	9.12	15.41	100.03
D17095B1-4		1.02	9.75	12.91	40.31	0.094	0.86	7.74	0.96	0.13	1.02	8.90	16.43	100.12
D17097B1-1		0.033	12.46	10.74	42.17	0.27	0.027	7.93	1.71	0.19	1.63	12.35	10.39	99.90
1813b1		0.073	12.10	12.13	37.77	0.26	0.010	8.74	1.85	0.22	0.99	12.67	13.00	99.81
D17095B1-3	细碧岩(岩块)	5.20	6.41	12.76	50.55	0.76	0.022	6.37	0.90	0.10	0.94	5.03	10.78	99.82
D17095B1-5		5.31	6.35	12.48	50.60	0.71	0.036	6.86	0.87	0.11	0.87	4.90	11.18	100.28
D17097B1-2		2.55	7.23	13.86	47.63	0.33	0.014	6.20	2.12	0.17	1.09	10.15	8.84	100.18
D17097B1-3		4.01	6.82	13.48	47.96	0.33	0.037	8.08	2.18	0.17	1.59	10.47	4.75	99.88
D17097B1-4		2.94	5.92	15.85	48.42	0.73	0.43	5.09	2.02	0.16	1.09	9.25	7.97	99.87
1813b2-1		3.09	6.14	15.47	49.18	0.28	0.46	7.69	1.04	0.15	1.01	6.95	8.35	99.81
1813b2-2		3.07	6.82	15.81	50.05	0.27	0.36	6.57	1.07	0.15	0.96	7.35	7.63	100.11
1813b3		3.30	6.02	14.86	47.14	0.71	0.17	7.39	1.95	0.17	0.79	8.67	8.59	99.76
1813b4		3.31	7.11	16.20	49.63	0.29	0.45	5.52	1.12	0.15	0.84	7.98	7.50	100.10
1813b5		3.18	5.62	17.23	51.08	0.30	1.37	4.52	1.16	0.14	0.62	7.65	6.80	99.67
1812b1-1	辉长岩	3.33	7.55	15.91	48.77	0.28	1.89	8.72	1.54	0.17	2.70	6.60	2.66	100.12
1812b1-2		3.78	5.12	15.66	49.27	0.69	1.99	7.65	2.55	0.20	2.94	8.15	1.85	99.85
1812b1-3		3.94	5.92	16.02	49.44	0.57	2.01	7.37	2.04	0.18	2.24	7.61	2.32	99.66
1812b2-1		1.39	14.16	11.50	45.49	0.19	2.70	7.56	1.14	0.22	2.72	9.37	3.19	99.63
1812b2-2		2.18	11.85	13.11	47.57	0.21	1.57	9.58	1.24	0.18	2.70	7.23	2.45	99.87
1812b2-3		2.45	11.07	13.51	48.30	0.22	1.55	9.37	1.23	0.18	2.46	7.20	2.28	99.82

注：样品数据来自朱群等(2021)。

稀土元素特征：镁铁质岩石稀土丰度见表3-15，$\sum$REE从苦橄岩-碱玄岩（碧玄岩）到玄武岩（辉长岩）依次增高（图3-133），δEu无亏损。玄武岩（辉长岩）稀土曲线与典型洋岛玄武岩和岛弧拉斑玄武岩稀土曲线相似，稀土总量介于两者之间，轻稀土高于岛弧拉斑玄武岩，更具洋岛火山岩特征；苦橄岩-碱玄岩多数稀土曲线平直，重稀土相对富集，大部分曲线与洋岛玄武岩和岛弧拉斑玄武岩相似，但重稀土曲线更接近于E－MORB，相对重稀土较E－MORB偏低，与洋岛玄武岩稀土曲线相似，反映基性岩浆来源于富集地幔，形成于洋中脊和洋岛环境。整体介于E－MORB与OIB之间，反映岩浆来源于弱富集地幔，同时又具有岛弧玄武岩配分模式的一些特征，暗示与俯冲作用有关。各岩石REE散布型式类似，表明成因或源区一致，属于具有亲缘性的蛇绿岩岩石组合。

微量元素特征：镁铁质岩石微量元素丰度见表3-16，微量元素与原始地幔标准化蛛网曲线见图3-134，强不相容元素富集，大部分岩富集Sr、Ba、U、La、Sm等大离子亲石元素（LILE），总体具有洋岛和富集型大洋玄武岩配分模式，但又有岛弧玄武岩的一些特征（Shinjo et al.，1999）；少量苦橄岩-碱玄岩、细碧岩具有N－MORB特征，多数曲线介于E－MORB与OIB之间，高场强元素（HFSE）分布型式与E－MORB相似，这与重稀土配分型式接近E－MORB的特征相同。

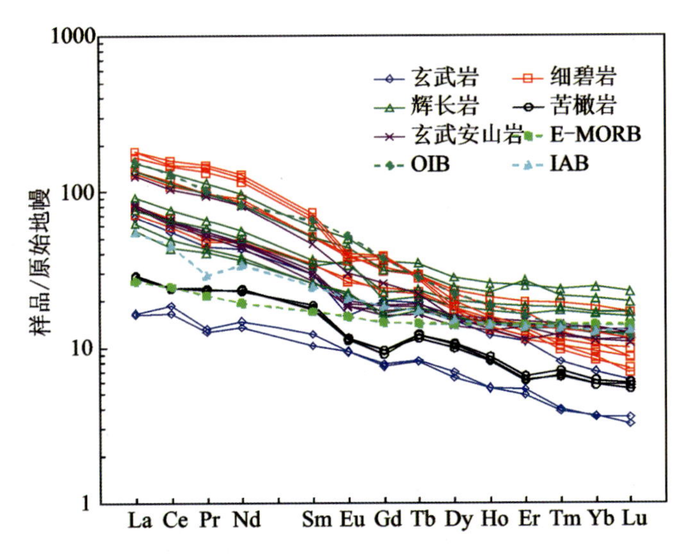

E-MORB.富集型洋中脊玄武岩；IAB-岛弧玄武岩；OIB-洋岛玄武岩。

图3-133　镁铁质岩石中各类岩石稀土元素曲线图

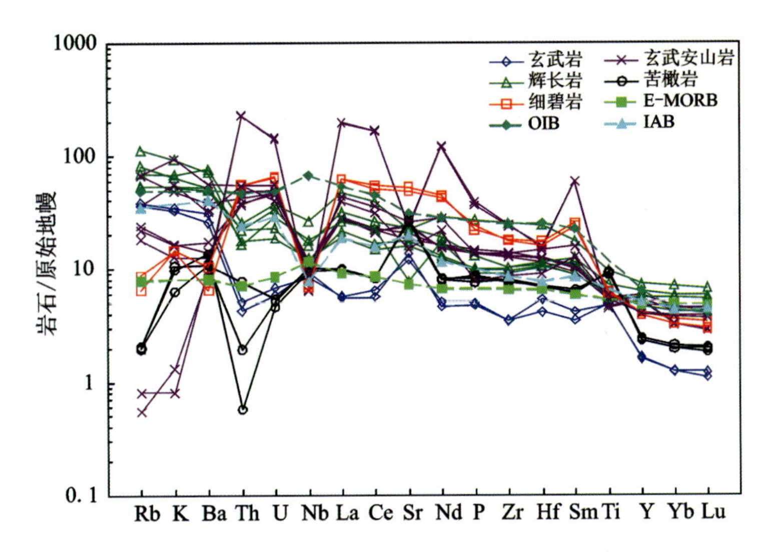

E-MORB.富集型洋中脊玄武岩；IAB-岛弧玄武岩；OIB-洋岛玄武岩。

图3-134　镁铁质岩石中各类岩石微量元素曲线图

表 3-15　罕达气地区基性、超基性岩稀土元素分析结果

单位：10^{-6}

送样号	岩性	La	Ce	Pr	Nd	Sm	Eu	Gd	Tb	Dy	Ho	Er	Tm	Yb	Lu	Y
D17099B1-1	流纹岩	93.2	190	21.2	90.3	17.0	2.71	14.1	2.25	11.0	1.86	4.77	0.55	3.15	0.41	44.9
D17099B1-2		103	204	22.9	96.2	17.5	2.70	13.8	1.93	8.84	1.50	3.93	0.46	2.77	0.36	35.7
D17099B1-3		98.5	206	22.4	95.3	18.3	3.00	14.2	2.31	11.7	1.86	4.79	0.54	2.85	0.38	43.4
Pm054Gs35		16	39	5.27	24.2	5.55	1.74	5.31	0.74	4.1	0.83	2.31	0.31	1.88	0.26	17.6
Pm056Gs99	英安质凝灰岩	21.7	46.5	5.81	24.9	5.28	1.41	5.06	0.78	4.55	0.85	2.28	0.3	1.86	0.26	19.2
Pm051Gs11	安山质角砾岩	38.2	78.6	9.91	40.5	7.32	2.13	5.78	0.7	3.57	0.64	1.71	0.23	1.43	0.21	14.2
D17095B1-1	苦橄岩(岩块)	3.85	10.1	1.20	6.31	1.57	0.55	1.54	0.31	1.62	0.31	0.82	0.10	0.62	0.082	7.31
D17095B1-2		3.95	11.4	1.25	6.89	1.87	0.55	1.60	0.31	1.75	0.31	0.89	0.10	0.61	0.091	7.59
D17095B1-4		6.70	16.6	1.92	9.60	2.18	0.64	1.90	0.34	1.84	0.33	0.91	0.11	0.64	0.097	7.78
D17097B1-1		16.3	34.0	4.25	20.2	4.54	0.93	4.08	0.73	3.81	0.68	1.81	0.21	1.19	0.16	17.2
1813b1		14.9	28.5	3.79	16.6	4.02	0.62	3.38	0.65	3.64	0.73	1.94	0.26	1.46	0.21	22.9
D17095B1-3	细碧岩(岩块)	136	299	36.3	165	26.3	5.76	17.5	1.93	6.55	0.94	2.62	0.25	1.61	0.21	24.0
D17095B1-5		135	296	35.9	161	26.0	5.78	17.3	1.91	6.57	0.96	2.47	0.25	1.59	0.22	23.7
D17097B1-2		19.5	41.2	4.66	23.1	5.28	1.53	4.97	0.86	4.58	0.86	2.18	0.26	1.46	0.17	19.8
D17097B1-3		17.1	36.5	4.49	22.2	5.22	1.59	4.67	0.82	4.42	0.83	2.08	0.25	1.41	0.19	19.5
D17097B1-4		32.2	71.1	9.20	42.0	7.77	2.22	6.75	1.09	5.59	1.04	2.77	0.32	1.80	0.22	25.2
1813b2-1		19.2	37.6	4.90	20.5	4.11	1.07	3.26	0.61	3.49	0.73	2.22	0.30	1.89	0.29	18.7
1813b2-2		18.9	38.8	5.11	21.3	4.51	1.06	3.50	0.66	3.76	0.79	2.23	0.34	2.09	0.31	24.9
1813b3		31.2	66.6	9.45	40.2	7.91	2.29	6.33	1.09	5.88	1.19	3.24	0.49	3.09	0.43	36.4
1813b4		19.7	40.5	5.22	21.9	4.54	1.15	3.77	0.68	3.95	0.83	2.28	0.35	2.30	0.32	26.6
1813b5		19.9	39.6	5.24	22.3	4.77	1.10	3.82	0.71	4.05	0.86	2.43	0.36	2.21	0.33	22.4
1812b1-1	辉长岩	21.8	46.9	6.20	26.2	5.55	1.95	4.60	0.87	5.06	1.07	3.02	0.46	2.85	0.42	28.5
1812b1-2		36.5	80.4	10.8	45.0	9.07	2.89	7.36	1.29	7.10	1.45	4.11	0.60	4.13	0.58	38.8
1812b1-3		32.4	69.4	9.27	38.7	7.80	2.55	6.42	1.12	6.19	1.28	4.45	0.54	3.48	0.50	33.4
1812b2-1		18.1	40.4	5.55	23.4	5.11	2.07	4.10	0.78	4.64	0.97	2.70	0.44	2.77	0.40	25.6
1812b2-2		13.3	26.6	3.84	16.9	3.94	1.30	3.18	0.64	3.88	0.81	2.20	0.34	2.07	0.31	21.3
1812b2-3		14.9	29.9	4.09	17.7	3.95	1.27	3.41	0.67	3.97	0.81	2.35	0.35	2.09	0.31	21.0

表 3-16　罕达气地区基性、超基性岩微量元素分析结果

单位：10^{-6}

岩性	Rb	Ba	Th	U	Nb	La	Ce	Sr	Nd	Zr	Hf	Sm	Y	Yb	Lu	Cr	Sc	Ta
流纹岩	65.7	595	8.59	0.84	142	93.2	190	89.4	90.3	1 100.00	4.54	16.95	44.87	3.15	0.41	6.11	4.03	2.43
	54.9	442	8.31	1.04	145	103	204	90.8	96.2	1 100.00	4.15	17.46	35.66	2.77	0.36	4.14	3.31	2.80
	41.4	466	8.57	0.69	145	98.5	206	101	95.3	1 100.00	3.70	18.26	43.44	2.85	0.38	5.21	3.18	1.75
	20	342	2.07	1.30	4.7	16	39	714	24.2	89	2.9	5.55	17.6	1.88	0.26	50.4	27.1	0.33
英安质凝灰岩	48	398	5.23	0.96	8.5	21.7	46.5	141	24.9	137	2.7	5.28	19.2	1.86	0.26	32.8	17	0.54
安山质角砾岩	21	414	4.36	1.45	4.8	38.2	78.6	1303	40.5	144	4.3	7.32	14.2	1.43	0.21	162	15.1	0.34
苦橄岩（岩块）	23.2	180	0.36	0.12	6.60	3.85	10.1	291	6.31	38.76	1.28	1.57	7.31	0.62	0.082	464	16.2	0.64
	24.5	221	0.43	0.14	5.95	3.95	11.4	256	6.89	39.45	1.67	1.87	7.59	0.61	0.091	424	16.3	0.67
	24.0	202	1.10	0.17	6.75	6.70	16.6	270	9.60	42.37	1.32	2.18	7.78	0.64	0.097	523	17.5	0.49
	2.84	35.3	1.92	0.34	20.2	16.3	34.0	137	20.2	126.88	2.45	4.54	17.24	1.19	0.16	607	20.6	0.64
	1.80	25.5	1.36	0.37	20.3	14.9	28.5	227	16.6	133.61	9.04	4.02	22.93	1.46	0.21	725	21.5	1.08
细碧岩（岩块）	0.52	69.9	19.4	2.95	4.59	136	299	513	165	277.11	4.72	26.25	23.98	1.61	0.21	186	14.6	0.39
	0.35	63.1	19.6	3.04	4.63	135	296	504	161	268.74	4.96	26.04	23.72	1.59	0.22	203	13.7	0.34
	1.98	49.6	1.72	0.50	23.8	19.5	41.2	403	23.1	152.07	2.31	5.28	19.79	1.46	0.17	220	23.0	1.28
	0.78	55.6	1.46	0.39	23.0	17.1	36.5	691	22.2	124.53	2.46	5.22	19.47	1.41	0.19	220	26.4	0.92
	14.2	123	1.38	0.36	20.9	32.2	71.1	485	42.0	317.82	2.25	7.77	25.24	1.80	0.22	159	22.3	1.62
	15.3	99.4	3.17	1.02	8.22	19.2	37.6	526	20.5	142.50	3.51	4.11	18.74	1.89	0.29	198	22.4	0.34
	11.7	90.1	4.10	1.04	7.21	18.9	38.8	500	21.3	144.91	3.86	4.51	24.94	2.09	0.31	236	24.5	0.43
	6.35	85.9	1.69	0.45	20.9	31.2	66.6	502	40.2	326.43	6.80	7.91	36.35	3.09	0.43	167	20.2	0.82
	14.1	121	3.27	0.96	7.84	19.7	40.5	433	21.9	144.53	3.88	4.54	26.61	2.30	0.32	232	24.2	0.40
	42.6	272	3.58	0.98	8.47	19.9	39.6	386	22.3	156.06	3.82	4.77	22.44	2.21	0.33	105	22.3	0.40
辉长岩	52.0	367	1.89	0.71	11.6	21.8	46.9	488	26.2	115.95	3.50	5.55	28.51	2.85	0.42	302	29.3	0.36
	40.6	577	2.19	0.64	20.7	36.5	80.4	477	45.0	390.66	10.17	9.07	38.83	4.13	0.58	90.4	26.6	1.05
	44.6	534	2.19	0.79	19.0	32.4	69.4	470	38.7	283.59	7.45	7.80	33.35	3.48	0.50	98.3	22.0	0.90
	71.3	500	1.39	0.61	12.8	18.1	40.4	163	23.4	102.50	3.22	5.11	25.59	2.77	0.40	970	26.3	0.66
	34.4	362	1.51	0.39	8.89	13.3	26.6	340	16.9	107.02	3.28	3.94	21.27	2.07	0.31	615	36.9	0.42
	34.1	351	1.88	0.49	8.12	14.9	29.9	370	17.7	115.62	3.34	3.95	21.02	2.09	0.31	526	34.7	0.33

注：样品数据来自朱群等(2021)。

镁铁质岩石微量元素分布型式总体与富集型大洋玄武岩和洋岛相似，但又有岛弧拉斑玄武岩的一些特征，反映与俯冲作用有一定关联。在岩石 TiO_2 - Zr 构造环境图(图 3-135)中，样品投入洋中脊与火山弧交集区，部分进入火山弧区和板内区；在 Hf/3-Th-Nb/16 构造环境图(图 3-136)中，样品主要投入 E - MORB 区和板内区，部分进入岛弧钙碱性火山岩区和 N - MORB 区。综合岩石化学和地球化学特征，罕达气一带的基性、超基性岩块具有洋中脊玄武岩和大洋板内(洋岛)特征，部分具有岛弧钙碱性火山岩及岛弧拉斑玄武岩特征，其形成的构造背景可能为大洋盆地，主体为洋中脊和洋壳，部分为洋岛，还有一部分洋内弧和陆缘弧，总体具有洋盆俯冲特征。

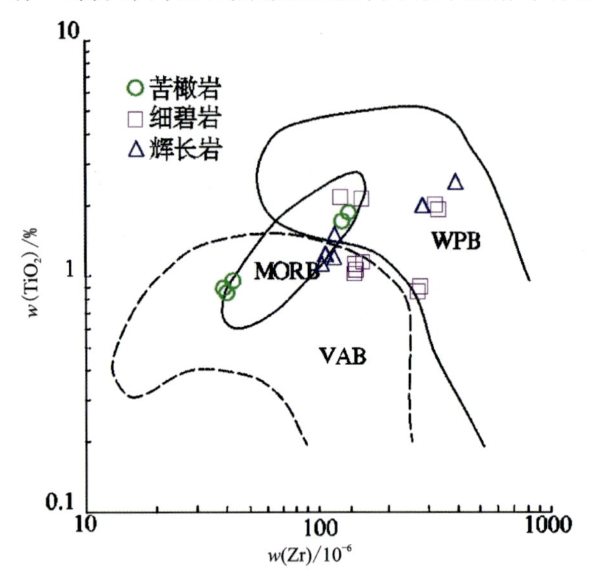

WPB 板内玄武岩；MORB. 洋中脊玄武岩；VAB. 岛弧玄武岩。

图 3-135 镁铁质岩石 TiO_2 - Zr 构造环境图

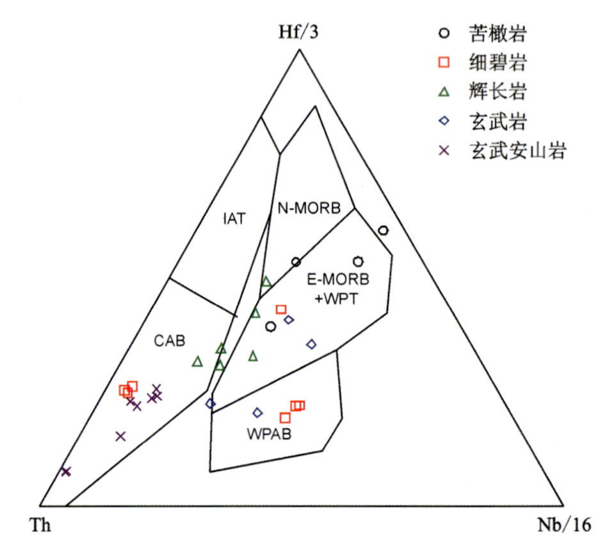

WPAB. 板内碱性玄武岩；WPT. 板内拉斑玄武岩；N-MORB. 正常型洋中脊玄武岩；E-MORB. 富集型洋中脊玄武岩；IAT. 岛弧拉斑玄武岩；CAB. 岛弧钙碱性玄武岩。

图 3-136 镁铁质岩石 Hf/3-Th-Nb/16 构造环境图

二、岩浆弧

突泉-黑河俯冲增生杂岩带两侧发育大面积的早石炭世、晚石炭世、早二叠世岩浆岩，以钙碱性酸性岩浆岩为主，少量安山岩和闪长岩，总体呈北东向和北北东向展布于突泉-黑河俯冲增生杂岩带两侧，指示该俯冲增生杂岩带所代表的洋盆具有多期次双向俯冲特征。

1. 突泉—那金一带岩浆弧

突泉—那金一带岩浆弧主要产出在突泉-黑河俯冲增生杂岩带东侧，主要由早石炭世那金火山岩(安山质火山岩、片理化流纹岩和少量玄武岩)、早二叠世二长花岗岩、花岗闪长岩、辉长岩(辉绿岩)等组成。火成岩的岩石地球化学表现为岛弧岩浆岩特征(宋维民等，2015)，指示突泉-黑河俯冲增生杂岩带所代表的洋盆在早石炭世和早二叠世向南东东向发生二次主要俯冲。

2. 额尔格图—碾子山一带岩浆弧

额尔格图—碾子山一带岩浆弧在突泉-黑河俯冲增生杂岩带的两侧均有出露，西侧主要由早石炭世花岗闪长岩、二长花岗岩，晚石炭世二长花岗岩，晚石炭世宝力高庙组中酸性火山岩(变安山岩、变英安岩、变流纹岩)，早二叠世大石寨组中酸性火山岩(变安山岩、变英安岩、变流纹岩及变火山碎屑岩)，早二叠世二长花岗岩、正长花岗岩等组成；东侧主要由早石炭世辉长岩、闪长岩，晚石炭世花岗闪长岩、二长花岗岩，早二叠世花岗闪长岩等组成。火成岩的岩石地球化学多表现为岛弧岩浆岩特征（汪岩等，2019）。据俯冲增生杂岩带两侧对比，西侧火山岩偏多、时代偏新，东侧侵入岩偏多、时代偏老，表明洋盆向东侧俯冲时间较早、作用较强，向西侧俯冲时间较晚、作用较弱，反映洋盆向两侧不对称俯冲的特点。

3. 阿荣旗—罕达气一带岩浆弧

阿荣旗—罕达气一带岩浆弧在突泉-黑河俯冲增生杂岩带的两侧均有出露，西侧主要由早石炭世石英闪长岩、二长花岗岩、正长花岗岩，早石炭世洪湖吐河组变中酸性—酸性火山岩，晚石炭世闪长岩、二长花岗岩、正长花岗岩、碱长花岗岩，晚石炭世宝力高庙组变中酸性火山岩，早二叠世花岗闪长岩、二长花岗岩、正长花岗岩、碱长花岗岩、中二叠世花岗闪长岩、二长花岗岩、正长花岗岩、碱长花岗岩等组成；东侧主要由早石炭世花岗闪长岩、二长花岗岩、正长花岗岩，早石炭世洪湖吐河组变中酸性—酸性火山岩，晚石炭世核桃山组变中酸性—酸性火山岩，晚石炭世辉长岩、花岗闪长岩、二长花岗岩、正长花岗岩、碱长花岗岩、早二叠世正长花岗岩、碱长花岗岩等组成。火成岩的岩石地球化学多表现为岛弧岩浆岩特征，正长花岗岩、碱长花岗岩为造山后伸展环境（见本书侵入岩部分）。据俯冲增生杂岩带两侧对比，西侧火山岩偏少、侵入岩偏多，东侧侵入岩偏少、火山岩偏多，两侧岩浆弧的时代基本相同，表明洋盆向两侧俯冲具有对称性。

三、俯冲增生杂岩基质

突泉-黑河俯冲增生杂岩带内基质主要在泥鳅河组、寿山沟组、大石寨组、哲斯组等组中解体出来的含多种岩块的沉积岩系，变质变形作用较强，发育片理、糜棱叶理和板理、千枚理构造，变形构造多环绕岩块展布，总体呈北东向和北北东向展布，局部发育 S-C 组构，S 面理具多种方向（北西向、北东向、近南北向等）。基质主要为沉积岩，夹有凝灰岩，局部（大石寨）也存在蛇纹岩基质，岩石类型主要有板岩、变酸性凝灰岩（凝灰质板岩）、片岩、变粉砂岩、千枚岩等。

杜尔基一带俯冲增生杂岩带内发育基质和岩块。基质为细碎屑沉积岩，以变质粉砂岩、粉砂质板岩、细砂粉砂质泥岩为主，板理较发育，板理产状多与层理平行，局部见板理环绕岩块分布。其内岩块主要为灰岩和硅质岩，规模多较小，构造层下部基质粒度偏细，以变质粉砂质泥岩为主，含硅质岩岩块，上部粒度偏粗，以变质粉砂岩为主，含灰岩岩块，显示不同沉积环境特征。

科尔沁右翼前旗四方山石灰窑北东俯冲增生杂岩带内发育基质和岩块。该套基质为细碎屑沉积岩，以灰褐色粉砂质、灰黑色泥质板岩夹片岩、粉砂岩为主，片理和板理较发育，多环绕岩块分布。其内岩块主要为大理岩，规模多较大，大者出露宽 23.1m。构造层顶部被全新统河漫滩冲洪积物覆盖，底部被中二叠世细粒二长花岗质糜棱岩侵入。

乌兰浩特市公主陵牧场三队北北东俯冲增生杂岩带内发育基质和岩块。基质由变砂岩、二云片岩组成，片理发育，片理多环绕岩块分布。其内岩块主要为大理岩，规模多较大，形成有背斜构造。构造层顶部被晚侏罗世二长花岗质糜棱岩侵入，底部被二长闪长玢岩侵入。

俯冲增生杂岩带内基质的岩石组合主要由一套深灰色泥质、粉砂质板岩夹变质长石石英砂岩、浅灰黑色绢云母板岩、泥质—粉砂质板岩、中—细砂岩夹火山岩夹层、片岩、千枚岩组成，大部分岩石发生了变质变形，形成板理和千枚理构造，部分岩石发育片理化。基质的主要岩石组合可分为两部分：变粉砂岩、变砂岩为主的较粗的基质主要为浅海相沉积，相当于弧前盆地环境；粉砂质板岩、泥质板岩、硅泥质岩等细碎屑沉积岩，多包有夹超基性洋壳残片和硅质岩，为水体较深的海沟或洋盆环境。

四、弧盆系地块残块

突泉-黑河俯冲增生杂岩带的两侧均产出有前晚古生代的地块残块，主要为遭受了多期构造作用改造的角闪岩相—绿片岩相变质岩系，在突泉-黑河俯冲增生杂岩带南东侧出露的地块残块主要为新太古代和中新元古代角闪岩相变质岩，相当于松嫩地块西缘结晶基底，后卷入到造山带中。在突泉-黑河俯冲增生杂岩带北西侧产出的主要为中新元古代角闪岩相变质岩和早古生代多宝山弧盆系绿片岩相变质岩，相当于兴安地块东南缘结晶基底和多宝山弧盆系。两侧前晚古生代地块残块的产出，指示突泉-黑河俯冲增生杂岩带所代表的洋盆在晚古生代分别向两侧地块（弧盆系）发生双向俯冲。

1. 龙江地区新太古代—古元古代 TTG 等花岗质岩石

岩性主要为碎裂岩化二长花岗岩，岩石化学显示富碱，高 Si、K、Al，低 Mg、Ca、Ti，富集 LILE，亏损 HFSE，锆石 LA-ICP-MS U－Pb 同位素年龄为 2699Ma（Wu et al.，2018）。平安屯西南基底地质体岩性为碎裂岩化花岗岩，岩石化学显示铁质、强过铝质，富碱，高 Si、K，富 Nb、Zr，高 Zr＋Nb＋Ce＋Y 和 10^{4*} Ga/Al，属 A_2 型花岗岩，锆石 LA-ICP-MS U－Pb 同位素年龄为 1879Ma（Zhang et al.，2018）。岩浆活动主要包括新太古代 4 期（2700Ma、2560Ma、2500Ma 和 2430Ma）、古元古代 1 期（1879Ma），变质事件主要为古元古代（1830Ma）（汪岩等，2019）。

2. 扎赉特旗宋两家子、腰希勒吐、七家子等地角闪岩相变质地块残块

岩石组合以细粒阳起斜长片岩、细粒黑云母石英片岩、细粒斜长角闪岩、阳起绿帘石片岩等为代表。其中黑云母石英片岩原岩年龄为（1803±37）Ma，变质年龄为（309.3±3.6）Ma；黑云母石英片岩原岩年龄为（1431±68）Ma，变质年龄为（360±94）Ma。通过变质原岩类型分析，该套变质岩的原岩主要为酸性火山岩、花岗岩、玄武安山岩及碱性玄武岩（汪岩等，2019）。

3. 额尔格图一带高绿片岩相变质地块残块

岩石主体为一套变质片岩，岩性组合为深灰色阳起石化斜长角闪片岩、深灰色斜长黑云母片岩、深灰色条带状斜长角闪片岩、灰黑色含绿帘阳起石片岩、浅灰色长石石英片岩，岩石原岩的结构构造均已被片理、片麻理置换。原岩成岩年龄为古元古代[含绿帘阳起石片岩的锆石 U－Pb 年龄为（2170±24）Ma]（汪岩等，2019）。

4. 东白音乌苏嘎查呼和马场二队高绿片岩相变质地块残块

岩石类型主要有黑云斜长片岩、黑云角闪斜长变粒岩、斜长角闪片岩、黑云斜长片麻岩等。岩石受后期构造作用，变形强烈。原岩的形成时代为古元古代[锆石的 U－Pb 年龄为（1864.1±7.3）Ma]（汪岩等，2019）。

5. 嫩江—黑河一带新开岭岩群角闪岩相变质地块残块

岩石主要由含石榴石黑云斜长片麻岩、含石榴石黑云角闪斜长片麻岩、含石榴石黑云角闪斜长变粒岩、长英质浅粒岩、斜长角闪岩、斜长角闪片麻岩、黑云（二云）片岩等组成，被早石炭世花岗岩侵入，岩石普遍遭受角闪岩相变质和混合岩化作用。

6. 扎兰屯一带高绿片岩相变质地块残块

岩石类型以绿泥片岩、绿泥石英片岩和黑云角闪片岩、千枚岩、变酸性岩、变安山岩、变火山凝灰

岩等变质火山-陆缘碎屑岩为主。那福超等(2018)在绿泥石白云母片岩获得锆石 U-Pb 年龄(520.1±4.3)Ma、长英质糜棱岩锆石(512.0±2.9)Ma,本次工作在变安山岩获得锆石 U-Pb 年龄 508Ma。

五、弧前、弧间、弧后(残余)盆地

突泉-黑河俯冲增生杂岩带的两侧均保存有中晚二叠世残余盆地,多上叠于岩浆弧间、弧后和弧前位置,主要由浅海-海陆交互相—陆相沉积的砂岩、粉砂岩、泥岩夹灰岩、砾岩等组成,变质程度较低,含动植物化石。以往工作根据岩石组合、地层层序、上下层位和生物化石组合,将该套沉积岩系划分为哲斯组和林西组,本次工作依据岩石组合和产出位置(与岩浆弧和俯冲增生杂岩带)将其进一步厘定为残余的弧前盆地、弧间盆地、弧后盆地。

1. 突泉—额尔格图一带中二叠世弧前残余盆地

该盆地主要出露在俯冲增生杂岩带东南侧突泉—额尔格图一带的俯冲增生杂岩与晚石炭世—早二叠世岩浆弧之间,处于弧前位置,沉积物为中二叠统哲斯组海相细碎屑沉积岩与碳酸盐岩,时代较增生杂岩和岩浆弧的形成时代晚,推测下部存在晚石炭世—早二叠世弧前盆地沉积层。哲斯组在该地区可能为弧前盆地演化晚期残余盆地沉积产物,指示了洋盆东向俯冲作用。

2. 大石寨—新林一带中晚二叠世弧间残余盆地

该盆地主要出露在俯冲增生杂岩带西北侧大石寨—新林一带的晚石炭世岩浆弧与早二叠世岩浆弧之间,处于两期岩浆弧之间位置,沉积物为中二叠统哲斯组和上二叠统林西组,时代较两期岩浆弧的形成时代晚,推测下部存在晚石炭世—早二叠世弧间盆地沉积,哲斯组和林西组在该地区可能为弧间盆地演化晚期残余沉积产物,指示了洋盆西向俯冲作用。

3. 塔溪一带中晚二叠世弧间盆地

该盆地主要出露在俯冲增生杂岩带东南侧塔溪一带的晚石炭世火山弧之间,处于弧间盆地位置,沉积物为中二叠世塔溪组和晚二叠世蔺家屯组,时代较晚石炭世火山弧的形成时代晚,推测沉积物质来源于盆地两侧的晚石炭世火山弧,塔溪组和蔺家屯组在该地区相当于弧间盆地沉积产物,表明该地区在中晚二叠世发生岛弧拉张活动,且形成有弧间盆地沉积。

六、突泉-黑河俯冲增生杂岩形成和演化时间

突泉-黑河俯冲增生杂岩带的周围发育大量晚古生代火山-沉积建造和岩浆岩,增生杂岩局部被中晚二叠世火山-沉积地层不整合覆盖,并多处被早中二叠世和晚石炭世岩浆岩侵入,指示杂岩带的形成时代在早中二叠世以前,近年来开展的地质工作在杂岩带中获得了大量同位素年龄(表 3-17),揭示突泉-黑河俯冲增生杂岩带的活动时间主要在早石炭世—早二叠世,演化时间较长,并具有多次俯冲特征,形成多期次岩浆弧。

表 3-17 突泉-黑河俯冲增生杂岩带中岩石测年结果统计表

构造单元		同位素/Ma	测试方法	岩性	资料来源
基底	变质表壳岩	2170	U-Pb	角闪片岩	苏尚国等,2013
		1864	U-Pb	斜长角闪片岩	程招勋等,2019
		508	U-Pb	石英片岩	朱群等,2021
	侵入岩	2545	U-Pb	花岗闪长岩	吴新伟等,2017
		1048	U-Pb	闪长岩	何会文等,2006
弧前、弧间、弧后盆地		<270	U-Pb	细砂岩	汪岩等,2019
		<298	U-Pb	粉砂岩	
		313	U-Pb	变酸性火山岩	付俊彧等,2014
基质	火山岩夹层	313	U-Pb	变流纹质凝灰岩	付俊彧等,2014
		350	U-Pb	变流纹质凝灰岩	宋维民等,2015
	海沟及弧前盆地	<366	U-Pb	变质砂岩	李伟等,2015
		<378	U-Pb	变质砂岩	李伟等,2015
		<304	U-Pb	粉砂岩	李伟等,2015
岩块	洋岛洋中脊	362	U-Pb	角闪石岩	付俊彧等,2015
		363	U-Pb	角闪辉长岩	付俊彧等,2015
		374	U-Pb	辉长岩	朱群等,2021
	洋壳残片(含洋内弧、洋中脊、洋岛)	439	U-Pb	玄武岩	郭锋等,2009
		414	U-Pb	绿泥白云片岩	那福超等,2014
		417	U-Pb	变玄武岩	朱群等,2021
		419	U-Pb	细碧岩	朱群等,2021
		407	U-Pb	变流纹岩	朱群等,2021
	洋岛洋中脊	303	U-Pb	滑石岩	宋维民等,2015
		345	U-Pb	橄榄岩	宋维民等,2015
		289	U-Pb	橄榄岩	付俊彧等,2014
		348	U-Pb	角闪石岩	王博等,2019
	洋内弧洋岛	346	U-Pb	镁安山岩	杨宾等,2018
		343	U-Pb	玄武岩	汪岩等,2019
		347	U-Pb	变安山岩	
		333	U-Pb	辉长岩	
		344	U-Pb	辉绿岩	
岩浆弧	侵入岩	304	U-Pb	二长花岗岩	
		351	U-Pb	二长花岗岩	崔天日等,2015
		302	U-Pb	辉长岩	苏尚国等,2013
		282	U-Pb	辉长岩	崔天日等,2015
		292	U-Pb	花岗闪长岩	崔天日等,2015
		299	U-Pb	石英闪长岩	苏尚国等,2013
		282	U-Pb	二长花岗岩	崔天日等,2015
	变火山岩	352、353	U-Pb	流纹质凝灰岩	赵芝等,2010
		310	U-Pb	安山岩	汪岩等,2019
		307	U-Pb	流纹岩	
		303	U-Pb	变英安岩	苏尚国等,2013
		310	U-Pb	变质安山岩	张庆奎等,2013
		297	U-Pb	变安山岩	吴新伟等,2017
		271	U-Pb	变安山岩	苏尚国等,2013
		275	U-Pb	变英安岩	吴新伟等,2017
		295	U-Pb	变英安岩	杨亮等,2017

1. 地块基底的形成时代

突泉-黑河俯冲增生杂岩带的两侧均出露有前寒武纪地块基底和早古生代弧盆系，东南侧主要为松嫩地块基底（残块），其形成时代主要为新太古代—新元古代，在早石炭世—晚石炭世（360～309Ma）发生变质作用；北西侧主要为多宝山弧盆系基底（残块），零星出露有新元古代基底（残块）。两侧的弧盆基底相当于俯冲洋盆陆缘，根据多宝山弧盆系的最新火山-沉积建造为晚志留世—早泥盆世，推测突泉-黑河俯冲增生杂岩带所代表的洋盆俯冲时间可能在晚志留世以后，基底早石炭世—晚石炭世的变质作用可能与洋盆俯冲作用有关。

2. 洋盆形成时代

岩块中含有较多的439～407Ma的玄武岩（细碧岩）、绿泥白云片岩（变流纹岩），其岩石地球化学特征显示为洋中脊、洋岛、洋内弧和大洋板内环境，变流纹岩的岩石地球化学特征显示板内构造特征，相当于早期大洋盆地洋壳的物质组成。该俯冲增生杂岩带内的蛇绿岩的岩石地球化学特征显示为SSZ型，相当于弧后盆地型，结合区域地质构造位置和时代，该位置相当于多宝山岛弧带与松嫩地块结合部位，多宝山弧盆系在晚奥陶世—泥盆纪曾发生伸展作用，沿多宝山岛弧带东南缘发育晚奥陶世—泥盆纪海相沉积（裸河组、爱辉组、泥鳅河组、罕达气组、腰桑南组），这期间火山活动较强，罕达气组细碧角斑岩和双峰式火山岩建造说明拉张作用较强，也指示弧后洋盆规模较大。从位置和时间上推断突泉-黑河洋盆可能是在多宝山岛弧弧后盆地的基础上发育起来的弧后洋盆，同位素测年指示洋盆形成于早志留世—早泥盆世，该阶段沉积的泥鳅河组可能作为基质卷入了增生杂岩带。

3. 洋内俯冲时代

岩块中具有洋中脊、洋岛、洋内弧地球化学特征的角闪石岩、橄榄岩、辉长岩、闪长岩、镁安山岩、玄武岩等的锆石U-Pb年龄可分为3个阶段：晚泥盆世（374～362Ma）、早石炭世（348～333Ma）、晚石炭世—早二叠世（323～289Ma），指示突泉-黑河弧后洋盆在早志留世形成后，在晚泥盆世—早二叠世期间洋中脊不断扩张，并发生洋内俯冲和地幔热柱活动，形成多期次洋岛、洋内弧和新生洋壳。

4. 洋-陆俯冲时代

岩浆弧是反映洋-陆俯冲最直接的地质建造，突泉-黑河俯冲增生杂岩带的两侧均发育规模较大的钙碱性弧岩浆岩，两侧均保存有早石炭世—早二叠世的岩浆弧，表明突泉-黑河洋盆向两侧陆缘的俯冲作用具有一定的对称性。岩浆弧中岩石锆石U-Pb年龄分为3个阶段：早石炭世（353～333Ma）、晚石炭世（323～299Ma）、早二叠世（297～271Ma），说明突泉-黑河洋盆向两侧陆缘的俯冲作用始于早石炭世，结束于早二叠世。岩浆弧中火成岩以晚石炭世最为发育，说明晚石炭世洋-陆俯冲作用最强，基质中火山碎屑岩（350～313Ma）可能来自该期间的火山活动，基质中多见砂岩和粉砂岩，可能形成于弧前盆地，砂岩中碎屑锆石中最小年龄304Ma，指示弧前盆地的物质来源于石炭纪岩浆弧。

5. 弧前、弧间、弧后(残余)盆地形成时代

突泉-黑河俯冲增生杂岩带的两侧均保存有弧前、弧间、弧后（残余）盆地，其内产有大量动植物化石，反映时代为中晚二叠世，局部变酸性火山岩夹层（313Ma）显示为晚石炭世，说明残余盆地之下存在着原生弧前、弧间、弧后盆地，砂岩中的碎屑锆石（$<$270Ma）显示沉积下限为早二叠世，指示残余盆地沉积时代在早二叠世以后，与现今保存的沉积吻合。

七、洋-陆转换过程

突泉-黑河俯冲增生杂岩带展布于大兴安岭弧盆系多宝山岛弧带和松嫩地块之间，显示突泉-黑河洋是介于两个弧-陆之间的弧后或弧间洋盆，前述突泉-黑河俯冲增生杂岩带所代表的古洋盆是在多宝山岛弧弧后盆地的基础上发育起来的弧后洋盆，洋盆内洋中脊、洋岛、洋内弧和洋壳的火成岩年龄(439～407Ma)指示洋壳形成于早志留世，至早泥盆世，洋中脊不断扩张并形成新的洋壳，俯冲增生杂岩带中发育的374～289Ma洋中脊、洋内弧、洋岛火成岩指示洋盆从早志留世—早二叠世，发生多期洋内俯冲，同时伴有地幔热柱活动，形成一系列洋内弧和洋岛。

早石炭世，开始发生洋-陆(弧)俯冲，从俯冲增生杂岩带的展布、岩浆弧和弧前(残余)盆地的时空展布分析，洋盆北西侧向北西部多宝山岛弧带俯冲，形成俯冲增生杂岩带北西缘大寨-多宝山早石炭世—早二叠世弧盆系；洋盆南东侧向南东部松嫩地块俯冲，形成俯冲增生杂岩带东南缘岭下-黑河早石炭世—早二叠世弧盆系。岩块中有较多的348～289Ma左右辉长岩、玄武岩和超基性岩，说明这一时期洋内俯冲和地幔热柱活动仍在持续。岩浆弧中353～333Ma岩石保存较少，表明早石炭世，洋-陆俯冲开始，俯冲作用较弱。晚石炭世—早二叠世洋岛和洋内弧的岩块数量较少，而岩浆弧(323～271Ma)的规模较大，显示洋内俯冲作用减弱，洋-陆(弧)俯冲作用增强，洋盆以向陆(弧)俯冲作用为主。

俯冲增生杂岩带周围被中二叠世以后的地质体覆盖，推测盖层之下发育古岛弧或地块基底。突泉-黑河俯冲增生杂岩带的两侧发育大面积早石炭世—早二叠世火山弧，岩浆弧，弧前、弧间、弧后残余盆地，反映增生杂岩带两侧均为仰冲板块，遭受俯冲作用抬升，并发生后期的剥蚀，使部分陆弧基底出露，岩浆弧与增生杂岩带之间的中晚二叠世弧前盆地、岩浆弧内部的弧间盆地及岩浆弧后缘的弧后盆地的残留，说明洋-陆俯冲作用可能持续到早二叠世，中晚二叠世以残余海盆充填为主。

综上所述，突泉-黑河俯冲增生杂岩带代表的突泉-黑河弧后洋盆活动时间开始于早志留世，至早泥盆世发生洋中脊扩张，不断形成新的洋壳，早石炭世洋盆开始向北西侧多宝山岛弧带和南东侧松嫩地块发生近同时的双向俯冲，在两侧仰冲板块之上形成有少量岩浆弧，同时洋内发生俯冲和地幔热柱活动，形成较多的洋内弧和洋岛(海山)；晚石炭世为洋-陆(弧)俯冲增生主要阶段，突泉-黑河弧后洋盆分别向南、北弧(陆)持续双向俯冲，形成南、北两条岩浆弧带，同时导致仰冲板块基底发生变质并抬升，此时洋内俯冲作用减弱，仅形成少量的洋内弧和洋岛。早二叠世晚期，洋盆俯冲消减作用结束，俯冲增生杂岩带被中晚二叠世弧盆不整合覆盖，附近未出露碰撞型岩石记录，但先期地质体多发生了动力变质作用，在嫩江县西的莫力达瓦旗额尔和乡蒋屯村红山梁地区下石炭统核桃山组变酸性火山岩中发现有蓝闪石，说明洋盆消减结束后，局部发生弧-陆碰撞，早期的弧盆系有一定残留，中晚二叠世转化成残余盆地。突泉-黑河俯冲增生杂岩带相当于多宝山岛弧带和松嫩地块之间的结合带，突泉-黑河弧后洋盆的消减过程记录了弧和陆间的俯冲→拼贴等汇聚过程。

第六节 西拉木伦对接带

西拉木伦对接带是本次工作依据原西拉木伦缝合带、锡林浩特-牤牛海俯冲增生杂岩等俯冲增生杂岩带重新厘定的对接带，作为限定西伯利亚陆块区(兴蒙造山带)和华北陆块区(华北北缘造山带)的对接带，相当于古亚洲洋最终闭合的对接带。近年来开展的地质调查项目(大兴安岭成矿带突泉-翁牛特地区地质矿产调查，汪岩等，2019；兴蒙造山带关键地区构造格架与廊带地质调查，刘建峰等，2020)在西拉木伦一带新发现了大量的俯冲增生杂岩(大板、林东、科右前旗、占木巴嘎图、乌兰达坝等地)，为进一步研究古亚洲洋构造域演化和西伯利亚与华北陆块对接提供了新素材。本次工作在综合区域资料的基础上，通过地质编图和野外调研，在西拉木伦地区划分出3条俯冲增生杂岩带：巴彦锡勒-牤牛海俯冲增生杂岩带、柯单山-西拉木伦俯冲增生杂岩带、白音昆地-乌兰达坝俯冲增生杂岩带(图3-137)。对接带内发育大量的二叠纪俯冲增生杂岩、岩浆弧、洋内弧、弧前盆地、弧间盆地、弧后盆地及残余盆地。俯冲杂岩带、岩浆弧、弧盆相间排列，总体呈北东东向带状展布，活动时代主要在早二叠世早期—晚二叠世晚期。对接带内俯冲增生杂岩和弧盆系被早三叠世前陆盆地不整合覆盖，同时被早中三叠世造山花岗岩侵入，指示了兴蒙造山带和华北北缘陆缘增生带汇聚拼贴的完成，表明古亚洲洋在晚二叠世晚期消减结束，西伯利亚与华北陆块在早中三叠纪完成对接。

该对接带内北侧巴彦锡勒-牤牛海俯冲增生杂岩带、白音昆地-乌兰达坝俯冲增生杂岩带向北侧大兴安岭弧盆系锡林浩特地块(锡林浩特岛弧带)俯冲。其中巴彦锡勒-牤牛海俯冲增生杂岩带所代表的洋壳北界向锡林浩特地块俯冲过程中，在北缘二叠纪弧盆系基底之上形成一系列早二叠世岩浆弧、弧前盆地、弧间盆地和弧后盆地；白音昆地-乌兰达坝俯冲增生杂岩代表后退洋壳持续北向俯冲，形成一系列准同期岩浆弧、弧间盆地，指示俯冲时间在早二叠世。南部柯单山-西拉木伦俯冲增生杂岩带代表的洋壳向南侧华北北缘双井子微地块俯冲，在双井子微地块之上形成早二叠世岩浆弧和中二叠世弧后盆地，俯冲增生杂岩带伴生有早中二叠世弧盆，说明俯冲作用发生在早中二叠世。该对接带内发育大规模的中晚二叠世残余洋盆沉积，表明洋壳未完全消减在两侧陆缘之下，在洋盆之上陆续发育成残余洋盆，并逐渐转变为周缘前陆盆地，前陆盆地的沉积时间主要在早三叠世，对接带南、北两侧均发育早中三叠世后造山型花岗岩，表明中二叠世晚期洋盆俯冲消减结束，晚二叠世残余洋盆挤压挠曲，接受海相交互相残余盆地沉积，早三叠世转为弧-陆拼贴碰撞阶段，形成前陆盆地和造山花岗岩，中晚三叠世完成了南、北陆块的对接。

西拉木伦二叠纪对接带的两侧分别出露有古元古代地块残块和石炭纪岩浆弧，表明两侧发育古老地块，北部产出有锡林浩特地块残块和石炭纪岩浆弧，南部产出有双井子地块残块和石炭纪岩浆弧，地块残块之上发育早中二叠世岩浆弧和中晚二叠世弧前、弧间残余盆地，指示对接带所代表的洋盆在早二叠世早期—中二叠世期间向两侧地块或古老弧盆系俯冲。俯冲增生杂岩带由变形基质和岩块组成，带内基性、超基性岩较发育，多以岩块产出，同时硅质岩、大理岩岩块也十分发育，局部发育较完整的蛇绿岩套剖面，周围大部分被晚二叠世以后的地质体覆盖或破坏。

一、巴彦锡勒-牤牛海俯冲增生杂岩带

巴彦锡勒-牤牛海俯冲增生杂岩带西起锡林浩特西南占木巴嘎图，经巴彦锡勒、白音查干、迪彦庙、要尔亚、巴彦温都尔、杜尔基、牤牛海，向东延入松嫩盆地，全长近800km。俯冲增生杂岩带集中分3段产出，即锡林浩特-迪彦庙俯冲增生杂岩、要尔亚-巴彦温都尔俯冲增生杂岩、杜尔基-牤牛海俯冲增生杂岩，以迪彦庙和杜尔基—牤牛海一带俯冲增生杂岩最为发育，研究程度也相对较高。

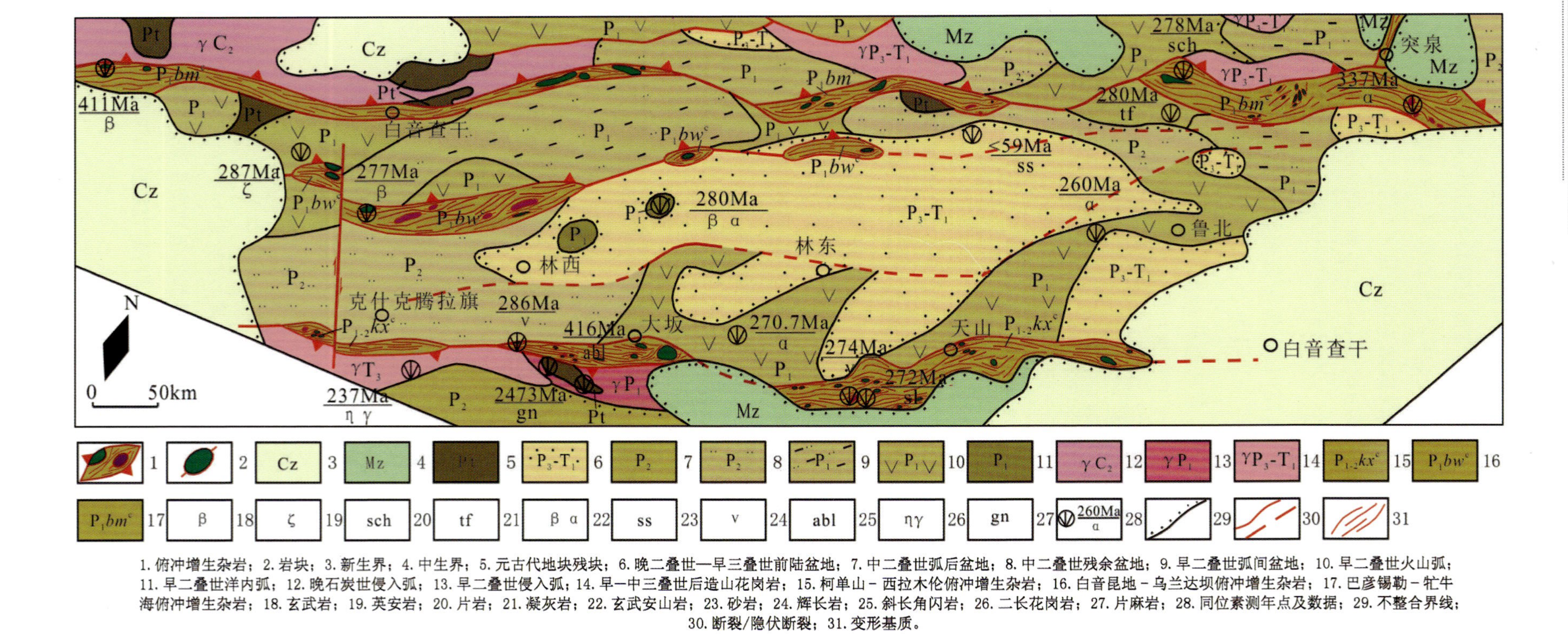

图3-137 西拉木伦对接带地质构造图

1. 巴彦锡勒-迪彦庙俯冲增生杂岩

迪彦庙俯冲增生杂岩位于西乌珠穆沁旗南东迪彦庙林场一带，分为南部的孬来可吐-迪彦庙和北部的白音布拉格两条增生杂岩带。本次工作依据构造位置、杂岩的基质时代和两侧岩浆弧的产出时代，将北部的白音布拉格增生杂岩划归到贺根山-大石寨结合带中，将孬来可吐-迪彦庙增生杂岩归入西拉木伦二叠纪对接带北缘巴彦锡勒-牤牛海俯冲增生杂岩带，简称迪彦庙俯冲增生杂岩或迪彦庙蛇绿岩。迪彦庙蛇绿岩向南西与达青牧场蛇绿岩相连，属于前人提出的"满莱庙-好尔图庙"蛇绿岩带的组成部分（王荃等，1991），向北距贺根山蛇绿岩带近 100km；从岩石组合来看，贺根山蛇绿岩以超镁铁质岩石为主，而迪彦庙蛇绿岩以玄武岩和辉长岩为主；从形成时代方面来看，贺根山蛇绿岩主体属于早石炭世，而迪彦庙蛇绿岩时代跨度从早石炭世到早二叠世早期；从成因类型方面来看，贺根山蛇绿岩以板内 N－MORB 和 E－MORB 为主，而迪彦庙蛇绿岩中含有一定数量的 SSZ 型蛇绿岩；从围岩方面来看，贺根山地区蛇绿岩的围岩为晚石炭世—早二叠世格根敖包组火山碎屑岩，而孬来可吐迪彦庙蛇绿岩的围岩为早二叠世寿山沟组浊积岩。上述特征指示它们形成于不同的构造环境。在 1∶25 万西乌珠穆沁旗幅区域地质调查（张长捷等，2005）工作中，在达青牧场至迪彦庙地区发现一条北东向近 100km 长的韧性剪切带，证实达青牧场地区也存在晚石炭世—早二叠世的混杂岩（Liu et al.，2013）。近年来，一些学者对混杂岩中玄武岩和辉长岩开展了锆石 U－Pb 定年和岩石化学分析，限定了其中蛇绿岩的形成时代主要为石炭纪（李英杰等，2012，2013；Song et al.，2015；Li et al.，2018）。

1）俯冲增生杂岩物质组成

在孬来可吐—迪彦庙林场一带，俯冲增生杂岩由蛇纹岩、辉长岩和玄武岩组成的岩块和由变质泥质粉砂岩和凝灰质粉砂岩组成的基质构成，此外基质中还存在灰岩和砂岩岩块。岩块规模从数米至数十米不等，大者可达上百米。该增生杂岩呈北东东向长条状沿迪彦庙林场北侧的巴拉格尔郭勒一带分布，断续出露长约 28km，宽约 3km。岩石遭受北东东向剪切变形，片理化发育。该增生杂岩北侧被下二叠统寿山沟组不整合覆盖，在北东侧两者之间呈断层接触，流经该区的巴拉格尔河沿两者间的断裂带展布；南西侧与早石炭世晚期石英闪长岩呈断层接触（图 3-138）。

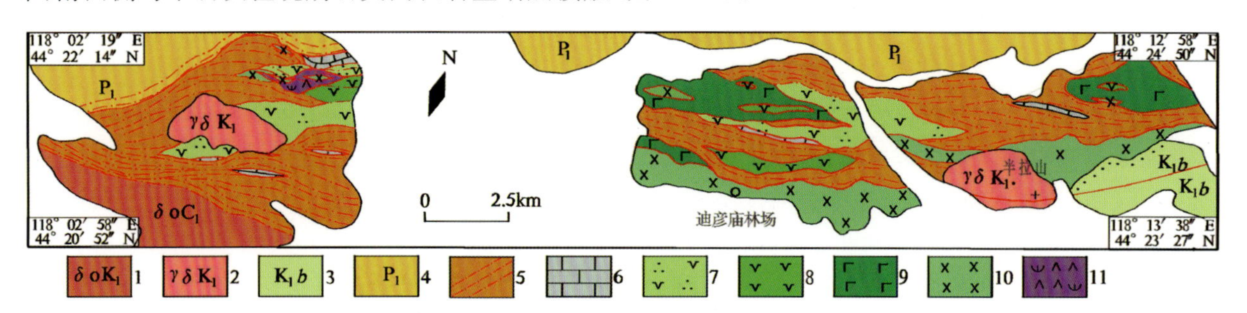

1. 石英闪长岩；2. 花岗闪长岩；3. 白音高老组；4. 早二叠世弧前盆地；5. 变形基质；6. 灰岩岩块；7. 石英角斑岩；8. 角斑岩；9. 玄武岩；10. 辉长岩；11. 蛇纹石化方辉辉橄岩。

图 3-138　内蒙古迪彦庙地区混杂岩地质简图

迪彦庙蛇绿岩带出露于孬来可吐—迪彦庙一带，两侧与火山弧（大石寨组）呈构造接触（图 3-139）；北侧发育早二叠世基质（原寿山沟组、本巴图组），局部被下白垩统白音高老组火山岩覆盖及早白垩世花岗闪长岩侵入。该带蛇绿岩各组分岩石出露较为齐全，主要呈构造岩片分布，岩性主要为蛇纹石化方辉橄榄岩、层状辉长岩、中粗粒—细粒均质块状辉长岩、细碧岩、玄武岩、角斑岩、石英角斑岩，其中以细碧岩、细粒均质辉长岩最为发育。蛇绿岩上覆岩系主要为硅质岩、硅质泥岩及洋岛玄武岩（OIB）、生物碎屑灰岩、结晶灰岩等。

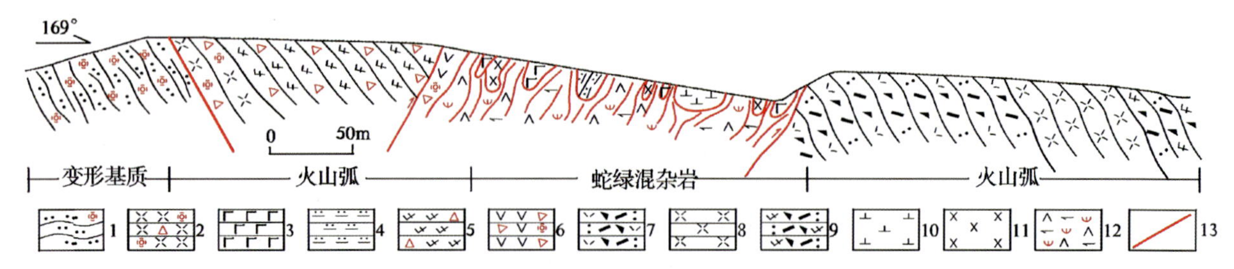

1.硅化粉砂岩;2.碎裂硅化流纹岩;3.玄武岩;4.硅质岩;5.碎裂英安岩;6.碎裂硅化安山岩;7.流纹质岩屑晶屑凝灰岩;8.流纹岩;9.英安质岩屑晶屑凝灰岩;10.闪长岩;11.辉长岩;12.蛇纹石化辉石橄榄岩;13.断层。

图 3-139 西乌旗迪彦庙俯冲增生杂岩中基质、岩块与火山弧剖面

孬来可吐一带俯冲增生杂岩(图 3-140)中,蛇绿岩岩石组合层序为底部蛇纹石化方辉橄榄岩,向上依次为层状辉长岩、中粗粒—细粒均质块状辉长岩、细碧岩、玄武岩、角斑岩、石英角斑岩,其中细碧岩、角斑岩、石英角斑岩中夹硅质岩和硅质泥岩,层序较为完整。蛇绿岩带普遍强烈糜棱岩化和片理化,发育菱形网格状强变形带和弱变形域,形成各种糜棱岩。在强变形带中,方辉橄榄岩形成蛇纹石片岩,辉长岩形成糜棱岩化、片理化辉长岩和纤闪石片岩,玄武岩和细碧岩形成绿片岩,石英角斑岩形成绢云石英片岩和眼球状糜棱岩,结晶灰岩形成方解石(白云石)片岩。蛇绿岩带与基质之间(原寿山沟组和部分大石寨组)为构造接触关系,在构造接触部位基质密集劈理化、碎裂岩化、千枚岩化,局部糜棱岩化和片理化,形成宽几十米至几百米不等的挤压破碎带,局部褶皱构造发育。

孬来可吐剖面位于迪彦庙蛇绿岩带西段,揭示了迪彦庙蛇绿岩的蛇绿岩岩片、覆岩系和基质的规模、产状、接触关系。蛇绿岩残片主要为蛇纹石化方辉橄榄岩、层状辉长岩、细粒均质辉长岩、石英角斑岩,地表出露宽约为 160m;上覆岩系主要为纹层状硅质岩;基质主要为含粉砂泥质板岩、细砂岩、硅质泥岩、粉砂岩、含泥质细晶灰岩。各个块体及基质之间主要为断层接触关系,断层走向北东,可见两期断裂构造。

半拉山 P2 剖面位于迪彦庙蛇绿岩带东段,揭示了迪彦庙蛇绿岩的蛇绿岩岩片和基质的规模、产状、接触关系(图 3-141)。蛇绿岩残片主要为层状辉长岩、细粒辉长岩、玄武岩、角斑岩;基质主要由硅质泥岩、泥岩、泥质板岩、细砂岩、砂岩组成。各个块体与基质之间主要为断层接触,断层走向北东。

迪彦庙地区的蛇绿岩由蛇绿岩残片、上覆岩系和基质三部分组成,各部分间均为构造接触关系,岩石组合复杂,不同的岩石组合代表不同的构造环境和岩石成因。岩块呈不规则块体状赋存在变形基质中,表现为典型俯冲增生杂岩组构特征。

孬来可吐—迪彦庙地区增生杂岩的基质为灰色、灰黑色泥质和粉砂质板岩,以及黄绿色、灰绿色片理化凝灰质粉砂岩、细砂岩及少量含砾砂岩。其中泥质粉砂质板岩中板劈理发育,板劈理厚度介于 1~10mm 之间,劈理面总体走向为北东东,主要由黏土矿物和少量石英、长石晶屑定向排列而成,长英质晶屑粒径小于 0.1mm,含量小于 1%,且沿板劈理发育少量纤维状绢云母集合体。

凝灰质粉砂岩和砂砾岩中板劈理厚度变化较大,介于 0.5~10mm 之间。在垂直粒度较细的凝灰质粉砂岩劈理的截面上常见膝折和揉皱变形。岩石主要由黏土、长英质晶屑及基性凝灰物质组成,矿物晶屑及火山灰凝灰质量分数介于 10%~30%之间,粒径一般小于 0.2mm,受后期变质作用影响,岩石中出现细小的绿帘石及绿泥石等矿物集合体。

在迪彦庙林场湿地西侧山坡上出露的蛇纹岩中,除辉长岩、玄武岩以外,还广泛发育硅质粉砂岩、细砂岩及灰岩等,构成以蛇纹岩为基质的混杂岩。蛇纹岩基质为灰绿色和灰黑色,强片理化变形,形成小的片状岩块。相对于蛇纹岩,其他岩块抗风化能力较强,在地形上形成孤岛状散布在蛇纹岩之中,规模数米至数十米不等。

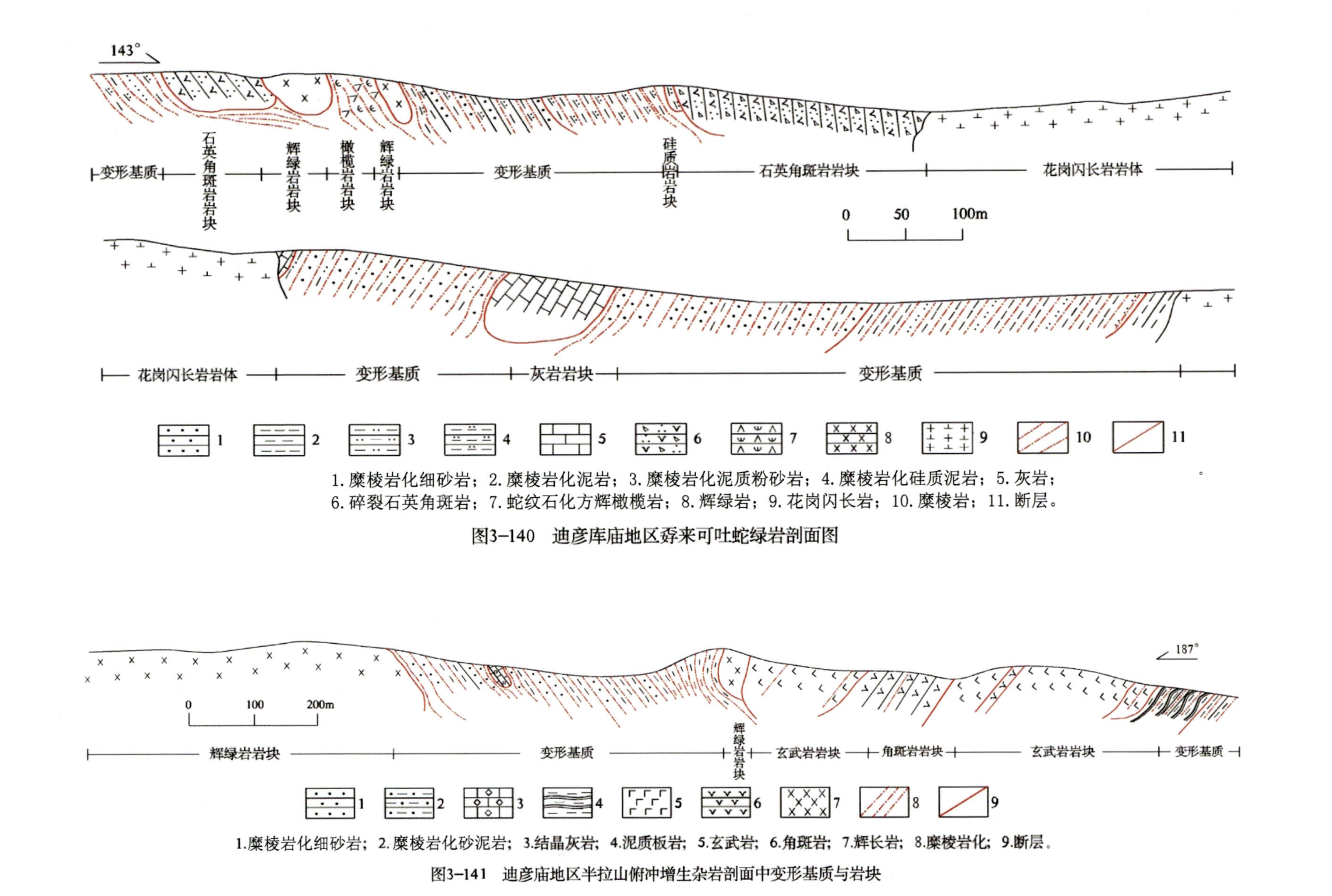

1. 糜棱岩化细砂岩；2. 糜棱岩化泥岩；3. 糜棱岩化泥质粉砂岩；4. 糜棱岩化硅质泥岩；5. 灰岩；6. 碎裂石英角斑岩；7. 蛇纹石化方辉橄榄岩；8. 辉绿岩；9. 花岗闪长岩；10. 糜棱岩；11. 断层。

图3-140　迪彦库庙地区孬来可吐蛇绿岩剖面图

1.糜棱岩化细砂岩；2.糜棱岩化砂泥岩；3.结晶灰岩；4.泥质板岩；5.玄武岩；6.角斑岩；7.辉长岩；8.糜棱岩化；9.断层。

图3-141　迪彦庙地区半拉山俯冲增生杂岩剖面中变形基质与岩块

从变形特征来看，蛇纹岩基质和其中的辉长岩岩块发生了强烈的变形和蚀变，而玄武岩、硅质粉砂岩和细砂岩及灰岩岩块多保持块状构造，并没有像泥质和凝灰质粉砂岩基质中的岩块一样，遭受明显的剪切变形。根据野外产状推测，辉长岩和蛇纹岩具有共生关系，代表岩石圈地幔的残片，由于俯冲作用带到地壳下部，之后遭受后期的蛇纹石化蚀变和剪切变形；在蛇纹石化过程中，这些镁铁质岩块体积增大，在构造侵位过程中捕获了上覆的玄武岩、碎屑岩及灰岩等岩块。

2)俯冲增生杂岩中岩块的形成时代

近年来，一些学者也对迪彦庙地区的蛇绿岩进行了年代学研究，其中在玄武岩和辉长岩中获得年龄主要介于356～305Ma之间(Song et al.，2005；Li et al.，2018)。在达青牧场地区片理化玄武岩的时代为318.4～314.5Ma(Liu et al.，2013)，刘建峰等(2019)在迪彦庙一带俯冲增生杂岩内获得了2个辉长岩年龄(311 Ma、312Ma)和1个玄武岩年龄(297Ma)，指示达青牧场-迪彦庙地区的混杂岩中保留了早石炭世到早二叠世早期的洋岩石圈的残片。

3)俯冲增生杂岩中岩块的岩石地球化学特征

本次工作收集了迪彦庙地区俯冲增生杂岩中的玄武岩、辉长岩岩块的岩石地球化学数据(表3-18～表3-20)，进行了岩石地球化学分析。

表3-18 迪彦庙地区俯冲增生杂岩中玄武岩、辉长岩岩石化学分析数据

岩性	SiO_2/%	TiO_2/%	Al_2O_3/%	TFeO/%	MnO/%	MgO/%	CaO/%	Na_2O/%	K_2O/%	P_2O_5/%	烧失量/%	合计/%
玄武岩	52.24	1.04	14.95	8.7	0.15	6.49	9.84	3.87	0.18	0.114	2.28	99.85
玄武岩	50.54	0.74	15.87	7.47	0.13	6.43	8.44	4.40	0.26	0.071	5.45	99.80
玄武岩	50.86	0.43	13.40	5.91	0.12	10.14	13.57	2.24	0.08	0.011	2.98	99.74
玄武岩	48.82	0.50	13.18	6.97	0.13	10.75	12.67	1.18	0.04	0.012	5.50	99.75
玄武岩	48.57	0.47	16.31	6.45	0.12	9.59	12.75	1.95	0.11	0.009	3.38	99.71
玄武岩	48.84	0.19	15.27	5.94	0.13	11.83	13.02	1.58	0.50	0.007	3.02	100.33
玄武岩	48.77	0.19	15.31	5.95	0.13	11.79	13.02	1.54	0.50	0.007	2.99	100.20
玄武岩	49.3	0.19	13.79	5.89	0.14	12.21	14.59	1.17	0.18	0.007	2.33	99.80
玄武岩	48.92	0.21	15.2	5.88	0.13	11.78	12.90	1.55	0.58	0.008	2.93	100.09
玄武岩	48.17	0.31	15.45	8.60	0.15	9.50	12.08	1.71	1.03	0.018	2.71	99.73
玄武岩	49.53	1.13	14.10	11.30	0.16	8.31	9.43	3.36	0.05	0.085	2.41	99.87
辉长岩	49.1	1.89	13.33	12.59	0.16	5.54	13.03	2.38	0.04	0.168	1.68	99.91
辉长岩	51.9	2.35	12.13	13.24	0.16	5.14	9.52	3.53	0.06	0.221	1.72	99.97
辉长岩	48.13	1.33	13.43	13.60	0.18	5.81	13.58	2.01	0.05	0.114	1.77	100.00
辉长岩	46.89	0.97	15.5	10.97	0.15	6.29	12.54	3.00	0.28	0.084	3.25	99.92
辉长岩	48.64	0.55	16.41	7.65	0.15	9.11	12.16	2.19	0.24	0.029	2.63	99.76
辉长岩	49.08	0.56	14.65	9.22	0.16	9.41	11.79	2.19	0.22	0.02	2.37	99.67
辉长岩	48.98	0.56	14.61	9.18	0.15	9.39	11.75	2.16	0.22	0.022	2.37	99.39
辉长岩	50.39	0.54	15.43	8.69	0.18	8.86	10.37	2.64	0.2	0.025	2.56	99.89
辉长岩	49.34	0.49	14.31	7.77	0.15	10.62	12.08	2.18	0.12	0.017	2.41	99.49
辉长岩	48.07	0.34	18.45	6.99	0.14	8.56	11.58	2.55	0.12	0.011	2.87	99.68
辉长岩	49.32	0.04	26.82	1.18	0.04	2.70	9.40	2.75	3.64	0.02	4.03	99.94
辉长岩	51.48	0.78	18.09	10.72	0.17	6.07	5.01	3.23	0.08	0.07	4.91	100.61

续表 3-18

岩性	SiO_2/%	TiO_2/%	Al_2O_3/%	TFeO/%	MnO/%	MgO/%	CaO/%	Na_2O/%	K_2O/%	P_2O_5/%	烧失量/%	合计/%
辉长岩	49.38	0.6	19.29	10.34	0.16	7.76	3.83	3.81	0.06	0.05	5.28	100.56
辉长岩	52.89	0.62	17.51	8.59	0.15	5.2	4.62	4.72	0.1	0.07	5.94	100.41
辉长岩	50.17	0.55	14.12	8.34	0.16	10.3	9.94	2.51	0.08	0.03	4.05	100.25
辉长岩	48.96	0.62	14.61	2.49	0.171	11.3	8.35	3	0.15	0.032	4.24	93.92
辉长岩	53.26	0.56	12.83	2.79	0.352	10.1	8.22	3.53	0.06	0.034	3.48	95.22
辉长岩	49.68	0.64	15.81	8.82	0.14	11.61	5.26	3.8	0.11	0.03	4.03	99.93

资料来源：岩石化学、地球化学数据来自刘建峰等(2019)、李英杰等(2013)。

表 3-19 迪彦庙地区俯冲增生杂岩中玄武岩、辉长岩微量元素分析数据

岩性	Ba/10^{-6}	Rb/10^{-6}	Sr/10^{-6}	Y/10^{-6}	Zr/10^{-6}	Nb/10^{-6}	Th/10^{-6}	Ga/10^{-6}	Zn/10^{-6}	Ni/10^{-6}	V/10^{-6}	Cr/10^{-6}	Hf/10^{-6}	Sc/10^{-6}	Ta/10^{-6}	U/10^{-6}	Sn/10^{-6}
玄武岩	39.2	2.06	147	28.4	79.3	1.56	0.15	17.9	43.7	53	207	132	2.18	34.3	0.12	0.084	0.85
玄武岩	22.5	0.55	156	24.5	76.5	1.63	0.16	14.3	29.7	17.2	276	10.2	2	31.4	0.11	0.085	0.93
玄武岩	39.8	8.07	158	15.8	53.5	1.2	0.13	13.4	24.4	44.2	182	59.9	1.5	34.7	0.098	0.069	0.4
玄武岩	25.8	4.18	138	12.1	9.43	0.055	0.017	9.76	32.6	141	219	1647	0.4	56.4	0.012	0.011	0.19
玄武岩	15.8	1.53	129	14	12.3	0.071	0.02	11.1	35.3	173	248	1762	0.51	62	0.011	0.014	0.22
玄武岩	49	5.34	207	13.8	10.9	0.05	0.014	12.5	40.9	136	216	1468	0.47	49.3	0.01	0.012	0.29
玄武岩	49.2	4.7	112	53.4	115	1.58	0.16	17.9	130	56	409	122	3.41	49.3	0.13	0.29	1.11
玄武岩	111	6.79	224	6.62	3.52	0.035	0.029	9.92	29	193	156	566	0.14	40.3	0.013	0.012	0.08
玄武岩	43.9	2.65	154	8.02	4.14	0.023	0.025	9.3	28.2	191	181	788	0.19	49.1	0.008	0.011	0.09
玄武岩	134	7.86	203	7.3	3.88	0.046	0.023	9.67	28	186	161	553	0.19	40.7	0.016	0.011	0.094
玄武岩	204	16.7	117	10.2	7.55	0.2	0.03	11.8	45.7	133	200	276	0.25	42.9	0.021	0.021	0.14
辉长岩	8.74	0.22	2.67	0.4	0.63	0.022	0.016	0.69	36.8	2433	37.6	2509	0.018	5.08	0.006	0.4	0.05
辉长岩	10.6	0.43	120	27.4	56.3	0.7	0.053	16.7	47.2	66	319	141	1.73	48	0.071	0.039	0.5
辉长岩	26.8	0.38	170	53.3	149	2.65	0.18	19.7	40.6	29	472	38.9	3.95	41.9	0.21	0.12	1.18
辉长岩	7.76	0.63	244	33.7	76.5	1.22	0.082	23.8	38.9	48.3	394	96.1	2.12	36.5	0.098	0.077	2.03
辉长岩	8.9	0.64	235	32.7	73.8	1.18	0.089	23	38.2	46.6	385	91.9	2.19	35.6	0.097	0.085	2.17
辉长岩	35.4	4.04	178	25.6	43.3	0.4	0.063	17.7	74.2	77.5	302	326	1.43	45.2	0.035	0.26	0.45
辉长岩	57.1	4.89	153	17.1	26.7	0.3	0.032	14.2	45	115	194	438	0.9	41.7	0.029	0.021	0.37
辉长岩	50.4	6.82	134	14.7	15.2	0.14	0.029	12.9	52.4	119	219	473	0.62	43.6	0.018	0.019	0.19
辉长岩	57.2	6.14	132	13.2	16.5	0.16	0.043	15.1	50.4	81.5	222	257	0.63	44.4	0.02	0.031	0.23
辉长岩	45.2	2.82	105	14.3	13.8	0.087	0.023	11	45.9	132	219	659	0.49	51.3	0.014	0.009	0.21
辉长岩	45.4	3.76	202	9.16	7.37	0.058	0.031	13.9	42.5	116	162	560	0.28	37.5	0.009	0.019	0.17

资料来源：岩石化学、地球化学数据来自刘建峰等(2019)、李英杰等(2013)。

表 3-20 迪彦庙地区俯冲增生杂岩中玄武岩、辉长岩岩石稀土元素分析数据

岩性	La/ 10^{-6}	Ce/ 10^{-6}	Pr/ 10^{-6}	Nd/ 10^{-6}	Sm/ 10^{-6}	Eu/ 10^{-6}	Gd/ 10^{-6}	Tb/ 10^{-6}	Dy/ 10^{-6}	Ho/ 10^{-6}	Er/ 10^{-6}	Tm/ 10^{-6}	Yb/ 10^{-6}	Lu/ 10^{-6}
玄武岩	3.30	9.37	1.63	8.73	2.96	1.15	4.00	0.73	5.11	0.97	2.87	0.43	2.72	0.40
玄武岩	3.56	9.79	1.61	8.39	2.77	1.16	3.67	0.67	4.29	0.84	2.57	0.37	2.41	0.36
玄武岩	2.09	5.95	0.94	5.17	1.67	0.52	2.24	0.42	2.91	0.56	1.66	0.24	1.51	0.24
玄武岩	0.39	1.34	0.32	2.01	1.07	0.49	1.54	0.32	2.11	0.42	1.24	0.17	1.16	0.17
玄武岩	0.41	1.58	0.36	2.39	1.21	0.56	1.85	0.35	2.55	0.52	1.48	0.21	1.34	0.21
玄武岩	1.19	1.64	0.55	3.22	1.30	0.61	1.78	0.37	2.38	0.50	1.46	0.21	1.28	0.19
玄武岩	0.34	0.75	0.10	0.52	0.16	0.048	0.17	0.038	0.19	0.045	0.14	0.023	0.13	0.022
玄武岩	0.34	0.74	0.12	0.51	0.16	0.05	0.16	0.04	0.19	0.044	0.13	0.022	0.14	0.021
玄武岩	4.53	12.60	2.47	14.10	5.12	1.92	7.07	1.35	9.24	1.88	5.50	0.79	5.16	0.79
玄武岩	0.63	1.20	0.26	1.35	0.64	0.27	1.02	0.21	1.61	0.35	1.10	0.19	1.16	0.18
玄武岩	1.70	5.84	1.08	6.22	2.47	0.93	3.44	0.69	4.81	1.03	3.04	0.45	2.80	0.42
辉长岩	3.43	11.20	2.03	11.50	4.26	1.49	5.40	1.10	7.52	1.55	4.60	0.67	4.33	0.62
辉长岩	5.35	17.10	2.86	15.40	5.29	2.05	7.15	1.36	9.04	1.89	5.59	0.81	5.32	0.76
辉长岩	2.33	8.27	1.54	8.63	3.27	1.48	4.40	0.82	5.62	1.21	3.42	0.52	3.37	0.46
辉长岩	2.27	8.06	1.48	8.88	3.36	1.55	4.31	0.86	5.48	1.20	3.44	0.52	3.32	0.48
辉长岩	1.20	4.00	0.80	5.18	2.13	0.85	3.00	0.62	4.29	0.91	2.65	0.38	2.59	0.38
辉长岩	0.94	3.01	0.61	3.43	1.53	0.63	2.43	0.45	2.78	0.61	1.80	0.29	1.59	0.26
辉长岩	0.48	1.87	0.38	2.45	1.11	0.52	1.82	0.37	2.38	0.53	1.59	0.24	1.43	0.23
辉长岩	0.60	1.94	0.38	2.48	0.93	0.52	1.70	0.32	2.13	0.50	1.37	0.22	1.28	0.22
辉长岩	0.47	1.72	0.36	2.34	0.96	0.45	1.91	0.36	2.29	0.55	1.50	0.24	1.28	0.20
辉长岩	0.42	1.19	0.23	1.51	0.75	0.41	1.18	0.24	1.53	0.34	0.96	0.15	0.85	0.15
辉长岩	1.69	5.83	1.01	5.37	1.79	0.77	2.44	0.47	2.96	0.66	2.01	0.28	1.79	0.28
辉长岩	1.35	4.97	0.90	4.90	1.73	0.70	2.38	0.45	2.90	0.66	2.00	0.27	1.78	0.27
辉长岩	1.85	5.97	1.02	5.35	1.75	0.86	2.53	0.45	2.94	0.65	1.96	0.27	1.75	0.27
辉长岩	2.11	5.51	1.04	5.54	1.79	0.80	2.50	0.47	3.02	0.69	2.04	0.28	1.82	0.29
辉长岩	1.63	5.00	0.87	4.54	1.49	0.73	2.13	0.39	2.49	0.57	1.71	0.24	1.53	0.24
辉长岩	1.55	5.54	0.96	5.29	1.79	0.75	2.53	0.47	3.00	0.68	1.99	0.28	1.80	0.28
辉长岩	1.83	6.42	1.10	5.96	1.97	0.81	2.75	0.51	3.32	0.75	2.16	0.30	1.98	0.31
辉长岩	6.14	18.83	3.01	15.17	4.43	1.77	5.63	0.95	5.77	1.25	3.68	0.50	3.22	0.50
辉长岩	1.81	6.03	1.01	5.38	1.76	0.79	2.44	0.47	2.92	0.65	1.94	0.27	1.75	0.27
辉长岩	2.47	6.81	1.09	5.54	1.76	0.74	2.31	0.40	2.51	0.57	1.69	0.24	1.54	0.25
辉长岩	0.96	2.04	0.27	1.07	0.28	0.14	0.41	0.09	0.53	0.14	0.41	0.07	0.43	0.08
辉长岩	0.27	1.04	0.21	1.31	0.61	0.29	1.11	0.24	1.68	0.41	1.29	0.19	1.28	0.20

在岩石化学分类图解中，达青牧场、迪彦庙混杂岩中玄武岩岩块均具有相近的 SiO_2 质量分数，多介于45%～55%之间；具有较低的 K_2O+Na_2O 和 Nb/Y 质量分数，且 Na_2O 质量分数大于 K_2O 质量分数，

主体属于亚碱性系列火山岩(图 3-142)。辉长岩岩块具有与玄武岩相近的 SiO_2 质量分数,但 K_2O+Na_2O 质量分数相对更低,MgO 和 TFeO 质量分数相对较高,可能是岩石经历橄榄石或辉石堆晶作用的结果。

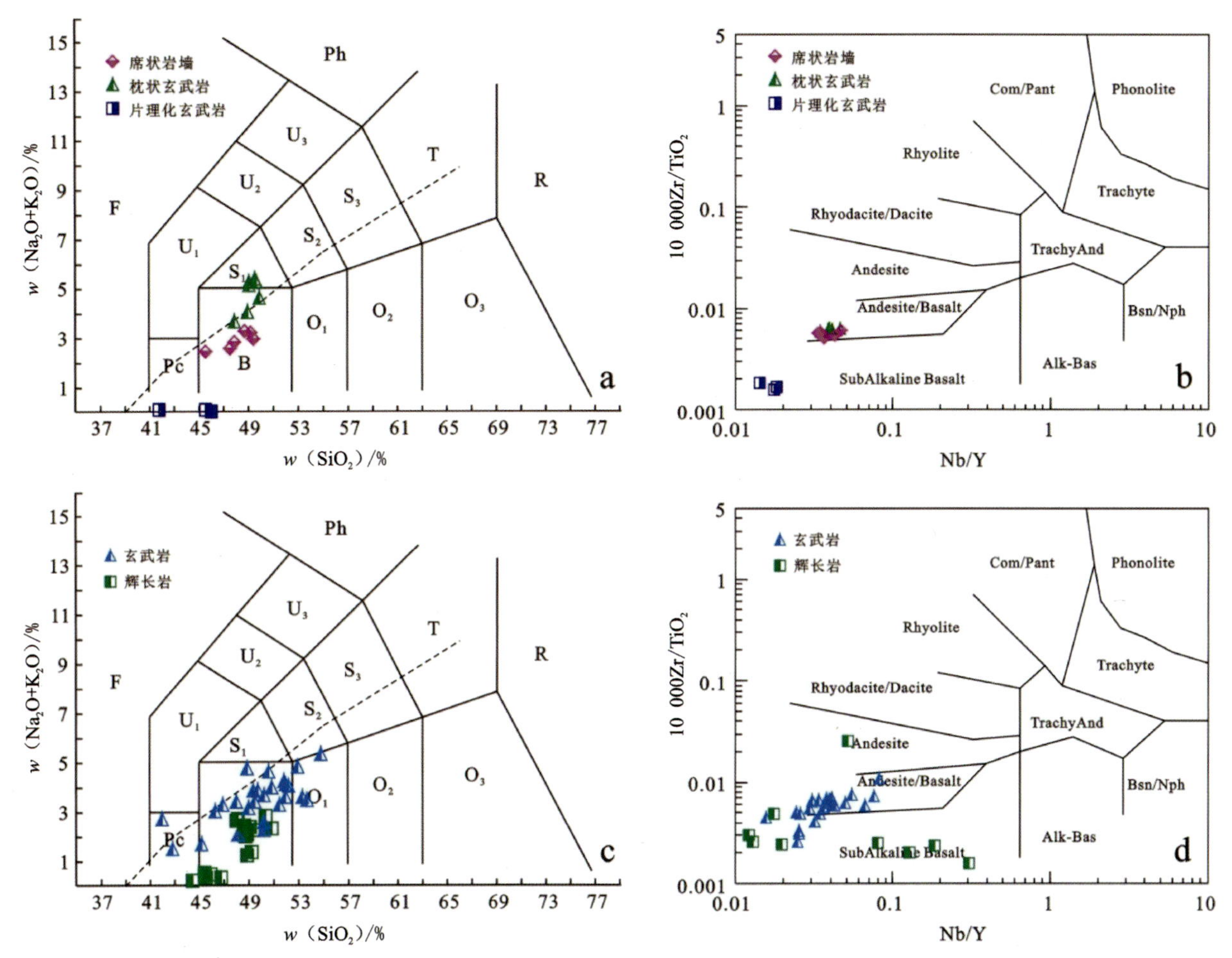

F. 付长石岩;Ph. 响岩;Pc. 苦橄玄武岩;T. 粗面岩;B. 玄武岩;U1. 碱玄岩-碧玄岩;U2. 响岩质碱玄岩;U3. 碱玄质响岩;S1. 粗面玄武岩;S2. 玄武粗安岩;S3. 粗安岩;O1. 玄武安山岩;O2. 安山岩;O3. 英安岩;R. 流纹岩;Phonolite. 响岩;Com/Pant. 碱流岩;Rhyolite. 流纹岩;Rhyodacite/Dacite. 流纹英安岩;Trachyte. 粗面岩;Andesite. 安山岩;TrachyAnd. 粗安面;Andesite/Basslt. 安山岩;SubAlkalineBasalt. 亚碱性玄武岩;Alk-Bas. 碱性玄武岩。

图 3-142　达青牧场(a、b)、迪彦庙(c、d)混杂岩镁铁质岩石分类图解

(数据来源:刘建峰,2020;Liu et al.,2013;李英杰等,2012,2013;Song et al.,2015;Li et al.,2018)

在稀土元素方面,达青牧场、迪彦庙蛇绿岩中玄武岩岩块稀土总量(ΣREE)相对辉长岩稀土总量偏高,但两者总体显示轻稀土略亏损或平坦的配分型式,指示它们起源于性质相近的亏损的地幔源区(图 3-143a、c)。在微量元素方面,除 U 和大离子亲石元素外,这些镁铁质岩石在微量元素蛛网图中也总体表现相对左倾的配分型式,其中部分样品具有轻微的 Nb 和 Ta 的亏损,指示岩浆源区可能遭受到来自地壳物质的混染(图 3-143b、d)。尽管这些镁铁质岩块分布在不同地区的混杂岩中,但它们具有相近的地球化学特征,指示它们具有相近的岩石成因和构造环境。

李英杰等(2018)通过对迪彦庙蛇绿岩中的火山熔岩研究,发现了岛弧拉斑玄武岩和玻安岩,初步认为其形成于 SSZ 的弧前环境。新发现的哈达特枕状玄武岩为 SSZ 型蛇绿岩(以方辉橄榄岩为主的超镁铁质岩、辉长岩和斜长岩等)。SSZ 型蛇绿岩或洋壳是前弧玄武岩的一个特征识别标志(Reagan et al.,2010;肖庆辉等,2016)。在稀土配分模式曲线图上哈达特枕状玄武岩主要显示为亏损型,说明其源区是亏损的,类似 N-MORB 源区的亏损组分(图 3-144a);在原始地幔标准化的微量元素蛛网图(图 3-144b)上哈达特枕状玄武岩总体是平坦的,类似于 N-MORB。总体上哈达特枕状玄武岩兼有洋中脊与

岛弧的双重特性，与典型的前弧玄武岩特征相似。

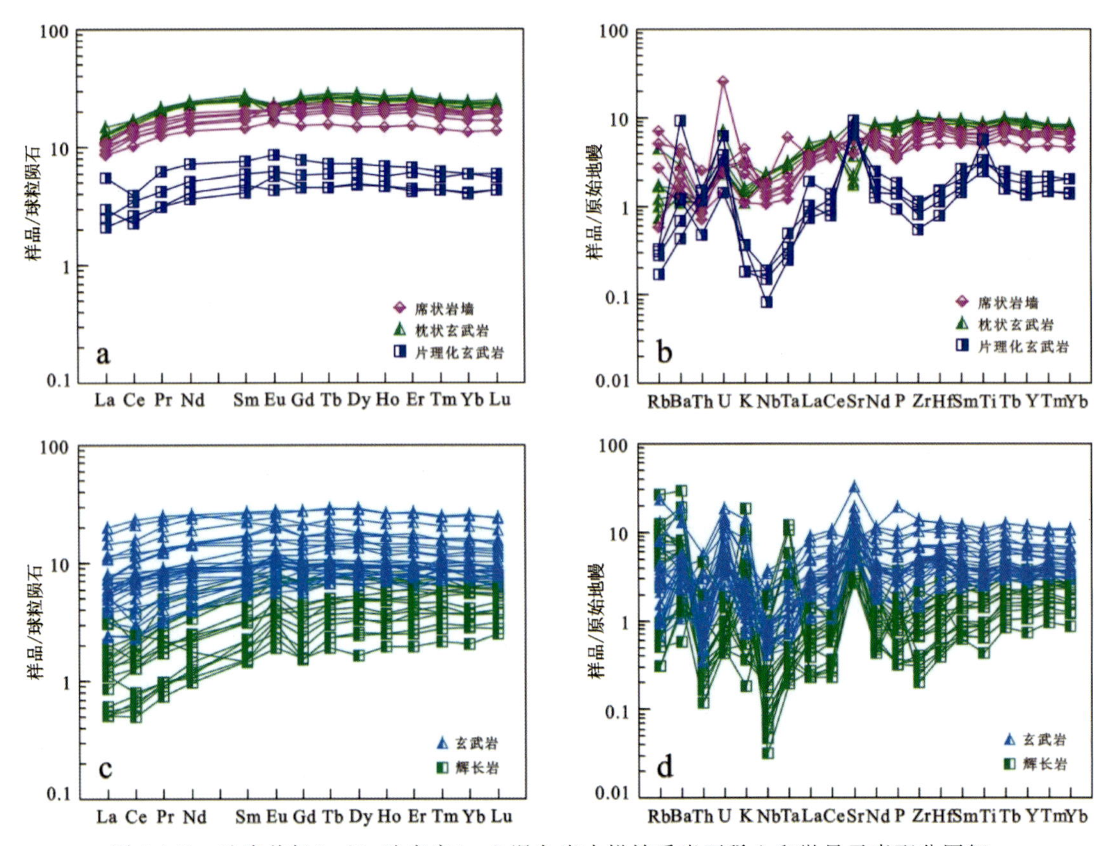

图 3-143 达青牧场(a、b)、迪彦庙(c、d)混杂岩中镁铁质岩石稀土和微量元素配分图解

(数据来源：刘建峰，2020；Liu et al.，2013；李英杰等，2012，2013；Song et al.，2015；Li et al.，2018)

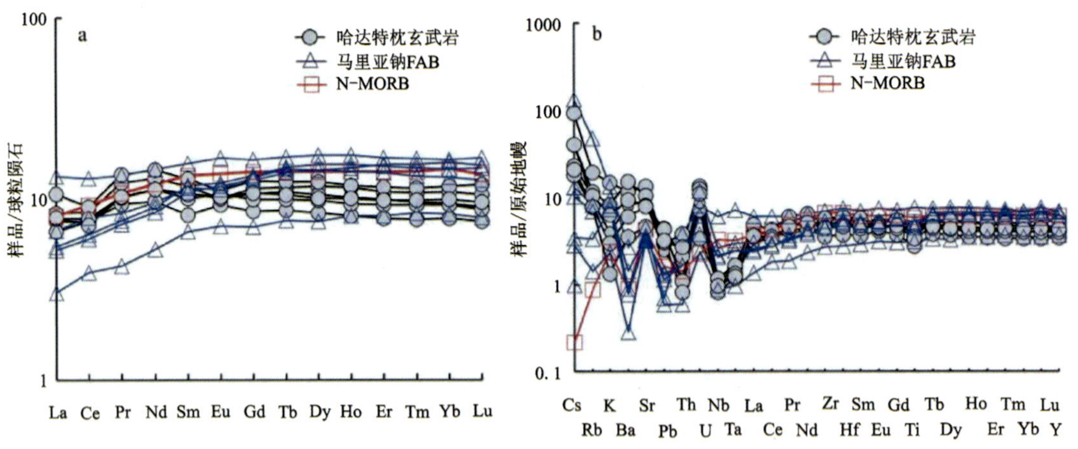

图 3-144 达哈特枕状玄武岩球粒陨石标准化稀土元素配分曲线图(a)和原始地幔标准化微量元素曲线图(b)

(据李英杰等，2018)

在迪彦庙蛇绿岩中，可以识别出蛇绿岩、洋岛火山岩、海相沉积岩和岛弧火山-沉积岩等不同大地构造背景下的物质残片。这些不同的岩片分属于蛇绿混杂岩、岛弧-弧前盆地、岛弧-陆缘岩浆弧火山岩-侵入岩、大陆边缘盆地等大地构造岩相。在构造环境判别图中，除少量辉长岩样品外，达青牧场、迪彦庙一带的蛇绿岩多数样品投影到 N-MORB 蛇绿岩区和 SSZ 蛇绿岩区，显示了由亏损地幔源区向 SSZ 型富集地幔的过渡趋势(图 3-145)。在不相容元素对的相关图 Hf/3-Th-Ta、Th/Yb-Ta/Yb 图解上，达青牧场一带辉长岩、玄武岩样品主要落在岛弧拉斑玄武岩区和 N-MORB 区域(图 3-145a、b)，迪

彦庙一带的辉长岩、玄武岩样品主要落在岛弧拉斑玄武岩区和 N－MORB 区域(图 3-145c、d)，部分落在陆缘岛弧区和靠近(大洋)板内区。

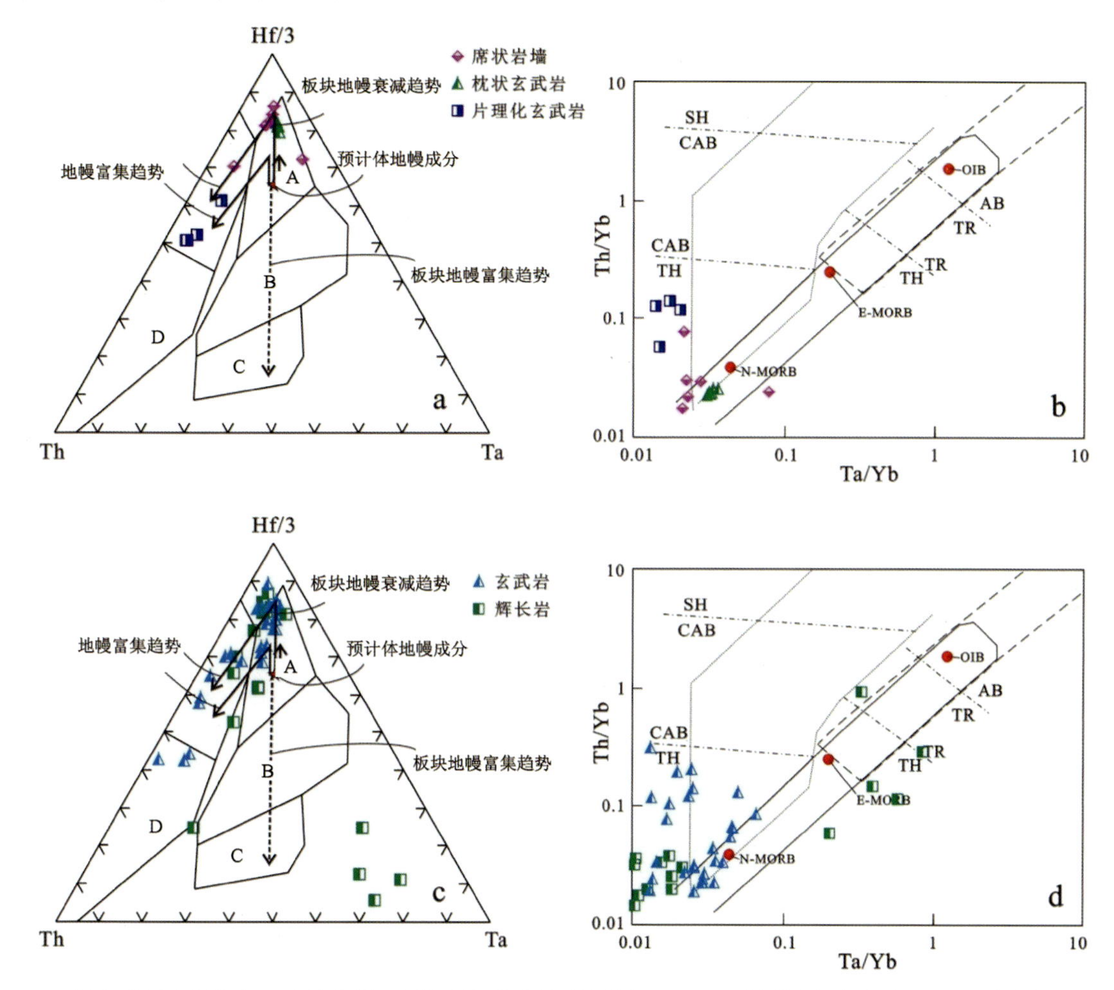

IAB. 岛弧玄武岩；IAT. 岛弧拉斑玄武岩；ICA. 岛弧钙碱性系列；SHO. 岛弧橄榄玄粗岩系列；WPB. 板内玄武岩；MORE. 洋中脊玄武岩；TH. 拉斑玄武岩；TR. 过渡玄武岩；ALK. 碱性玄武岩；A. 正常型洋中脊玄武岩；B. 富集型洋中脊玄武岩；C. 板内玄武岩；D. 岛弧钙碱性玄武岩。

图 3-145　达青牧场(a、b)和迪彦庙(c、d)混杂岩中镁铁质岩石构造环境判别图

(数据来源：刘建峰，2020；Liu et al.，2013；李英杰等，2012，2013；Song et al.，2015；Li et al.，2018)

关于贺根山缝合带与西拉沐沦河缝合带之间的蛇绿岩带的形成环境，也一直是讨论的热点。李英杰等(2018)通过对迪彦庙蛇绿岩的火山熔岩研究，发现有 IAT 和玻安岩。玻安岩是一种富 Si、Mg 和贫 Ti 的火山岩，其特殊意义在于几乎所有的玻安岩均产于弧前环境(Meijer，1980；Hicker et al.，1982)，因此，在蛇绿岩中发育玻安岩，基本可以确定该蛇绿岩产于弧前环境，受到了消减作用的影响。迪彦庙蛇绿岩中玻安岩的存在，代表了蛇绿岩的形成环境为 SSZ 型的弧前环境(FA)。

根据李英杰等(2012，2013)的研究，迪彦庙蛇绿岩中发育 3 种类型的熔岩：似玻安岩、IAT 和 OIB。似玻安岩和 IAT 为岛弧蛇绿岩残片，而 OIB 是大洋环境中岛弧岩浆喷发的产物。迪彦庙似玻安岩具有玻安岩和 IAT 过渡的特征，结合野外观察，似玻安岩上覆于具 IAT 特征的枕状熔岩之上，指示在岛弧洋壳形成之后，可能又出现了新的消减事件，并在消减带之前的弧前环境生成了似玻安岩，其覆盖于早期形成的岛弧洋壳之上。因此，迪彦庙蛇绿岩可能形成于洋-陆俯冲环境。

大量野外地质调查表明，迪彦庙构造带具有俯冲增生型造山带特征，总体显示由南向北增生特征。从蛇绿岩时空分布来看，显示了从南向北由蛇绿(混杂)岩→弧前盆地→岛弧岩浆系(局部有地块基底出

露)→弧后盆地特征,揭示出从南向北由洋壳残余→岛弧-弧前盆地岩浆岩→岛弧-陆缘岩浆弧的分布规律,显示了洋-陆俯冲过程的沟→盆→弧演化体系特征。

2. 杜尔基-牤牛海俯冲增生杂岩

杜尔基俯冲增生杂岩位于研究区杜尔基镇新立化嘎查及双金嘎查一带,总体出露面积约3.5km²,是一套由岩块和变形基质组成的整体有序、局部无序的俯冲增生杂岩。俯冲增生杂岩网结式构造样式清晰(图3-146),构造线总体呈北东东近60°~75°走向,岩块长轴方向基本沿总体构造线展布,原地基质发育的构造变形带同样呈北东东走向,与岩块断层接触且构造协调。该区域构造混杂岩受中生代北西向及北北东向断裂构造改造,原地基质片理存在走向上的旋转,岩块总体展布形态也具有"S"形弯曲的特点。

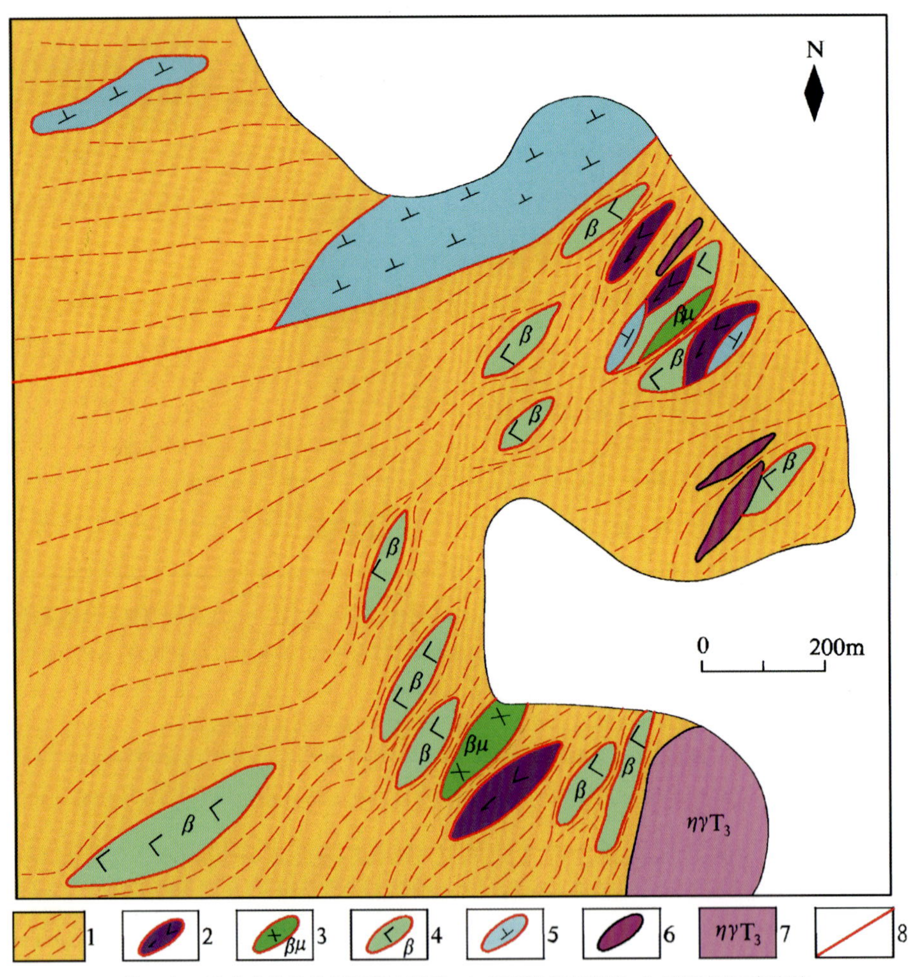

1.早—中二叠世糜棱岩化沉积岩(基质);2.辉石角闪岩岩块;3.变质辉绿岩岩块;4.蚀变玄武岩岩块;5.蚀变闪长岩岩块;6.石英脉;7.晚三叠世中细粒二长花岗岩;8.断层。

图3-146 杜尔基地区俯冲增生杂岩中变形基质与各类岩块分布地质简图

在双金嘎查一带俯冲增生杂岩构造剖面(图3-147)上,岩块呈规模大小不等、形态不规则的构造透镜状穿插于基质岩系中,基质岩系中发育多处复杂剪切褶皱。岩块成分主要为角闪石岩、辉绿岩、玄武岩,基质主要为原寿山沟组变砂岩、变粉砂岩,多发生动力变质,形成糜棱岩化砂岩和粉砂岩,糜棱叶理多环绕岩块分布,局部形成剪切褶皱。早期构造多受后期断裂改造,俯冲增生杂岩逆冲推覆于晚期的二长花岗岩体之上,并形成有宽缓的挤压褶皱,基质变形面理和岩块长轴方向发生改变,显得局部无序。

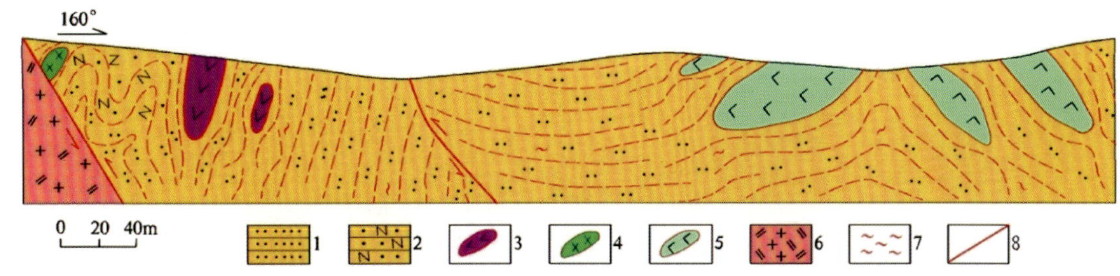

1.糜棱岩化粉砂岩；2.糜棱岩化长石细砂岩；3.角闪石岩岩块；4.辉绿岩岩块；5.玄武岩岩块；6.二长花岗岩；7.绿泥石化；8.断层。

图 3-147　杜尔基双金一带俯冲增生杂岩剖面中基质与岩块分布

1）杜尔基俯冲增生杂岩物质组成

杜尔基俯冲增生杂岩由沉积岩基质及火成岩岩块组成，部分岩块岩石边部亦有较强的片理化变形，尤其是闪长岩、辉绿岩等，其局部被改造为构造片岩，形成类似基质的构造样式，而局部基质岩系中能干性较强的变质粉砂岩等亦发现其以岩块的形成存在。

（1）基质特征。杜尔基俯冲增生杂岩基质岩系为一套浅变质强变形的细碎屑岩，岩石类型包括黑云母变质粉砂岩、变质长石细砂岩、千枚岩、阳起绿泥片岩、石英白云母片岩，局部夹糜棱岩化砾岩。与岩块构造接触部位的两侧普遍发育菱形网格状构造变形带，变形带外部岩石多为碎裂岩化，内部糜棱岩化，根据变形的强弱可分为强变形带和弱变形域。强变形带强糜棱岩化和片理化作用明显，如新立化一带构造混杂岩中变质粉砂岩与蚀变玄武岩接触部位多风化呈断层泥分布在岩块周边。砾岩能干性较强，受强烈挤压作用后砾石沿片理方向拉长且定向排列。弱变形域显示局部成层有序的复理石建造特征，如双金嘎查构造一带采坑内局部变质粉砂岩、变质细砂岩及千枚状板岩以正常沉积地层的样式出露，并部分具有复理石沉积建造的特点。

（2）岩块特征。杜尔基俯冲增生杂岩中岩块岩石类型包括辉石角闪岩、角闪石岩、蚀变玄武岩、蚀变辉绿岩及蚀变闪长岩等。其中蚀变闪长岩可能是与板块俯冲作用有关的一套高镁闪长岩，在兴安敖包一带见其侵入大石寨组，在构造混杂岩中与基质及其他岩块呈断层接触关系。

在二龙屯一带与大石寨组断层接触的辉长闪长岩体中发育蛇纹石化碳酸盐化岩石捕虏体，发育暗色矿物的混染反应边，多蛇纹石化，可能是早期地幔橄榄岩包体。闪长岩在部分地段岩性表现为辉长闪长岩、角闪辉长岩，说明其在空间上伴生密切。张旗等(2014)在对超镁铁质—镁铁质岩的分类中认为，存在橄榄岩-闪长岩型这种以闪长岩为主的超镁铁质—镁铁质岩，是地幔橄榄岩在含丰富水的条件下部分熔融形成的，相当于与板块俯冲作用有关的岛弧地幔岩。

（3）杜尔基俯冲增生杂岩的岩石地球化学特征。在 1∶5 万孟恩套勒盖等 5 幅区域地质调查报告成果(付俊彧，2014)中杜尔基一带超镁铁质—镁铁质岩的岩石地球化学数据(表 3-21～表 3-23)表明，SiO_2 质量分数为 49.06%～54.32%(平均值 51.9%)，MgO 质量分数为 4.40%～11.79%(平均值 8.40%)，TFeO 质量分数为 8.37%～12.46%(平均值10.97%)，$w(MgO)/w(MgO+TFeO)$比值为 0.27～0.50(平均值 0.42)。TiO_2 质量分数为 0.48%～0.92%(平均值 0.68%)，接近岛弧拉斑玄武岩(IAT)的 TiO_2 质量分数(平均为 0.8%，Sun，1980)。K_2O 质量分数为 0.25%～1.63%(平均值 0.70%)，P_2O_5 质量分数为 0.10%～0.25%(平均值 0.17%)，上述主量元素特征表明其具有明显的高 Mg、Fe，贫 Ti、K、P 的特征，$w(Na_2O)/w(K_2O)$比值为 1.44～13.54(平均值 6.99)，明显富钠，具有海相火成岩的特点。在 AFM 图解(图 3-148a)中，投点于钙碱性系列，但靠近拉斑玄武系列，且分布位置处于与岛弧有关的非堆晶岩和镁铁质堆晶岩内，说明其成因上包括幔源的超基性侵入岩及喷出岩，但其成因上都是与岛弧相关的。在典型蛇绿岩的 AFM 图解投点位置有 5 个点靠近席状岩墙和枕状玄武岩区内(图 3-148b)，说明其成因上部分具有蛇绿岩的性质，结合蚀变玄武岩中多发育残余枕状构造，且该套岩石明显富钠，说明其形成于与洋-陆俯冲有关的构造环境。

表 3-21　杜尔一带超镁铁质—镁铁质岩主量元素分析结果及相关参数表

岩性	SiO_2/%	TiO_2/%	Al_2O_3/%	Fe_2O_3/%	FeO/%	MnO/%	MgO/%	CaO/%	K_2O/%	Na_2O/%	P_2O_5/%	CO_2/%	烧失量/%	合计/%	TFeO/%	(Na_2O+K_2O)/%	$Mg^{\#}$
绿帘阳起岩(蚀变玄武岩)	49.06	0.76	14.27	5.03	7.64	0.25	8.10	10.13	0.91	2.68	0.14	0.54	1.88	100.00	12.16	3.59	54.28
阳起岩(蚀变辉绿岩)	53.67	0.74	15.06	3.08	5.77	0.15	8.09	6.65	1.24	4.48	0.23	1.03	1.48	100.00	8.54	5.72	62.81
绿泥阳起岩(蚀变玄武岩)	54.32	0.63	16.20	3.37	5.34	0.17	6.47	10.11	0.39	3.67	0.25	0.22	0.32	100.00	8.37	4.06	57.93
阳起石化角闪石岩	53.75	0.93	14.95	3.31	8.43	0.21	5.83	7.86	0.53	4.67	0.19	0.22	0.28	100.00	11.41	5.19	47.67
黑绿色阳起岩(蚀变玄武岩)	51.51	0.55	12.66	3.09	8.57	0.21	10.40	9.12	1.63	2.36	0.10	0.76	0.75	100.00	11.35	3.99	62.03
绿泥阳起岩(蚀变玄武岩)	49.59	0.55	12.26	4.04	8.82	0.20	12.08	9.08	0.25	2.25	0.13	0.44	1.72	100.00	12.46	2.50	63.35
阳起片岩(蚀变玄武岩)	52.70	0.81	16.28	3.76	8.46	0.19	4.40	8.44	0.38	5.15	0.18	0.36	0.19	100.00	11.84	5.53	39.83
绿泥阳起岩(蚀变辉绿岩)	50.96	0.48	11.19	3.57	8.43	0.21	11.79	11.37	0.30	2.12	0.15	0.33	0.36	100.00	11.65	2.42	64.34

表 3-22　杜尔一带超镁铁质—镁铁质岩稀土元素分析结果及相关参数表

岩性	La/10^{-6}	Ce/10^{-6}	Pr/10^{-6}	Nd/10^{-6}	Sm/10^{-6}	Eu/10^{-6}	Gd/10^{-6}	Tb/10^{-6}	Dy/10^{-6}	Ho/10^{-6}	Er/10^{-6}	Tm/10^{-6}	Yb/10^{-6}	Lu/10^{-6}	Y/10^{-6}	ΣREE/10^{-6}	LREE/10^{-6}	HREE/10^{-6}	LREE/HREE	$(La/Yb)_N$	δEu	δCe
绿帘阳起岩(蚀变玄武岩)	6.45	14.45	2.13	10.47	2.82	0.82	1.97	0.46	3.37	0.71	1.86	0.32	2.12	0.31	18.40	48.24	37.14	11.11	3.34	2.06	1.06	0.91
阳起岩(蚀变辉绿岩)	10.65	21.21	3.02	13.73	3.14	0.77	2.29	0.46	2.96	0.61	1.59	0.24	1.58	0.22	16.25	62.47	52.52	9.95	5.28	4.55	0.87	0.88
绿泥阳起岩(蚀变玄武岩)	6.83	14.16	2.16	10.03	2.61	0.69	1.80	0.41	2.90	0.59	1.63	0.27	1.74	0.27	16.07	46.08	36.48	9.60	3.80	2.66	0.98	0.86
阳起石化角闪石岩	7.48	16.83	2.74	13.67	3.72	0.96	2.63	0.65	4.68	0.96	2.63	0.44	2.98	0.45	26.82	60.82	45.41	15.41	2.95	1.70	0.94	0.87
黑绿色阳起岩(蚀变玄武岩)	4.54	10.73	1.70	8.62	2.38	0.85	1.69	0.39	3.01	0.60	1.58	0.27	1.72	0.26	16.29	38.32	28.82	9.50	3.03	1.78	1.29	0.90
绿泥阳起岩(蚀变玄武岩)	4.21	9.25	1.45	7.47	2.04	0.56	1.41	0.35	2.60	0.55	1.45	0.23	1.63	0.24	14.05	33.46	24.97	8.48	2.94	1.74	1.00	0.88

续表 3-22

岩性	La/10^{-6}	Ce/10^{-6}	Pr/10^{-6}	Nd/10^{-6}	Sm/10^{-6}	Eu/10^{-6}	Gd/10^{-6}	Tb/10^{-6}	Dy/10^{-6}	Ho/10^{-6}	Er/10^{-6}	Tm/10^{-6}	Yb/10^{-6}	Lu/10^{-6}	Y/10^{-6}	ΣREE/10^{-6}	LREE/10^{-6}	HREE/10^{-6}	LREE/HREE	$(La/Yb)_N$	δEu	δCe
阳起片岩(蚀变玄武岩)	7.07	15.74	2.73	13.92	3.65	0.90	2.48	0.60	4.28	0.89	2.39	0.38	2.59	0.36	23.64	57.98	44.01	13.97	3.15	1.85	0.92	0.84
绿泥阳起岩(蚀变辉绿岩)	4.09	8.80	1.42	7.31	1.99	0.55	1.41	0.33	2.44	0.51	1.32	0.23	1.52	0.22	13.75	32.13	24.15	7.97	3.03	1.82	1.00	0.86

表 3-23　杜尔一带超镁铁质—镁铁质岩微量元素分析结果及相关参数表

岩性	Sr/10^{-6}	Rb/10^{-6}	Ba/10^{-6}	Th/10^{-6}	Ta/10^{-6}	Nb/10^{-6}	Zr/10^{-6}	Hf/10^{-6}	U/10^{-6}	Zr/Hf
绿帘阳起岩(蚀变玄武岩)	260.5	27.3	162	1.43	0.20	3.15	53.9	3.08	0.46	17.52
阳起岩(蚀变辉绿岩)	346.1	49.1	120	1.56	0.47	6.97	75.8	2.59	0.51	29.26
绿泥阳起岩(蚀变玄武岩)	330.2	14.7	85.3	0.76	0.21	3.55	55.3	2.55	0.41	21.65
阳起石化角闪石岩	248.9	25.6	103	0.86	0.14	2.16	77.7	3.46	0.26	22.43
黑绿色阳起岩(蚀变玄武岩)	296.8	61.8	301	0.66	0.09	1.24	53.3	2.68	0.23	19.92
绿泥阳起岩(蚀变玄武岩)	129.4	10.2	109	0.56	0.08	1.32	38.3	2.67	0.21	14.32
阳起片岩(蚀变玄武岩)	371.9	10.4	139	0.74	0.10	1.64	84.3	5.57	0.24	15.15
绿泥阳起岩(蚀变辉绿岩)	193.3	9.30	73.5	0.53	0.08	1.55	32.1	2.03	0.26	15.82

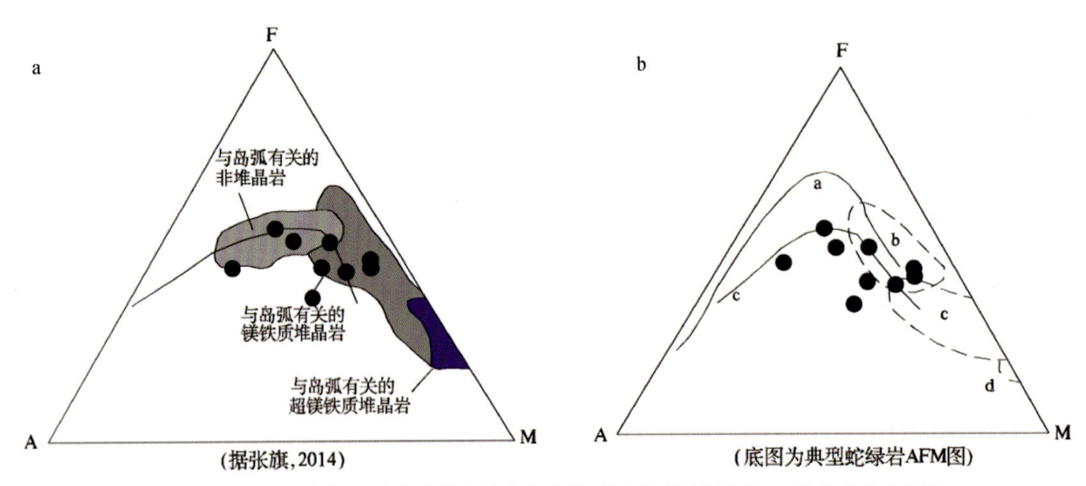

a. 拉斑玄武岩分异趋势；b. 席状岩墙和枕状玄武岩，洋中脊玄武岩分区；c. 堆晶杂岩成分区；d. 变质橄榄岩分区。

图 3-148 超镁铁质—镁铁质岩 AFM 图解(a)和超镁铁质—镁铁质岩 AFM 图解(b)

稀土总量较低，∑REE 为 33.45～60.82(均值 47.44)，具备基性岩低稀土含量的特点。轻重稀土比值 LREE/HREE 为 2.85～5.28(均值 3.44)，与 MORB 型玄武岩相比富含 LREE 元素，$(La/Yb)_N$ 为 1.74～4.55(均值 2.27)，反映轻重稀土分馏明显，在球粒陨石标准化稀土配分曲线(图 3-149a)略呈右倾趋势，各样品曲线一致性较好，轻稀土富集，重稀土相对略亏损且曲线平坦，其分布形态部分具有岛弧拉斑玄武岩(IAT)和富集型洋中脊玄武岩(E-MORB)的稀土配分曲线的特点。δEu 为 0.87～1.29(均值 1.01)，无明显的铕异常，δCe=0.84～0.91(均值 0.88)，铈异常明显，说明为岩浆早期结晶的产物，未发生过明显的交代作用，具有岛弧拉斑玄武岩的特点。

在其微量元素原始地幔标准化曲线图(图 3-149b)上，总体呈右倾锯齿状，其中大离子亲石元素 Rb、K、Ba、Th 等相对富集，Nb、Hf、Ti 等高场强元素明显亏损，在曲线图上呈现明显的 Nb、Zr、Ti 异常"谷"，具有典型的岛弧拉斑玄武岩(LAT)微量元素分布特征。$w(Sr)=(129.4\sim371.9)\times10^{-6}$(均值 271×10^{-6})，低于大陆地壳 Sr 平均质量分数 325×10^{-6}；Zr/Hf 为 14.32～29.26(均值19.5)，明显低于原始地幔(36.27)，但高于大陆地壳值。

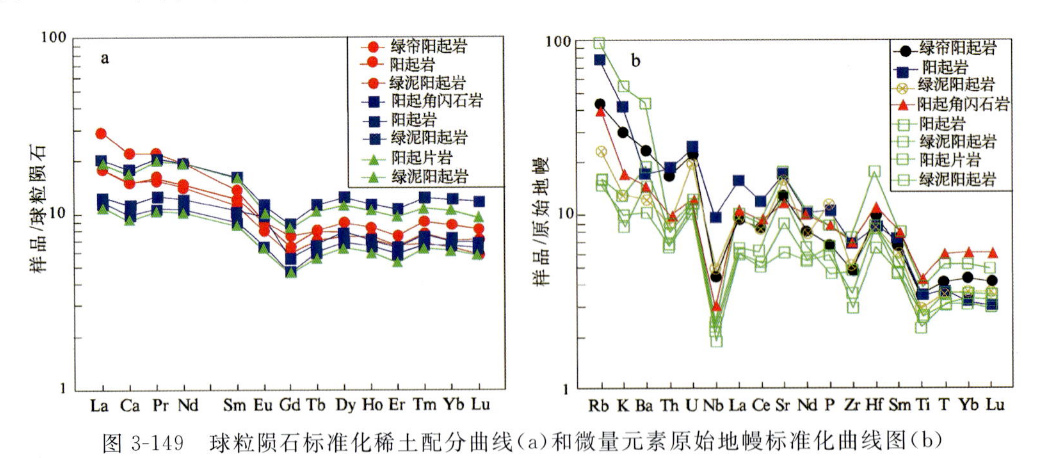

图 3-149 球粒陨石标准化稀土配分曲线(a)和微量元素原始地幔标准化曲线图(b)

(4)杜尔基俯冲增生杂岩形成的构造环境。杜尔基俯冲增生杂岩中的超镁铁质—镁铁质岩具有明显的高镁、铁，贫钛、钾、磷的特征，其稀土配分曲线及微量元素蛛网图均具有岛弧拉斑玄武岩的特点，显示与岛弧环境相关的成因信息。在 Th/Yb-Ta/Yb 判别图解(图 3-150a)中，样品多投点于大洋岛弧有关的玄武岩区内，说明其形成环境为大洋初始岛弧。在 Hf/3-Th-Nb/16 判别图解(图 3-150b)中，样品投点于岛弧拉斑玄武岩和钙碱性玄武岩区内，但更靠近岛弧拉斑玄武岩。在 TiO_2-TFeO/MgO 判别图解(图 3-151)中，样品投点于洋中脊玄武岩(MORB)和岛弧拉斑玄武岩(IAT)区内。Zr－Zr/Y 判别图解(图 3-152)中，投点位置靠近岛弧拉斑玄武岩(IAT)和洋中脊玄武岩(MORB)区。结合构造环境判别图解来看，镁铁质—镁铁质岩石在构造属性上兼具洋中脊玄武岩和岛弧拉斑玄武岩的性质。张旗(1990b)通过研究认为，IAT 型有两类：一类是在蛇绿岩中；另一类产于初始岛弧或不成熟的岛弧中。判断该套镁铁质岩石形成于洋壳的俯冲作用使初始岛弧形成的构造背景下，主体应为不成熟岛弧环境下的产物。

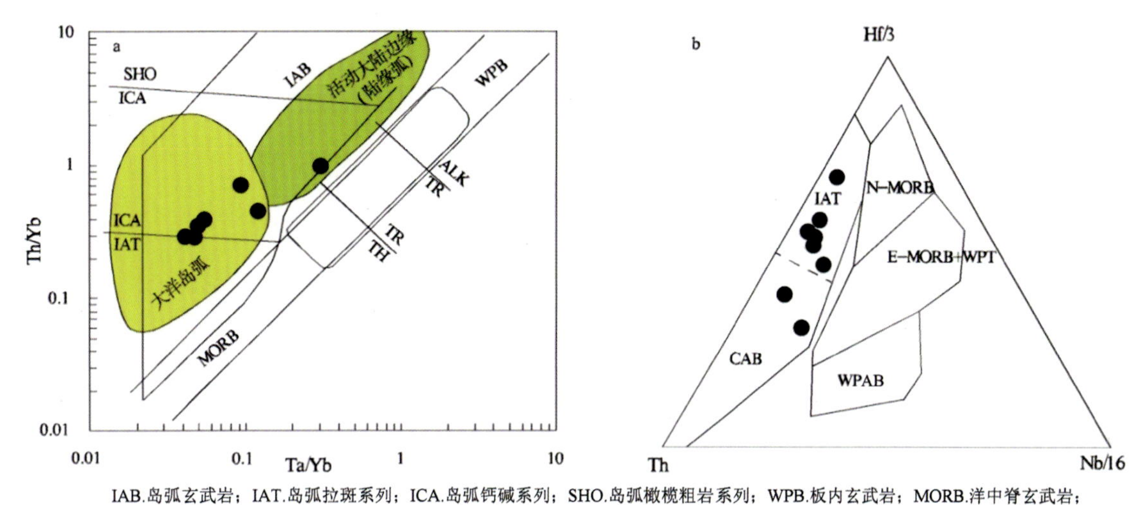

IAB.岛弧玄武岩；IAT.岛弧拉斑系列；ICA.岛弧钙碱系列；SHO.岛弧橄榄粗岩系列；WPB.板内玄武岩；MORB.洋中脊玄武岩；TH.拉斑玄武岩；TR.过渡玄武岩；ALK.碱性玄武岩；CAB.钙碱性玄武岩；WPA.板内碱性玄武岩；IAT.岛弧拉斑玄武岩；VAB.岛弧玄武岩。

图 3-150　Ta/Yb－Th/Yb 判别图解(a)和 Hf/3-Th-Nb/16 判别图解(b)

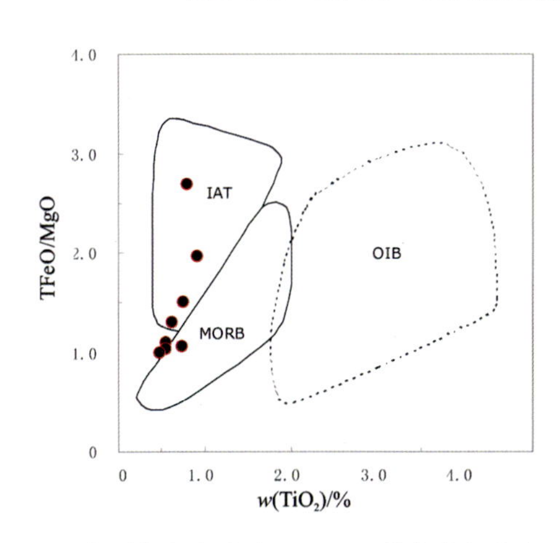

IAT. 岛弧拉斑玄武岩；MORB. 洋中脊玄武岩；OIB. 洋岛玄武岩。

图 3-151　TiO_2－TFeO/MgO 判别图解

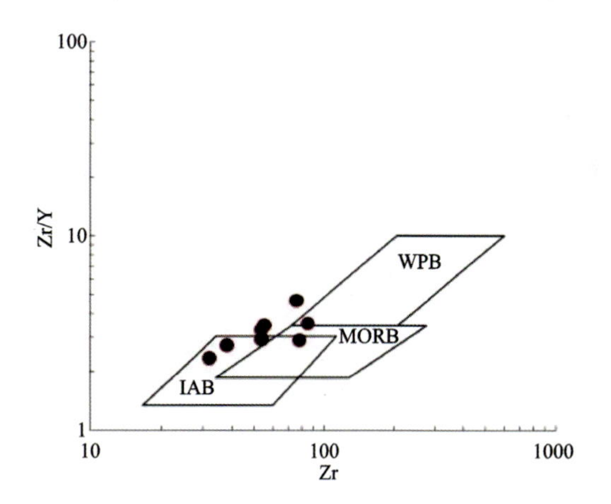

MORB. 洋中脊玄武岩；IAB. 岛弧玄武岩；WPB. 板内玄武岩。

图 3-152　Zr-Zr/Y 判别图解(据 Pearce，1982)

(5)高镁闪长岩岩石地球化学特征与构造背景。在 1∶5 万孟恩套勒等 5 幅区域地质调查报告成果(付俊彧，2014)中高镁闪长岩的岩石地球化学数据(表 3-24～表 3-26)表明，闪长岩 SiO_2 质量分数为 49.62%～53.64%(均值 51.94%)，该套岩石可能由俯冲流体交代地幔形成，其成分上 SiO_2 质量分数较低且不均匀。MgO 质量分数为 3.74%～8.90%(均值 5.88%)，$Mg^{\#}$ 值为 41.22～66.65(均值 50.5)，且该闪长岩 MgO 平均质量分数超过 3%，$Mg^{\#}$ 平均值超过 50，在主量元素上具有高镁闪长岩的特点(张旗，2014)，K_2O 质量分数为 0.41%～1.43%(均值 1.01%)，TiO_2 质量分数为 0.63%～1.46%(均值 1.06%)，P_2O_5 质量分数为 0.042%～0.44%(均值 0.24%)。以上主量元素质量分数特征表明闪长岩具有明显的高 Mg，低 Ti、K 和 P 的特点。在 SiO_2－K_2O 岩浆系列判别图解(图 3-153a)中，多投点于钙碱性系列中，其中一个点靠近低钾(拉斑)系列中。

表 3-24　高镁闪长岩主量元素分析结果及相关参数表

岩性	SiO_2/%	TiO_2/%	Al_2O_3/%	Fe_2O_3/%	FeO/%	MnO/%	MgO/%	CaO/%	K_2O/%	Na_2O/%	P_2O_5/%	CO_2/%	烧失量/%	合计/%	TFeO/%	(Na_2O+K_2O)/%	$Mg^{\#}$
阳起石化蚀变闪长岩	49.62	0.79	16.19	5.43	6.78	0.27	5.55	10.86	1.23	3.53	0.27	0.44	0.23	100.00	11.67	4.77	45.90
闪长岩	53.19	1.46	15.07	3.17	7.28	0.21	5.32	8.60	1.43	3.48	0.22	0.60	1.37	100.00	10.14	4.92	48.34
石英闪长玢岩	51.93	0.63	15.43	2.24	5.78	0.12	8.74	11.09	0.41	3.16	0.04	0.12	1.07	100.00	7.79	3.57	66.65
石英闪长玢岩	53.64	1.35	14.58	8.18	2.54	0.15	3.90	5.83	1.17	2.70	0.44	0.82	5.80	100.00	9.90	3.86	41.23

表 3-25　高镁闪长岩稀土元素分析结果及相关参数表

岩性	La/10^{-6}	Ce/10^{-6}	Pr/10^{-6}	Nd/10^{-6}	Sm/10^{-6}	Eu/10^{-6}	Gd/10^{-6}	Tb/10^{-6}	Dy/10^{-6}	Ho/10^{-6}	Er/10^{-6}	Tm/10^{-6}	Yb/10^{-6}	Lu/10^{-6}	Y/10^{-6}	ΣREE/10^{-6}	LREE/10^{-6}	HREE/10^{-6}	LREE/HREE	$(La/Yb)_N$	δEu	δCe
阳起石化蚀变闪长岩	6.23	13.12	2.14	10.47	2.91	0.83	2.04	0.49	3.64	0.76	2.07	0.36	2.36	0.37	22.15	47.78	35.69	12.09	2.95	1.78	1.04	0.84
闪长岩	9.28	24.22	3.85	19.31	5.51	1.75	3.87	1.00	7.56	1.54	4.18	0.67	4.53	0.65	42.10	87.92	63.92	24.00	2.66	1.38	1.16	0.95
石英闪长玢岩	2.15	5.50	0.96	5.13	1.82	0.67	1.32	0.40	3.33	0.71	1.91	0.34	2.12	0.34	18.89	26.69	16.23	10.45	1.55	0.68	1.33	0.90
石英闪长玢岩	18.14	36.56	5.85	28.09	7.27	1.92	5.38	1.24	8.73	1.81	4.74	0.78	4.80	0.67	57.57	125.98	97.83	28.15	3.48	2.55	0.94	0.83

表 3-26　高镁闪长岩微量元素分析结果及相关参数表

岩性	Sr/10^{-6}	Rb/10^{-6}	Ba/10^{-6}	Th/10^{-6}	Ta/10^{-6}	Nb/10^{-6}	Zr/10^{-6}	Hf/10^{-6}	U/10^{-6}	Zr/Hf
阳起石化蚀变闪长岩	49.62	0.79	16.19	5.43	6.78	0.27	5.55	10.86	1.23	17.81
闪长岩	53.19	1.46	15.07	3.17	7.28	0.21	5.32	8.60	1.43	27.53
石英闪长玢岩	51.93	0.63	15.43	2.24	5.78	0.12	8.74	11.09	0.41	29.22
石英闪长玢岩	53.64	1.35	14.58	8.18	2.54	0.15	3.90	5.83	1.17	26.21

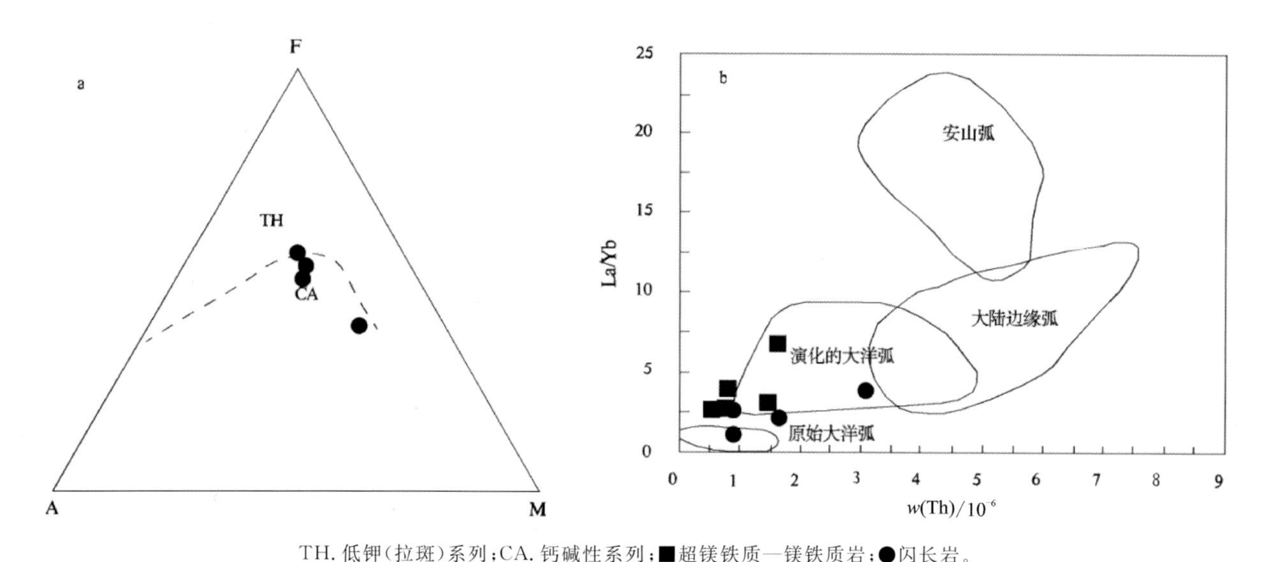

TH. 低钾(拉斑)系列;CA. 钙碱性系列;■超镁铁质—镁铁质岩;●闪长岩。

图 3-153　闪长岩 AFM 图解(a)和 La/Yb－Th 构造环境判别图解(b)(据 Condie,1986)

(6)构造环境:结合岩石学、岩相学及地球化学特征,该套闪长岩可能为“俯冲洋壳＋俯冲深积物”的脱水流体与俯冲沉积物部分熔融形成的硅质熔体,交代上覆地幔楔并使其部分熔融形成的一条与俯冲作用关系密切的高镁闪长岩,可能在一定程度上具有埃达克质岩石的特点,其在空间上与上述超镁铁质—镁铁质岩密切共生,应该是早期侵入后参与了构造混杂作用。闪长岩在 La/Yb－Th 构造环境判别图解中,4 个样品多投点于原始大洋弧和演化大洋弧区内(图 3-153b),与杜尔基构造混杂岩内蚀变玄武岩、蚀变辉绿岩、辉石角闪岩等岩块的投图位置相比,更加靠近大陆边缘,说明其可能形成于大洋岛弧演化且不断向陆壳拼贴的背景下,结合其岩浆源区特征,该套闪长岩总体构造属性应该偏向于洋内岛弧环境,但比蚀变玄武岩演化更晚侵位,且与俯冲作用关系密切。应该是俯冲背景下流体交代上地幔形成的深成侵入岩,在弧-陆碰撞拼合过程中,与上述岩块和基质发生了构造混杂作用。

2)杜尔基一带俯冲增生杂岩构造变形特征

杜尔基一带俯冲增生杂岩构造变形特征较强,在双金嘎查一带俯冲增生杂岩出露于采坑内,各期次构造变形特征相互关系较清晰(图 3-154)。可见大量后期中细粒二长花岗岩呈岩块状穿插其中,其内部可见变质细砂岩与角闪石岩捕虏体。部分地段基质岩系被挤压破碎呈断层泥,构造混杂岩受晚期断裂构造改造强烈,可识别出早期的两期推覆构造。其蚀变辉绿岩岩块总体显示了由南向北的逆冲推覆穿插于基质岩系之中的特点,构造界面具有北西倾向的逆断层特征,且其下部变质粉砂岩基质具有明显的与该期推覆作用相匹配的剪切褶皱构造。后期南东倾向逆冲断层对早期构造界面进行了改造,部分岩块的构造界面为南东倾向。基质岩系层间刚性石英脉总体显示顺层右行剪切的运动学特征,总体呈“Z”形分布,显示遭受了来自北西方向的应力作用造成其右行滑覆的运动学特征。岩石多见层间挤压磨碎变形,显示经历了较强挤压,局部被改造为构造片岩。在角闪石岩岩块及绿帘阳起岩岩块中,其块体内断裂构造均显示脆性逆断层的特征,断层面倾向多为南东倾向,断层间多见挤压破碎带,断层泥普遍。绿帘阳起岩岩块呈透镜体分布,基质变质粉砂岩中层间石英细脉表现“Z”形特征,显示绿帘阳起岩岩块由北西向南东后推覆穿插后拖曳基质岩系的变形特征。岩块贯入基质后仍受挤压应力作用影响相互错动排列,透镜体具叠瓦状排列,构造界线显示北西倾向,说明其是由北向南推覆引起的构造剪切错动。

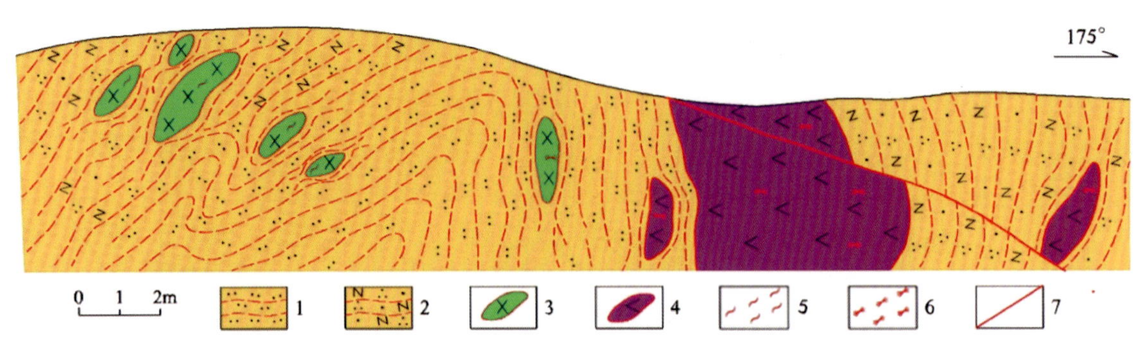

1. 糜棱岩化粉砂岩；2. 糜棱岩化长石石英砂岩；3. 辉绿岩岩块；4. 角闪石岩岩块；5. 阳起石化；6. 绿泥石化；7. 断层。

图 3-154 双金嘎查俯冲增生杂岩构造剖面（GPM04）

新立化嘎查一带俯冲增生杂岩（图 3-155）基质主要为变质粉砂岩，多破碎成断层泥后被完全风化，岩块由于能干性较强呈不规则块状镶嵌在基质断层泥内。虽然被后期断裂多期次改造，早期总体构造形态较清晰，蚀变玄武岩、蚀变辉绿岩及辉石角闪石岩刚性岩块与基质断层接触构造协调的形态仍可识别。岩块长轴形态在图面上仍为“左下右上”的分布形态特征，构造接触界面倾向为北西向（350°）左右，岩块下部构造界面基本协调统一，总体显示下部较缓、上部较陡的特点。蚀变闪长岩亦呈规模不等的岩块穿插于基质及上述岩块之中，但从构造样式来看应该是后期参与混杂作用，其接触构造界面具有近于直立或向南东倾的趋势。该剖面见多条近于平行的南东倾向逆冲推覆断层，断层面倾向在 160°～180°之间，虽然是晚期构造，但构造样式、方位及其与岩块间的相互关系仍然显示该期断层与构造混杂岩的关系十分密切。

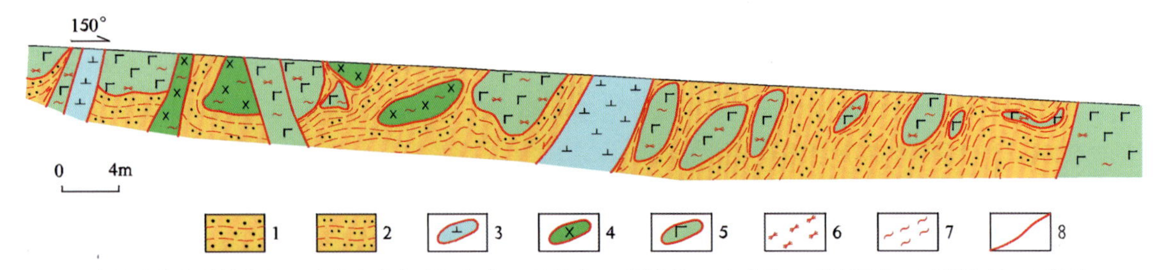

1. 糜棱岩化变质粉砂岩；2. 糜棱岩化变质细砂岩；3. 闪长岩；4. 辉绿岩；5. 玄武岩；6. 阳起石化；7. 绿泥石化；8. 断层。

图 3-155 新立化嘎查俯冲增生杂岩构造剖面（GPM06）

在新立化嘎查一带，蚀变玄武岩块与基质岩系变质粉砂岩的构造接触关系在公路壁露头清晰可见，变质粉砂岩明显遭受两期构造改造作用，多被改造呈断层泥，局部地段可见后期构造界面对原岩层面的构造置换特征。在其与蚀变辉绿岩构造接触面两侧形成宽 50m 左右的强片理化带，片理产状与接触面产状协调一致，表明经受了强烈的构造挤压作用。岩块内部见多处层间剪切构造透镜体，透镜体基本沿北西倾向构造界线斜列或叠置。虽然其早期构造接触面理被强烈改造，但其早期沿裂隙贯穿的碳酸盐脉仍然显示早期构造接触界面倾向为北西向。综合上述构造混杂岩的变形特征，杜尔基构造混杂岩早期就位的构造界面应该是北西倾向（340°～350°之间），外来岩块由北向南、由下而上逆冲推覆至原地基质岩系之中，显示洋盆由南向北俯冲的特征。

3. 汗恩达坂构造混杂岩带

该岩带由 1∶5 万巴雅尔吐胡硕等 4 幅区域地质调查项目（赵金胜等，2019）发现并厘定，出露于汗恩达坂一带，总体上呈北东向展布，主要包含以寿山沟组沉积岩为主体的基质和以辉绿岩、玄武岩、斜长透辉角岩等为主体的岩块(图 3-156)。其中寿山沟组沉积岩在带内大面积出露,主要岩性为绢云粉砂板岩、变质粉砂岩、变质细砂粉砂岩、变质凝灰质粉砂岩、变质安山质(沉)凝灰岩等,均遭受了后期弱的变质变形作用,而俯冲增生杂岩带主体为绢云粉砂板岩、变质粉砂岩、变质细砂粉砂岩。辉绿岩、玄武岩、斜长透辉角岩等岩块区内呈透镜状、似层状出露,与变形基质岩石沿面理或板理呈北东走向近乎平行的构造接触。汗恩达坂构造混杂岩北西与锡林浩特岩群以韧性断层接触,南东部与寿山沟组渐变过渡,大致以逆断层为界,西侧岩石剪切变形强烈。

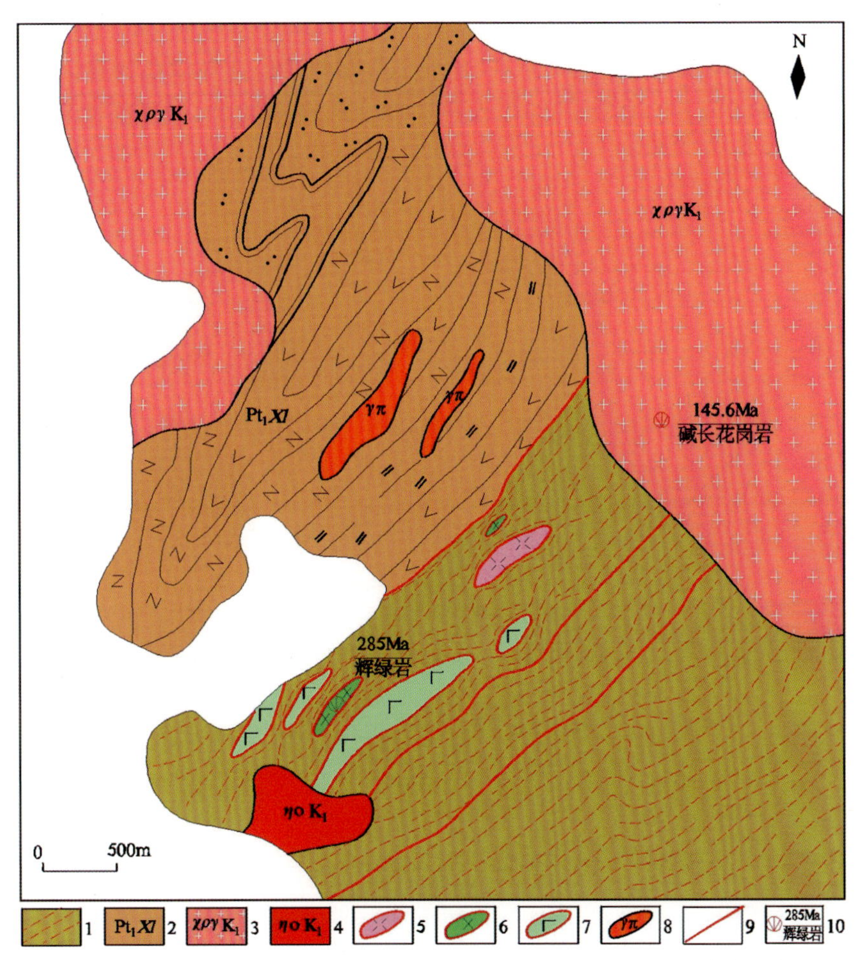

1.增生杂岩基质;2.锡林浩特岩群;3.碱长花岗岩;4.石英二长岩;5.流纹岩岩块;
6.辉绿岩岩块;7.玄武岩岩块;8.花岗斑岩脉;9,糜棱岩化;10.同位素采集点。

图 3-156　汗恩达坂一带俯冲增生杂岩地质简图

基质多为碎裂状变质泥质粉砂岩,少见有弱糜棱岩化含粉砂泥岩。碎裂状变质黏土质粉砂岩,多为变余泥质粉砂状—碎裂结构,变余层理—缝合线构造。弱糜棱岩化含粉砂泥岩为变余含粉砂泥质结构,弱糜棱岩化构造,平行构造。岩石原岩为变质含粉砂泥岩,由石英、长石粉砂碎屑及大量泥质、鳞片黑云母、绢云母组成。岩石受定向压力作用,压碎变形,形成一些扁豆状、纺锤状、眼球状等大小不等的碎块,局部压扁拉长明显,局部有细微的褶曲,被粉碎得更细的物质具平行定向排列,形成平行构造。岩石局部见有早期条带状原岩碎块和被碾压得更细且具显微褶曲构造的同质压碎物质及定向排列的黑云母、绢云母鳞片及碎粉成角度相交分布。原岩为变质含粉砂泥岩,受构造挤压后形成平行定向构造及弱糜棱岩化构造,向板岩过渡。

基性岩主要呈岩块状零星出露在汗恩达坂一带基质中，经过构造置换后均呈透镜状与围岩沿面理走向呈构造接触。细粒变质辉绿岩为变余辉绿结构，块状构造。玄武岩整体呈深灰色、灰绿色或灰黑色，为斑状—基质似间粒—碎裂结构，岩石主要由斑晶、基质组成。岩石蚀变强烈，蚀变矿物为阳起石及石英、黑云母。

岩石地球化学特征（赵金胜等，2019）：汗恩达坂构造混杂岩内典型基性岩主要由辉绿岩、辉长辉绿岩、玄武岩等组成。它们的 SiO_2 质量分数多在 49.14%～51.34%之间，TiO_2 质量分数在 0.96%～1.39%之间，P_2O_5 质量分数在 0.03%～0.11%之间，K_2O 质量分数在 0.63%～1.61%之间。基性岩 ∑REE 在(57.10～91.51)×10^{-6}之间，δEu 在 0.91～1.05 之间，具轻微负异常。在基性岩构造环境判别图解（图 3-157、图 3-158）中，样品点均落入洋中脊玄武岩区域内，表明基性岩可能形成于洋中脊环境。

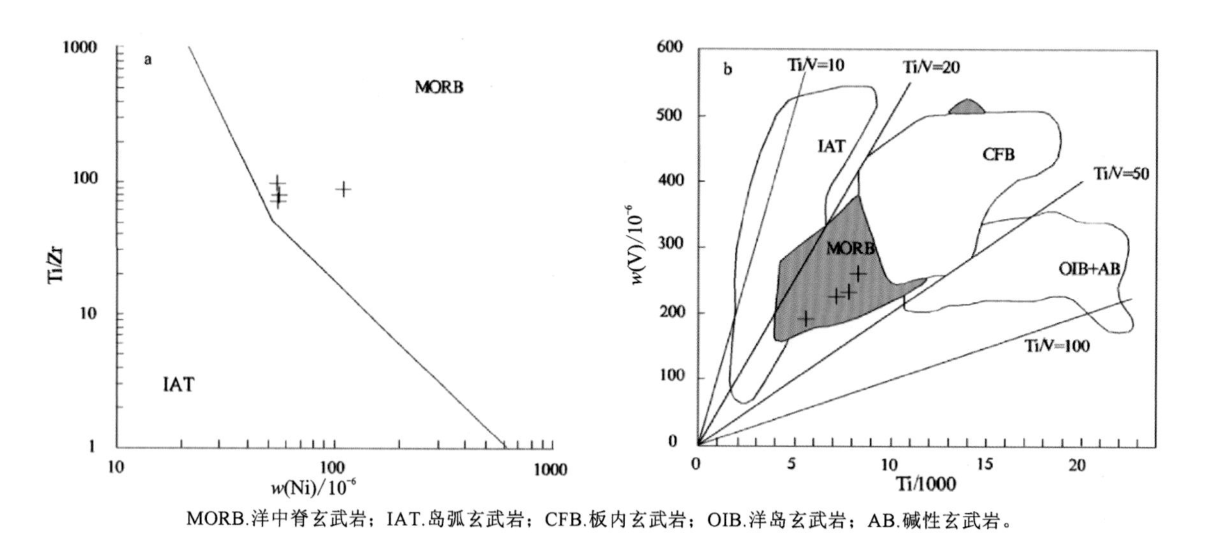

MORB.洋中脊玄武岩；IAT.岛弧玄武岩；CFB.板内玄武岩；OIB.洋岛玄武岩；AB.碱性玄武岩。

图 3-157　基性岩 Ti/Zr－Ni 图解(a)和 V-Ti/1000 图解(b)

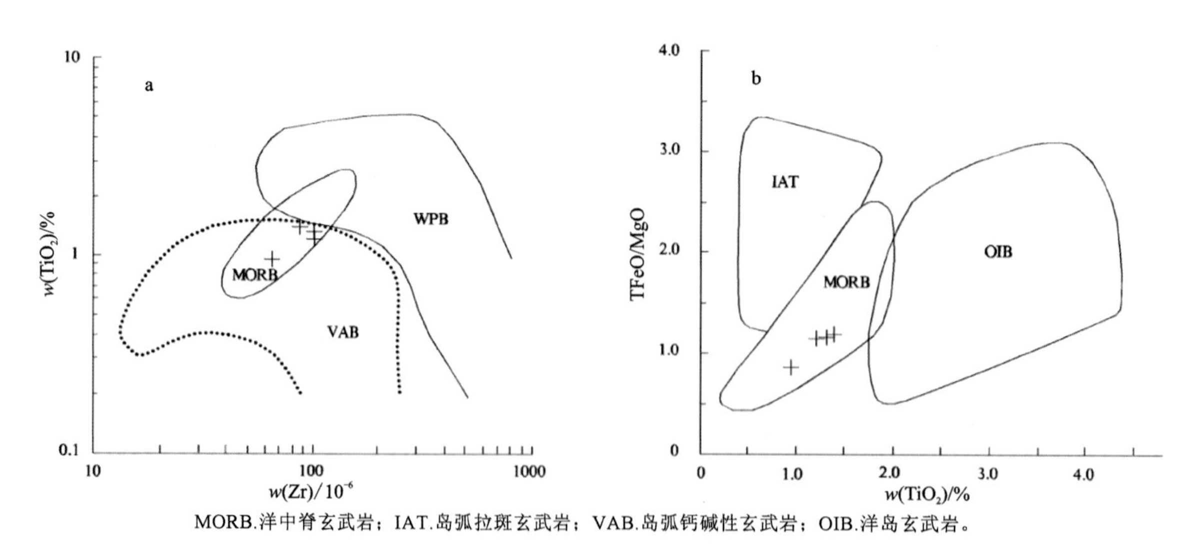

MORB.洋中脊玄武岩；IAT.岛弧拉斑玄武岩；VAB.岛弧钙碱性玄武岩；OIB.洋岛玄武岩。

图 3-158　基性岩 TiO_2－Zr 图解(a)和基性岩 TFeO/MgO－TiO_2 图解(b)

4. 牤牛海地区基性、超基性岩

在牤牛海一带产出大量的超基性岩体，由蛇纹石化辉石橄榄岩、蛇纹岩、蛇纹石化辉石岩等组成，并见辉绿岩墙，出露面积约 $3km^2$。岩石强烈变形而片理化，发育密集逆冲断层。在该构造带北侧发育二叠纪石英闪长岩、英云闪长岩、花岗闪长岩、二长花岗岩等岛弧岩浆岩组合，指示洋盆向北俯冲的极性特征。牤牛海地区基性、超基性岩的时代为早石炭世和早二叠世两期。该期橄榄岩-角闪石岩-角闪辉长岩属于钙碱性系列，可能形成于多种环境，包括洋中脊、洋壳和前弧（洋内弧），总体反映了与俯冲有关的大洋盆地环境。

5. 巴彦锡勒-牤牛海俯冲增生杂岩带的配套弧盆系和俯冲造山带基底分布

巴彦锡勒-牤牛海俯冲增生杂岩带的北侧发育古元古代俯冲造山带基底，晚石炭世岩浆弧，早二叠世岩浆弧，早二叠世—中二叠世弧前盆地、弧间盆地、弧后盆地。前述晚石炭世岩浆弧为北部贺根山-大石寨俯冲增生杂岩带南向俯冲产物；古元古代俯冲造山带基底主要为锡林浩特岩群变质岩系，相当于锡林浩特地块的基底组成部分，被晚石炭世岩浆岩侵入后，两者构成了晚石炭世俯冲造山带主要物质建造。早二叠世岩浆弧，早二叠世—中二叠世弧前盆地、弧间盆地、弧后盆地的形成时代是在晚石炭世俯冲造山带之后，与北部贺根山-大石寨俯冲增生事件没直接关系。从分布位置和时代上与巴彦锡勒-牤牛海俯冲增生杂岩带的时空关系具有密切关系，巴彦锡勒-牤牛海俯冲增生杂岩中的基质时代以早二叠世为主，岩块中最小的年代为早二叠世，说明增生杂岩的俯冲时代应在早二叠世，北侧产出的大量早—中二叠纪弧盆建造很好地响应了锡林浩特—牤牛海一带洋盆北向俯冲特点。巴彦锡勒-牤牛海俯冲增生杂岩带南侧也产出有早—中二叠纪弧盆建造，其主要为南侧白音昆地-乌兰达坝俯冲增生杂岩带北向俯冲产物。

（1）早二叠世岩浆弧：主要由早二叠世大石寨组中性—中酸性—酸性火山岩组成，为岛弧钙碱性火山岩，北东东向展布于巴彦锡勒-牤牛海俯冲增生杂岩带的北侧。总体分 3 段产出：西段从巴彦宝格达—阿勒坦郭勒一带，北东东向断续延伸近 300km，与巴彦锡勒-迪彦庙俯冲增生杂岩的分布方向和长度对应；中段主要分布在汗乌拉地区，北东东向断续延伸近 90km，与要尔亚-巴彦温都尔俯冲增生杂岩的分布方向和位置基本对应；东段分布在巴彦温都尔—突泉一带，北东东向断续延伸近 130km，与杜尔基-牤牛海俯冲增生杂岩分布方向和位置基本对应。早二叠世岩浆弧的时空展布指示了锡林浩特—牤牛海一带洋盆北向俯冲极性。

（2）早二叠世弧前盆地：主要由早二叠世寿山沟组砂岩-粉砂岩-泥岩夹灰岩、酸性凝灰岩组成，为一套浅海相沉积建造，主要产出在巴彦锡勒-牤牛海俯冲增生杂岩带北侧萨如勒、敖都木、杜尔基一带，展布于俯冲增生杂岩带和早二叠世岩浆弧之间，形成时代和分布位置与巴彦锡勒-牤牛海俯冲增生杂岩北向俯冲的弧前盆地吻合。早二叠世弧前盆地之上叠加中晚二叠世残余盆地沉积。

（3）早二叠世弧间盆地：主要由早二叠世寿山沟组砂岩-粉砂岩-泥岩，夹灰岩、凝灰岩、硅质岩等组成，为一套浅海相—半深海相沉积建造，主要产出在巴彦锡勒-牤牛海俯冲增生杂岩带北侧巴彦查干、巴彦花一带，展布于早二叠世岩浆弧之间，形成时代和分布位置相当于早二叠世岩浆弧裂解的弧间盆地。表明早二叠世巴彦锡勒-牤牛海俯冲增生杂岩带北向俯冲过程中，早二叠世岩浆弧发生裂解，形成有弧间盆地沉积。早二叠世弧间盆地之上叠加有中二叠世残余盆地沉积。

（4）中二叠世弧后盆地：主要由中二叠世哲斯组砂岩-粉砂岩-泥岩夹灰岩等组成，为一套浅海沉积建造，主要产出在巴彦锡勒-牤牛海俯冲增生杂岩带北侧查日彦一带，展布于早二叠世岩浆弧北部，形成

时代和分布位置相当于早二叠世岩浆弧的弧后位置。表明早二叠世巴彦锡勒-牤牛海俯冲增生杂岩带北向俯冲以后,中二叠世岩浆弧北缘发生伸展作用,形成有弧后盆地沉积。

二、白音昆地-乌兰达坝俯冲增生杂岩带

白音昆地-乌兰达坝俯冲增生杂岩带是本次工作在西拉木伦对接带内新厘定出的一条俯冲增生杂岩带,以五道石门(何国琦和邵济安,1983)、盖家店、黄岗梁蛇绿岩(王荃,1986)为基础,在编图过程中从白音敖包、朝阳、四方城一带原寿山沟组、哲斯组、大石寨组等地层中解体出一系列产俯冲增生杂岩的基质和岩块,与五道石门、盖家店、黄岗梁蛇绿岩共同构成一条北东东展布俯冲增生杂岩带,与北部的巴彦锡勒-牤牛海俯冲增生杂岩带和南部柯单山-西拉木伦俯冲增生杂岩带近平行状分布,3 条俯冲增生杂岩带之间和两侧分布大量的早—中二叠世弧盆建造,显示准同期俯冲增生特点。白音昆地-乌兰达坝俯冲增生杂岩带西起白音昆地(五道石门一带),向东经白音敖包、朝阳、四方城,至乌兰达坝一带与巴彦锡勒-牤牛海俯冲增生杂岩带拼合,到科右中旗一带延伸进入松嫩盆地。白音昆地-乌兰达坝俯冲增生杂岩带的基质主要是从寿山沟组、哲斯组、大石寨组解体出的变形较强的砂泥质岩石,以糜棱岩化砂岩、粉砂岩和板岩为主,局部有少量千枚岩,其内包有大小不一的岩块,岩块成分以玄武岩、灰岩为主,另有少量硅质岩、玻镁安山岩和辉长岩。该俯冲增生杂岩带的整体研究程度较低,仅在二零四、五道石门一带对基性岩有过一些研究。

前人的研究认为它们属于蛇绿岩,何国琦和邵济安(1983)根据五道石门枕状细碧岩中夹有硅质岩夹层和透镜体并有属于早古生代的微体化石,将五道石门、黄岗梁、杏树洼等地的基性、超基性岩等初步认定为早古生代蛇绿岩建造。李锦轶(1986,1987)根据矿物学及岩石地球化学特征,认为五道石门地区的枕状基性熔岩可能是来源于上地幔的玄武质岩浆,并在早古生代洋盆扩张中心喷发,构成了古洋壳蛇绿岩套的一部分,并可能于志留纪末构造侵位于华北板块的北缘。王玉净和樊志勇(1997)根据杏树洼蛇绿岩中发现的放射虫化石认为上述蛇绿岩属中二叠世中晚期。王炎阳等(2014)认为其是早二叠世晚期伸展环境中基性岩浆活动的产物。

克什克腾旗五道石门水库一带出露的蛇绿岩为一套由灰绿色玄武岩、枕状玄武岩岩块和硅质粉砂岩基质组成的俯冲增生杂岩。岩性组合以蚀变特征的细碧岩、角斑岩、石英角斑岩为主。火山岩与一套复理石建造的中—细砂岩、板岩共生,呈岩块和基质杂岩产出,局部见硅质岩和灰岩透镜体。据葛梦春等(2008b)的研究,二零四—五道石门一带基性火山岩(细碧岩和玄武岩)具较低的总稀土丰度[ΣREE=(60.2~92.0)×10^{-6}](表 3-27)。稀土分馏不明显,$(La/Yb)_N$ 多介于1.05~1.94之间,仅个别样品达 3.10,配分曲线为平坦型,与 E 型洋脊玄武岩的特征一致,无明显的铕异常(δEu=0.79~1.05)。中酸性火山岩(角斑岩-石英角斑岩)的稀土丰度稍高[ΣREE=(93.9~168.8)×10^{-6}],稀土分馏较明显[$(La/Yb)_N$=3.98~7.99],主要原因是轻稀土相对富集,但重稀土的丰度与基性火山岩一致,稀土配分型式表现为轻稀土呈陡斜率的右倾而重稀土平坦(图 3-159a),具弱的负铕异常(0.66~0.87)。

表 3-27　二零四—五道石门一带主量元素、微量元素、稀土元素分析结果

样品	HW-1	HW-2	HW-3	HW-4	HW-5	HW-6	HW-7	HW-8	603-25-1	603-25-3	604-0-3	604-0-1	604-0-2	603-25-4	603-29	604-1-5
岩石	细碧岩	细碧岩	细碧岩	细碧岩	细碧岩	细碧岩	细碧岩	细碧岩	细碧岩	细碧岩	角斑岩	角斑岩	安山岩	英安岩	英安岩	英安岩
SiO_2/%	45.73	45.46	45.65	46.17	48.51	52.33	48.26	48.85	49.73	52.84	55.32	56.70	57.46	68.34	68.12	67.25
TiO_2/%	1.62	1.35	1.55	1.47	1.43	1.20	1.34	1.19	1.47	1.36	1.15	0.87	0.96	0.77	0.76	0.61
Al_2O_3/%	12.48	13.37	13.71	13.45	13.65	13.14	14.08	14.42	15.01	14.88	15.97	17.09	14.38	16.03	14.76	14.55
Fe_2O_3/%	10.55	10.65	9.21	9.42	8.28	8.66	8.38	7.09	1.59	1.19	2.74	3.78	2.20	0.40	0.79	2.18
FeO/%	6.16	4.56	7.15	5.86	6.49	3.94	5.28	5.93	7.75	7.17	5.93	3.88	4.96	2.47	5.62	2.90
MnO/%	0.40	0.40	0.43	0.41	0.35	0.33	0.27	0.33	0.17	0.17	0.19	0.12	0.13	0.06	0.08	0.09
MgO/%	7.37	5.84	6.97	6.43	6.14	4.33	5.86	5.76	9.39	7.19	2.20	2.51	2.86	1.34	1.63	1.83
CaO/%	8.41	11.48	8.09	9.53	7.20	8.93	10.05	9.40	8.82	9.32	3.98	3.16	4.93	3.65	0.93	0.70
Na_2O/%	3.51	2.08	3.23	2.90	4.28	3.52	3.08	3.12	2.84	3.50	6.46	6.33	2.07	4.15	2.57	3.62
K_2O/%	0.41	1.08	0.51	0.37	0.33	0.45	0.32	0.77	0.88	0.25	0.57	0.80	2.43	1.42	2.45	3.19
P_2O_5/%	0.28	0.31	0.28	0.29	0.30	0.26	0.28	0.28	0.23	0.20	0.54	0.27	0.37	0.22	0.24	0.19
烧失量/%	3.21	2.90	3.54	3.63	3.40	2.36	2.40	2.45	1.85	1.66	2.62	2.50	3.49	0.90	1.77	2.55
CO_2/%									0.07	0.07	2.13	1.76	3.52	0.06	0.07	0.09
合计/%	100.13	99.48	100.32	99.93	100.36	99.45	99.60	99.59	99.80	99.80	99.80	99.77	99.76	99.81	99.79	99.75
Na_2O/K_2O	8.56	1.93	6.33	7.84	12.97	7.82	9.63	4.05	3.23	14.00	11.33	7.91	0.85	2.92	1.05	1.13
(Na_2O+K_2O)/%	3.92	3.16	3.74	3.27	4.61	3.97	3.40	3.89	3.72	3.75	7.03	7.13	4.50	5.57	5.02	6.81
$Mg^{\#}$	0.48	0.45	0.47	0.47	0.46	0.42	0.47	0.48	0.67	0.63	0.34	0.40	0.45	0.48	0.33	0.42
TFeO/%	15.64	14.13	15.43	14.33	13.93	11.73	12.81	12.30	9.18	8.24	8.39	7.28	6.94	2.83	6.33	4.86
$La/10^{-6}$	6.01	4.99	6.24	7.49	3.83	5.80	6.24	5.04	11.70	7.80	22.30	16.60	14.10	17.60	34.80	28.40
$Ce/10^{-6}$	14.56	13.99	15.55	18.26	10.54	13.38	15.89	12.68	31.10	19.90	54.60	38.60	34.00	40.90	78.30	64.70
$Pr/10^{-6}$	2.23	2.03	2.50	2.69	1.61	2.01	2.31	2.13	4.11	2.58	6.33	4.49	4.19	4.60	8.56	6.97
$Nd/10^{-6}$	10.09	10.28	11.11	12.03	8.15	9.22	11.41	10.79	19.20	11.90	28.50	19.50	18.90	18.60	34.00	27.20
$Sm/10^{-6}$	3.76	3.87	3.70	3.66	3.18	2.95	4.47	3.40	5.15	3.17	6.87	4.63	4.67	3.87	7.37	5.37
$Eu/10^{-6}$	1.14	1.47	1.23	1.41	0.93	1.17	1.35	0.94	1.70	1.07	1.72	1.20	1.31	0.88	1.47	1.15
$Gd/10^{-6}$	4.26	4.60	5.18	4.59	3.93	3.98	4.68	3.86	5.01	3.22	6.20	4.12	4.41	3.28	6.03	4.14
$Tb/10^{-6}$	0.81	0.90	0.83	0.84	0.72	0.74	0.84	0.73	0.86	0.56	1.03	0.70	0.72	0.55	0.98	0.68
$Dy/10^{-6}$	5.50	5.52	5.52	4.93	4.54	4.50	5.44	4.29	5.46	3.66	6.42	4.48	4.61	3.62	6.11	4.18
$Ho/10^{-6}$	1.07	1.28	1.19	1.07	1.00	1.02	1.44	0.92	1.09	0.79	1.31	0.93	0.92	0.74	1.22	0.84
$Er/10^{-6}$	2.95	3.21	3.22	2.74	2.87	2.53	3.20	2.75	3.06	2.37	3.92	2.86	2.69	2.35	3.61	2.51

续表 3-27

样品	HW-1	HW-2	HW-3	HW-4	HW-5	HW-6	HW-7	HW-8	603-25-1	603-25-3	604-0-3	604-0-1	604-0-2	603-25-4	603-29	604-1-5
岩石	细碧岩	细碧岩	细碧岩	细碧岩	细碧岩	细碧岩	细碧岩	细碧岩	细碧岩	细碧岩	角斑岩	角斑岩	安山岩	英安岩	英安岩	英安岩
$Tm/10^{-6}$	0.49	0.53	0.45	0.40	0.38	0.37	0.42	0.41	0.43	0.35	0.55	0.41	0.39	0.36	0.53	0.37
$Yb/10^{-6}$	2.89	2.97	3.12	2.82	2.62	2.53	2.89	2.27	2.71	2.29	3.76	2.78	2.54	2.52	3.34	2.55
$Lu/10^{-6}$	0.53	0.43	0.46	0.34	0.37	0.38	0.44	0.38	0.39	0.36	0.58	0.44	0.39	0.40	0.52	0.40
$\Sigma REE/10^{-6}$	56.29	56.07	60.30	63.27	44.67	50.58	61.02	50.59	92.00	60.00	144.10	101.70	93.90	100.30	186.80	149.50
$(La/Yb)_N$	1.49	1.21	1.43	1.91	1.05	1.64	1.55	1.59	3.10	2.44	4.25	4.28	3.98	5.01	7.47	7.99
δEu	0.87	1.06	0.86	1.05	0.80	1.04	0.90	0.79	1.01	1.01	0.79	0.82	0.87	0.74	0.65	0.72
$Y/10^{-6}$	26.63	25.05	29.40	23.79	23.52	22.28	27.79	21.59	28.20	21.60	34.90	24.90	24.90	20.00	35.60	22.50
$Sc/10^{-6}$	33.71	31.83	35.96	33.94	34.85	29.94	34.45	29.63	25.10	26.90	23.10	20.30	20.80	15.10	16.80	11.90
$V/10^{-6}$	400.10	416.50	440.60	333.90	343.80	359	408.50	357.20	180	182	133	180	202	109	97.80	99.60
$Cr/10^{-6}$	47.42	65.52	55.58	47.63	49.71	54.03	41.89	54.98	339	434	1.90	10.70	47	49.90	43.20	27.10
$Co/10^{-6}$	36.61	30.65	33.55	36.10	32.08	28.37	41.61	33.34	30.90	37.90	16.70	16.20	18.30	8.32	10.80	7.80
$Ni/10^{-6}$	37.57	39.24	34.97	31.64	32.87	26.67	27.29	32.02	139	103	0.85	5.88	22.30	16.90	20.10	13.50
$Cu/10^{-6}$	199.70	84.40	71.90	188.40	112.30	144.60	95.80	146.80	3.97	4.79	31.10	41.50	99.20	17.70	11.70	54
$Zn/10^{-6}$	196	119.30	196.20	233.70	246.50	129.80	106.80	117.50	79.50	93.70	116	91.10	99.30	42.90	113.00	84.90
$Ga/10^{-6}$	16.30	22.46	21.77	18.35	14.59	16.30	17.97	17.09	16.50	16.70	18	18.50	15.70	16.90	19.80	17.90
$Rb/10^{-6}$	15.90	38.20	22.39	11.85	8.42	12.94	10.06	30.80	23.50	10.40	12.60	22.30	68.80	111	90.10	90.10
$Sr/10^{-6}$	72.40	135	90.50	98.50	89.70	98.40	125.60	219.10	426	463	391	522	303	298	163	261
$Zr/10^{-6}$	60.13	55.48	60.87	59.35	60.08	54.16	57.02	45.39	149	142	138	109	92.40	163	183	166
$Nb/10^{-6}$	1.33	1.14	1.55	1.29	1.19	1.14	1.15	1.10	4.07	3.66	5.79	4.58	3.95	6.88	9.65	9.38
$Cs/10^{-6}$	1.35	2.10	2.86	1.37	1.31	1.77	4.17	4.62	7.93	4.15	0.87	2.89	3.35	26.70	16.50	2.98
$Ba/10^{-6}$	157	252	166.40	181.10	223.90	233.70	129.20	191.40	192	98.40	317	306	570	340	550	663
$Hf/10^{-6}$	1.77	2.02	1.96	2.23	1.83	1.85	1.90	2.05	3.57	3.52	3.92	3.04	2.56	4.46	5.07	4.54
$Ta/10^{-6}$	0.10	0.09	0.10	0.09	0.08	0.09	0.09	0.18	0.29	0.27	0.35	0.29	0.23	0.48	0.69	0.62
$Pb/10^{-6}$	22.48	27.07	24.80	21	22.24	21.75	24.68	37.20	25.90	24.50	13.30	13.40	16.40	38.30	20.10	28.90
$Th/10^{-6}$	0.47	0.52	0.53	0.68	0.66	0.67	0.49	0.45	1.74	1.50	4.45	3.58	2.42	5.69	8.90	8.96
$U/10^{-6}$	0.19	0.22	0.34	0.27	0.48	0.35	0.19	0.22	0.50	0.56	1.41	0.96	0.70	1.45	1.89	2.16

注:数据来源于葛梦春等(2008b)。

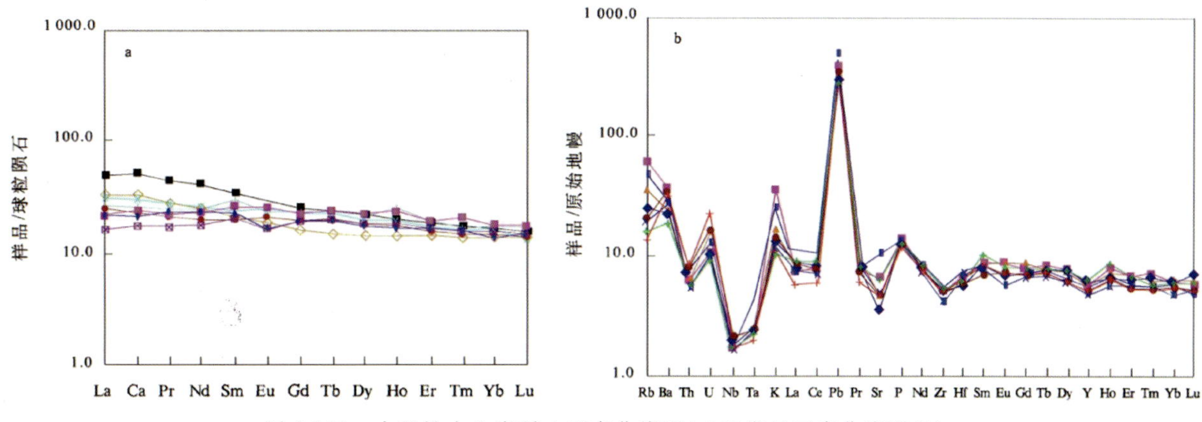

图 3-159　中基性火山岩稀土元素曲线图(a)和微量元素曲线图(b)

微量元素曲线图(图 3-159b)显示，中基性火山岩的微量元素分布型式也非常相似，与洋中脊玄武岩相比，玄武岩、细碧岩、角斑岩及石英角斑岩均表现为大离子亲石元素 Rb、Ba、U、K 的稍有富集，而高场强元素的丰度与洋脊拉斑玄武岩的相近，但同时出现明显的 Nb、Ta 负异常和 Ti 弱负异常特征，则表现为岛弧拉斑玄武岩。大部分样品具拉斑玄武岩系列的特征，其中细碧岩的稀土微量元素特征有岛弧拉斑玄武岩与洋脊拉斑玄武岩间的过渡性质，具有前弧火山岩特征。

乔彦波等(2016)在二零四一带的原大石寨组中发现有玻镁安山岩(玻镁安山岩出露面积为 $200m^2$ 左右，整合覆盖于杏仁状辉石安山岩之上)。通过对玻镁安山岩及安山岩、英安岩、辉长岩的地球化学分析及对比，确定该二叠纪玻镁安山岩岩浆具有岛弧地球化学性质、物质来源具幔源岩浆的特征、岩浆形成与消减作用有关、形成于俯冲消减环境中等特点，并推断华北北缘在二叠纪期间仍处于古亚洲洋的俯冲构造环境。

玻镁安山岩呈灰色至灰黑色，斑状结构，块状构造。斑晶由辉石、橄榄石假象组成，呈半自形柱状，质量分数小于 5%，辉石可见双晶，橄榄石具皂石化呈假象。基质由辉石组成，质量分数约 95%，多为微晶状。岩石中含杏仁体，约占全岩的 10%，呈椭圆状，杂乱分布，由硅质、碳酸盐、帘石、绿泥石等填充(图 3-160)。结合岩石化学分析，确定为玻镁安山岩。

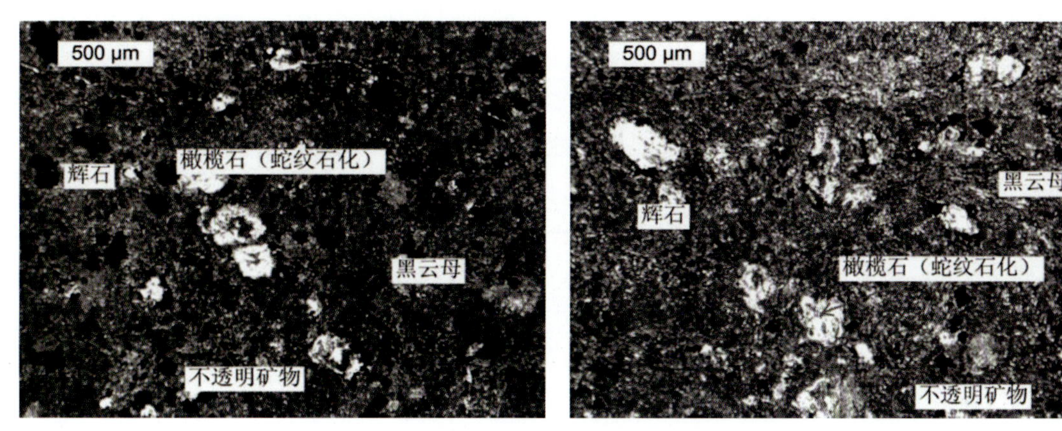

图 3-160　玻镁安山岩显微镜照片(据乔彦波等，2016)

玻镁安山岩中 SiO_2 质量分数为 52.92%，MgO 质量分数为 8.99%，Mg 质量分数为 0.64%。玻镁安山岩斜长石牌号在 35～68 之间，玻镁安山岩为碱性极低的钙碱性岩，其岩浆分异程度低，镁铁质量分数高，镁铁比高，岩石化学特征与辉长岩、玄武岩等基性岩相似，与安山岩具有一定的区别。玻镁安山岩稀土总量(∑REE)为 26.01×10^{-6}，轻重稀土比值较低；δEu 值为 1.08，正异常，为 Eu 富集型，稀土配分曲线在 Eu 处呈峰状(图 3-161a)，反映了含钙造岩矿物的聚集。在微量元素曲线图(图 3-161b)上，玻镁安山岩具高场强元素 Nd 的负异常，呈明显的“V”形谷，而 Sr 元素相对富集，且 Sr* 值为1.66，K 较为富集，表明该岩体与削减作用有关。

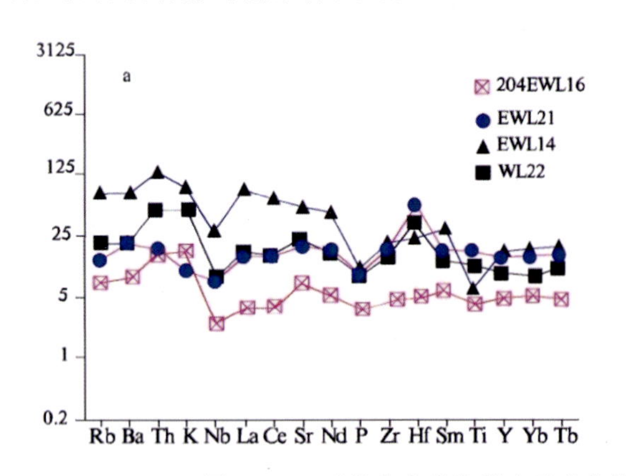

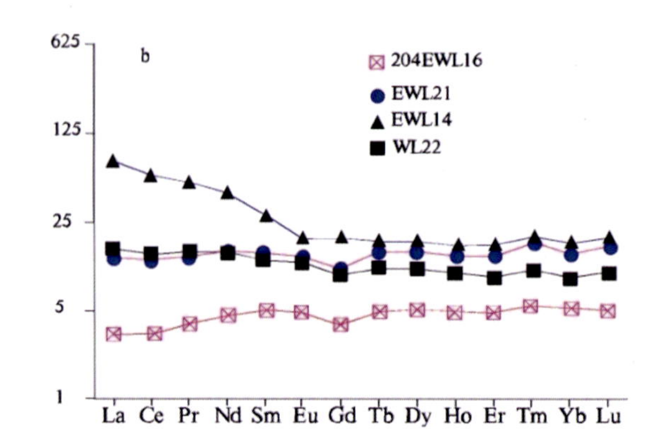

图 3-161 玻镁安山岩的稀土元素曲线图(a)和微量元素曲线图(b)(据乔彦波等，2016)

白音昆地-乌兰达坝俯冲增生杂岩带的北侧发育大面积的早二叠世岩浆弧和早二叠世弧间盆地，南侧产出的主要为中晚二叠世残余盆地和少量具洋内弧特征的早二叠世火山弧，从弧盆形成时代和分布位置上分析，北侧弧盆与白音昆地-乌兰达坝俯冲增生杂岩带具有很好的时空对应关系，显示白音昆地-乌兰达坝俯冲增生杂岩带所代表的洋盆具有北向俯冲极性。该俯冲增生杂岩带可能为北部的巴彦锡勒-牦牛海俯冲增生杂岩带活动结束后，俯冲洋壳向南后退形成的新的俯冲增生杂岩带，带内玻镁安山岩和细碧-角斑岩系列均具有洋中脊和岛弧拉斑玄武岩双重特征，显示了前弧玄武岩特点，符合前弧(洋内弧)持续向陆缘增生特征。另外，带的南侧产出有洋内弧玄武安山岩，其形成于俯冲的构造环境中，证实早二叠世期间古亚洲洋板块由南向北进行俯冲(关庆彬等，2016)，显示南部还存有洋盆，中晚二叠世接受残余盆地沉积。早二叠世岩浆弧主要分布在五道石门、黄岗梁、四方城一带，北东东向展布于白音昆地-乌兰达坝俯冲增生杂岩带的北侧，由大石寨组钙碱性中性—中酸性火山岩组成，有少量早二叠世花岗闪长岩和二长花岗岩侵入，林西头道石门一带的大石寨组火山岩主要形成于岛弧环境(吕志成等，2002)，大石寨组火山岩的极性从南向北，大洋板片俯冲作用造成由拉斑玄武岩系列过渡到钙碱性系列，也指示了洋盆向北俯冲特征(刘建峰等，2009)。早二叠世弧间盆地产出在早二叠世岩浆弧之间，主要集中在白音昆地—要尔亚地区，由早二叠世寿山沟组浅海相沉积岩组成。在白音昆地西部早二叠世岩浆弧北部保留有少量早二叠世弧后盆地，岩石主要也是由早二叠世寿山沟组浅海相沉积岩组成。白音昆地-乌兰达坝俯冲增生杂岩带配套的弧盆体系对北部锡林浩特-牤牛海俯冲增生杂岩有一定的覆盖，说明白音昆地—乌兰达坝一带的俯冲增生作用晚于锡林浩特—牤牛海地区，两者之间具有一定的继承性，总体显示洋盆向北俯冲、洋壳不断向南回撤的后退式俯冲特点。

三、柯单山-西拉木伦俯冲增生杂岩带

柯单山-西拉木伦俯冲增生杂岩带是本次工作依据原柯单山、西拉木伦一带的蛇绿岩，结合近年在该地区开展的“大兴安岭成矿带突泉—翁牛特地区地质矿产调查项目”(汪岩等，2019)、“兴蒙造山带关键地区构造格架与廊带地质调查项目”(刘建峰等，2020)成果厘定出的一条代表西拉木伦对接带南缘边界的俯冲增生杂岩带。

柯单山-西拉木伦俯冲增生杂岩带西起柯单山，向东经双井子、巴林右旗、阿鲁科尔沁旗，至查布嘎图一带延入松嫩盆地，全长 450 余千米。西段柯单山—双井子一带俯冲增生杂岩主要由原柯单山、西拉

木伦蛇绿岩和早中二叠世变形基质组成，中东段主要利用大兴安岭成矿带突泉—翁牛特地区地质矿产调查成果（汪岩等，2019），新厘定了巴林右旗、阿鲁科尔沁旗俯冲增生杂岩，东、西两段构成了北东东向展布的柯单山-西拉木伦俯冲增生杂岩带。中东段新发现一套超基性岩-基性岩-硅质岩-灰岩岩块和变形基质岩石组合，具有典型俯冲增生杂岩特征，与柯单山-西拉木伦俯冲增生杂岩带断续衔接，形成时代和空间展布与柯单山-西拉木伦俯冲增生杂岩带具有一致性，为西拉木伦对接带东延提供了新的素材。柯单山-西拉木伦俯冲增生杂岩带主要分3段产出：西段为柯单山-克什克腾俯冲增生杂岩，中段为杏树洼-大板俯冲增生杂岩，东段为九井子-天山俯冲增生杂岩，其中杏树洼—大板一带出露最好，研究程度也相对较高。

（一）杏树洼一带俯冲增生杂岩

杏树洼俯冲增生杂岩主要分布在小杏树洼—小苇塘和上岗岗坤兑—哈什吐井子北东一带，呈近东西向展布的两个透镜状混杂岩岩片，出露面积共约20km^2。其中，小杏树洼岩片南、北两侧均与晚二叠世克德河砾岩呈断层接触；上岗岗坤兑岩片北东和南东侧与晚二叠世克德河砾岩呈断层接触，北西侧被满克头鄂博组不整合覆盖，南西侧与新民组陆相碎屑岩呈断层接触。

1. 杏树洼俯冲增生杂岩物质组成

在以往的工作中，1∶20万林西县幅区域地质调查报告（1971）认为镁铁质和超镁铁质岩石是海西晚期侵入体。1∶5万任家营子幅区域地质调查报告（1995）将其称为小苇塘岩片（刘建峰等，2020），根据灰岩透镜体中获得的海百合茎和珊瑚化石，将其中的碎屑岩部分划分为上志留统杏树洼组；根据在蚀变玄武岩中获得的锆石U－Pb年龄（344.6Ma），将其中的镁铁质和超镁铁质岩石划分为早石炭世蛇绿岩。内蒙古自治区岩石地层（1997）清理过程中，将杏树洼组归并到西别河组（SDx）。2000年内蒙古地质调查院在修测1∶25万林西县幅地质图过程中，采用地层清理的观点将其划分为西别河组板岩、变质粉砂岩和结晶灰岩，认为其中的镁铁质和超镁铁质岩石为二叠纪斜辉橄榄岩和辉长岩侵入体。1∶25万林西县幅区域地质调查报告（葛梦春等，2008b），将其划分为上志留统西别河组（S_3x），而将其中的镁铁质和超镁铁质岩石划分为早二叠世蛇绿岩。

刘建峰等（2020）通过地质调查，认为镁铁质和超镁铁质岩石是以外来构造岩块的形式产出在细碎屑岩中，原定西别河组中的薄层灰岩和灰岩透镜体也与周围的碎屑岩呈构造接触，它们实际上是一套包含灰岩、蛇纹岩、玄武岩、辉长岩、硅质岩及硅质粉砂岩等外来岩块的变质杂岩（图3-162）。

杏树洼俯冲增生杂岩由基质和岩块组成，其中基质主体为灰色、灰黑色和灰绿色硅质粉砂岩，泥质粉砂岩，凝灰质粉砂岩及细砂岩，发育薄的纹层构造遭受强烈的构造变形，泥质粉砂岩中的原生层理多被后期板劈理置换（图3-163c）。

在较硬的硅质粉砂岩可见原生的中、薄层韵律层理，显示复理石特征，反映深海浊流沉积的特点。灰岩在混杂岩中分布最为广泛，呈不规则透镜状分布在基质中。灰岩岩块长度从数十厘米至数十米不等，大者可达数百米（图3-163a、b）。在哈什吐井子以北的山坡上可见厚层灰岩与灰绿色变玄武岩呈互层状产出，共同构成“复合岩块”（图3-163d）。在较大灰岩岩块周围的基质中可见由于构造破碎形成的较小灰岩岩块（图3-163e），而岩块内部多动态重结晶，发育与区域构造线一致的透入性线理。

根据以往的区调工作，在这些灰岩中发育*Pachyfavosites* sp.、*Tryplasma* sp.、*Neomphyma* sp.、*Zelophyllum* sp. Indet.、*Favosites* sp.、*Polyorophe* sp.、*Brachyelasma* sp.等珊瑚化石（辽宁省第二区域地质测量队，1971；内蒙古自治区第二区域地质研究院，1995），表明这些灰岩岩块形成于晚志留世，可能代表大洋板片俯冲过程中被刮削下来的碳酸盐岩台地或稳定大陆边缘沉积的碳酸盐岩地层。

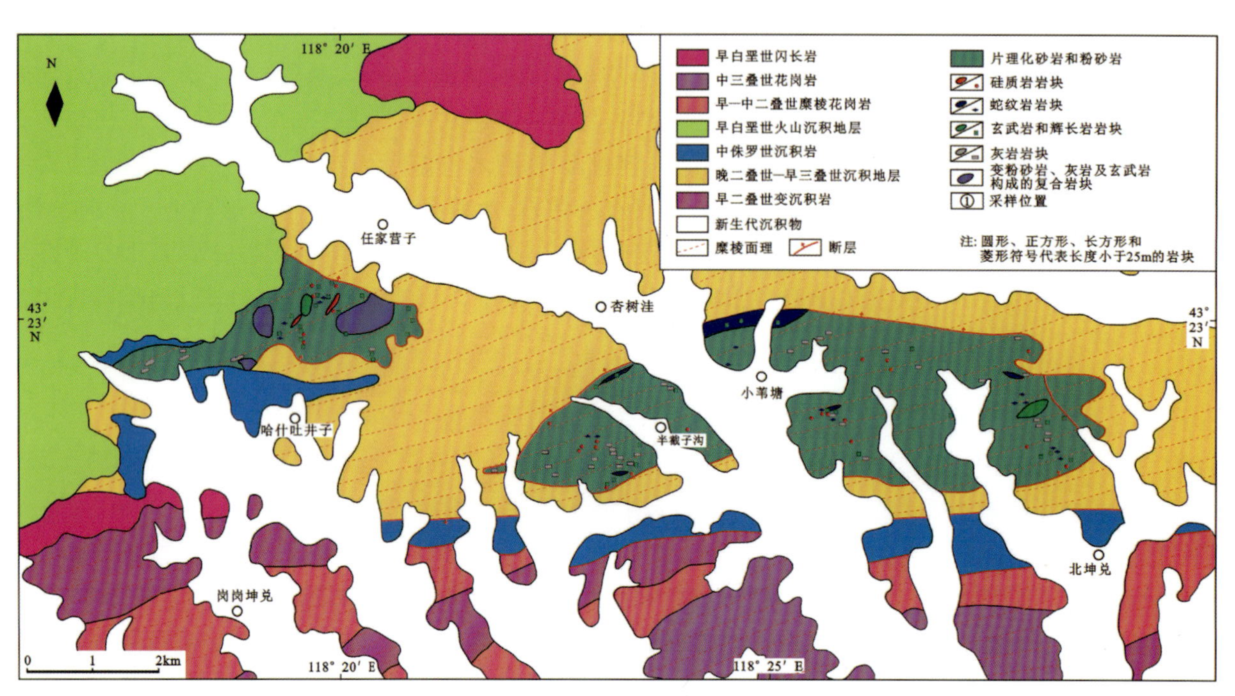

图 3-162　杏树洼地区俯冲增生杂岩地质简图(据刘建峰等,2020)

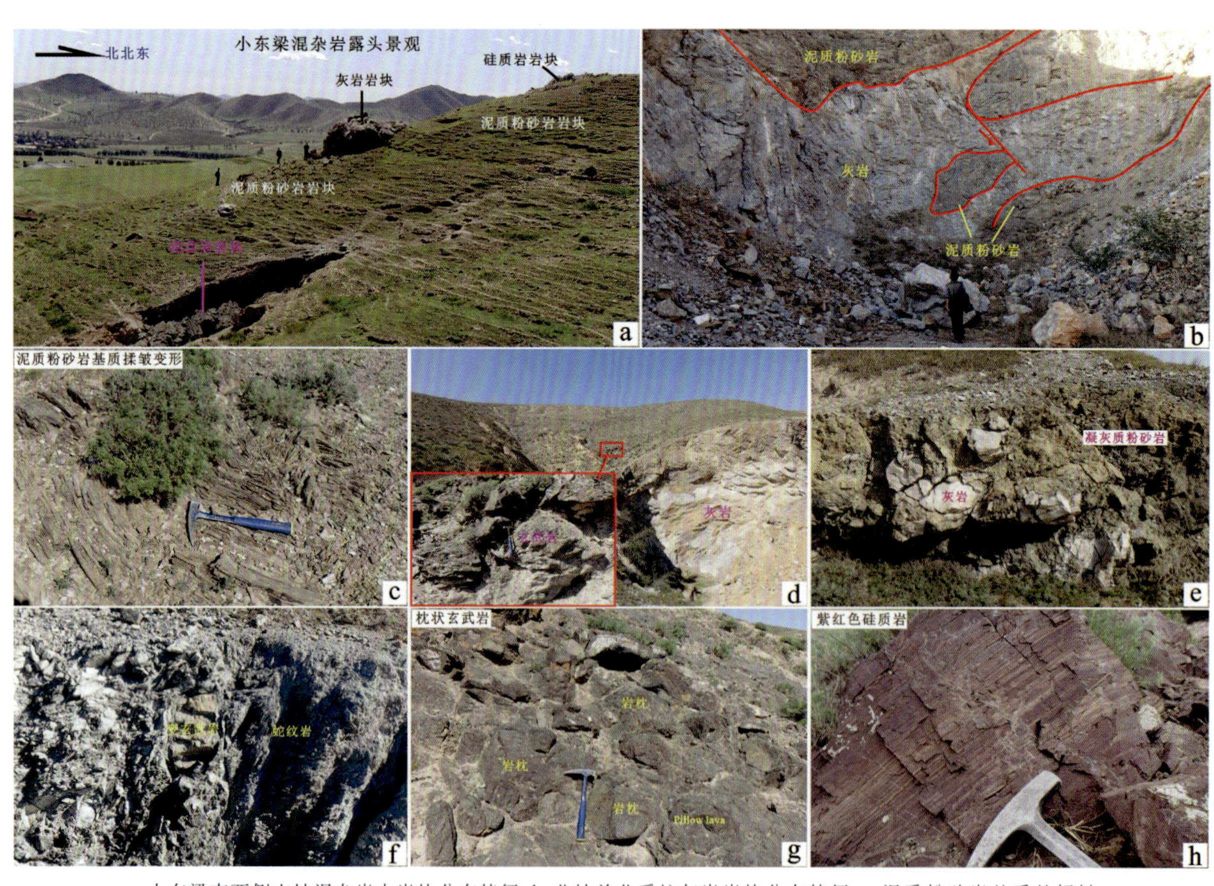

a. 小东梁南西侧山坡混杂岩中岩块分布特征；b. 北坤兑北采坑灰岩岩块分布特征；c. 泥质粉砂岩基质的揉皱变形；d. 哈什吐井子北采坑灰岩和玄武岩复合岩块特征；e. 凝灰质粉砂岩基质中灰岩岩块；f. 小苇塘北蛇纹岩采坑蛇纹岩中变玄武岩岩块；g. 枕状玄武岩岩块；h. 紫红色硅质岩。

图 3-163　杏树洼混杂岩野外宏观照片(据刘建峰等,2020)

蛇纹岩岩块主要产出在东部的小杏树洼岩片北侧，呈透镜状分布在半截子沟、小苇塘及北坤兑北等地，与片理化粉砂岩呈断层接触。其中以小苇塘北侧蛇纹岩出露面积最大，长约2000m，宽约300m。岩石主要由片理化蛇纹岩组成，部分变形较弱岩块内可见变余的辉石斑晶，原岩为辉石橄榄岩及纯橄岩。在小杏树洼东山坡采坑中，片理化蛇纹岩中发育不规则的灰绿色细粒变辉长岩、浅灰绿色变玄武岩及灰白色硅灰石岩块。此外，在北坤兑北、半截子沟及哈什吐井子北等地的泥质粉砂岩中还可见透镜状超镁铁质岩块，这种岩块规模较小，长数米至数十米不等。

除与蛇纹岩伴生的岩块外，辉长岩和玄武岩更多以独立的块体形式产出，呈灰绿色透镜状或不规则块状分布在小杏树洼岩片和上岗岗坤兑岩片中北部，长度从数米到数百米不等，围岩多为灰绿色凝灰质含砾细砂岩和粉砂岩。此外，在哈什吐井子北侧山坡采坑中常见玄武岩与厚层灰岩互层产出，这种"复合岩块"可能代表大洋中的碳酸盐岩台地。镁铁质岩块相对围岩较抗风化，多呈正地形产出。相对于蛇纹岩中的变玄武岩，这些镁铁质岩石未遭受明显的构造变形及蚀变，其中辉长岩呈深灰绿色，块状构造，变余辉长结构，主要由细粒斜长石和辉石组成；而玄武岩为灰绿色，除岩块边部发生片理化变形外，较大岩块内部保留块状构造，发育间粒-间隐结构。

硅质岩和硅质粉砂岩岩块广泛分布在小苇塘南东孙家营子、半截子沟西及哈什吐井子北等地。硅质岩呈块状构造，直径从数厘米至数百米不等，紫红色硅质岩中具有薄层的变余层理，单层厚度小于1mm（图3-164）。在哈什吐井子北侧山梁上的玄武岩岩块中可见少量角砾状硅质岩岩块，指示它们应属于洋底化学沉积作用的产物。显微镜下观察发现，岩石为隐晶质结构，由玉髓和黏土矿物组成。在1995年1∶5万区调工作中，内蒙古自治区第二区域地质研究院在杏树洼一带也曾发现了放射虫硅质岩，经王玉净和樊志勇(1997)鉴定，其中包括Ormistonellidae、Entactiniidae和Pseudoalbaillellidae科11属9种1相似种4未定种，以及伴生的1个台型牙形类*Mesogondolella* sp.，时代属于中二叠世Guadalupian中、晚期。

a. 紫红色硅质岩变余层理；b. 玄武岩岩块中硅质岩岩块；c. 硅质岩中放射虫；d. 显微镜下玉髓和黏土矿物。

图3-164　硅质岩岩块野外露头及显微照片(据刘建峰等，2020)

从岩石组合来看，杏树洼混杂岩包括了蛇纹岩、辉长岩、玄武岩及伴生的硅质岩（燧石）和灰岩岩块，这些岩块产出在强变形的泥质、硅质及凝灰质粉砂岩和砂岩中，且这些岩块和基质均遭受了强烈的构造变形，它们代表了被肢解的蛇绿岩。结合区域地质资料，杏树洼俯冲杂岩代表一套包含蛇绿岩残片的遭受后期变形改造的俯冲增生杂岩。

2. 杏树洼俯冲增生杂岩形成时代

前人通过古生物化石限定了混杂岩中灰岩和硅质岩的时代。刘建峰等（2020）对蛇绿岩辉长岩岩块进行了年代学研究，在半截子沟辉长岩岩块中获得了（274.7±1.4）Ma 年龄，反映辉长岩的形成时代为早二叠世晚期。该年龄与 Song 等（2015）在小杏树洼东山坡获得的变玄武岩的时代[（280±3）Ma]相近；另外也与九井子蛇绿岩的形成时代[（274.7±1.4）Ma]一致。定年结果表明混杂岩中存在早二叠世蛇绿岩岩块，碎屑锆石的最小年龄也限定了基质的最老的形成时代为早二叠世（刘建峰等，2020）。结合前人在硅质岩岩块中发现的中二叠世放射虫化石证据，初步认为杏树洼混杂岩的最终形成时代可能为中—晚二叠世。从小东梁凝灰质含砾砂岩中包含大量早古生代、元古宙和太古宙的碎屑锆石分析，混杂岩基质中浊积岩的主要物源可能来自华北古板块北缘，说明古亚洲洋闭合晚期存在向南的俯冲作用。

3. 杏树洼俯冲增生杂岩中蛇绿岩的地球化学特征

据刘建峰等（2020）的研究，位于小苇塘北采坑中的蛇纹岩具有较高的烧失量（LOI）（12.7%～12.99%），显示了超镁铁质岩石蛇纹石蚀变的特点。除去烧失量，将总成分换算为百分之百，岩石 SiO_2 质量分数较低，介于 45.64%～46.25%之间，具有较高的 MgO 质量分数（43.89%～44.49%）和 TFeO（8.42%～9.05%），较低的 CaO 质量分数（0.13%～0.36%），以及极低的 N_2O 和 K_2O 质量分数（均小于 0.1%）（图 3-165），这与钠和钾在蛇纹石化过程中流失有关。在岩石化学分类图解（图 3-166）中主要投入亚碱性系列苦橄玄武岩、玄武岩、玄武安山岩区，并具有 E-MORB 、N-MORB 背景。稀土元素具有极低的稀土总量[∑REE 介于（0.21～0.56）$\times10^{-6}$之间]，以及较平坦的配分曲线（图 3-166a），曲线中 Ce 元素的亏损可能与岩石遭受海水的交代蚀变有关。微量元素具有极高的地幔相容原始 Ni[（2228～2369）$\times10^{-6}$]和 Cr[（2770～3047）$\times10^{-6}$]含量，也显示地幔橄榄岩的特征。除 U 和大离子亲石元素外，蛇纹岩在微量元素蛛网图中总体表现相对平坦的配分特征（图 3-166b）。值得注意的是，岩石具有轻微的 Nb 和 Ta 的亏损，指示蛇纹岩所代表的地幔可能遭受到来自地壳物质的混染。

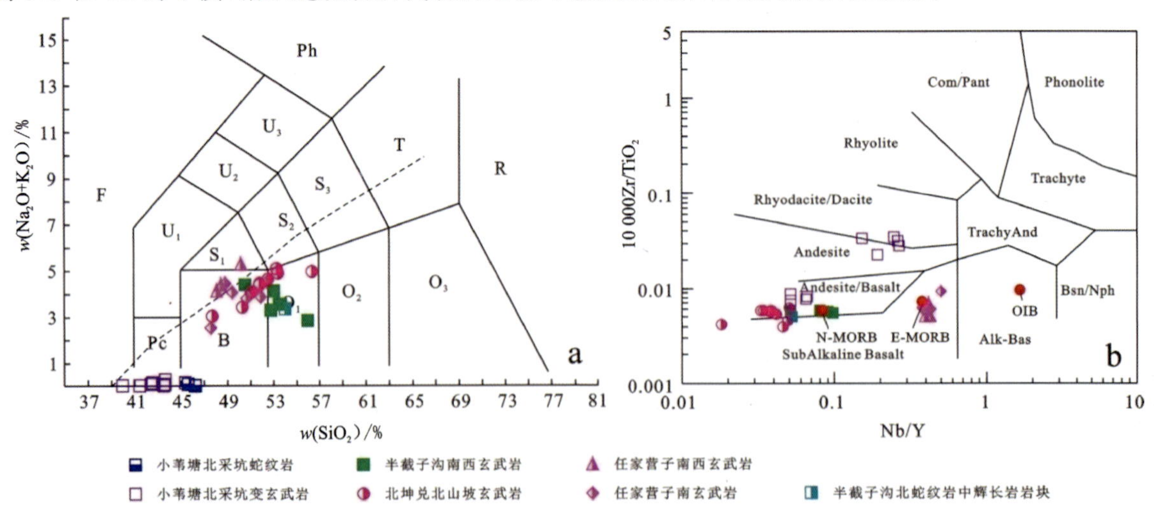

F. 付长石岩；Ph. 响岩；Pc. 苦橄玄武岩；T. 粗面岩；B. 玄武岩；U1. 碱玄岩-碧玄岩；U2. 响岩质碱玄岩；U3. 碱玄质响岩；S1. 粗面玄武岩；S2. 玄武粗安岩；S3. 粗安岩；O1. 玄武安山岩；O2. 安山岩；O3. 英安岩；R. 流纹岩；Phonolite. 响岩；Com/Pant. 碱流岩；Rhyolite. 流纹岩；Rhyodacite/Dacite. 流纹英安岩；Trachyte. 粗面岩；Andesite. 安山岩；TrachyAnd. 粗安面；Andesite/Basslt. 安山岩；SubAlkalineBasalt. 亚碱性玄武岩；Alk-Bas. 碱性玄武岩。

图 3-165 杏树洼混杂岩中不同地点镁铁质岩石分类图解（据刘建峰等，2020）

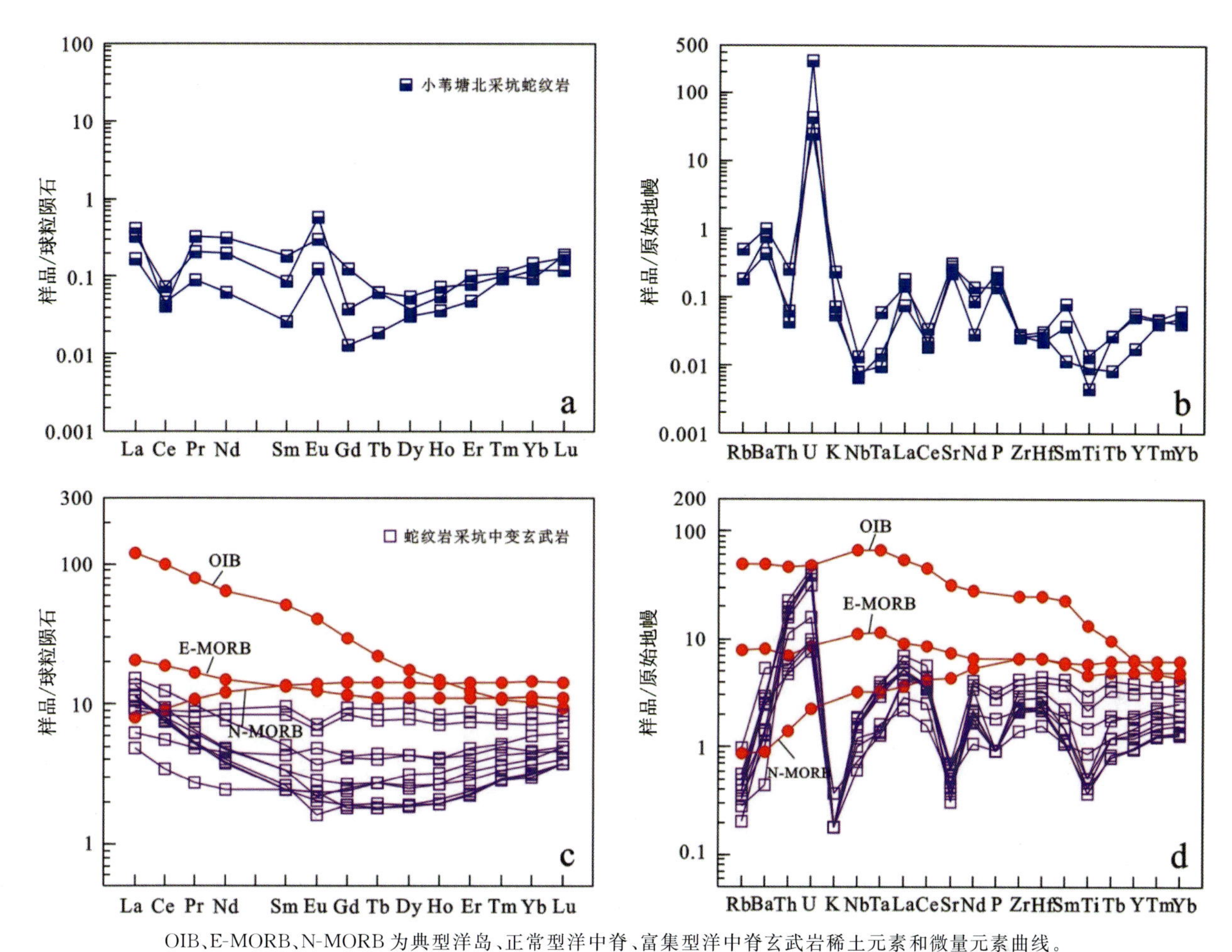

OIB、E-MORB、N-MORB 为典型洋岛、正常型洋中脊、富集型洋中脊玄武岩稀土元素和微量元素曲线。

图 3-166　小苇塘北蛇纹岩采坑中蛇纹岩和变玄武岩稀土元素及微量元素曲线图(据刘建峰等,2020)

在蛇纹岩采坑中灰白色透闪石岩块也具有较低的 SiO_2 质量分数(40.01%～45.44%),较高的 MgO(2.05%～6.63%)和 TFeO(6.09%～9.30%)质量分数,反映其原岩为变玄武岩;此外岩石具有较高的 CaO(14.72%～31.42%)质量分数和较低的 N_2O(<0.26%)和 K_2O(<0.1%)质量分数,可能与岩石的透闪石化有关。这些变玄武岩具有相对较高的稀土总量[(10.72～29.90)×10^{-6}];与蛇纹岩类似,具有较平坦或轻稀土略微富集的配分型式$(La/Yb)_N$=1.07～3.72(图 3-166)。微量元素具有相对蛇纹岩较低的 Ni[(144～842)×10^{-6}]和 Cr[(260～2257)×10^{-6}]含量。在微量元素蛛网图中,各元素含量除相对蛇纹岩较高外,也显示出与蛇纹岩类似的配分曲线(图 3-166c、d)。结合地质产状,指示玄武岩的原岩应为蛇纹岩所代表的地幔橄榄岩部分熔融的产物。在构造环境判别图解中,岩石主体投影到与俯冲相关的洋中脊、板内、岛弧火山岩区(图 3-167)。

半截子沟南西路边玄武岩 SiO_2 质量分数变化较大,介于 42.07%～56.04%之间,MgO 和 TFeO 质量分数分别介于 4.75%～7.80%之间和 8.31%～14.21%之间,岩石具有较低的全碱(N_2O+K_2O)质量分数(2.84%～4.62%),总体属于亚碱性玄武岩(图 3-165)。玄武岩稀土总量(ΣREE)介于(34.92～80.95)×10^{-6}之间,在球粒陨石标准化曲线中表现了与正常大洋中脊玄武岩(N-MORB)相似的轻稀土亏损特征[$(La/Yb)_N$=0.58～0.83](图 3-168e)。在微量元素蛛网图中,除了 Rb、Ba、K 和 Sr 等大离子亲石元素($LILE_S$)外,其余元素也表现出类似 N-MORB 的配分曲线(图 3-168f)。此外,在构造环境判别图解中,所有样品均投影到正常型洋中脊玄武岩范围内(图 3-167)。

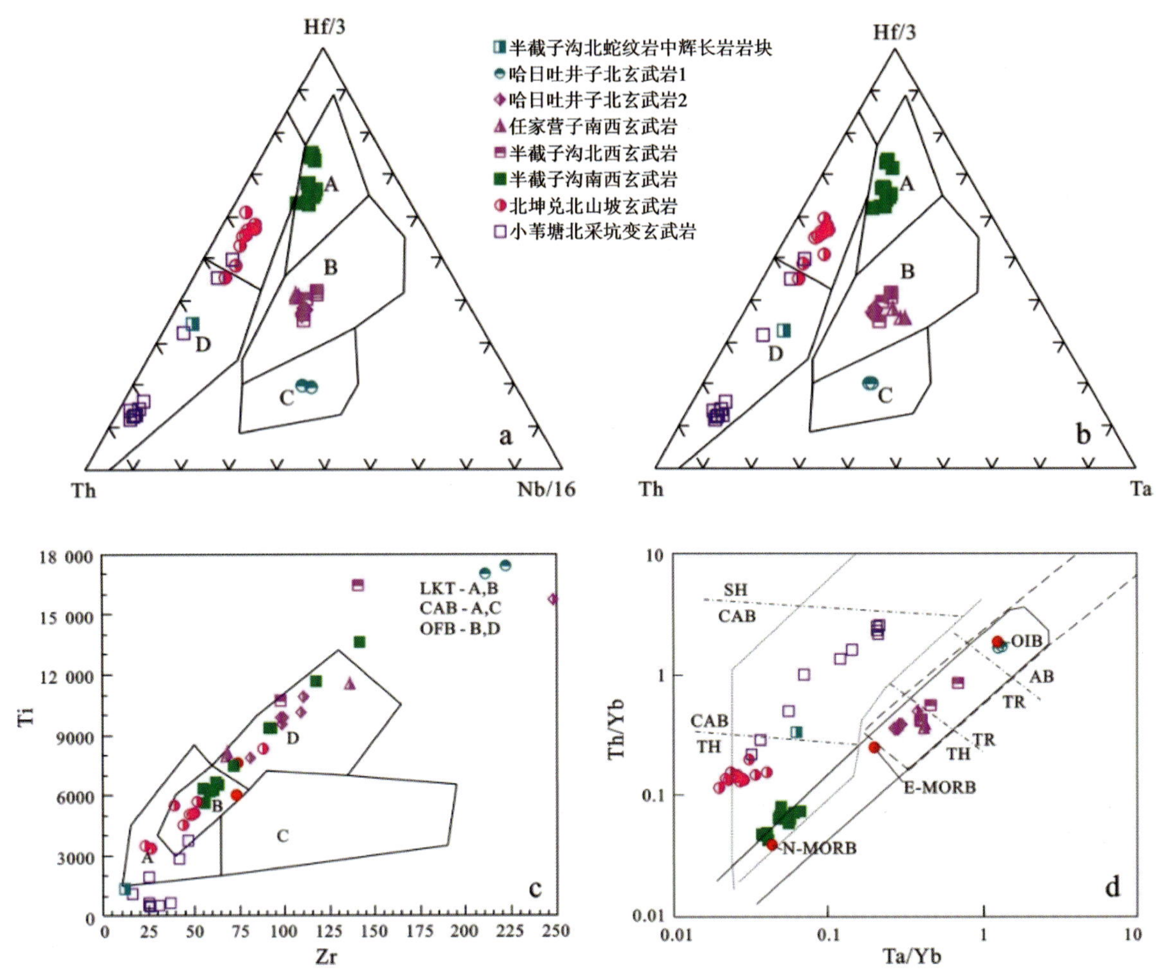

SH. 钾玄岩；TH. 拉斑玄武岩；TR. 过渡玄武岩；N-MORB. 正常型洋中脊；E-MORB. 富集型洋中脊；OIB. 洋岛玄武岩；CAB. 岛弧钙碱性玄武岩；OFB. 大陆玄武岩；LKT. 高钾钙碱性玄武岩；AB. 碱性玄武岩；A. 正常型洋中脊玄武岩；B. 富集型洋中脊玄武岩；C. 板内玄武岩；D. 岛弧钙碱性玄武岩；E. 岛弧拉斑玄武岩

图 3-167 杏树洼混杂岩中玄武岩岩块构造环境判别图解(据刘建峰等，2020)

半截子沟北西、任家营子南西山坡及哈什吐井子北采坑北侧山坡上的玄武岩 SiO_2 质量分数相对较低，介于 46.40%～52.40%之间，MgO 和 TFeO 质量分数分别介于 6.18%～8.01%之间和 9.42%～13.76%之间，相应的 $Mg^{\#}$ 介于 0.48～0.60 之间。岩石全碱(N_2O+K_2O)质量分数介于 2.52%～5.28%之间，在 TAS 图解中投影到碱性和亚碱性系列的界线附近(图 3-165)。玄武岩稀土总量(ΣREE)介于$(54.75～133.99)\times10^{-6}$之间，在球粒陨石标准化曲线中表现了与富集洋中脊玄武岩(E-MORB)相似的轻稀土略富集特征，$(La/Yb)_N$介于 2.36～6.10 之间(图 3-168c)。在微量元素曲线图中，除了 Rb、K 和 Sr 等大离子亲石元素外，也表现出富集洋中脊玄武岩的配分特征(图 3-168d)。此外，在构造环境判别图解中，样品主要投入到 E-MORB 区和大陆玄武岩内(图 3-167)。

在哈什吐井子北采坑下部两个玄武岩样品的 SiO_2 质量分数相对较低，介于 42.83%～43.98%之间，MgO 和 TFeO 质量分数分别为 5.48%～7.46%和 10.33%～13.98%。岩石全碱(N_2O+K_2O)质量分数介于 3.84～4.87 之间，属于碱性系列玄武岩(图 3-165)。玄武岩稀土总量(ΣREE)相对其他样品较高，介于$(163.90～166.33)\times10^{-6}$之间，在球粒陨石标准化曲线中表现了与洋岛玄武岩(OIB)相似的轻稀土略富集特征，$(La/Yb)_N$介于 9.31～9.47 之间，且不存在 Eu 元素的负异常(图 3-168a)。在微量元素蛛网图中，除了 Rb、Ba、K 和 Sr 等大离子亲石元素外，其他元素也表现出 OIB 的配分特征(图 3-168b)。此外，在构造环境判别图解中，所有样品也投影到洋岛玄武岩范围内(图 3-167)。

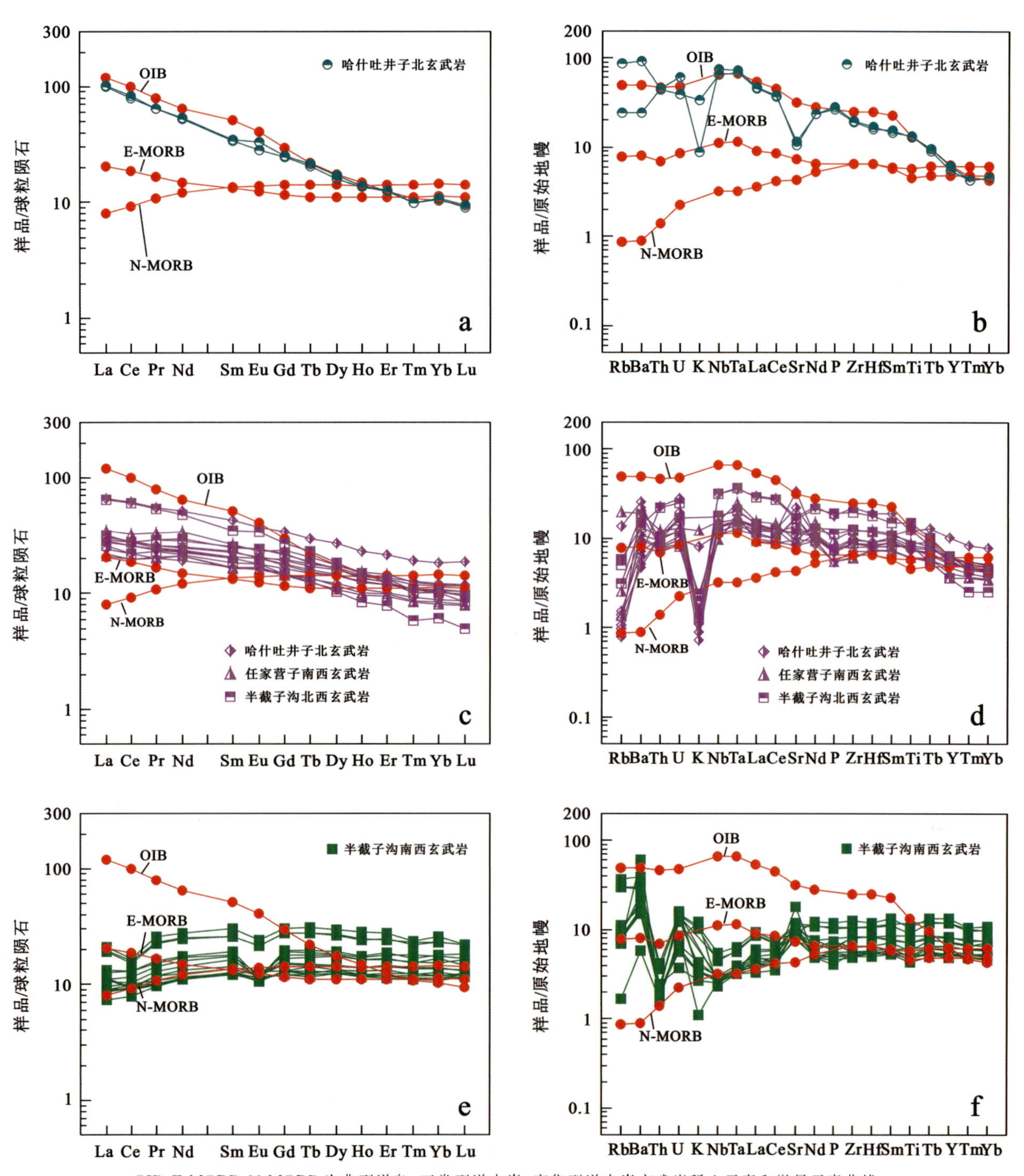

OIB、E-MORB、N-MORB 为典型洋岛、正常型洋中脊、富集型洋中脊玄武岩稀土元素和微量元素曲线。

图 3-168　杏树洼混杂岩中板内玄武岩岩块稀土元素和微量元素曲线图(据刘建峰等,2020)

北坤兑北山坡玄武岩岩块 SiO_2 质量分数变化较大,介于 47.79%～56.32%之间;MgO 和 TFeO 质量分数分别介于 4.84%～8.38%之间和 7.82%～10.68 之间,相应的 $Mg^{\#}$ 介于 0.51～0.65 之间。岩石全碱(N_2O+K_2O)质量分数介于 3.05%～5.13%之间,属于亚碱性系列玄武岩(图 3-165)。玄武岩的稀土总量(ΣREE)与半截子沟玄武岩相近,介于$(20.54\sim58.90)\times10^{-6}$之间,$(La/Yb)_N$介于 0.58～0.98 之间,显示轻稀土略亏损的特征(图 3-169a)。在微量元素蛛网图中,岩石相对富集大离子亲石元素,亏损 Nb、Ta 等高场强元素,显示出岛弧玄武岩的特征(图 3-169b)。此外,在构造环境判别图解中也显示了岛弧拉斑玄武岩的特点(图 3-167)。用于定年分析的辉长岩 SiO_2 质量分数为 54.10%,MgO 和 TFeO

质量分数分别为 8.67%和 5.91%;全碱(N_2O+K_2O)质量分数为 3.36%,属于亚碱性岩石。在稀土和微量元素方面,元素的质量分数和配分特征均与蛇纹岩采坑中灰白色变玄武岩相近,也显示了与俯冲作用有关的地球化学特征(图 3-169)。

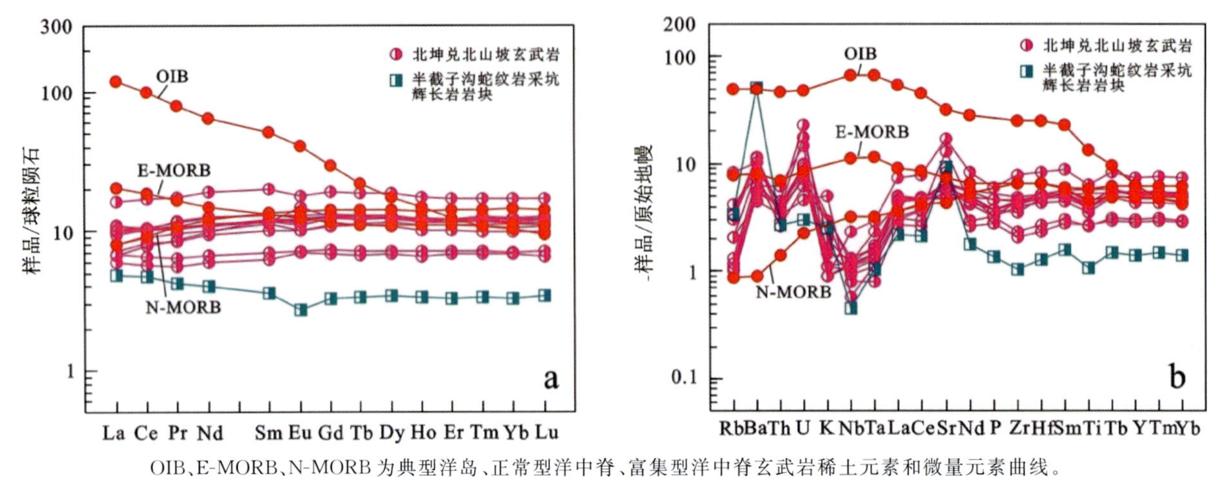

OIB、E-MORB、N-MORB 为典型洋岛、正常型洋中脊、富集型洋中脊玄武岩稀土元素和微量元素曲线。

图 3-169 北坤兑北山坡玄武岩和半截子沟辉长岩稀土元素和微量元素曲线图(据刘建峰等,2020)

上述分析结果表明,分布在杏树洼混杂岩中不同位置的玄武岩岩块具有不同的地球化学成分和岩石成因,进一步反映出“构造混杂”的属性。正常洋中脊(N-MORB)、富集洋中脊(E-MORB)、洋岛玄武岩(OIB)、岛弧及陆缘弧等多种成因的岩块混杂在一起的特征指示了它们所代表的应该是一个宽广且经历长时间演化的大洋盆,在大洋闭合消减过程中不同位置的玄武岩才最终被构造作用混杂在一起。

(二)石灰窑—吉林达坝—蒙古包地区俯冲增生杂岩

1. 石灰窑俯冲增生杂岩

石灰窑俯冲增生杂岩由 1∶5 万必鲁台等 4 幅区调工作(陶楠等,2019)发现,分布于大板镇石灰窑附近。俯冲增生杂岩主要包含以原哲斯组沉积岩为主体的基质和以硅质岩、灰岩、玄武岩等为主体的岩块。其中沉积岩基质在俯冲增生杂岩带内大面积出露,主要岩性为砂质板岩、变质砂岩等,均遭受了后期的弱的变质变形作用。硅质岩、灰岩、玄武岩等岩块区内呈透镜状零星出露。基质岩石和透镜状的岩块沿面理或板理呈走向(北北东向)近于平行的构造接触(图 3-170)。

2. 蒙古包俯冲增生杂岩

蒙古包俯冲增生杂岩位于部赛力漠沟北 205 省道以北,出露面积约 $1km^2$。该俯冲增生杂岩主要由硅泥质岩和玄武岩组成,二者整合接触,局部可见硅泥质岩整合压盖在玄武岩之上(图 3-171),两者构成了洋壳上部结构。硅泥质岩在带内大面积分布,岩层走向 100°左右,倾向南东东,倾角 30°~55°,岩石整体呈灰黑色、灰白色,发育条带状构造,条带宽 2~7mm。

灰黑色玄武岩在带内大面积分布,产状与硅质泥岩一致。岩石整体呈灰黑色、青灰色,斑状结构,气孔杏仁构造。斑晶成分主要为辉石和角闪石。基质成分:斜长石微晶杂乱分布,其间可见隐晶质成分。基质斜长石:半自形长柱状,聚片双晶带较宽,表面模糊发生绿帘石化。杏仁体形态不规则,充填物边缘为绿帘石,内部为方解石。野外可见硅质泥岩整合压盖在玄武岩之上,接触面镜下可见二者略呈曲线接触,接触界线玄武岩的基质斜长石排列无方向性。

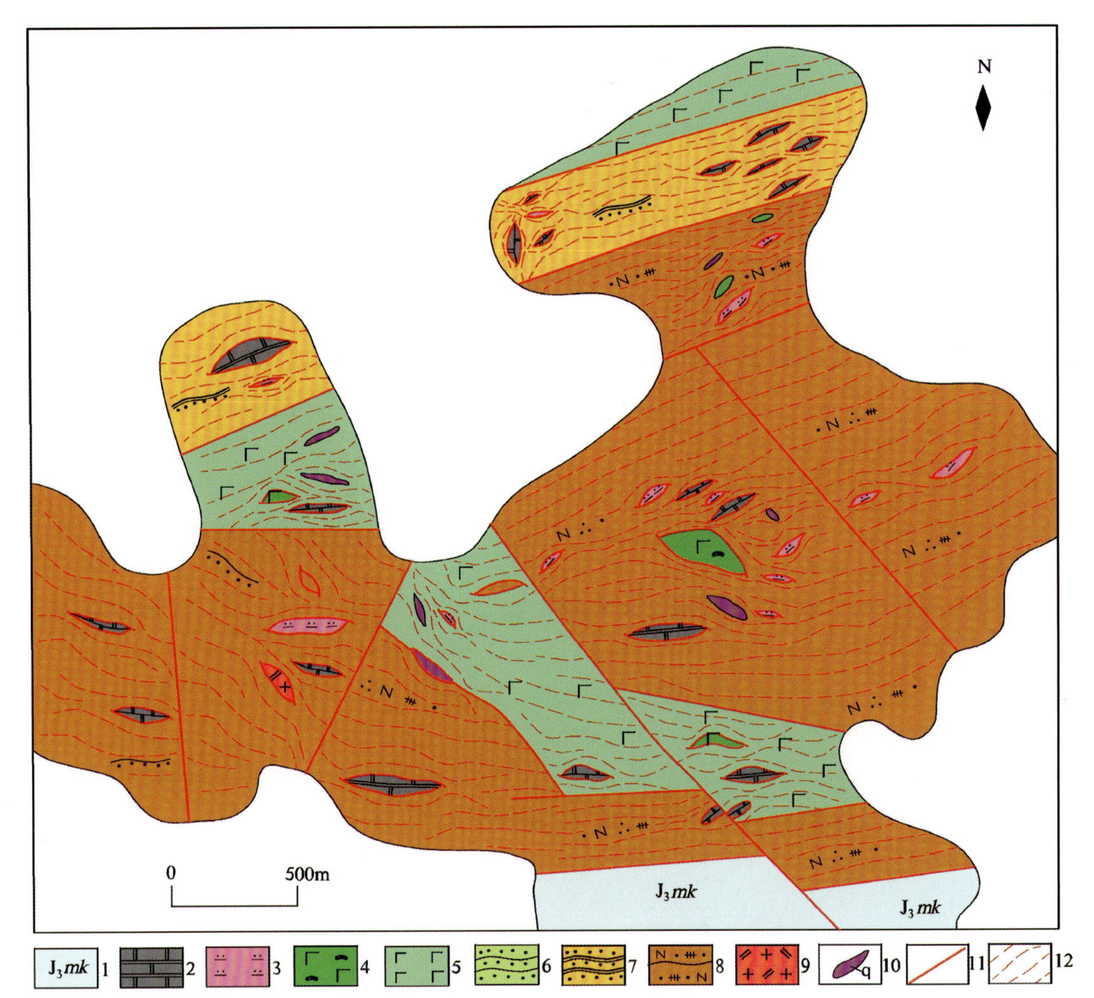

1. 上侏罗统满克头鄂博组;2. 大理岩;3. 硅质岩;4. 玄武岩;5. 强碎裂岩化玄武岩;6. 变质砂岩;7. 砂质板岩;8. 长石石英杂砂岩;9. 二长花岗岩;10. 石英脉;11. 断层;12. 糜棱岩化。

图 3-170 大板镇石灰窑一带俯冲增生杂岩地质简图

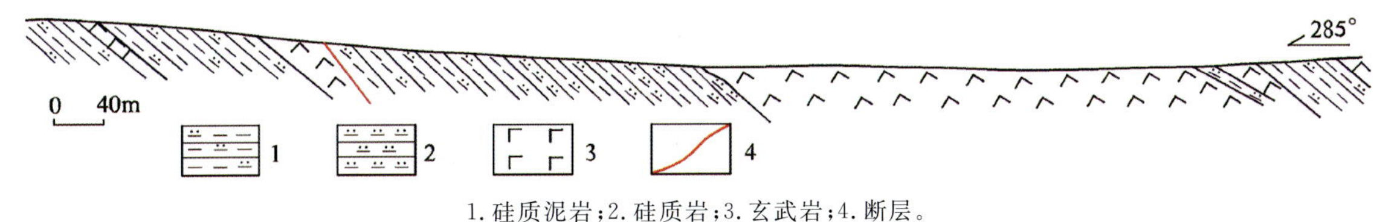

1. 硅质泥岩;2. 硅质岩;3. 玄武岩;4. 断层。

图 3-171 蒙古包一带玄武岩、硅质岩和硅泥质岩组成的洋壳残片

3. 吉林达坝俯冲增生杂岩

吉林达坝俯冲增生杂岩位于该区东北部吉林达坝附近,出露面积约 6km²。据 1∶5 万必鲁台等 4 幅区调(陶楠等,2019)研究,俯冲增生杂岩主要包含以原哲斯组沉积岩为主体的基质和由枕状玄武岩、辉绿岩、辉长岩、硅泥质岩组成的岩块。其中原哲斯组沉积岩出露在带的东南部,与岩块呈断层接触,岩块中枕状玄武岩、辉绿岩、辉长岩、硅泥质岩均呈断裂接触,岩石组合具有洋岛(海山)结构特征(图 3-172)。

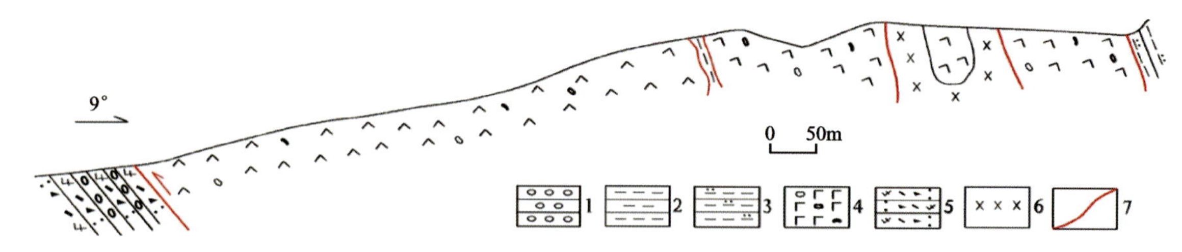

1.砾岩;2.泥岩;3.硅质泥岩;4.气孔杏仁枕状玄武岩;5.英安质晶屑岩屑沉凝灰岩;6.辉绿岩;7.断层。

图 3-172 吉林达坝俯冲增生杂岩中洋岛(海山)玄武岩与辉长岩岩块

枕状玄武岩带内大面积出露,整体呈灰紫色、灰黑色、灰绿色,气孔杏仁发育,枕状构造发育。其中枕状构造有枕状(大枕)和球状(小枕)两种特征。大枕岩枕长轴长 15～25cm 不等,短轴长 10～15cm 不等,大者长轴可达 70cm,小者长轴仅 5cm 左右。小枕球状构造,球体实际为体积较小岩枕,大小为 3～10cm。同时岩石中可见沿裂隙发育绿帘石化,气孔杏仁构造发育,气孔多被杏仁体充填,杏仁体占气孔总量的 70%以上,杏仁体主要为长英质物质,局部杏仁体绿帘石化发育,主体大小为 0.5～4mm。气孔杏仁体的体积含量为 4%～5%,局部可达 40%左右。另外针状玄武岩出露部分地区可见支杈状构造,实际为绿色硅质岩充填于枕间缝隙所形成。岩石可见斑状结构,斑晶主要为斜长石和角闪石。基质为微晶质结构,可见大量针状斜长石。

硅泥质岩带内呈北东东走向条带状、透镜状产出。岩石整体呈灰绿色、绿色,块状构造,层状构造,岩石整体硬而脆,贝壳状断口,与枕状玄武岩断裂接触。

辉绿岩带内呈北东东向脉状产出,构造侵入枕状玄武岩,为灰绿色、灰紫色,灰绿结构,块状构造,镜下辉绿岩中自形针状斜长石搭成的格架内充填暗色矿物(辉石或角闪石)。

辉长岩带内呈北东东向脉状产出,侵入枕状玄武岩,整体呈灰黑色,辉长结构,块状构造,主要由辉石、角闪石、斜长石等矿物组成。斜长石质量分数 60%左右。辉石或角闪石质量分数 40%左右。

4. 石灰窑-吉林达坝俯冲增生杂岩岩石地球化学特征

1∶5 万必鲁台等 4 幅区域地质调查项目(陶楠等,2019)对石灰窑-吉林达坝俯冲增生杂岩内典型基性岩进行了地球化学研究,包括石灰窑玄武岩、蒙古包玄武岩和吉林达坝枕状玄武岩、辉绿岩。石灰窑玄武岩 SiO_2质量分数平均为 43.13%,TiO_2质量分数中等,在 0.016%～2.36%之间,平均为1.18%(洋中脊玄武岩 TiO_2平均值 1.5%,Pearce,1983),K_2O 质量分数在 0.003 2%～0.59%之间,平均为 0.10%(洋中脊玄武岩 K_2O 平均值小于 1%,张旗等,2001)。岩石中 Al_2O_3质量分数平均为 10.45%(洋中脊玄武岩 Al_2O_3平均值大于 10%,张旗等,2001),CaO 质量分数平均为 8.62%。蒙古包和吉林达坝基性岩 SiO_2质量分数多在 44.54%～55.06%之间,平均为 50.73%,TiO_2质量分数中等,在 0.77%～1.73%之间,平均为 1.33%(洋中脊玄武岩 TiO_2 平均值为 1.5%,Pearce,1983),P_2O_5 质量分数在 0.11%～0.44%之间,平均为 0.24%(洋中脊玄武岩 P_2O_5平均值为 0.14%,Pearce,1983),K_2O 质量分数在 0.20%～1.21%之间,平均为 0.48%(洋中脊玄武岩 K_2O 平均值小于 1%,张旗等,2001))。另外岩石中 Al_2O_3质量分数在 14.01%～17.09%之间,平均为 15.86%(洋中脊玄武岩 Al_2O_3平均值大于 10%,张旗等,2001)。总体上石灰窑—吉林达坝一带基性岩岩石化学成分与洋中脊玄武岩相近。在基性岩地球化学构造环境判别 Ti/Zr-Ni 图解(图 3-173a)中,投点多数落在洋中脊玄武岩区,个别进入岛弧拉斑玄武岩区;在基性岩 V-Ti/1000 图解(图 3-173b)中,投点主要落入洋中脊玄武岩区、板内玄武岩区,部分落入靠近洋岛玄武岩和岛弧玄武岩区;在基性岩 F-M-A 图(图 3-173c)中,投点多数落在洋中脊或洋底区,少量进入洋岛区;在 TFeO/MgO－TiO_2图(图 3-173d)中,投点多数落在洋中脊玄武岩区,个别进入岛弧拉斑玄武岩区。总体上石灰窑—吉林达坝—蒙古包地区的基性岩主要形成于洋中脊或洋底环境,个别具洋岛和洋内弧特征,表明了洋盆(洋中脊或洋底)存在洋-陆俯冲作用,与周边发育的同期岩浆弧和弧后盆地的构造背景吻合。

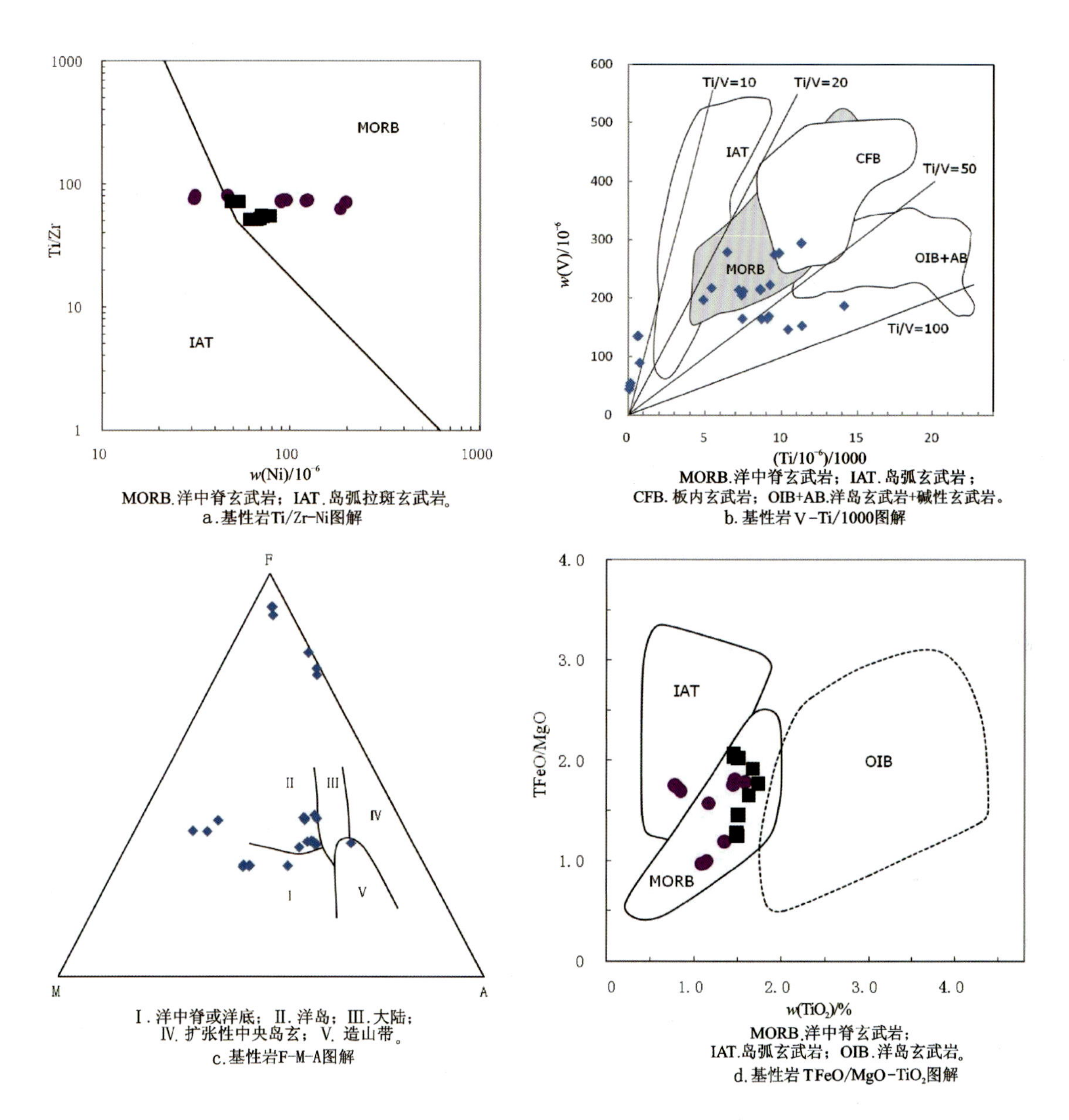

青色.石灰窑基性岩；紫色.吉林达坝基性岩；黑色.蒙古包基性岩。

图3-173　石灰窑—吉林达坝—蒙古包地区基性岩构造判别图解（据陶楠等，2019）

（三）大板镇俯冲增生杂岩

1∶5万大板镇等4幅区调地质填图（杨文鹏等，2019）在大板镇一带新发现大量辉长岩、辉绿岩、硅（泥）质岩、蚀变玄武岩（枕状熔岩）等镁铁质岩石组合，岩石（岩块）之间或与火山碎屑-沉积碎屑岩（基质）呈构造接触，平面及剖面上构成典型的“网结状”构造样式，是一套由岩块和基质组成的俯冲增生杂岩。

1.大板桥东俯冲增生杂岩

出露规模为东西长约200m，南北宽约500m，走向北东，俯冲增生杂岩与大石寨组岛弧安山质角砾凝灰岩、英安岩呈断层接触，被新生代冲洪积层覆盖。俯冲增生杂岩总体由岩块与基质构成，岩块呈透镜状残块产出，地形上一般表现为正地形，凸起形成山包及低矮山脊，主要岩石为蚀变玄武岩、硅（泥）质岩、蚀变玄武岩（枕状熔岩）；基质主要为片理化泥质粉砂岩等浊流沉积组合，各岩块之间以强—弱片理化浊积岩基质、韧性剪切带及断层等构造接触，断层产状倾向 110°～112°，倾角在 60°～75°之间，由南东向北西逆冲，基质中常发育较密集劈理，沿后期裂隙多有石英细脉及方解石脉体侵入，被后期闪长玢岩及花岗岩脉侵入，岩块与基质构成典型的“网结状”构造样式（图 3-174）。

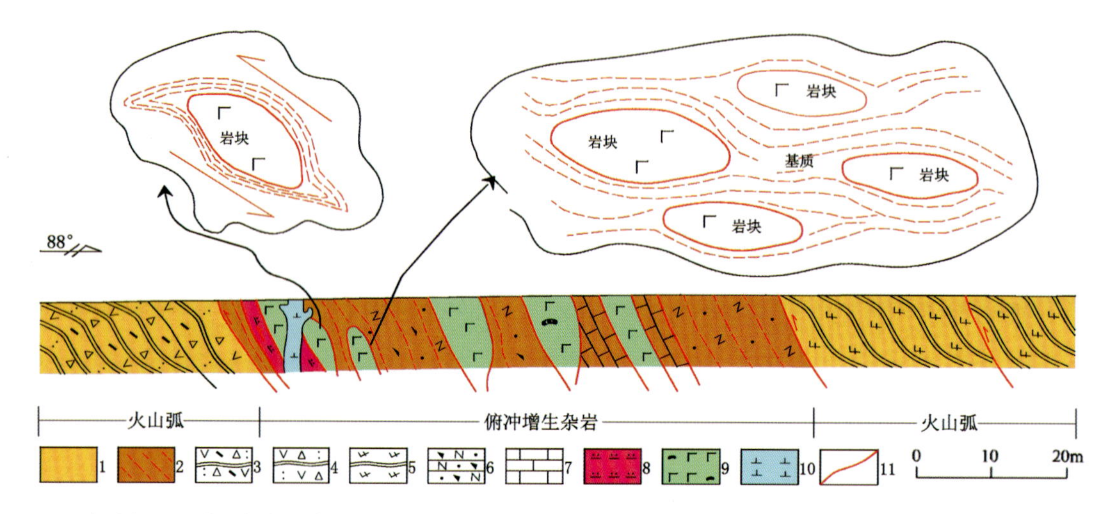

1. 大石寨组；2. 增生杂岩基质；3. 变安山质晶屑角砾凝灰岩；4. 蚀变安山质角砾凝灰岩；5. 变英安岩；6. 岩屑长石砂岩；7. 灰岩；8. 硅质岩；9. 玄武岩（枕状熔岩）；10. 闪长岩；11. 断层。

图 3-174　大板桥东俯冲增生杂岩剖面

基质主要有片理化硅化泥质粉砂岩、片理化粉砂岩、片理化泥质粉砂岩及不等粒长石岩屑砂岩。角岩化不等粒长石岩屑砂岩：变余不等粒砂状结构，鳞片微粒状变晶结构，由碎屑物和泥质胶结物组成，其中的岩屑发生重结晶。原岩胶结物为泥质，变质后重结晶成大量等轴微粒状长英质矿物和鳞片状白云母、绢云母、黑云母和微量电气石，浅色石英等矿物略具定向排列，显示弱片理化特征，遭受后期应力作用改造，岩石多发育小型张性裂隙。

2. 古日本哈拉山俯冲增生杂岩

古日本哈拉山俯冲增生杂岩位于巴林右旗伊逊毛都村以西大板俯冲增生杂岩中段，出露东西长 1.1～1.3km，南北宽 0.2～0.8km，被上更新统乌尔吉组覆盖，与大石寨组及中二叠统哲斯组呈断层接触，断层性质为逆断层，倾向南东，倾角介于 43°～70°之间，被晚期北西向左型走滑断裂错断。俯冲增生杂岩基质由浊积岩、中基性火山碎屑岩及变质砂岩组成，岩块主要由蚀变玄武岩、蚀变玄武岩（枕状熔岩）、辉长岩、辉绿岩等镁铁质岩构成，产出花岗细晶岩、闪长玢岩及辉绿岩脉（图 3-175）。

俯冲增生杂岩由岩块与基质构成。岩块由能干性较强的岩石组成，呈透镜状残块状产出，地形上表现为正地形，凸起形成山包及低矮山脊，主要岩石为蚀变块状玄武岩、硅（泥）质岩、蚀变玄武岩（枕状熔岩）及辉绿岩、辉长岩及变质砂岩；基质主要成分为片理化粉砂岩、弱片理化泥质粉砂岩及硅化砂泥质板岩、中基性火山碎屑岩（弱片理化安山质岩晶屑凝灰岩、玻屑凝灰岩等）。各岩块之间以强—弱片理化浊积岩基质和火山碎屑岩基质、韧性剪切带及断层等构造接触（图 3-176）。蚀变玄武岩岩块包卷于凝灰岩基质内，与弧中基性火山岩呈断层接触，后期构造活化发生左行走滑运动。基质后期发生较强脆性变形，常发育密集劈理，沿后期裂隙多有石英细脉及方解石脉体侵入，岩块与基质构成典型的“网结状”构造样式。

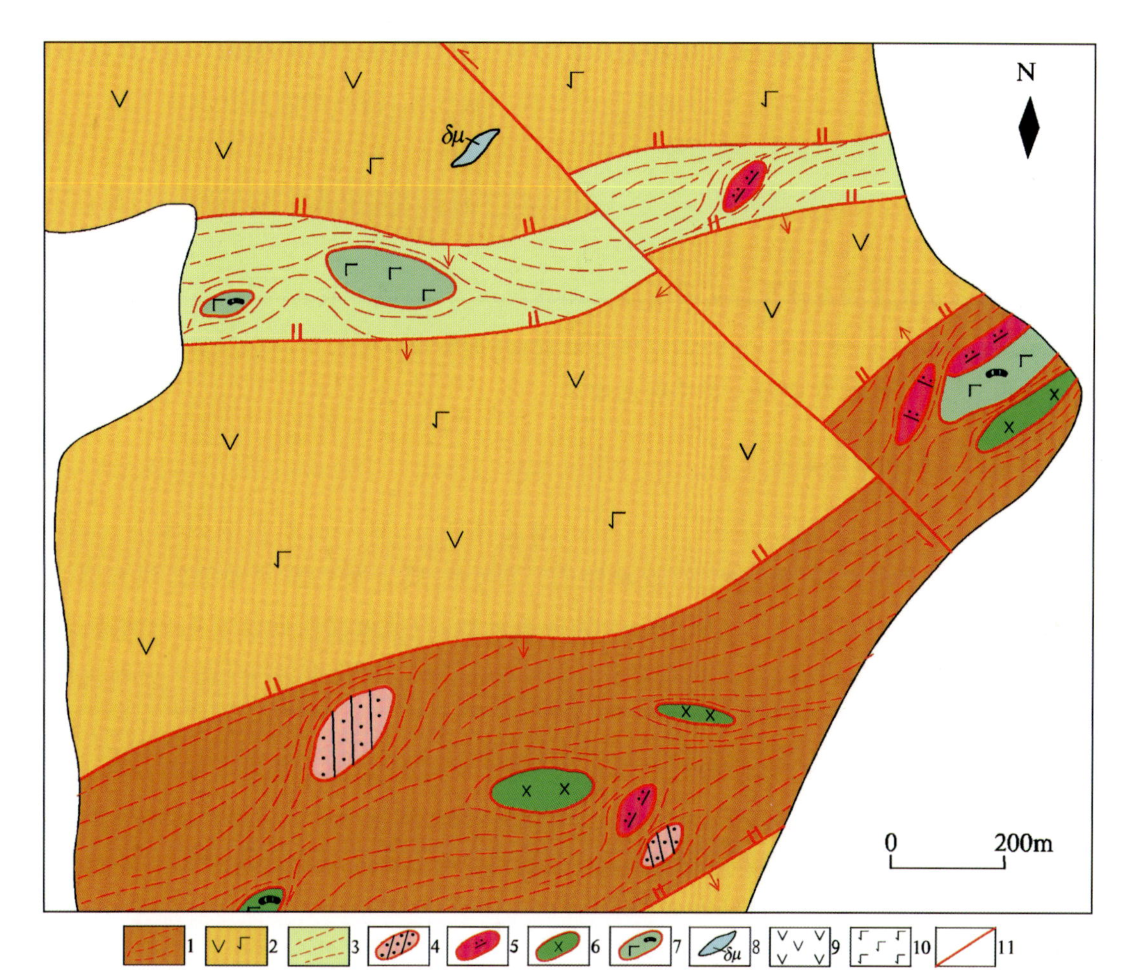

1.沉积岩基质；2.火山弧；3.凝灰岩基质；4.变砂岩岩块；5.硅质岩岩块；6.辉绿岩岩块；7.玄武岩岩块(枕状)；8.闪长玢岩脉；9.安山岩；10.玄武安山岩；11.断层。

图 3-175　古日本哈拉山俯冲增生杂岩地质简图

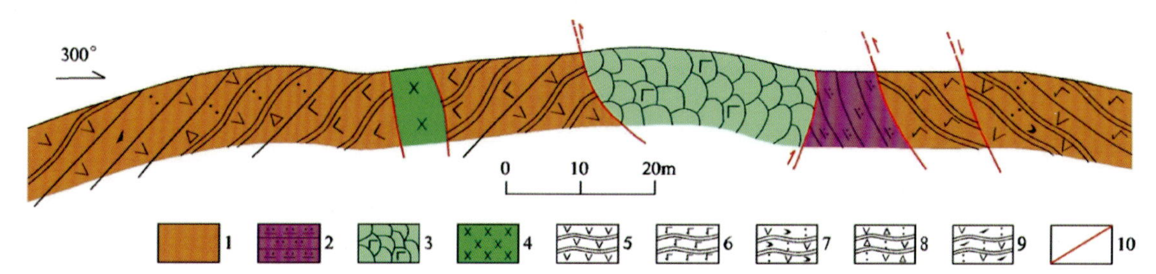

1.弧火山岩；2.硅质岩；3.变玄武岩；4.辉绿岩；5.变安山岩；6.变玄武安山岩；7.变安山质玻屑凝灰岩；8.变安山质凝灰角岩；9.变安山质岩屑凝灰岩；10.断层。

图 3-176　古日本哈拉山一带洋岛玄武岩、硅质岩岩块与中酸性岛弧火山岩

俯冲增生杂岩内硅质岩岩块呈条带状及透镜状，大者长300m，宽20m，呈灰白色、浅灰绿色，块状构造；蚀变玄武岩（枕状熔岩）呈残块状分布，与硅（泥）质岩岩块呈构造接触，常互相叠置，形如枕状。岩枕之间多呈现不规则及凹面三角形状，内充填硅钙质胶结物。蚀变辉绿岩岩块，辉绿结构、嵌晶含长结构，斜长石（75%±）、辉石（25%±），岩石中常见圆形或不规则状气孔，被纤维隐晶状绿泥石充填。变质砂岩与辉长岩岩块呈透镜状残块分布于基质中。

俯冲增生杂岩中基质在北部为浊积岩组合，南部为强—弱片理化中基性火山碎屑岩；浊积岩主要有片理化泥质板岩、片理化粉砂岩、强—弱片理化泥质粉砂岩及浅灰色—灰色薄层灰岩，岩块与基质呈构造接触；火山碎屑岩基质主要有弱片理化安山质岩晶屑凝灰岩、玻屑凝灰岩、安山质含角砾晶屑凝灰熔岩等，发育较强的绿泥石化、绿帘石化、阳起石化等蚀变，与哲斯组砂砾岩呈断层接触。岩块与基质构成“网结状”构造样式，基质普遍发育强—弱片理化构造。

3. 查干敖力吐山俯冲增生杂岩

查干敖力吐山俯冲增生杂岩出露长约2.1km，南北宽400～800m，呈近东西走向，由蚀变辉长岩、蚀变辉绿岩、蚀变玄武岩、蚀变玄武岩（枕状熔岩）、硅（泥）质岩及变质砂岩等岩块和强—弱片理化火山碎屑岩基质组成，与大石寨组岛弧火山岩呈构造接触，后期被北西向及北东向构造改造，基质与大石寨组岛弧火山岩普遍发育硅化、黄铁矿化、绿泥石化、绿帘石化等蚀变，被下更新统乌尔吉组覆盖。

在物质组成上，查干敖力吐山俯冲增生杂岩由岩块与基质构成，岩块与基质呈构造接触。基质成分主要为强—弱片理化中基性火山碎屑岩，各岩块之间以强—弱片理化中基性火山碎屑岩基质、韧性剪切带及断层等构造相接触，基质后期发生明显脆性变形，基质中常发育小型韧性剪切带及流变褶皱，旋转残斑指示右行剪切。岩块主要为蚀变块状玄武岩、硅（泥）质岩、蚀变玄武岩及蚀变辉绿岩、蚀变辉长岩。浅灰绿色片理化安山质岩晶屑凝灰岩具片理化状构造，受到应力作用的影响，具定向排列，重结晶生成绢云母、次闪石、绿泥石等矿物，它们围绕碎屑物周边作断续的定向排列，同时使石英碎屑颗粒具强烈波状消光。

4. 大板镇俯冲增生杂岩岩石地球化学及形成构造环境

大板镇俯冲增生杂岩内主要岩块的岩石地球化学分析结果见表3-28～表3-30。大板镇俯冲增生杂岩内块状玄武岩、玄武岩（枕状熔岩）SiO_2质量分数为47.88%～49.76%，MgO质量分数为5.08%～6.75%，TFeO质量分数为8.24%～10.95%，TiO_2质量分数为1.50%～1.79%，$Mg^{\#}$为50.64～57.03。辉绿岩SiO_2质量分数为45.76%～49.76%，MgO质量分数为5.62%～11.95%，TFeO为8.37%～10.08%，TiO_2质量分数为0.94%～1.42%，$Mg^{\#}$为63.76～64.85。辉长岩SiO_2质量分数为48.52%～51.56%，MgO质量分数为6.62%～9.31%，TFeO为8.26%～9.32%，TiO_2质量分数为0.97%～1.39%，$Mg^{\#}$为61.26～65.75。

表 3-28　大板镇俯冲增生杂岩常量元素化学分析结果及特征参数一览表

样号	岩石名称	氧化物含量/%												
		SiO_2	TiO_2	Al_2O_3	Fe_2O_3	FeO	MnO	MgO	CaO	Na_2O	K_2O	P_2O_5	LOI	合计
18GS2	辉绿岩	45.76	1.16	15.00	1.80	7.08	0.15	11.95	8.22	2.07	0.92	0.14	4.58	98.83
18GS3	玄武岩	49.38	1.79	16.99	4.42	6.57	0.19	5.08	5.91	5.24	0.44	0.32	3.36	99.69
Pm023Gs2	辉绿岩	48.56	0.94	17.01	0.98	7.86	0.17	7.20	12.20	2.64	0.22	0.12	0.98	98.88
Pm023Gs4	玄武岩	47.32	1.55	15.42	2.81	7.04	0.17	6.41	11.91	3.50	0.77	0.31	1.46	98.67
Pm023Gs6	辉绿岩	49.76	1.10	14.81	4.17	6.33	0.24	7.10	10.64	3.50	0.60	0.16	0.66	99.07
GS9030	玄武岩	47.88	1.56	17.85	4.00	5.38	0.13	6.12	10.18	2.27	0.71	0.28	3.18	99.54
GS9030-1	辉绿岩	47.76	1.42	17.99	2.24	6.35	0.13	5.62	10.01	3.06	0.63	0.24	3.46	98.91
GS9030-2	玄武岩	47.36	1.59	17.61	2.96	6.28	0.14	5.98	9.38	3.53	0.56	0.29	3.28	98.96
GS9030-3	玄武岩	48.92	1.53	17.60	2.83	6.24	0.15	6.02	8.55	3.95	0.47	0.27	3.40	99.93
GS9030-4	玄武岩	49.52	1.39	16.88	2.45	6.38	0.14	5.52	8.35	4.51	0.20	0.25	3.08	98.67
3709GS1	辉长岩	51.56	1.39	15.49	4.74	5.05	0.17	6.22	8.01	4.40	0.17	0.20	1.64	100.31
3709GS2	辉长岩	49.96	1.09	15.88	3.83	5.11	0.19	7.02	10.78	2.99	0.45	0.15	1.50	99.97
3709GS3	辉长岩	48.52	0.97	16.26	3.18	5.40	0.17	9.31	9.70	2.73	0.28	0.14	2.24	100.30
Pm152GS11-1	玄武岩	49.70	1.51	17.02	2.64	6.14	0.061	6.43	7.64	4.31	0.35	0.27	3.76	100.50
Pm152GS11-2	玄武岩	48.98	1.50	16.77	2.46	6.21	0.099	6.01	8.86	4.32	0.20	0.27	3.62	100.60
Pm152GS11-3	玄武岩	48.74	1.51	17.27	3.43	5.52	0.072	6.03	9.05	4.22	0.26	0.27	3.26	100.50
	平均	48.73	1.38	16.62	3.06	6.18	0.15	6.75	9.34	3.58	0.45	0.23	2.72	99.58

特征参数								CIPW 标准矿物										
δ	AR	DI	SI	A/CNK	A/NK	FL	MF	Or	Ab	An	C	En	Fs	Hy	Q	Ap	Il	Mt
1.81	1.30	24.35	50.17	0.775	3.41	26.67	42.63	5.79	18.62	30.64	0	8.31	2.76	11.07	0	0.33	2.34	2.77
1.29	1.22	24.15	38.10	0.636	3.71	18.99	55.11	1.30	22.76	34.62	0	2.61	1.80	4.41	0	0.26	1.82	1.45
2.28	1.38	33.73	32.86	0.575	2.31	27.82	59.66	3.60	30.04	23.27	0	1.17	0.60	1.77	0	0.35	2.13	4.80
2.57	1.40	36.32	33.48	0.681	2.38	31.50	57.30	3.01	32.40	26.99	0	0	0	0	0	0.33	1.58	2.41
2.59	1.57	43.56	22.47	0.828	1.99	44.34	70.15	1.12	42.39	22.87	0	9.60	9.24	18.84	0	0.55	3.13	3.67
0.91	1.18	19.79	41.24	0.728	4.54	17.65	53.89	0.53	18.87	36.41	0	13.60	6.18	19.78	0	0.33	2.13	3.67
1.29	1.38	24.15	32.86	0.575	3.71	18.99	55.11	5.79	22.76	34.62	0	2.61	2.76	11.07	0	0.35	1.82	1.45
2.28	1.41	33.73	33.48	0.681	2.31	27.82	59.66	1.30	30.04	23.27	0	1.17	1.80	4.41	0	0.33	2.13	4.80
2.57	1.38	36.32	22.47	0.636	2.38	31.50	57.30	3.60	32.40	26.99	0	0	0.60	1.77	0	0.55	1.58	2.41
1.29	1.40	43.56	33.48	0.575	1.99	27.82	70.15	3.01	42.39	22.87	0	9.60	2.76	0	0	0.35	3.13	3.67
2.28	1.57	24.15	22.47	0.681	2.31	31.50	55.11	1.12	18.87	34.62	0	13.60	1.80	16.84	0	0.26	1.82	1.45
2.57	1.18	33.73	41.24	0.828	2.38	34.34	59.66	0.53	22.76	23.27	0	2.61	0.60	19.78	0	0.35	2.13	4.80
1.29	1.38	36.32	38.10	0.636	1.99	17.65	57.30	5.69	22.76	34.62	0	1.17	2.76	11.07	0	0.33	2.13	2.41
2.28	1.38	36.32	32.86	0.575	4.54	18.99	55.11	1.30	30.04	23.27	0	2.61	1.80	11.07	0	0.55	1.58	3.67
2.57	1.42	43.56	33.48	0.681	4.32	27.82	59.66	3.60	31.40	26.99	0	1.17	0.60	4.41	0	0.33	3.13	3.67
1.29	1.55	19.79	22.47	0.828	2.01	31.50	57.30	3.01	42.39	22.87	0	0	2.76	1.77	0	0.26	2.13	1.45

表 3-29　大板镇俯冲增生杂岩稀土元素分析结果及特征参数一览表

序号	样号	稀土含量/10^{-6}														
		La	Ce	Pr	Nd	Sm	Eu	Gd	Tb	Dy	Ho	Er	Tm	Yb	Lu	Y
1	18GS2	5.74	15.50	2.41	11.40	3.21	1.19	3.76	0.67	3.91	0.81	2.37	0.31	1.93	0.29	19.40
2	18GS3	9.71	25.30	3.90	19.20	5.56	1.98	6.21	1.09	6.71	1.39	4.09	0.56	3.40	0.50	33.50
3	Pm023Gs2	5.25	13.50	2.08	10.10	2.92	1.18	3.71	0.65	4.13	0.92	2.62	0.38	2.31	0.37	21
4	Pm023Gs4	9.80	26.20	4.04	19.40	5.20	1.74	6.06	1.01	6.26	1.34	3.94	0.53	3.21	0.47	31.20
5	Pm023Gs6	5.95	14.70	2.16	10.40	3.05	1.09	3.65	0.63	3.97	0.87	2.56	0.36	2.23	0.34	20.70
6	GS9030	14.50	34	4.73	22.10	5.45	1.89	5.79	0.99	5.93	1.24	3.50	0.47	2.92	0.48	28.30
7	GS9030－1	13.40	30.90	4.23	18.60	4.59	1.76	5.14	0.88	5.28	1.10	3.20	0.42	2.57	0.41	25.20
8	GS9030－2	13.40	31.70	4.40	19.90	5.13	1.76	5.65	0.96	5.89	1.25	3.47	0.47	2.96	0.49	27.30
9	GS9030－3	13.40	32.70	4.54	20.80	5.08	1.93	5.89	0.99	5.96	1.27	3.61	0.51	3.37	0.52	28.70
10	GS9030－4	11.60	28.50	4.05	17.90	4.76	1.61	5.20	0.92	5.36	1.15	3.39	0.49	2.99	0.48	26.10
11	3709GS1	9.01	19.60	3.27	16.30	4	1.46	4.92	0.98	4.99	1.05	2.98	0.41	3.01	0.42	25.30
12	3709GS2	7.60	16.20	2.59	13	3.04	1.26	3.76	0.74	3.83	0.80	2.28	0.32	2.34	0.33	20.20
13	3709GS3	6.30	13.80	2.24	11.20	2.72	1.07	3.41	0.68	3.53	0.74	2.10	0.29	2.13	0.29	18.90
14	Pm152GS11－1	12.20	29.90	4.02	18.60	4.95	1.62	5.50	0.94	5.38	1.13	3.31	0.45	2.90	0.43	29.40
15	Pm152GS11－2	12.30	30.20	4.24	18.90	4.83	1.68	5.61	0.99	5.60	1.15	3.36	0.47	2.98	0.43	30.40
16	Pm152GS11－3	12.20	29.30	4.16	18.60	4.73	1.62	5.38	0.95	5.55	1.11	3.33	0.46	2.92	0.45	29.40

稀土配分类型及成因参数															
∑REE	LREE	HREE	LREE/HREE	δEu	La/Sm	La/Yb	Ce/Yb	Eu/Sm	Sm/Nd	$(La/Yb)_N$	$(Ce/Yb)_N$	$(Sm/Eu)_N$	∑Er-Lu	∑Sm-Ho	∑La-Nd
72.90	39.45	14.05	2.81	1.05	1.79	2.97	8.03	0.37	0.28	2.01	2.08	1.02	9	25	66
123.10	65.65	23.95	2.74	1.03	1.75	2.86	7.44	0.36	0.29	1.93	1.92	1.06	10	26	64
71.12	35.03	15.09	2.32	1.10	1.80	2.27	5.84	0.40	0.29	1.53	1.51	0.93	11	27	62
120.40	66.38	22.82	2.91	0.95	1.88	3.05	8.16	0.33	0.27	2.06	2.11	1.13	9	24	67
72.66	37.35	14.61	2.56	1.00	1.95	2.67	6.59	0.36	0.29	1.80	1.70	1.05	11	26	63
132.29	82.67	21.32	3.88	1.02	2.66	4.97	11.64	0.35	0.25	3.35	3.01	1.09	7	20	73
117.68	73.48	19.00	3.87	1.10	2.92	5.21	12.02	0.38	0.25	3.51	3.11	0.98	7	20	73
124.73	76.29	21.14	3.61	1.00	2.61	4.53	10.71	0.34	0.26	3.05	2.77	1.10	8	21	71
129.27	78.45	22.12	3.55	1.08	2.64	3.98	9.70	0.38	0.24	2.68	2.51	0.99	8	21	71
114.50	68.42	19.98	3.42	0.98	2.44	3.88	9.53	0.34	0.27	2.61	2.46	1.11	8	21	71
97.70	53.64	18.76	2.86	1.01	2.25	2.99	6.51	0.37	0.25	2.02	1.68	1.03	9	24	67
78.29	43.69	14.40	3.03	1.14	2.50	3.25	6.92	0.41	0.23	2.19	1.79	0.91	9	23	68
69.40	37.33	13.17	2.83	1.07	2.32	2.96	6.48	0.39	0.24	1.99	1.68	0.96	10	24	66
120.73	71.29	20.04	3.56	0.95	2.46	4.21	10.31	0.33	0.27	2.84	2.67	1.15	8	21	71
123.14	72.15	20.59	3.50	0.98	2.55	4.13	10.13	0.35	0.26	2.78	2.62	1.08	8	21	71
120.16	70.61	20.15	3.50	0.98	2.58	4.18	10.03	0.34	0.25	2.82	2.60	1.10	8	21	71

表 3-30　大板镇俯冲增生杂岩微量元素分析结果及特征参数一览表　　单位：10^{-6}

序号	样号	Rb	Sr	Ba	Ga	Nb	Ta	Zr	Hf	Th	Cr	Sc	U
1	18GS2	17	217	92	3.17	4.8	0.18	113	4.6	1.08	536	37	0.12
2	18GS3	9	313	169	4.5	6.6	0.19	120	2.3	1.32	46.4	40.4	0.27
3	Pm023Gs2	10	363	116	17	3.8	0.16	71	2.4	0.78	259	48.9	0.13
4	Pm023Gs4	32	404	134	17.4	6.2	0.3	120	4.4	0.6	202	38.2	0.18
5	Pm023Gs6	22	301	203	15.6	3.5	0.13	94	3.1	0.76	289	40.7	0.19
6	GS9030	12	435	182	18.6	9.8	0.63	163	4.1	3.41	131	40.1	0.36
7	GS9030-1	12	308	126	18.5	9.1	0.54	147	3.7	1.05	142	40.9	0.37
8	GS9030-2	10	311	145	17.8	9.8	0.54	159	3.9	0.92	105	37.2	0.29
9	GS9030-3	12	296	150	17.1	8.4	0.5	153	3.5	1.27	127	36.8	0.33
10	GS9030-4	7	259	88	17.4	8.6	0.44	150	3.3	0.99	114	34.5	0.28
11	3709GS1	9	193	107	16.5	6.1	0.24	129	2.3	0.78	127.5	47.1	0.18
12	3709GS2	20	262	83	16.3	4.6	0.21	108	1.8	0.75	204.6	40.9	0.18
13	3709GS3	15	371	69	16	4.3	0.17	96	1.9	0.56	310.5	37.7	0.15
14	Pm152GS11-1	10	345	115	16.2	9.1	0.69	152	3	1.8	126.5	29.7	0.37
15	Pm152GS11-2	7	303	75	17	9.2	1.64	152	3.4	1.2	120.1	28.7	0.35
16	Pm152GS11-3	10	293	88	17.2	9.3	0.83	152	2.9	1.2	127.3	27.4	0.33

注：表 3-28～表 3-30 数据来源于 1∶5 万查干沐伦等 4 幅区调报告（杨文鹏等，2019）。

块状玄武岩 ΣREE 为（114.5～129.27）×10^{-6}，球粒陨石标准化稀土配分曲线均呈现右倾配分模式（图 3-177a），中轻稀土富集，重稀土亏损，轻重稀土分异较强。标准化微量元素曲线图显示，Th 的明显富集和 Nb、Ta、Hf、Ti 等高场强元素亏损均显示出岛弧拉斑玄武岩的典型特征（图 3-177b）。辉绿岩稀土元素总量明显偏低，ΣREE 为（35.03～39.45）×10^{-6}，具有平坦型稀土配分曲线（图 3-177a），轻重稀土基本未发生分异。标准化微量元素曲线图同样表现为较平坦的曲线，仅 Nb、Ta、Ti 具有轻微负异常，其他元素间未发生明显的分异作用，呈现出类似 MORB 的特征（图 3-177b）。辉长岩稀土元素总量明显偏低，ΣREE 为（69.4～97.7）×10^{-6}，具有平坦型稀土配分曲线（图 3-177a），轻重稀土基本未发生分异。标准化微量元素曲线图同样表现为较平坦的曲线，仅 Nb、Ta、Ti 具有轻微负异常，呈现出类似 MORB 的特征（图 3-177b）。

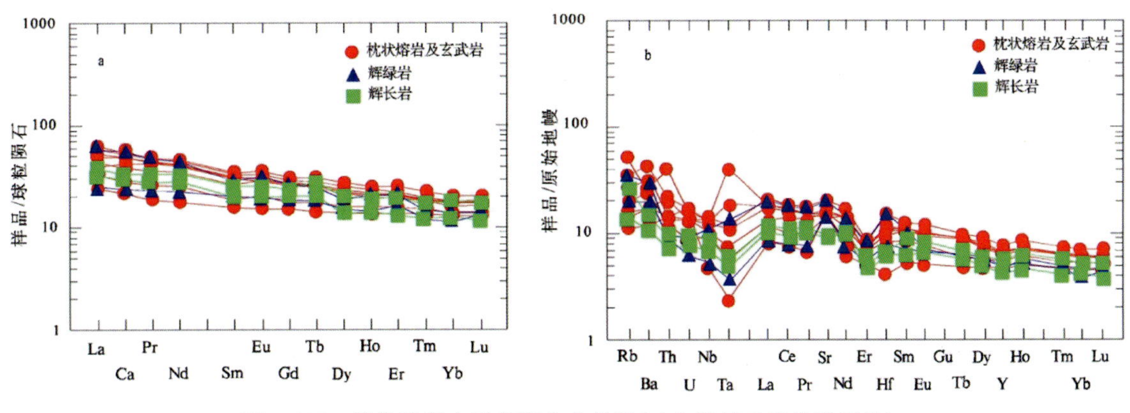

图 3-177　基性岩稀土元素配分曲线图（a）和微量元素曲线图（b）

在 Th/Yb－Nb/Yb 图解中（图 3-178a），大板构造混杂岩中辉长岩、辉绿岩、块状玄武岩、玄武岩（枕状熔岩）位于地幔演化线上侧，处于 N－MORB 和洋内岛弧之间，在 V-Ti 图解中位于 IAT（& FAB）范围内（图 3-178b），结合其稀土和微量元素配分曲线（图 3-177a、b），显示玄武岩（枕状熔岩）具有马里亚纳（Maniana FAB）弧前玄武岩（FAB）的特征（Reagan et al.，2010），表现出 N－MORB 和岛弧过渡的特征，与 N－MORB 一致，这些特征表明辉长岩、辉绿岩、块状玄武岩、玄武岩（枕状熔岩）岩石形成于俯冲过程的初始阶段。

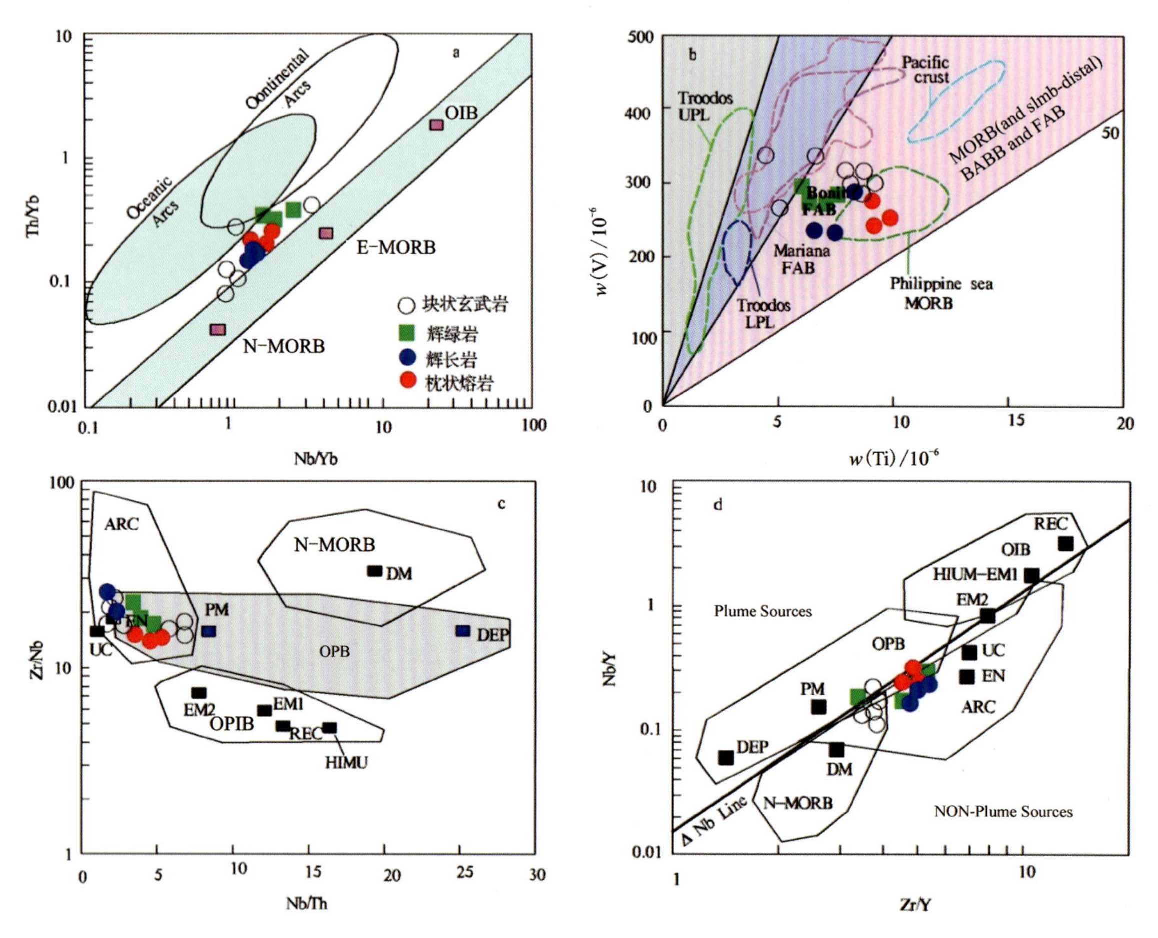

Oceanic Arcs. 大洋弧；Oontinental Arcs. 大陆弧；N-MORB. 正常洋中脊；E-MORB. 富集型洋中脊；Troodos UPL. 特鲁多斯上枕状熔岩；Troodos LPL. 特鲁多斯下枕状熔岩；Mariana FAB. 马里亚纳群岛弧玄武岩；Pacific crust. 太平洋地壳；bonin FAB. 柏林前弧玄武岩；Philippine sea MORB. 菲律宾海洋中脊；BABB and FAB. 弧后盆地玄武岩和前弧玄武岩；ARC. 岛弧；OPB. 洋底高原玄武岩；EN. 富集组分；PM. 原始地幔；DM. 浅部亏损地幔；DEP. 深部亏损地幔；EM1－和 EM2－1 型和 2 型富集地幔；REC. 再循环组分；HIMU. 高（U/Pb）源区；UC. 上地壳平均值；OIB. 洋岛玄武岩；plume sources. 地幔柱源区；NON-plume sources. 非地幔柱源区

图 3-178　基性岩 Th/Yb－Nb/Yb(a)和 V－Ti(b)、Zr/Nb－Nb/Th(c)、Nb/Y－Zr/Y(d)构造判别图解（据杨文鹏等，2019）

该地区基性岩具有较平坦的稀土配分模式（图 3-177a），其 Ti 和 V 含量变化较大，但 Ti/V 值（28～36）较稳定，呈线性变化，位于 MORB（BABB 和 FAB）范围内（图 3-178b），而在 Th/Yb－Nb/Yb 图解（图 3-178a）中位于洋内岛弧附近，因此辉长岩及辉绿岩具有 MORB 和 FAB 的双重特征，形成于弧前扩张环境；在 Zr/Nb－Nb/Th 图解（图 3-178d）中，投影点位于 ARC 区域（与俯冲有关的玄武岩区），在 Nb/Y－Zr/Y 图解（图 3-178c）中，投影点位于 ARC（与俯冲有关的玄武岩区）与 E－MORB 区域，同样表明大板构造混杂岩形成环境与初始洋俯冲相关。在基性岩构造环境判别图解（图 3-179）中，样品点多数落在洋中脊和岛弧拉斑玄武岩区，少数投于洋岛玄武岩和岛弧钙碱性火山岩区，表明大板地区基性岩主要形成于洋中脊或洋内弧环境，部分基性岩形成于洋岛环境，少量基性岩则可能形成于陆缘岛弧，总体表现为洋脊扩张、洋盆俯冲(包括洋内俯冲和洋-陆俯冲)的构造背景，与宏观产出的岩石组合反映的构造背景吻合。大板俯冲增生杂岩内出露的基性岩总体上具有与N-MORB类似的微量元素和稀土元素特征，而与火山弧、板内玄武岩有较明显区别，暗示其为洋壳来源。带内出露的远洋沉积的硅(泥)质岩与基性岩组合构成了蛇绿岩套的两个重要端元，暗示了洋壳的存在，岩石组合和地球化学上反映的洋内弧和陆缘弧特征，表明洋壳发生了洋内和洋-陆俯冲。

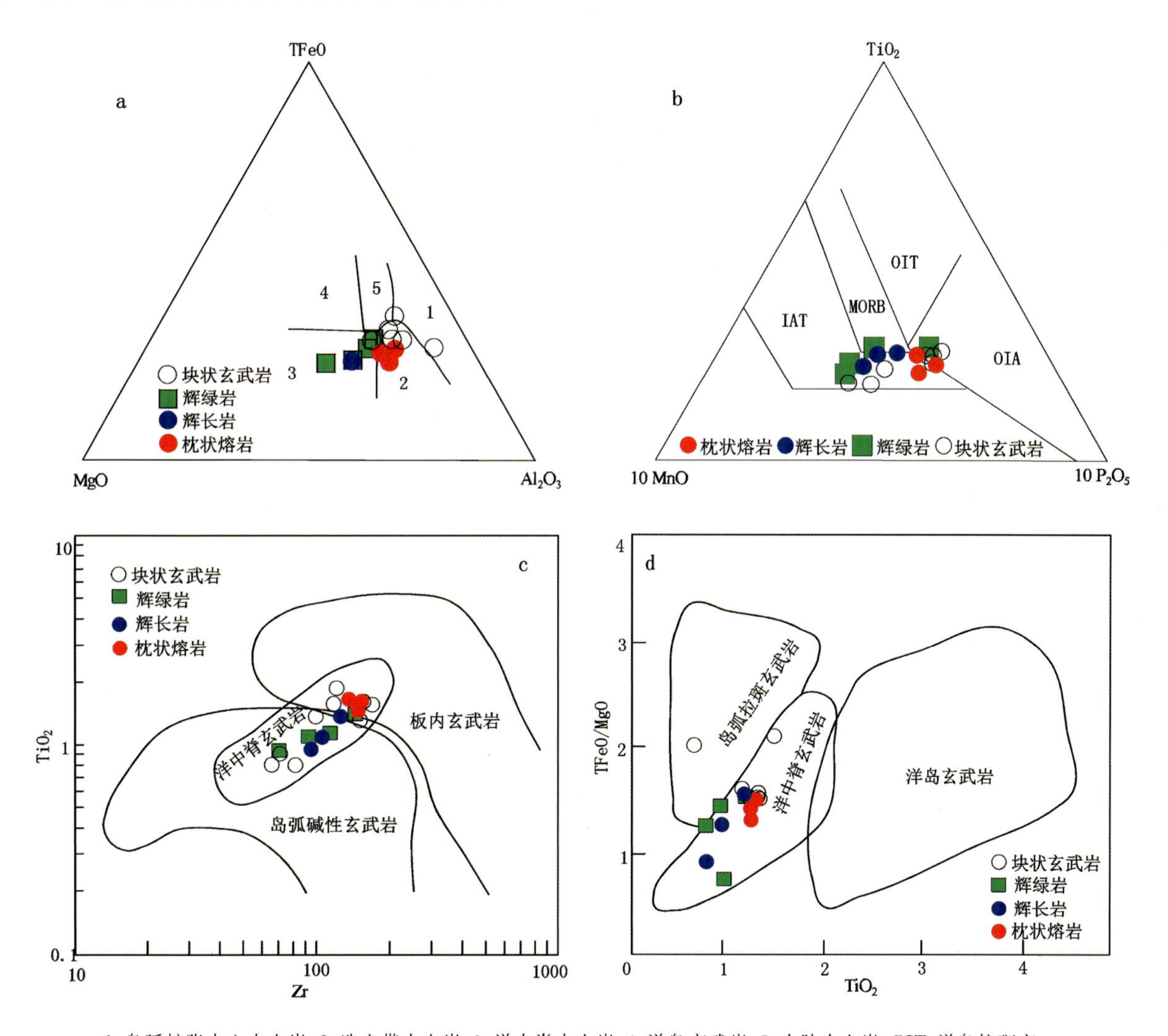

1.岛弧扩张中心火山岩；2.造山带火山岩；3.洋中脊火山岩；4.洋岛玄武岩；5.大陆火山岩；OIT.洋岛拉斑玄武岩；OIA.洋岛碱性玄武岩；MORB.洋中脊玄武岩；IAT.岛弧拉斑玄武岩。

图3-179 大板基性岩构造环境判别图解(据杨文鹏等，2019)

四、柯单山-西拉木伦俯冲增生杂岩带弧盆系及基底分布

柯单山-西拉木伦俯冲增生杂岩带位于西拉木伦对接带的南缘边界，带的南侧为华北北缘陆缘增生造山带，北侧为西拉木伦对接带内的早—中二叠世弧盆系。华北北缘陆缘增生造山带中产出的最老地质体为古元古代双井子片岩，由一套低角闪岩相—高绿片岩相中高组高级组成，之上叠加有晚石炭世乌达哈达变酸性火山岩，柯单山一带有少量晚石炭世(糜棱岩化)花岗闪长岩侵位，三者的形成时代分别为古元古代、晚石炭世，早于柯单山-西拉木伦俯冲增生杂岩带的时间。三者的变质时代显示：双井子片岩

中出现有大量的285～278Ma年龄指示早二叠世发生强烈变质作用，乌达哈达变酸性火山岩和花岗闪长岩的成岩年龄在316～306Ma、308Ma，其动力变质年龄应晚于晚石炭世，可能也在二叠纪，其变形产状与俯冲增生杂岩带的走向平行，表明具同构造变形特征。双井子片岩和乌达哈达变酸性火山岩沿柯单山-西拉木伦俯冲增生杂岩带南缘展布，其分布位置和变质时代响应了柯单山-西拉木伦俯冲增生杂岩带向南俯冲的陆缘增生造山带基底的特征。

在半拉山一带平行俯冲增生杂岩带侵位一条早二叠世二长花岗岩，为一套钙碱性的Ⅰ型花岗岩，具岛弧岩浆岩特征(陶楠等，2019)，在海拉苏一带产出有早二叠世额里图组安山岩、英安岩夹中酸性火山碎屑岩等钙碱性火山岩，两者相当于柯单山-西拉木伦俯冲增生杂岩带南向俯冲的岩浆弧带，也证实柯单山-西拉木伦俯冲增生杂岩带南向俯冲的主体时代为早二叠世。岩浆弧带南部保存大量的中二叠世早期于家北沟组(261Ma)海陆交互相沉积，处于柯单山-西拉木伦俯冲增生杂岩带南向俯冲的岩浆弧的弧后位置，平行岩浆弧带和增生杂岩带分布，从形成时代和产出构造位置上分析，相当于柯单山-西拉木伦俯冲增生杂岩带南向俯冲的弧后盆地沉积建造，中二叠世弧后盆地保存指示柯单山-西拉木伦俯冲增生杂岩带南向俯冲作用持续到中二叠世。

沿柯单山-西拉木伦俯冲增生杂岩带两侧产出有早—中三叠世造山花岗岩带，主要由花岗闪长岩和二长花岗岩组成，为晚二叠世古亚洲洋沿西拉木伦河缝合带闭合后，加厚的新生下地壳部分熔融作用的产物(刘建峰等，2013，2014)，具后造山花岗岩特征。另外，在巴林右旗—巴林左旗之间发育早三叠世老龙头组红层，为一套陆相磨拉石建造，相当于上叠于西拉木伦地区二叠纪弧盆系之上的前陆盆地沉积。早三叠世前陆盆地和早中三叠世后造山花岗岩的组合，指示柯单山-西拉木伦俯冲增生杂岩带所代表的古亚洲洋盆南缘在西拉木伦一带于晚二叠世结束俯冲作用，北部残余洋盆中沉积了晚二叠世海陆交互相的林西组，早三叠世发生陆-陆碰撞，二叠纪及以前地质体发生褶皱变形，形成前陆盆地和后造山岩浆岩侵位。

五、西拉木伦对接带形成时代

近年来开展的地质调查和研究工作在西拉木伦对接带内及附近获得了大量同位素测年数据(表3-31)，为研究西拉木伦对接带的形成和演化提供了重要依据。

1. 地块残块反映的俯冲变质时代

西拉木伦对接带南、北两侧各产出有古元古代地块残块，北侧为锡林浩特地块残块，南侧为双井子地块残块，地块残块中的锡林浩特岩群和双井子片原岩形成时代主要在古元古代(1513～473Ma)，先后经历了416Ma→312Ma→285Ma→278Ma(表3-31)的变质作用改造，其中285～278Ma的变质年龄较多，反映这一时期遭受变质作用较强烈，变质岩系中构造线与西拉木伦对接带构造方向一致，具同构造变形特征，反映早二叠世早期遭受了俯冲变质改造。两侧地块残块均有晚石炭世岩浆弧(火山岩和侵入岩)叠加，火山岩和侵入岩也发育变质变形构造，且构造线与西拉木伦对接带构造方向一致，表明遭受了同期变质作用改造，暗示俯冲变质在晚石炭世之后(早二叠世?)。

2. 岩块反映的洋壳形成时代

西拉木伦对接带中岩块产出较多，以代表洋壳残片的基性岩、超基性岩和硅质岩为主，也有少量岩浆弧火成岩卷入。前述基性岩、超基性岩显示环境主要为洋中脊、洋壳、(前弧)洋内弧和陆缘弧。从表3-31中可见，岩块的时代主要有4个时段：泥盆纪(416～362Ma)、早石炭世(345～330Ma)、晚石炭世(320～302Ma)、早二叠世(298～270Ma)，说明古亚洲洋在西拉木伦一带可能于早泥盆世已经存在有洋盆，经历了早石炭世—晚石炭世洋中脊扩张（其间存在地幔热柱活动和洋内俯冲）；岩块中早二叠世年龄较多，反映前弧、陆缘岛弧的岩石类型陆续出现，说明早二叠世开始发生洋-陆俯冲，在杏树洼蛇绿混杂岩内发现中二叠世放射虫硅质岩岩块，表明洋-陆俯冲作用延续到中二叠世，即洋壳可能从早泥盆世演化到中二叠世。

表 3-31　西拉木伦对接带内岩石同位素测年统计表

构造单元		同位素/Ma	测试方法	岩性	资料来源
增生杂岩陆缘基底	锡林浩特地块残块	312	U - Pb	石英片岩	葛梦春等，2008a
		2473	U - Pb	黑云斜长片麻岩	
		1516	U - Pb	变质二长花岗岩	孙立新等，2013
	双井子地块残块	1987～2044	U - Pb	变角闪辉长岩	汪岩等，2019
		1884	U - Pb	斜长角闪岩	
		416	U - Pb	斜长角闪岩	
		312	U - Pb	白云母片岩	
		285	U - Pb	角闪黑云片岩	
		278	U - Pb	斜长角闪片岩	
	北缘石炭纪岩浆弧	313、323	U - Pb	石英闪长岩	鲍庆中等，2007
		303	U - Pb	正长花岗岩	葛梦春等，2008a
		319	U - Pb	花岗闪长岩	
	南缘石炭纪火山弧	306	U - Pb	变流纹岩	汪岩等，2019
		316	U - Pb	变英安岩	
早—中二叠世弧前、弧间、弧后盆地		＜285	U - Pb	长石石英细砂岩	汪岩等，2019
		＜285	U - Pb	变质粉砂岩	
		＜265	U - Pb	细砂岩	
		＜295	U - Pb	细砂岩	
		＜316	U - Pb	凝灰质砂岩	
		＜279	U - Pb	长石石英砂岩	韩杰等，2011
晚二叠世残余盆地		＜261	U - Pb	细砂岩	郑月娟等，2014
		＜260	U - Pb	细砂岩	王丹丹等，2016
		＜259	U - Pb	细砂岩	赵英利等，2016
		＜258	U - Pb	变粉砂岩	李红英等，2016
		＜256	U - Pb	凝灰质砂岩	张辰昊等，2015
		＜259	U - Pb	长石岩屑砂岩	

续表 3-31

构造单元		同位素/Ma	测试方法	岩性	资料来源
增生杂岩	基质	<277	U-Pb	变质粉砂岩	汪岩等,2019
		<270	U-Pb	变泥质粉砂岩	
		<261	U-Pb	变质泥质粉砂岩	
		<281	U-Pb	变细粒砂岩	葛梦春等,2008b
		<280	U-Pb	火山碎屑岩	丁秋红等,2014
		<278	U-Pb	片岩	汪岩等,2019
		283	U-Pb	变晶屑凝灰岩	
		<274	U-Pb	变粉砂岩	
		<272	U-Pb	板岩	
		<286	U-Pb	变砂岩	刘建峰等,2019
		<281	U-Pb	变砂岩	
	岩块	411	U-Pb	玄武岩	葛梦春等,2008a
		362	U-Pb	角闪辉长岩	刘建雄,2006
		372	U-Pb	变辉长岩	刘建峰等,2019
		320	U-Pb	枕状熔岩	汪岩等,2019
		302	U-Pb	变辉绿岩	
		337	U-Pb	玄武岩	卢清地等,2013
		286	U-Pb	辉长岩	葛梦春等,2008b
		277	U-Pb	枕状玄武岩	王炎阳等,2014
		320	U-Pb	辉长岩	李英杰等,2012
俯冲增生杂岩	岩块	334	U-Pb	前弧玄武岩	李英杰等,2018
		280	U-Pb	高镁安山岩	关庆彬等,2016
		289	U-Pb	蛇纹岩	付俊彧等,2014
		270	U-Pb	蛇纹岩	付俊彧等,2014
		337、345	U-Pb	纹岩	付俊彧等,2014
		330	U-Pb	堆晶辉长岩	李英杰等,2012
		274	U-Pb	蛇绿岩	刘建峰等,2019
		274、289	U-Pb	辉长岩	
		311、312	U-Pb	辉长岩	刘建峰等,2019
		298	U-Pb	玄武岩	
		280	U-Pb	变玄武岩	Song et al.,2015

续表 3-31

构造单元		同位素/Ma	测试方法	岩性	资料来源
岩浆弧	火山岩	280、276	U-Pb	流纹岩	张晓飞,2018
		287	U-Pb	细碧岩	程天赦,2013
		287	U-Pb	英安岩	张晓飞,2016
		271、272	U-Pb	流纹岩	梅可辰等,2015
		274	U-Pb	流纹岩	刘建峰等,2009
		280	U-Pb	流纹岩	樊航宇等,2014
		275、286	U-Pb	流纹岩	李红英等,2016
		286	U-Pb	英安岩	
		282	U-Pb	凝灰岩	
		260	U-Pb	安山岩	汪岩等,2019
		270	U-Pb	玄武安山岩	
		256	U-Pb	安山岩	
		255	U-Pb	玄武岩	
		252	U-Pb	玄武岩	
	侵入岩	283	U-Pb	正长花岗岩	Wu et al.,2011
		274	U-Pb	花岗闪长岩	葛梦春等,2008a
		293	U-Pb	二长花岗岩	刘建雄等,2004
		280、281	U-Pb	二长花岗岩	鲍庆中等,2007
		264、275、277	U-Pb	糜棱岩化花岗岩	刘建峰等,2019
		277	U-Pb	二云母花岗岩	
		265、271	U-Pb	糜棱岩化花岗岩	李益龙,2009
		263	U-Pb	花岗闪长岩	江小均等,2011
		259	U-Pb	英云闪长岩	张长捷等,2005
		251	U-Pb	石英闪长岩	王璐等,2016
三叠纪(后)造山侵入岩		240	U-Pb	花岗闪长岩	葛梦春等,2008a
		245、241	U-Pb	花岗闪长岩	刘建峰等,2014
		249	U-Pb	花岗闪长岩	
		229、237	U-Pb	白云母花岗岩	李锦轶等,2007
		230	U-Pb	二长花岗岩	张明等,2013
		234	U-Pb	花岗闪长岩	
		246~216	U-Pb	二长花岗岩	鲍庆中等,2007
前陆盆地		249、251	U-Pb	流纹质凝灰岩	汪岩等,2019
		<249	U-Pb	细砂岩	
		<255	U-Pb	细砂岩	
		<258	U-Pb	细砂岩	
		<252	U-Pb	细砂岩	

3. 基质反映的弧前盆地和洋盆(海沟)沉积时代

西拉木伦对接带内杂岩中基质以沉积岩为主,少量火山碎屑岩,沉积岩颗粒偏粗,以变质粉砂岩、变砂岩和变泥质岩石为主,代表沉海沉积的硅泥质岩较少,说明卷入增生杂岩的基质以弧前盆地和海沟斜坡浊积岩为主,远洋沉积可能更多地俯冲于陆缘基底之下。基质中火山岩夹层变晶屑凝灰岩的成岩年龄为283Ma,表明弧前盆地沉积时间在早二叠世,大部分变质砂板岩的碎屑锆石最小丰值年龄多小于280Ma,最小为261Ma,指示弧前盆地的沉积时限进入到中二叠世及以后,表明俯冲增生作用可能延伸到中二叠世及以后。

4. 岩浆弧反映的洋盆向陆缘俯冲时代

岩浆弧是反映洋-陆俯冲作用最有效的标志，西拉木伦对接带内发育多条岩浆弧带，有以侵入岩为主的侵入弧，也有以火山岩为主的火山弧，与西拉木伦对接带内各条俯冲增生杂岩带均有较好的空间匹配关系。岩浆弧的岩石以中酸性火成岩为主，年龄数据主要分 3 组，即早二叠世、中二叠世、晚二叠世，以早二叠世为主，中二叠世次之，晚二叠世最少，说明洋-陆俯冲作用开始于早二叠世，俯冲作用也最强烈，中二叠世俯冲作用逐渐减弱，至晚二叠世晚期俯冲作用基本结束。

5. 弧前、弧间、弧后盆地反映的洋-陆俯冲伸展时代

西拉木伦对接带内保留有众多的二叠纪弧前、弧间、弧后盆地，说明二叠纪洋-陆俯冲作用强烈，在弧前、弧间、弧后形成有俯冲伸展作用，形成一系列平行俯冲增生杂岩带展布的弧盆。盆地内碎屑锆石最小丰值年龄为 265Ma，指示弧盆形成时间应在早二叠世之后，个别沉积作用发生在中二叠世及以后，也暗示俯冲作用(伸展)主要发生在早二叠世—中二叠世。

6. 残余盆地反映的洋盆闭合形成时代

西拉木伦对接带内发育大面积的中晚二叠世残余盆地沉积，主要为哲斯组浅海相沉积和林西组海陆交互相沉积，多不整合(断层)覆盖在早中二叠世岩浆弧和增生杂岩之上，表现出残余盆地沉积特征，其主要为一套在洋壳俯冲结束、洋盆趋于关闭阶段在原洋(弧)盆之上发育的具挤压性质的沉积建造。盆地内沉积岩中的碎屑锆石最小丰值年龄多小于 260Ma，指示残余盆地时间应在晚二叠世及之后，暗示晚二叠世俯冲作用已结束。

7. 前陆盆地、(后)造山侵入岩反映的陆-陆碰撞时代

前陆盆地、(后)造山侵入岩的出现基本上代表了洋盆消失，陆-陆开始碰撞。西拉木伦对接带内的中晚二叠世残余盆地沉积之上叠加有早三叠世前陆盆地，前陆盆地内同沉积火山碎屑岩的成岩年龄为 251～249Ma，为早三叠世早期，盆地内沉积岩中的碎屑锆石最小丰值年龄多小于 255Ma，指示前陆盆地沉积作用可延续到早三叠世以后，暗示陆-陆碰撞开始于早三叠世早期，持续到早三叠世以后；(后)造山侵入岩在西拉木伦对接带南、北侧及俯冲增生杂岩带附近均有侵位，显示陆-陆和弧-陆碰撞主要发生增生杂岩带附近，其时代主要为 250～230Ma。综合前陆盆地的演化时间，西拉木伦对接带的陆-陆和弧-陆碰撞时间主要集中在早三叠世早期—晚三叠世早期。

六、西拉木伦对接带的洋-陆转换过程

西拉木伦二叠纪对接带产出在前二叠纪大兴安岭弧盆系(锡林浩特地块)和华北北缘陆缘增生带(双井子地块)之间，对接带内发育大量的二叠纪增生杂岩、岩浆弧、洋内弧、弧前盆地、弧间盆地、弧后盆地及残余盆地，沟弧盆体系总体呈北东东向带状展布，活动时代主要为早二叠世早期—晚二叠世。表明古亚洲洋在西拉木伦地区于早二叠世开始向西伯利亚与华北板块陆缘俯冲增生，至晚二叠世期消减结束。早中三叠世前陆盆地的形成和后造山侵入岩的就位指示早中三叠世兴蒙造山带和华北北缘陆缘增生带完成了汇聚拼贴。

1. 洋盆的演化

分布在西拉木伦地区对接带中的蛇绿岩(岩块)具有正常洋中脊(N - MORB)、富集洋中脊(E - MORB)、洋岛玄武岩(OIB)、洋内岛弧及陆缘弧等多种成因特征，记录了一个宽广、巨大的洋盆在长时

间大洋闭合消减过程中，发生的一系列洋内俯冲、洋-陆俯冲、地幔热柱活动事件。在迪彦庙地区蛇绿岩中，多数岩石反映 N-MORB 蛇绿岩和 SSZ 蛇绿岩特征，显示了由亏损地幔源区向 SSZ 型富集地幔的过渡趋势，并且识别出蛇绿岩、洋岛火山岩、海相沉积岩和岛弧火山-沉积岩等不同大地构造背景下的物质残片；杜尔基俯冲增生杂岩中的超镁铁质—镁铁质岩在构造属性上兼具洋中脊玄武岩和岛弧拉斑玄武岩的性质；石灰窑—吉林达坝—蒙古包地区的基性岩主要形成于洋中脊或洋底环境，个别具岛弧（洋内弧）地球化特征，表明洋盆（洋中脊或洋底）存在洋-陆俯冲作用。这些不同的岩片分属于大洋盆地（洋中脊、洋岛、洋内弧）、陆缘弧、弧前盆地等构造环境。洋壳最早形成于早泥盆世，在早石炭世—晚石炭世相继发生洋中脊扩张（其间存在地幔热柱活动和洋内俯冲），早二叠世开始发生洋-陆俯冲，并延续到中二叠世，中二叠世晚期洋壳消减完毕，之上形成残余洋盆。

2. 洋-陆俯冲过程

西拉木伦对接带产出在大兴安岭弧盆系和华北北缘陆缘增生带对接部位，表明两个构造单元之间存在一个北东东向展布的巨大洋盆（古亚洲洋），西拉木伦对接带作为古亚洲洋消失的残迹记录了大兴安岭弧盆系和华北北缘陆缘增生带对接及大洋向大陆转换过程。其内洋壳残片的年龄（416Ma→362Ma→345Ma→330Ma→320Ma→302Ma→270Ma→298Ma）指示洋盆形成于早泥盆世（两地块基底形成之后），洋盆内（345Ma→330Ma→320Ma→302Ma）洋中脊、洋岛、洋内弧的出现，说明石炭纪洋盆内不断发生洋中脊扩张、洋内俯冲和地幔热柱活动，并陆续形成新的洋壳。早二叠世前弧玄武岩和岩浆弧大量出现，揭示早二叠世以后洋盆开始向两侧陆缘发生俯冲，岩块中早二叠世洋中脊和洋岛残块的保留说明洋盆内同时也存在洋壳之间的俯冲和地幔热柱活动。对接带两侧变质基底中大量 285～278Ma 的变质年龄，反映这一时期遭受俯冲变质作用，响应了俯冲增生作用的发生。对接带南、北两侧均发育大量的早二叠世岩浆弧和陆缘基底，说明洋盆分向南、北两侧陆缘（双向）俯冲，同时发育的早中二叠世弧前盆地、弧间盆地和弧后盆地，说明洋-陆俯冲作用较强，局部形成伸展裂陷盆地。基质中卷入早中二叠世弧前盆地沉积岩系，同时俯冲增生杂岩又被中晚二叠世弧盆沉积物覆盖，并且岩浆弧中出现中晚二叠世火成岩，说明俯冲增生作用持续至晚二叠世，并最终就位于晚二叠世晚期。

从俯冲增生杂岩、地块基底、岩浆弧、弧前盆地、弧后盆地、弧间盆地的空间分布上分析（图 3-137、图 3-180、图 3-181），北侧巴彦锡勒-牤牛海俯冲增生杂岩带、白音昆地-乌兰达坝俯冲增生杂岩带向北侧大兴安岭弧盆系锡林浩特地块（锡林浩特岛弧带）俯冲，其中巴彦锡勒-牤牛海俯冲增生杂岩带所代表的洋盆北界向锡林浩特地块俯冲过程中，在北缘二叠纪弧盆系基底之上形成一系列早二叠世岩浆弧、弧前盆地、弧间盆地和弧后盆地，显示北部锡林浩特地块为仰冲板块，遭受俯冲作用抬升，并发生后期的剥蚀，岩浆弧之间盆地沉积的保存，说明弧间拉张作用较强，岩浆弧上部的弧火山岩遭受大量剥蚀进入弧间盆地及弧前盆地和弧后盆地。迪彦庙蛇绿岩中伴生有 IAT 和玻镁安山岩（李英杰等，2018），代表弧前环境，指示迪彦庙地区发生了北向洋-陆俯冲。白音昆地-乌兰达坝俯冲增生杂岩带北侧发育大面积的早二叠世岩浆弧和早二叠世弧间盆地，南侧产出少量洋内弧，显示白音昆地-乌兰达坝俯冲增生杂岩带所代表的洋盆具有北向俯冲极性。该俯冲增生杂岩带可能为北部的巴彦锡勒-牤牛海俯冲增生杂岩带活动结束后，俯冲洋壳向南后退形成新的俯冲增生杂岩带，带内玻镁安山岩和细碧岩-角斑岩系列均具有洋中脊和岛弧拉斑玄武岩的双重特征，显示了前弧玄武岩的特点，符合前弧持续向陆缘增生的特征。

西拉木伦对接带南部的柯单山-西拉木伦俯冲增生杂岩带代表的洋壳向南侧华北北缘双井子微地块俯冲。在双井子微地块之上形成早二叠世岩浆弧和中二叠世弧后盆地，在二零四一带的原大石寨组中发育的玻镁安山岩（乔彦波等，2016），指示了洋盆南向俯冲消减特征；主体时代为早二叠世，岩浆弧带南部保存大量的中二叠世早期于家北沟组（261Ma）海陆交互相沉积，指示柯单山-西拉木伦俯冲增生杂岩带南向俯冲作用持续到中二叠世。俯冲增生杂岩带伴生早—中二叠世弧盆，说明俯冲作用发生在早—中二叠世。

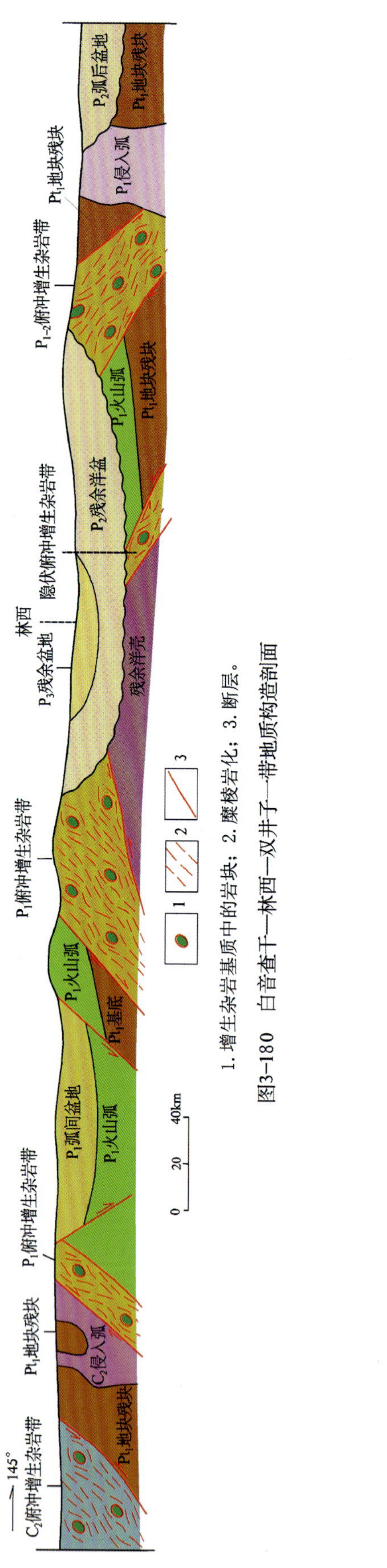

1. 增生杂岩基质中的岩块；2. 糜棱岩化；3. 断层。

图3-180 白音查干—林西—双井子一带地质构造剖面

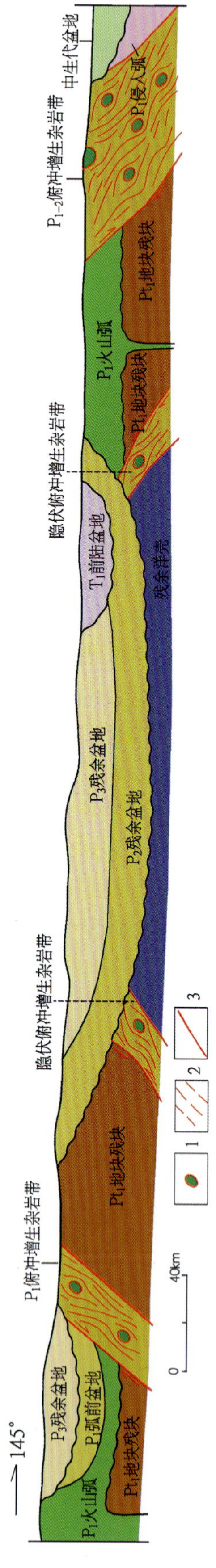

1. 增生杂岩基质中的岩块；2. 糜棱岩化；3. 断层。

图3-181 乌兰达坝—坤都—阿鲁克尔沁旗一带地质构造剖面

大量野外地质资料证实，西拉木伦对接带具有俯冲增生型造山带的特征，总体具有向南、北双向俯冲增生的特征。从俯冲增生杂岩和岩浆弧等时空分布来看，显示了北部两条俯冲增生杂岩带向北俯冲，南部两条俯冲增生杂岩带向南俯冲的特点，由中央的残余洋盆向南、北两侧分别展布为后退式俯冲增生杂岩带→弧前盆地→岛弧岩浆系→弧后盆地→前缘俯冲增生杂岩带→弧前盆地→岛弧岩浆系→弧后盆地特征，揭示了双向俯冲过程的沟→盆→弧演化体系过程(3-182)。

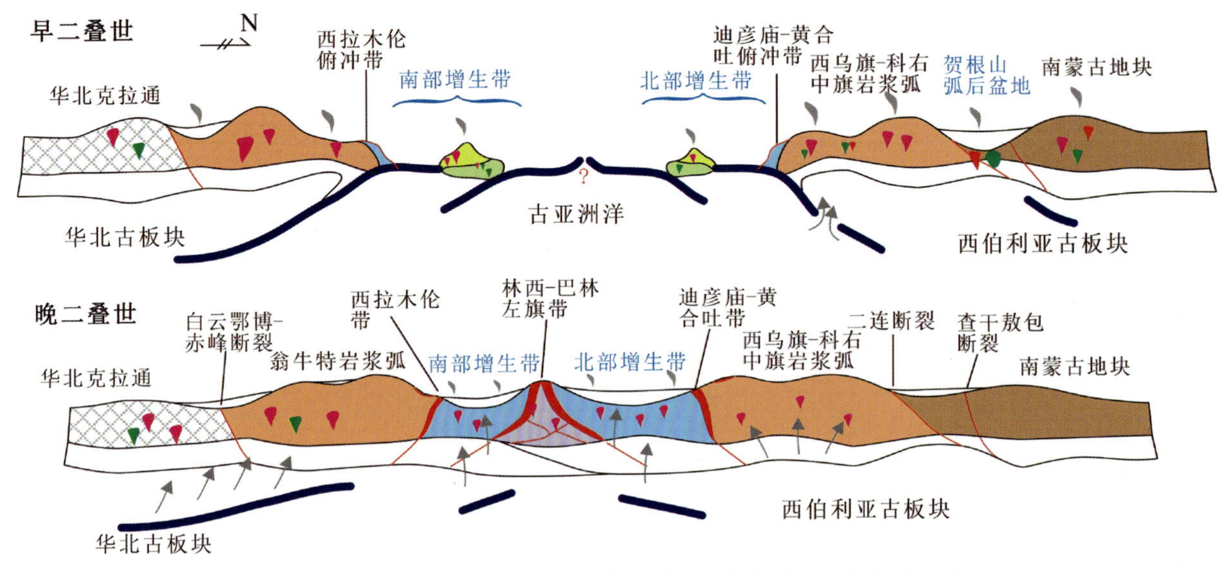

图 3-182　内蒙古东南部古亚洲洋二叠纪双向俯冲构造演化模式图

3. 陆-(弧)陆拼贴碰撞过程

西拉木伦对接带内发育大规模的中晚二叠世残余洋盆沉积，表明洋壳没有完全消减在两侧陆缘之下，在中晚二叠世陆续演化成残余洋盆，并在早三叠世转变为周缘前陆盆地，在巴林右旗—巴林左旗之间发育早三叠世老龙头组红层，为一套陆相磨拉石建造，相当于上叠于西拉木伦地区二叠纪弧盆系之上的前陆盆地沉积。表明中二叠世晚期洋盆俯冲消减结束，晚二叠世残余洋盆挤压挠曲，接受海相交互相残余盆地沉积，早三叠世转为弧-陆拼贴碰撞阶段，形成前陆盆地。

沿西拉木伦对接带内各俯冲增生杂岩带附近，有较多的早中三叠世花岗岩侵位，主要由花岗闪长岩和二长花岗岩组成，岩石形成于晚二叠世古亚洲洋沿西拉木伦河缝合带闭合后，加厚的新生下地壳发生部分熔融作用(刘建峰等，2013，2014)，具后造山花岗岩特征。早三叠世前陆盆地和早中三叠世后造山花岗岩的组合，指示西拉木伦对接带所代表的古亚洲洋盆在西拉木伦一带于晚二叠世结束俯冲作用，北部残余洋盆中沉积了晚二叠世海陆交互相的林西组。早三叠世发生陆-陆碰撞，二叠纪及以前地质体发生褶皱变形，隆起带遭受剥蚀，挠曲处形成前陆盆地沉积，俯冲增生杂岩带附近后造山岩浆岩就位，至晚三叠世进入板内演化阶段。

第四章　古亚洲洋东段构造演化

大兴安岭地区的地质记录始于新太古代，至新元古代初期，在额尔古纳地块、兴华地块、兴安地块、松嫩地块、东乌旗-多宝山岛弧带、锡林浩特岛弧带和翁牛特岛弧带等块体上形成一系列展布不连续、物质组成不一致、变质特征略有差异的前寒武纪变质基底，其在新元古代末—古生代中亚造山带形成演化过程中受到不同程度的改造，现在以基底残块形式出露在各个构造单元中。新元古代时期(约700Ma)，伴随着罗迪尼亚超大陆裂解(Zhao et al.，2018)，大兴安岭地区的前寒武纪基底块体从母体(莫森-澳大利亚-印度联合大陆)上裂离，开始古亚洲洋演化(Zhou et al.，2018)，伴随着大洋的大规模扩张，这些早前寒武纪基底块体以裂离地块或岛弧形式分散在古亚洲洋中。

自新元古代末开始(650Ma)，罗迪尼亚超大陆裂解成若干巨大陆，劳亚大陆联合并向北漂移，古亚洲洋内部的一些小洋盆开始出现俯冲作用，形成一系列的岛弧带、陆缘增生带，其中最具代表性的即为新林洋(位于额尔古纳地块、兴华地块、兴安地块之间)。伴随着新林洋的演化(600～500Ma)，围绕这些前寒武纪块体发育俯冲增生，至早奥陶世，在额尔古纳地块、兴华地块、兴安地块上形成一系列的岛弧岩浆作用和增生杂岩带。至奥陶纪末(460～450Ma)，新林洋及其相关的小洋盆相继关闭，大兴安岭北部的额尔古纳地块、兴华地块、兴安地块、东乌旗-多宝山岛弧带相继拼合，形成一个规模较大的统一块体，可称为额尔古纳-兴安地块。同期，古亚洲洋与锡林浩特地块之间也开始出现俯冲作用，形成一系列弧侵入岩。在寒武纪—奥陶纪期间，在华北北缘的白乃庙-翁牛特旗岛弧带(现在位置)，也从古拉大陆母体(华南板块或塔里木板块)上裂离，向华北克拉通漂移，二者之间发育白乃庙洋，在华北克拉通北部发育被动大陆边缘沉积，在白乃庙-翁牛特旗岛弧带上发育强烈的岛弧岩浆活动(Zhang et al.，2014)，于晚志留世—早泥盆世与华北克拉通完成弧-陆拼接，形成华北北缘活动陆缘带。自此，至早古生代末，大兴安岭地区的古构造格局为北部(现在位置)的额尔古纳-兴安地块、南西部(现在位置)的锡林浩特岩浆弧、西部(现在位置)的松嫩地块、南部(现在位置)的华北板块(北缘陆缘带)及夹持其间的古亚洲洋主洋盆(索伦洋，发育于华北板块与其他块体之间)以及分支洋盆(1.嫩江洋，发育于额尔古纳-兴安地块与松嫩地块之间；2.贺根山洋，发育于额尔古纳-兴安地块与锡林浩特岩浆弧之间)。

自中晚泥盆世开始，古亚洲洋主洋盆(索伦洋)和分支洋盆(贺根山洋和嫩江洋)开始向两侧地块或早古生代弧俯冲，贺根山洋内开始出现洋内俯冲，形成西乌旗初始弧-成熟弧。于早石炭世末—早二叠世，嫩江洋关闭，额尔古纳-兴安地块东侧(东乌旗岛弧和扎兰屯岛弧)与松嫩地块由北向南发生剪刀式拼接作用，形成突泉-黑河结合带；同期，贺根山洋演化也趋于消亡，使得西乌旗岛弧、锡林浩特岛弧与额尔古纳-兴安地块南侧(东乌旗)相继发生拼合，形成贺根山-大石寨结合带。于晚石炭世—早二叠世，大兴安岭北部地区的地块、岛弧带已拼合为一个整体，其与华北板块北缘陆缘带之间的古亚洲洋(索伦洋)开始出现洋内俯冲，形成乌尔吉-夏营子洋内弧和巴林左旗-天山镇洋内弧，并伴随索伦洋逐渐消亡，于中二叠世中晚期—晚二叠世早期洋盆完成闭合使得大兴安岭地块群(额尔古纳-兴安-松嫩联合地块)与华北板块完成拼接，形成西拉木伦结合带，晚二叠世—中三叠世沿拼接带开始碰撞造山作用，发育残留海盆和同碰撞岩浆活动。自此完成了大兴安岭地块群、弧盆系与华北板块北缘的拼接、碰撞、造山作用，大兴安岭开始进入东北亚陆块演化阶段。

自晚三叠世开始，大兴安岭地区进入后造山伸展阶段，开始了另一个旋回的构造演化。晚三叠世—

早白垩世期间，大兴安岭地区受来自其北侧的蒙古-鄂霍茨克洋向南俯冲和闭合造山作用影响，在大兴安岭的中北部地区发育安第斯型活动陆缘弧火山-侵入岩浆活动并伴有漠河前陆盆地沉积，同时叠加来自东北亚东侧的古太平洋北西—北西西向俯冲所引发的走滑剪切作用控制，在大兴安岭中西部地区继承古生代构造格局发育近东西—北东向展布的陆相火山盆地和侵入岩浆岩带，在大兴安岭东坡古生代构造格局基础上发育北东—北北东向走滑剪切带、陆相火山盆地和侵入岩浆岩带。晚白垩世开始，受滨西太平洋北西向俯冲作用影响，大兴安岭进入东亚伸展演化阶段，形成大兴安岭北北东—北东向隆起带，并与松辽盆地形成大型盆山古构造格局。至晚新生代时期，大兴安岭进一步伸展，发育一系列单成因火山群，指示大兴安岭地区进入初始裂谷演化阶段。

从地球的整个演化历史来看，自太古宙或新太古代末开始大概每隔6Ga，地球上的陆块区便联合在一起形成一个超级大陆。这些超级大陆包括2.7～2.5Ga的Kenorland超大陆、2.1～1.8 Ga的Columbia(哥伦比亚)超大陆、1.2～0.9Ga的Rodinia(罗迪尼亚)超大陆、0.25Ga的Pangea(潘基亚)超大陆，以及显生宙初(0.6～0.5Ga)的一个泛大陆Pannotia(潘诺西亚)大陆(李三忠等，2015)。

根据大兴安岭地区的总体构造特征和大地构造演化顺序，结合全球大陆聚散的整体演化模式，将大兴安岭地区的大地构造演化划分了3个构造演化阶段、6个构造期，具体方案如下。

新太古代—新元古代构造演化阶段：包括大兴安岭地块群新太古代—中元古代变质结晶基底形成时期，新元古代初罗迪尼亚超大陆裂解、新元古代末泛冈瓦纳大陆汇聚和原古亚洲洋演化时期。

寒武纪—中三叠世构造构造演化阶段：包括寒武纪—中志留世冈瓦纳大陆裂解、古亚洲洋形成—成熟演化、奥陶纪弧盆系和额尔古纳-兴安地块形成时期，晚志留世—中三叠世潘基亚大陆汇聚、古亚洲洋消亡、泥盆纪—早二叠世弧盆系发展演化时期。

晚三叠世—第四纪构造演化阶段：包括晚三叠—早白垩世蒙古-鄂霍茨克洋与古太平洋叠加演化、陆缘岩浆弧发展时期，晚白垩世—第四纪滨西太平洋俯冲、东亚伸展演化、陆内盆山演化时期。

一、大兴安岭地块群变质结晶基底形成时期

变质结晶基底地质体在大兴安岭地区出露面积较大且较集中的地区为大兴安岭西北部，主要有额尔古纳河右岸的额尔古纳市—漠河县、韩家园子—兴华、加格达奇、呼玛等地区，分别构成额尔古纳、兴华、兴安等地块的结晶基底，组成结晶基底的岩石主要为太古宙片麻状花岗岩和古元古界兴华渡口岩群各类片岩、片麻岩及大理岩。在大兴安岭东北部的科洛、金山、龙江、扎赉特旗、乌兰浩特地区也有较为连续的分布，构成了多宝山岛弧、扎兰屯岛弧及松嫩地块的基底，组成基底的岩石主要包括太古宙—古元古代变质花岗岩和古元古代额尔格图片岩、中元古代新开岭岩组。在大兴安岭西南部主要分布于锡林浩特地区，构成了锡林浩特岩浆弧的基底，基底的岩石主要包括古元古代锡林浩特岩群及中元古代变质花岗岩。在大兴安岭南部的双井子地区也有分布，构成了华北板块北缘陆缘带的基底，基底的岩石为古元古代双井子片岩、双胜镇平安地变质杂岩、宝力格变质杂岩等。这些岩石均经历了多期变质变形，构造样式复杂。

测年资料显示，这些变质基底的成岩年龄主要分布以下3个阶段：2.7～2.5Ga、1.9～1.7Ga、1.5～1.4Ga。早期的代表性岩石为变质深成岩，以TTG岩石组合为代表；中期的代表性岩石有变质深成岩和变质表壳岩，岩石组成较为复杂；晚期也是以变质深成岩和变质表壳岩为主，但其分布于不同的地块，变质深成岩分布于锡林浩特地区，而变质表壳岩分布于松嫩地块。这些资料指示大兴安岭地块群变质结晶基底为新太古代—中元古代全球大陆聚散的组成部分，但各个地块基底的年代格架和物质组成略有差异，暗示其可能来源于不同的古大陆母体。

二、罗迪尼亚超大陆裂解、泛冈瓦纳大陆汇聚、原古亚洲洋演化时期

约 1.0Ga 开始，罗迪尼亚大陆开始裂解，大兴安岭地区的前寒武纪基底地块、岩浆弧基底相继从母体大陆上裂解下来。在额尔古纳、兴华、兴安等地块及锡林浩特岩浆弧上发育同时期的岩浆活动、裂谷火山作用及被动陆缘沉积建造，开始形成伸展体制下的古亚洲洋(原古亚洲洋)。

在奇乾地区出露的新元古代早期辉长岩-辉长闪长岩及闪长岩组合，即为该期裂解事件在额尔古纳地块上的反映。该时期基性—中基性深成侵入岩被新元古代晚期中粒巨斑状钾长花岗岩侵入。同时，在鄂伦春自治旗阿里河—吉峰一带出露的科马提岩、变质橄榄岩、蛇纹岩及变质玄武岩等，岩石地球化学特征反映为一套古洋壳残片，其中科马提岩的 Sm-Nd 模式年龄为(1146±24)Ma，玄武岩的 Sm-Nd 模式年龄为(1003±35)Ma(胡道功等，2001)。这些古洋壳残片的年龄说明，新元古代早期发育裂陷，并已出现洋壳。围绕几个古元古代地块发育新元古代边缘海盆地及岛弧，在额尔古纳地块的边缘海盆地中沉积佳疙瘩组和额尔古纳河组的碎屑沉积岩、碳酸盐岩建造；在兴安地块上出露铁帽山组；在多宝山岛弧和扎兰屯岛弧的基底残块中发育嘎啦山岩组和扎兰屯岩组的中基性—酸性火山岩，局部出现细碧角斑岩，夹碎屑沉积岩。

新元古代晚期—早寒武世初期，在塔源一带发育蛇绿岩，包括蛇纹岩、滑石岩、蛇纹石化纯橄榄石、变质斜辉辉橄岩、橄榄玄武岩等超基性岩和变质辉长岩、角闪石岩、变质辉绿岩、斜长岩、拉斑玄武岩等基性岩。在其中的金云母角闪石岩(蛇绿混杂岩中变质残余洋壳岩石)中获得金云母 K－Ar 同位素年龄为 539.0Ma(K-Ar)，其中的金云母为变质成因，该年龄值指示早寒武世早期存在造山事件，即为兴凯(萨拉伊尔)造山运动，伴随此次造山作用，在几个古陆边缘发育包括花岗岩、花岗闪长岩、二长花岗岩的侵入作用。由此暗示在早中寒武世之前古亚洲洋演化已进入成熟阶段，开始出现洋-陆俯冲事件。

额尔古纳地块，兴华地块，兴安地块和佳木斯、兴凯地块群普遍存在泛非晚期(兴凯期)运动的岩石记录。额尔古纳地块、兴华地块、兴安地块表现为从中元古代晚期到早古生代初存在地块、岛弧及洋壳增生碰撞杂岩，最终经萨拉伊尔运动成为造山系，主要发育在早—中寒武世(500Ma 左右)的构造运动，传统上被称为兴凯运动。周建波等(2012)、Zhou et al.(2011，2015)在总结前人研究的基础上，据新的事实认为佳木斯地块的麻山群、兴安地块群的兴华渡口群等岩石组合是孔兹岩系。在额尔古纳地块、兴安地块、佳木斯地块、兴凯地块的泛非期高级变质岩的原岩年龄以新元古代(850～600Ma)为主，变质年龄为约 500Ma，因此泛非期高级变质岩及其同期岩浆岩总体呈北西向沿黑龙江在兴凯、佳木斯、松嫩、北兴安和额尔古纳等地块断续分布，组成孔兹岩断续带。

西伯利亚萨彦-贝加尔造山系中巴尔古津、图瓦-中蒙古、克鲁伦-额尔古纳、亚布洛诺夫和斯塔诺夫等蒙古地块群均参与了萨拉伊尔或早—中寒武世运动。其中图瓦地块在新元古代的裂谷岩系、冰积岩及新元古代末至早寒武世的含磷层等标志，与西伯利亚大陆存在明显差异而与哈萨克斯坦南部及中国扬子东南部相似。因此这些地块应与华北、西伯利亚古老克拉通无直接亲缘关系，而可能是在中元古代早期—早寒武世华北与西伯利亚克拉通之间原亚洲洋持续发展中，晚期或末期从邻近哈萨克斯坦、扬子、澳大利亚板块运移至西伯利亚板块边缘，成为亲西伯利亚地块群。

三、寒武纪—中三叠世时期

1. 冈瓦纳大陆裂解、古亚洲洋成熟演化时期

泛冈瓦纳大陆从中寒武世开始解体。西伯利亚克拉通连同萨彦-贝加尔造山系组成的西伯利亚-蒙

古大陆向北漂移，早寒武世—志留纪，西伯利亚克拉通北移近5000km，从南纬31.4°移动到北纬18.4°，到达北半球；泥盆纪北移至北纬中纬度33.4°；导致在萨彦-贝加尔造山系以南的天山—兴安地区，从寒武纪到志留纪，表现为一个海侵过程，海洋面积逐渐扩大、海水逐渐加深（万天丰，2006；万天丰等，2007）。与此同时，华北地块和冈瓦纳大陆的古地磁视极移曲线已开始分离，表明华北地块与东冈瓦纳大陆之间分离并存在显著的相对运动（黄宝春等，2000，2008）。中奥陶世，三叶虫古地理表明，华北、扬子、澳大利亚地块已分属不同的生物古地理大区，华北更接近于西伯利亚原特提斯生物古地理大区，华北与西伯利亚的亲缘性高于亚澳大区。因此，根据古地磁结果提供的古纬度约束，推测华北地块中奥陶世很可能位于西伯利亚之南的南半球中低纬度地区（黄宝春等，2008；张世红等，2001，2002），志留纪位于赤道，泥盆纪位于赤道北一点，晚石炭世才位于北纬低纬度地区（万天丰等，2007）。

寒武纪—奥陶纪，额尔古纳地块、兴华地块、兴安地块和东乌旗-多宝山岛弧带发育的花岗岩及乌宾敖包组、大网子组、房建岩组和多宝山组火山岩形成于岩浆弧环境。同期，在兴华地块东侧的十五站、新园村、克斗河、巴日图等地发育同时代的弧前盆地吉祥沟岩组沉积；在兴安地块东南部的铁帽山西、大杨树东等地也发育弧前盆地铜山组沉积；而在多宝山岛弧西的卧都河东地区、阿尔山岛弧西的河口地区、东乌旗岛弧西北的阿勒坦黑勒地区也发育奥陶纪的弧前盆地北宽河组沉积。综上指示额尔古纳地块东南缘、兴华地块东南缘、兴安地块东南缘和东乌旗-多宝山岛弧带西北缘均存在大洋板片俯冲作用，暗示额尔古纳地块、兴华地块、兴安地块和东乌旗-多宝山岛弧带之间的大洋洋片呈现向北西方向的单向俯冲。在此期间，多宝山岛弧东侧和扎兰屯岛弧东侧也发育弧前盆地火山沉积建造（付俊彧等，2015；钱程等，2018），指示东乌旗-多宝山岛弧带东南缘存在大洋板片俯冲作用（图4-1a、图4-2a）。

中晚奥陶世，额尔古纳地块、兴华地块、兴安地块和东乌旗-多宝山岛弧带之间的大洋消亡，形成一系列北东向展布的构造拼接带，由西向东依次为海拉尔-盘古构造带、头道桥-新林构造带、伊尔施-多宝山构造带（图4-1b、图4-2b）。之后于晚奥陶世晚期，额尔古纳-兴华-北兴安地块整体抬升，在其东南部的局部地区发育细碎屑弧间盆地沉积，以裸河组和爱辉组浅海相碎屑岩为特征。至中志留世，除多宝山岛弧局部发育零星弧间盆地外，整个大兴安岭地区北部地区抬升接受剥蚀，古亚洲洋早古生代俯冲告一段落。晚志留世发生大规模海侵，额尔古纳-兴华-北兴安地块上发育卧都河组海陆交互相建造不整合覆盖于前志留纪地质体之上（图4-1c、图4-2c）。

此间，在华北克拉通北侧（现代位置）的白乃庙-翁牛特岛弧带上也发育奥陶纪弧火山、侵入岩建造，形成白乃庙群、包尔汉图群，结合岛弧岩浆岩的分布特征推测在南白乃庙洋与白乃庙岛弧带之前存在中晚寒武世—奥陶纪大洋俯冲作用。晚志留世白乃庙-翁牛特岛弧带与华北克拉通发生碰撞拼贴，在岛弧带和华北克拉通北缘之间发育弧后盆地沉积建造，形成徐尼乌苏组，晚志留世末—早泥盆世，伴随弧-陆碰撞的造山和抬升作用，形成西别河组磨拉石沉积建造不整合于前志留纪地质体之上。

自此，大兴安岭地区的古地貌格局由额尔古纳-北兴安联合地块及其南侧的宝力道-锡林浩特弧盆系、松嫩地块、华北克拉通（北缘陆缘带）及夹持其间的古亚洲洋主洋盆（索伦洋）及分支洋盆（嫩江-黑河洋、贺根山洋）组成。

关于蒙古-鄂霍茨克洋，李锦轶等（2009）认为该大洋形成开始于志留纪以前，属于西伯利亚古陆边缘多岛洋的一部分；志留纪开始，几个古岛屿的拼合把蒙古-鄂霍茨克带前身洋盆与古亚洲洋分开，西伯利亚古板块开始了面向古太平洋大陆边缘的演化，并一直持续到侏罗纪晚期。大洋形成的一种可能是蒙古地块群构成多岛洋，图瓦、中蒙古和额尔古纳等地块在志留纪与亚布洛诺夫地块、斯塔诺夫地块之间形成了海湾形的蒙古-鄂霍次克洋；但也不能排除蒙古地块群整体随西伯利亚克拉通北移，在志留纪图瓦地块、中蒙古地块和克鲁伦-额尔古纳地块与亚布洛诺夫-斯塔诺夫地块之间分离形成蒙古-鄂霍茨克洋的可能性（周建波等，2012）。

除额尔古纳地块外的大兴安岭地块群从冈瓦纳大陆分离，在奥陶纪—志留纪逐步到达西伯利亚克拉通-蒙古地块群东南，并参与到克鲁伦-额尔古纳弧盆系外侧奥陶纪—泥盆纪东乌旗-多宝山岛弧和海拉尔弧后盆地大陆边缘的形成与发展中。西伯利亚南缘萨彦-贝加尔造山系，特别是贝加尔造山系从早寒武世—早奥陶世的碰撞拼合转变，形成志留纪—泥盆纪蒙古-鄂霍次克洋。自此，形成北有鄂霍次克洋，南有古亚洲洋，中间分隔是额尔古纳、兴华、兴安等地块的格局，该格局一直延伸至晚古生代早期(图 4-3)。

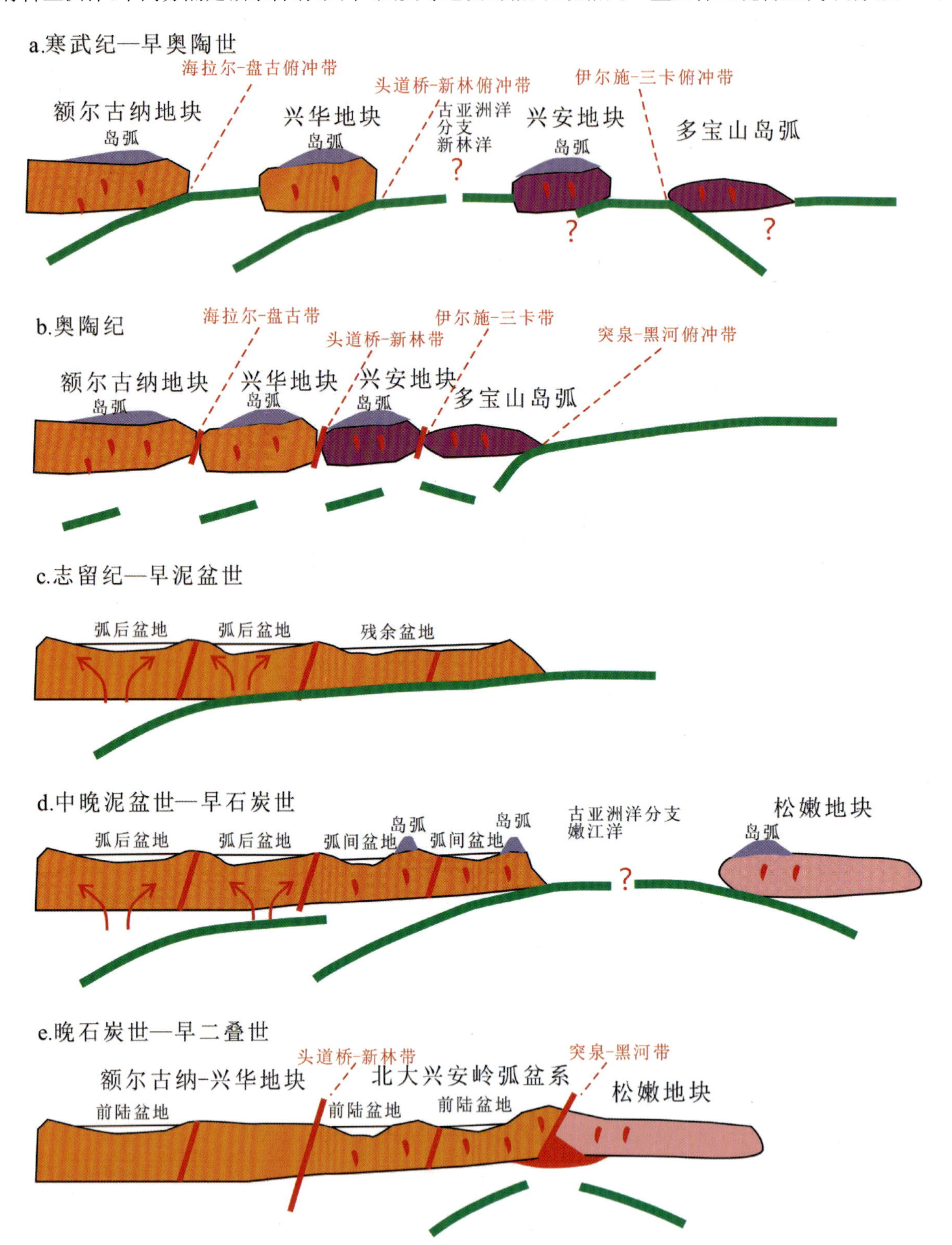

图 4-1 大兴安岭北部地区古生代构造格局及演化模式图(剖面方向:南东东)

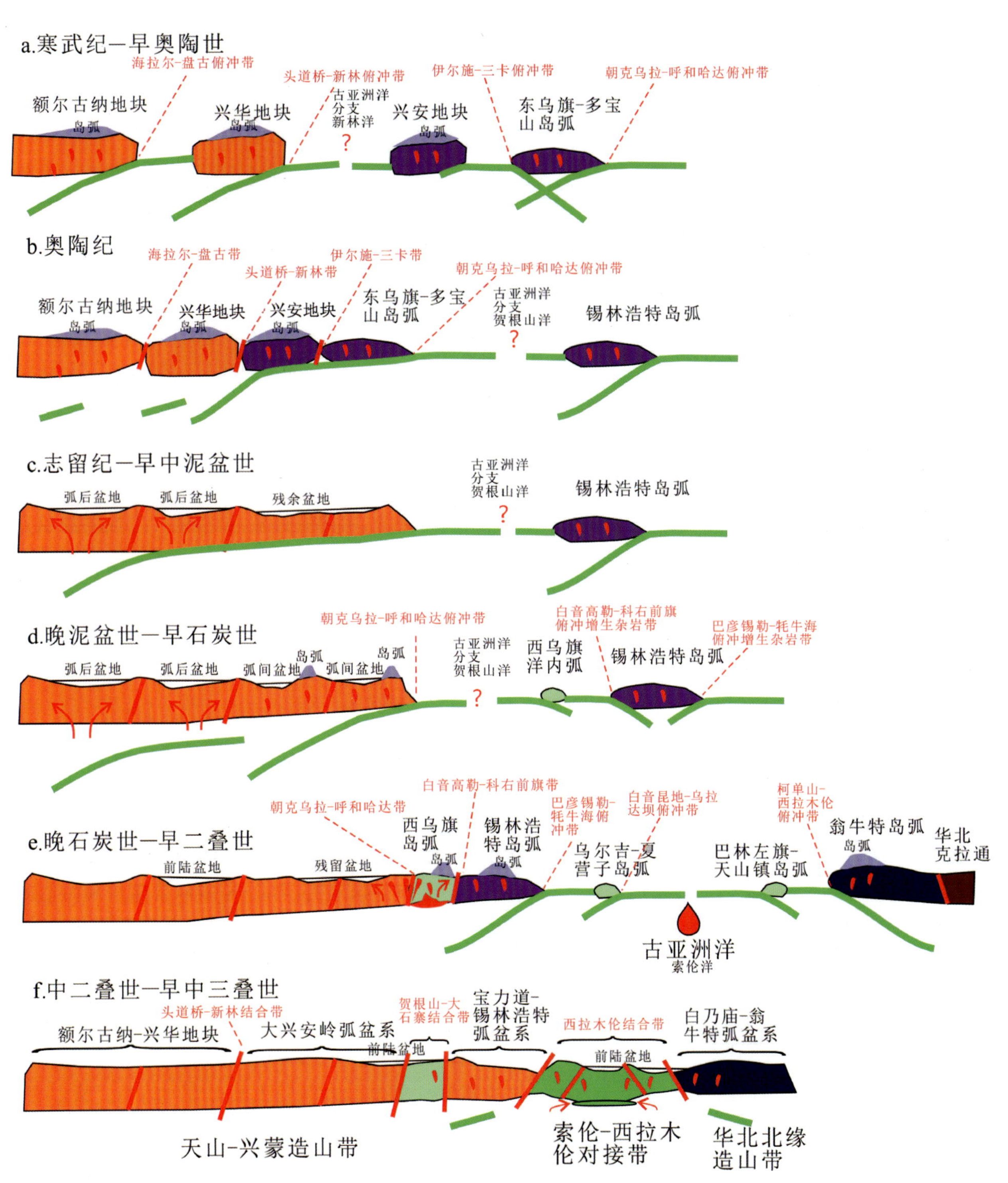

图 4-2　大兴安岭地区古生代构造格局及演化模式图(剖面方向:南南东)

图 4-3　志留纪古大陆复原示意图(据万天丰等,2007)

东乌旗-多宝山岛弧区中奥陶世的腕足类组合为北美-北欧生物区,中晚志留世是以图瓦贝为主体的生物群,包括珊瑚在内的生物群总体属混有少量北美-北欧分子的西伯利亚南部-蒙古生物区(郭胜哲等,1992)。奥陶纪岛弧带东南侧的索伦山-贺根山-大石寨俯冲带、南侧的突泉-黑河俯冲带连同额尔齐斯-达拉布特-北天山构造带是中亚造山系中又一条重要的构造-生物区分界线。以北中—晚志留世属以图瓦贝为特征的西伯利亚南部-蒙古生物区;以南从准噶尔、北天山向东至黑龙江的古亚洲洋均属哈萨克斯坦-中朝生物区。从志留纪到二叠纪则属于北方生物大区“准噶尔-兴蒙”生物区(李锦轶等,2009;葛肖虹等,2007;王鸿祯等,1990)。

2. 潘基亚大陆汇聚、古亚洲洋消亡演化时期

潘基亚超大陆形成于石炭纪—三叠纪,并于三叠纪晚期开始局部裂解。晚石炭世华北板块位于赤道以北的热带地区,为北纬 5.4°,晚二叠世至早三叠世,略向北移,早三叠世至晚三叠世,发生快速北移,纬向变化可达 10°左右(黄宝春等,2008)。与此同时,西伯利亚板块在泥盆纪—二叠纪,从北纬 33.4°移动到北纬 37.5°。另外,据华北地区与蒙古地区晚古生代的古地磁数据,晚石炭世两块体间的古地磁数据有显著差异,但晚二叠世两者古地磁极位置已非常相近,晚古生代末期,华北-蒙古联合地块和西伯利亚板块之间古地磁极仍存在明显的差异,直至晚侏罗世,两者的古地磁极才趋向一致(黄宝春等,2008)。地质上,早石炭世晚期—晚石炭世,哈萨克斯坦板块、塔里木板块和西伯利亚板块先后拼合,形成北亚联合古陆(李锦轶等,2009)。但东部向古太平洋开放,呈现海湾状开口的鄂霍茨克洋。在中国东北及邻区,松嫩地块于晚石炭世沿突泉—黑河一线与多宝山-扎兰屯岛弧拼合,形成了北有蒙古-鄂霍次克海湾型大洋,南有海湾型古亚洲洋,中隔克鲁伦-额尔古纳弧盆系、苏赫巴托-多宝山弧盆系、松嫩地块共同组成古陆区,东有古太平洋的构造格局,并一直持续发展到中二叠世(Li,2006;王五力等,2012)。蒙古-鄂霍次克洋和古亚洲洋在晚石炭世跨越近 30°纬度;在晚二叠世,虽然古亚洲洋消失,华北与蒙古纬度也已非常接近,但由于蒙古-鄂霍次克洋的继续发展,华北-蒙古联合地块和西伯利亚板块之间古纬度差仍在 30°以上,说明大洋持续发展且规模巨大;晚侏罗世—早白垩世大洋收缩和消亡,古地磁极才趋向一致。

晚志留世—早泥盆世,额尔古纳-兴安联合地块东南缘的东乌旗-多宝山岛弧带地区发育大规模海侵,形成下泥盆统泥鳅河组弧间、弧后浅海相沉积,在岛弧带的东南缘发育半深海的类复理石建造。中晚泥盆纪开始,古亚洲洋分支洋盆(嫩江洋)开始向东、西两侧的松嫩地块和额尔古纳-兴安联合地块发生俯冲作用,局部地区的俯冲作用可能开始于早泥盆世,在两侧的地块上发育大量形成于岩浆弧环境的晚泥盆世花岗岩和火山岩，松嫩地块上的火山岩以那金火山岩为代表，而额尔古纳-兴安联合地块上的火山岩以大民山组和莫尔根河组为代表(图 4-1c、d)。同时古亚洲洋主洋盆(索伦洋)开始向南、北两侧的华北板块北缘和额尔古纳-兴安联合地块发生俯冲作用，在两侧的地块上发育大量形成于岩浆弧环境的晚泥盆世花岗岩和火山岩，在华北板块北缘上的火山岩以八当山火山岩为代表，而额尔古纳-兴安联合地块上以大民山组火山岩为代表(图 4-2c、d)。在此俯冲作用之下，东乌旗-多宝山岛弧带上的早泥盆世弧间盆地转换为弧后盆地和残留海盆，在多宝山地区呈现弧后前陆盆地特征，形成根里河组、塔尔巴格特组和安格尔音乌拉组。

早石炭世末开始，额尔古纳-兴安联合地块与其南侧的宝力道-锡林浩特弧盆系及东侧的松嫩地块相继拼接。额尔古纳-兴安联合地块及其南侧的宝力道-锡林浩特弧盆系与松嫩地块之间的大洋自北向南剪刀式闭合，形成早石炭世末—早二叠世突泉-黑河结合带(图 4-1e)；额尔古纳-兴安联合地块与其南侧的宝力道-锡林浩特弧盆系拼接形成早石炭世末—晚石炭世贺根山-大石寨结合带(图 4-2e)。在此期间，受古亚洲洋主洋盆的北向俯冲作用及其分布于额尔古纳-兴安联合地块及其南侧宝力道-锡林浩特弧盆系之间洋盆的北向俯冲作用，在额尔古纳-兴安联合地块和宝力道-锡林浩特弧盆系形成俯冲背景的花岗岩和火山岩，额尔古纳-兴安联合地块上的火山岩以上石炭统宝力高庙组火山岩为特征，该组的碎屑沉积建造还体现了陆缘海陆交互相的沉积建造特征，而在宝力道-锡林浩特弧盆系则以上石炭统本巴图组和下二叠统大石寨组为代表，还伴有下二叠统寿山沟组弧前盆地和弧间盆地建造(图 4-2e)。

早二叠世，古亚洲洋北部的额尔古纳-兴安-松嫩联合地块基本形成，其与南侧华北板块北缘经长期的相向作用，二者之间的古亚洲洋宽度已经极为有限，呈现南北生物混生的特征。此间古亚洲洋向南、北两侧持续俯冲，在洋内形成若干的不成熟岛弧带，如靠近北侧的乌尔吉-夏营子岛弧、靠近南侧的巴林左旗-天山镇岛弧。

中二叠世，古亚洲洋进一步萎缩，乌尔吉-夏营子岛弧与大兴安岭北侧的联合地块发生碰撞拼合，形成早中二叠世巴彦锡勒-牤牛海构造带，在构造带西段锡林浩特南部地区还记录了奥陶纪和石炭纪的向北俯冲作用；巴林左旗-天山镇岛弧与华北板块北缘陆缘带发生碰撞拼合，形成柯单山-西拉木伦构造带，该带继承了奥陶纪、泥盆纪—石炭纪的俯冲增生杂岩。在华北板块北缘地区还发育早中二叠世花岗岩和岛弧火山岩，以额里图组火山岩为代表，同时伴有于家北沟组浅海相弧后盆地沉积。同期在额尔古纳-兴安-松嫩联合地块南部的宝力道-锡林浩特弧盆系、乌尔吉-夏营子岛弧和巴林左旗-天山镇岛弧带中发育大量的弧间盆地，其沉积物为中二叠世哲斯组。

晚二叠世早期古亚洲洋闭合消亡，沿西拉木伦结合带碰撞造山，在林西—扎鲁特旗和乌兰浩特—扎赉特旗地区发育晚二叠世晚期前陆盆地沉积，在林西组陆相河湖相沉积地层中发育同沉积逆断层、韧脆性变形形成的片理化带、褶皱变形带等。早三叠世，碰撞造山带地壳加厚，进一步隆升，在山前或山间的局部地区发育老龙头组河湖相紫红色、杂色砂砾岩类磨拉石沉积建造(图 4-2f)。同期发育晚二叠世—早三叠世同碰撞花岗岩，整体呈近东西向展布，在柯单山-西拉木伦构造带周围发育较为普遍。

第五章 结 语

大兴安岭地区古生代处于古亚洲洋发展和演化阶段，地质建造中保存有多期洋板块地层系统，记录了从新元古代—二叠纪的洋盆演化和洋-陆俯冲事件。本次工作运用"洋板块地质学"思想对古生代地质建造进行了解体，厘定出9条俯冲增生杂岩和配套的岩浆弧、弧前盆地、弧后盆地、前陆盆地等构造单元，归并1条对接带、5条结合带。俯冲增生杂岩带的时代自北向南依次变新，从纽芬兰世演化到中二叠世，暗示古亚洲洋洋盆逐渐向南后撤，不断形成新的俯冲增生杂岩带，活动陆缘从北部额尔古纳地块向南逐渐增生，活动陆缘建造的时代也逐渐变新，至西拉木伦一带(早—中三叠世)完成陆陆拼贴。

一、海拉尔-盘古北东向俯冲增生杂岩带

通过地质编图，在额尔古纳地块残块和兴华地块残块之间原吉祥沟岩组、佳疙瘩组及兴华渡口岩群中解体出海拉尔-盘古北东向奥陶纪俯冲增生杂岩带，为弧后盆地俯冲形成的增生杂岩。弧后盆地形成于新元古代—早奥陶世之间，弧后洋盆发生俯冲开始时间为早奥陶世(早奥陶世岩浆弧形成)，洋盆闭合时代在晚奥陶世(晚奥陶世岩浆弧就位)。从俯冲增生杂岩、基底、岩浆弧的空间分布上分析，弧后洋盆主体向北西俯冲，弧后洋盆局部(白浪河一带)存在南东向俯冲。

该俯冲增生杂岩带分布在额尔古纳地块中部额尔古纳地块残块和兴华地块残块之间，相当于额尔古纳新元古代岩浆弧的弧后位置，从海拉尔-盘古北东向俯冲增生杂岩的构造位置和形成时间上确认该俯冲增生杂岩代表的洋盆为额尔古纳新元古代岩浆弧的弧后盆地，弧后洋盆的俯冲消减标志额尔古纳地块残块和兴华地块残块在晚奥陶世完成拼贴。

二、头道桥-新林北东向俯冲增生杂岩带(结合带)

头道桥-新林俯冲增生杂岩带代表的弧后洋盆地形成于新元古代，纽芬兰世以后洋盆开始向额尔古纳地块发生俯冲，早奥陶世—晚奥陶世为俯冲增生主要阶段，形成俯冲增生杂岩和弧盆体系，晚奥陶世弧前盆地(安娘娘桥组)不整合覆盖在俯冲增生杂岩带和早奥陶世弧前盆地之上，标志弧后洋盆在晚奥陶世消减结束，晚志留世—早泥盆世残余海盆(卧都河组、泥鳅河组)不整合于头道桥-新林俯冲增生杂岩带及奥陶纪弧盆系之上，也佐证了头道桥-新林弧后洋盆地在晚志留世之前闭合。

三、伊尔施-三卡北东向俯冲增生杂岩带(结合带)

伊尔施-三卡俯冲增生杂岩带是本书依据"洋板块地质学"思想新划分的俯冲增生杂岩带，分布于额仁高比—伊尔施—多宝山—三卡一带，位于兴安地块和松嫩地块之间，相当于兴安地块和松嫩地块之间

的结合带。该俯冲增生杂岩主要由原北宽河组、嘎拉山岩组、兴华渡口岩群、佳疙瘩组、铜山组变质变形较强的部分及其中的刚性体(岩块)解体而来。采用洋板块地质学理论对多宝山岛弧带进行了解体,恢复出俯冲增生杂岩带、岩浆弧带、前弧盆地、弧间盆地、弧后盆地等四级构造单元。

增生杂岩中蛇绿岩的岩石组合及地球化学特征显示弧后洋盆 SSZ 型特征,说明伊尔施-多宝山洋盆是在两地块之间发育起来的弧后洋盆。洋盆形成于苗岭世晚期,扩张至芙蓉世晚期,根据该俯冲增生杂岩的北东向展布和区域上北西侧和南东侧发育奥陶纪岩浆弧、弧前盆地、弧后盆地推断,洋盆在奥陶纪分向北西向和南东向双向俯冲。俯冲增生杂岩带两侧早奥陶世岩浆弧的大量保存表明,洋盆向两侧地块俯冲增生的主体时代在早奥陶世,变质基底中 449Ma 变质事件、晚奥陶世岩浆弧和弧前盆地、弧后盆地的保留和基质中卷入晚奥陶世弧前盆地沉积岩系,说明俯冲增生作用持续到晚奥陶世。伊尔施—博克图一带俯冲增生杂岩带的北西侧发育大面积的早奥陶世岩浆弧和弧后盆地,说明洋盆以向兴安地块东南缘俯冲增生作用为主。扎兰屯-多宝山俯冲增生杂岩带的南东侧发育大面积的早奥陶世岩浆弧和弧后盆地、弧前盆地、弧间盆地,说明洋盆以向松嫩地块北西缘俯冲增生作用为主。

早奥陶世—晚奥陶世为俯冲增生主要阶段,形成俯冲增生杂岩和弧盆体系,弧盆体系中陆续发育早中志留世残余海盆,表明俯冲结束后,弧间和弧后地区发生伸展作用;晚志留世—晚泥盆世前陆盆地沉积不整合于奥陶纪增生杂岩和弧盆系之上,表明晚志留世—晚泥盆世发生弧-陆汇聚挤压,弧后洋盆闭合,结束了弧后洋盆向大陆的转换。

四、贺根山-大石寨结合带

本次工作将贺根山-黑河缝合带的西南段(贺根山-大石寨)北东向展布的两条俯冲增生杂岩带厘定为贺根山-大石寨石炭纪结合带,作为限定东乌旗-多宝岛弧带和锡林浩特地块的叠接带。贺根山-大石寨石炭纪结合带由南、北两条俯冲增生杂岩带组成,北部朝克乌拉-呼和哈达俯冲增生杂岩带沿朝克乌拉—贺根山—梅劳特乌拉—大石寨一线呈北东向展布;南部白音高勒-科右前旗俯冲增生杂岩带沿巴彦查干—西乌旗—白音布拉格—乌兰哈达—科右前旗一线呈北东向展布。南、北两条俯冲增生杂岩带近平行状分布,两者的物质组成和形成时间基本相同。两条俯冲增生杂岩带均由岩块和基质组成,带内蛇绿岩较发育,多呈岩块状产出,由贺根山、朝克山、小坝梁、崇根山、乌斯尼黑、白音布拉格等几个互不连续的岩块组成。两条俯冲增生杂岩带的南、北两侧均发育石炭纪岩浆弧、弧前盆地等弧盆体系,南部产出锡林浩特地块残块,北部产出奥陶纪火山弧,根据增生杂岩带影响的弧盆体系分布特征推断,两条俯冲增生杂岩带分别向南、北两个方向俯冲,时间上具有准同时性,北部朝克乌拉-呼和哈达俯冲增生杂岩带的俯冲时间略早一些,为早石炭世—晚石炭世,南部白音高勒-科右前旗俯冲增生杂岩带俯冲时间主要在晚石炭世,南、北两条俯冲增生杂岩带的背向同时俯冲且相距较近,之间无基底出现,显示两者同属一个洋盆,洋盆在石炭纪分向南、北两个地块或古老岛弧俯冲,形成陆-弧间洋盆消减结合带。

贺根山-大石寨石炭纪结合带分布于东乌旗-多宝山岛弧带和锡林浩特地块之间,显示贺根山洋盆是介于两个弧-陆之间的弧后或弧间洋盆,弧后洋盆形成于中泥盆世晚期,晚泥盆世开始扩张并形成洋中脊,早石炭世洋盆开始向东乌旗-多宝山岛弧带发生俯冲,在北部仰冲板块之上形成有少量岩浆弧,同时洋内俯冲和地幔热柱活动强烈,形成较多的洋内弧和洋岛(海山);晚石炭世为洋-陆(弧)俯冲增生主要阶段,贺根山弧后洋盆分别向南、北弧(陆)双向俯冲,形成南、北两俯冲增生杂岩带和岩浆弧及弧前盆地。晚石炭世末期,洋盆俯冲消减作用结束,俯冲增生杂岩带被早二叠世弧盆系不整合覆盖,洋盆转化成陆缘,结合带内未见弧-陆碰撞岩石记录,表明洋盆消减结束后,未发生弧-陆碰撞,洋盆有一定残留,早二叠世转化成残余盆地。

五、突泉-黑河北北东向俯冲增生杂岩带(结合带)

突泉-黑河石炭纪—二叠纪俯冲增生杂岩带为本次工作依据“洋板块地质学”思想新厘定的俯冲增生杂岩带。依据杂岩带的物质组成、时空展布和基底的分布，将突泉—黑河一带的构造杂岩单独划出，作为松嫩地块与大兴安岭的弧盆系之间的结合带，在科右前旗地区与贺根山-大石寨结合带重合，两者共同延伸至嫩江—黑河一带。

突泉-黑河俯冲增生杂岩带展布于大兴安岭弧盆系多宝山岛弧带和松嫩地块之间，显示突泉-黑河洋盆是介于两个弧-陆之间的弧后或弧间洋盆，突泉-黑河古洋盆是在多宝山岛弧弧后盆地基础上发育起来的弧后洋盆，弧后洋盆形成于早志留世，至早泥盆世处于洋中脊扩张阶段，不断形成新洋壳，早石炭世洋盆开始向北西侧多宝山岛弧带和南东侧松嫩地块发生近同时的双向俯冲，在两侧仰冲板块之上形成有少量岩浆弧，同时洋内俯冲和地幔热柱活动也较强烈，形成较多的洋内弧和洋岛(海山)；晚石炭世为洋-陆(弧)俯冲增生主要阶段，突泉-黑河弧后洋盆向南北弧(陆)持续双向俯冲，形成南、北两条岩浆带，同时导致仰冲板块基底发生变质并抬升，此时洋内俯冲作用减弱，仅形成少量的洋内弧和洋岛。早二叠世晚期，洋盆俯冲消减作用结束，俯冲增生杂岩带被中晚二叠世弧盆不整合覆盖，洋盆转化成陆间俯冲增生杂岩带，俯冲增生杂岩带附近先期地质体多发生了动力变质作用，在嫩江县西的莫力达瓦旗额尔和乡蒋屯村红山梁地区下石炭统核桃山组变酸性火山岩中发现有蓝闪石。这说明洋盆消减结束后，局部发生弧-陆拼贴，早期的弧盆有一定残留，中晚二叠世转化成残余盆地。

六、西拉木伦二叠纪对接带

西拉木伦二叠纪对接带是本次工作依据原西拉木伦缝合带(拼贴带)、锡林浩特-牤牛海俯冲增生杂岩等构造杂岩重新厘定的对接带，作为限定兴蒙造山带和华北北缘陆缘增生带的对接带，相当于古亚洲洋最终闭合的拼贴带。本次工作在综合区域资料的基础上，通过地质编图和野外调研，在西拉木伦地区划分出3条俯冲增生杂岩带：巴彦锡勒-牤牛海俯冲增生杂岩带、柯单山-西拉木伦俯冲增生杂岩带、白音昆地-乌兰达坝俯冲增生杂岩带。西拉木伦对接带内发育大量的二叠纪增生杂岩、岩浆弧、洋内弧、弧前盆地、弧间盆地、弧后盆地及残余盆地，沟弧盆体系总体呈北东东向带状展布，活动时代主要为早二叠世早期—晚二叠世，表明古亚洲洋在西拉木伦地区于早二叠世开始向西伯利亚与华北板块陆缘俯冲增生，至晚二叠世消减结束。早—中三叠世前陆盆地和后造山侵入岩的就位指示早中三叠世兴蒙造山带和华北北缘陆缘增生带完成了汇聚拼贴。

西拉木伦对接带中的蛇绿岩具有N-MORB、E-MORB、OIB、洋内岛弧及陆缘弧等多种成因特征，记录了一个宽广、巨大的洋盆在长时间大洋闭合消减过程中，发生的一系列洋内俯冲、洋-陆俯冲、地幔热柱活动事件，包括洋中脊、洋岛、洋内弧、陆缘弧、弧前盆地等构造环境。西拉木伦对接带作为古亚洲洋消失的残迹记录了大兴安岭弧盆系与华北北缘陆缘增生带对接及洋-陆转换过程。其内洋壳残片的年龄指示洋盆形成于早泥盆世，洋盆内(345～302Ma)洋中脊、洋岛、洋内弧的出现，说明石炭纪洋盆内不断发生洋中脊扩张、洋内俯冲和地幔热柱活动，并陆续形成新的洋壳。早二叠世前弧玄武岩和岩浆弧的大量出现，揭示早二叠世以后洋盆开始向两侧陆缘发生俯冲，岩块中早二叠世洋中脊和洋岛残块的保留说明洋盆内同时也存在洋壳之间的俯冲和地幔热柱活动。对接带两侧变质基底中大量285～278Ma的变质年龄，反映这一时期遭受俯冲变质作用。对接带南、北两侧均发育大量的早二叠世岩浆弧和陆缘基底，说明洋盆分向南、北两侧陆缘作双向俯冲增生作用，同时发育的早中二叠世弧前盆地、弧间盆地和弧后盆地，说明洋-陆俯冲作用较强，局部形成伸展裂陷盆地。基质中卷入有早中二叠世弧前盆地沉积岩系，同时俯冲增生杂岩又被中晚二叠世弧盆沉积物覆盖，岩浆弧中出现中晚二叠世火成岩，说明俯冲增生作用持续至晚二叠世。

从俯冲增生杂岩和岩浆弧等时空分布来看，显示了北部两条俯冲增生杂岩带向北俯冲，南部一条俯冲增生杂岩带向南俯冲的特点，由中央的残余洋盆向南、北两侧分别展布为后退式俯冲增生杂岩带→弧前盆地→岛弧岩浆系→弧后盆地→前缘俯冲增生杂岩带→弧前盆地→岛弧岩浆系→弧后盆地特征，显示了双向俯冲过程的沟→盆→弧演化体系。北侧巴彦锡勒-牤牛海俯冲增生杂岩带、白音昆地-乌兰达坝俯冲增生杂岩带向北侧大兴安岭弧盆系锡林浩特地块俯冲，其中巴彦锡勒-牤牛海俯冲增生杂岩带所代表的洋盆北界向锡林浩特地块俯冲过程中，在北缘二叠纪弧盆系基底之上形成一系列早二叠世岩浆弧、弧前盆地、弧间盆地和弧后盆地，显示北部锡林浩特地块为仰冲板块，岩浆弧之间盆地沉积的保存，说明弧间拉张作用较强。迪彦庙蛇绿岩中伴生有 IAT 和破镁安山岩(李英杰等，2018)，指示迪彦庙地区发生了北向洋-陆俯冲。白音昆地-乌兰达坝俯冲增生杂岩带的北侧发育大面积的早二叠世岩浆弧和早二叠世弧间盆地，南侧产出少量洋内弧，显示白音昆地-乌兰达坝俯冲增生杂岩带所代表的洋盆具有北向俯冲极性，该俯冲增生杂岩带为巴彦锡勒-牤牛海俯冲增生杂岩带活动结束后，俯冲洋壳向南后退形成新的俯冲增生杂岩带。

西拉木伦对接带南部的柯单山-西拉木伦俯冲增生杂岩带代表的洋壳为向南侧华北北缘双井子微地块俯冲。在双井子微地块之上形成早二叠世岩浆弧和中二叠世弧后盆地，在二零四一带的原大石寨组中发育的玻镁安山岩，指示了洋盆南向俯冲消减特征；主体时代为早二叠世，岩浆弧带南部保存大量的中二叠世早期于家北沟组海陆交互相沉积，指示柯单山-西拉木伦俯冲增生杂岩带南向俯冲作用持续到中二叠世。俯冲增生杂岩带伴生早中二叠世弧盆，说明俯冲作用发生在早中二叠世。

西拉木伦对接带内发育大规模的中—晚二叠世残余洋盆沉积，表明洋壳没有完全消减在两侧陆缘之下，在中—晚二叠世陆续演化成残余洋盆，并在早三叠世转变为周缘前陆盆地，表明中二叠世晚期洋盆俯冲消减结束，晚二叠世残余洋盆挤压挠曲，接受海陆交互相残余盆地沉积，早三叠世转为弧-陆拼贴碰撞阶段，形成前陆盆地。

沿西拉木伦对接带内各俯冲增生杂岩带附近，有较多的早—中三叠世造山花岗岩侵位，主要由花岗闪长岩和二长花岗岩组成，具后造山花岗岩特征。早三叠世前陆盆地和早中三叠世后造山花岗岩的组合，指示西拉木伦对接带所代表的古亚洲洋盆在西拉木伦一带于晚二叠世结束俯冲作用，北部残余洋盆中沉积了晚二叠世海陆交互相的林西组。早三叠世发生陆-陆碰撞，二叠纪及以前地质体发生褶皱变形，隆起带遭受剥蚀，挠曲处形成前陆盆地沉积，俯冲增生杂岩带附近后造山岩浆岩就位，至晚三叠世进入板内演化阶段。

主要参考文献

白文吉，杨经绥，胡旭峰，等，1995. 内蒙古贺根山蛇绿岩岩石成因和地壳增生的地球化学制约[J]. 岩石学报，11(增刊)：112-124.

包志伟，陈森煌，1994. 内蒙古贺根山地区蛇绿岩稀土元素和 Sm-Nd 同位素研究[J]. 地球化学(4)：339-349.

鲍佩声，苏犁，王军，等，2015. 雅鲁藏布江蛇绿岩[M]. 北京：地质出版社.

鲍庆中，张长捷，吴之理，等，2007. 内蒙古东南部晚古生代裂谷区花岗质岩石锆石 SHRIMP U-Pb 定年及其地质意义[J]. 中国地质，34(5)：790-798.

曹从周，杨芳林，田昌烈，等，1986. 内蒙古贺根山地区蛇绿岩及中朝板块和西伯利亚板块之间的缝合带位置[C]//《中国北方板块构造论文集》编委会. 中国北方板块构造论文集(1). 北京：地质出版社：64-86.

车合伟，周振华，马星华，等，2015. 大兴安岭北段争光金矿英安斑岩地球化学特征、锆石 U-Pb 年龄及 Hf 同位素组成[J]. 地质学报(8)：1417-1436.

陈斌，赵国春，SIMON W，2001. 内蒙古苏尼特左旗南两类花岗岩同位素年代学及其构造意义[J]. 地质论评(4)：361-367.

陈井胜，李斌，邢德和，等，2015. 赤峰东部宝音图群斜长角闪岩锆石 U-Pb 年龄及地质意义[J]. 地质调查与研究(2)：81-88.

陈井胜，杨帆，刘淼，等，2017. 内蒙古翁牛特旗小营子铅锌矿二长花岗岩锆石 U-Pb 年代学、地球化学特征木[J]. 地质论评(63)：213-214.

程天赦，杨文静，王登红，2013. 内蒙古锡林浩特毛登牧场大石寨组细碧-角斑岩系地球化学特征、锆石 U-Pb 年龄及地质意义[J]. 现代地质(3)：31-42.

崔根，王金益，张景仙，等，2008. 黑龙江多宝山花岗闪长岩的锆石 SHRIMP U-Pb 年龄及其地质意义[J]. 世界地质(4)：387-394.

邓晋福，冯艳芳，狄永军，等，2015. 岩浆弧火成岩构造组合与洋陆转换[J]. 地质论评，61(3)：473-484.

邓晋福，冯艳芳，伍光英，等，2017. 中国侵入岩大地构造[M]. 北京：地质出版社.

邓晋福，刘翠，冯艳芳，等，2010. 高镁安山岩/闪长岩类(HMA)和镁安山岩/闪长岩类(MA)：与洋俯冲作用相关的两类典型的火成岩类[J]. 中国地质，37(4)：1112-1118.

邓晋福，肖庆辉，苏尚国，等，2007. 火成岩组合与构造环境讨论[J]. 高校地质学报(11)：392-404.

樊航宇，李明辰，张全，等，2014. 内蒙古西乌旗地区大石寨组火山岩时代及地球化学特征[J]. 地质通报，33(9)：1284-1292.

樊志勇，1996. 内蒙古西拉木伦河北岸杏树洼一带石炭纪洋壳"残片"的发现及其构造意义[J]. 中国区域地质(4)：96.

方国庆，1993. 博格达晚古生代岛弧的沉积岩石学证据[J]. 沉积学报(3)：31-36.

冯艳芳，邓晋福，肖庆辉，等，2011. TTG 岩类的识别：讨论与建议[J]. 高校地质学报，17(3)：

406-414.

冯益民,张越,2018.大洋板块地层(OPS)简介及评述[J].地质通报,37(4):523-531.

冯志强,刘永江,金巍,等,2019.东北大兴安岭北段蛇绿岩的时空分布及与区域构造演化关系的研究[J].地学前缘,26(2):124-140.

冯志强,刘永江,温泉波,等,2014.大兴安岭北段塔源地区~330Ma变辉长岩-花岗岩的岩石成因及构造意义[J].岩石学报,30(7):1982-1994.

付俊彧,汪岩,那福超,等,2015.内蒙古哈达阳镁铁-超镁铁质岩锆石U-Pb年代学及地球化学特征:对嫩江—黑河地区晚泥盆世俯冲背景的制约[J].中国地质,42(6):1740-1753.

付俊彧,汪岩,钟辉,等,2017.内蒙古突泉县牤牛海地区超镁铁质岩地球化学及源区特征[J].吉林大学学报(地球科学版),47(4):1172-1186.

葛文春,吴福元,周长勇,等,2005.大兴安岭中部乌兰浩特地区中生代花岗岩的锆石U-Pb年龄及地质意义[J].岩石学报,21(3):209-222.

葛文春,吴福元,周长勇,等,2007.兴蒙造山带东段斑岩型Cu-Mo矿床成矿时代及其地球动力学意义[J].科学通报,52(24):3416-3427.

葛肖虹,马文璞,2007.东北亚南区中—新生代大地构造轮廓[J].中国地质(2):212-228.

葛肖虹,马文璞,2014.中国区域大地构造学教程[M].北京:地质出版社.

葛肖虹,马文璞,刘俊来,等,2009.对中国大陆构造格架的讨论[J].中国地质(5):949-965.

关庆彬,刘正宏,白新会,等,2016.内蒙古巴林右旗新开坝地区大石寨组火山岩形成时代及构造背景[J].岩石学报,32(7):2029-2040.

郭锋,范蔚茗,李超文,等,2009.早古生代古亚洲洋俯冲作用:来自内蒙古大石寨玄武岩的年代学与地球化学证据[J].中国科学(D辑),39(5):569-579.

郭胜哲,苏养正,池永一,等,1992.吉林、黑龙江东部地槽区古生代生物地层及岩相古地理[M]//南润善,郭胜哲.内蒙古-东北地槽区古生代生物地层及古地理.北京:地质出版社:71-146.

韩杰,周建波,张兴洲,等,2011.内蒙古林西地区上二叠统林西组砂岩碎屑锆石的年龄及其大地构造意义[J].地质通报,30(2/3):258-269.

何国琦,邵济安,1983.内蒙古东南部(昭盟)西拉木伦河一带早古生代蛇绿岩建造的确认及其大地构造意义[C]//唐克东.中国北方板块构造文集(1).北京:地质出版社:243-249.

黑龙江省地质矿产局.1993.《黑龙江省区域地质志》[M].北京:地质出版社.

黑龙江省地质矿产勘查开发局.1997.全国地层多重划分对比研究:黑龙江省岩石地层[M].武汉:中国地质大学出版社.

侯增谦,王二七,2008.印度-亚洲大陆碰撞成矿作用主要研究进展[J].地球学报,29(3):275-292.

胡道功,郑庆道,付俊域,等,2001.大兴安岭吉峰科马提岩地质地球化学特征[J].地质力学学报,7(2):111-115.

黄宝春,周姚秀,朱日祥,2008.从古地磁研究看中国大陆形成与演化过程[J].地学前缘(3):350-361.

江小均,柳永清,彭楠,等,2011.内蒙古克什克腾旗广兴源复式岩体SHRIMP U-Pb定年及地质意义讨论[J].地质学报,85(1):114-128.

李承东,冉皞,赵利刚,等,2012.温都尔庙群锆石的LA-MC-ICPMS U-Pb年龄及构造意义[J].岩石学报,28(11):277-286.

李春昱,王荃,刘雪亚,等,1982.亚洲大地构造图及其说明书[M].北京:地图出版社.

李红英,张达,周志广,等,2016.内蒙古克什克腾旗林西组碎屑锆石LA-ICP-MS年代学及其地质意义[J].吉林大学学报(地球科学版),46(1):146-162.

李锦轶,1986.林西一带枕状基性熔岩的基本特征及其大地构造意义[J].中国地质科学院沈阳地质矿产研究所所刊(14):65-74.

李锦轶,1987.内蒙古东部中朝板块与西伯利亚板块之间古缝合带的初步研究[J].科学通报(14):55-58.

李锦轶,1998.中国东北及邻区若干地质构造问题的新认识[J].地质论评,44(4):339-347.

李锦轶,高立明,孙桂华,等,2007.内蒙古东部双井子中三叠世同碰撞壳源花岗岩的确定及其对西伯利亚与中朝古板块碰撞时限的约束[J].岩石学报,23(3):565-582.

李锦轶,莫申国,和政军,等,2004.大兴安岭北段地壳左行走滑运动的时代及其对中国东北及邻区中生代以来地壳构造演化重建的制约[J].地学前缘,11(3):157-168.

李锦轶,张进,杨天南,等,2009.北亚造山区南部及其毗邻地区地壳构造分区与构造演化[J].吉林大学学报(地球科学版),39(4):584-605.

李瑞山.1991.新林蛇绿岩[J].黑龙江地质,2(1):19-32.

李三忠,郭玲莉,戴黎明,等,2015.前寒武纪地球动力学(Ⅴ):板块构造起源[J].地学前缘,22(6):65-76.

李三忠,杨朝,赵淑娟,等,2016a.全球早古生代造山带(Ⅰ):碰撞型造山[J].吉林大学学报(地球科学版),46(4):945-967.

李三忠,赵国春,孙敏,2016b.克拉通早元古代拼合与Columbia超大陆形成研究进展[J].科学通报,61:919-925

李廷栋,肖庆辉,潘桂棠,等,2019.关于发展洋板块地质学的思考[J].地球科学(中国地质大学学报)(5):1441-1451.

李仰春,张昱,姜义,等,2003.大兴安岭呼中地区倭勒根岩群变形特征及构造地层单位的建立[J].中国地质,30(4):388-393.

李益龙,葛梦春,廖群安.等,2008.内蒙古林西县双井片岩北缘混合岩LA-ICP-MS锆石U-Pb年龄.矿物岩石,28(2):10-16.

李英杰,王金芳,李红阳,等,2013.内蒙西乌旗白音布拉格蛇绿岩地球化学特征[J].岩石学报,29(8):105-116.

李英杰,王金芳,李红阳,等,2012.内蒙古西乌珠穆沁旗迪彦庙蛇绿岩的识别[J].岩石学报,28(4):1282-1290.

李英杰,王金芳,李红阳,等,2015.内蒙古西乌旗梅劳特乌拉蛇绿岩的识别[J].岩石学报,31(5):1461-1470.

李英杰,王金芳,王根厚,等,2018.内蒙古迪彦庙蛇绿岩带达哈特前弧玄武岩的发现及其地质意义[J].岩石学报,34(2):217-230.

李英杰.2016.内蒙古西乌旗迪彦庙蛇绿岩地质特征及大地构造意义[D].北京:中国地质大学(北京).

李运,2016.黑龙江多宝山矿集区北部主要岩体与典型矿床研究[D].北京:中国地质大学(北京).

李运,符家骏,赵元艺,等,2016.黑龙江争光金矿床年代学特征及成矿意义[J].地质学报,90(1):151-162.

刘财,杨宝俊,王兆国等,2011.大兴安岭西北部中新生代盆地群基底电性分带特征研究[J].地球物理学报,54(2):415-421.

刘敦一,简平,张旗,等,2003.内蒙古图林凯蛇绿岩中埃达克岩SHRIMP测年:早古生代洋壳消减的证据[J].地质学报(3):317-327,435-437.

刘建峰,迟效国,张兴洲,等,2009.内蒙古西乌旗南部石炭纪石英闪长岩地球化学特征及其构造意义[J].地质学报,83(3):365-376.

刘建峰,迟效国,赵芝,等,2013.内蒙古巴林右旗建设屯埃达克岩锆石U-Pb年龄及成因讨论[J].

岩石学报,29(3):91-103.

刘建峰,李锦轶,迟效国,等,2014. 内蒙古东南部早三叠世花岗岩带岩石地球化学特征及其构造环境[J]. 地质学报,88(9):1677-1690.

刘建峰,李锦轶,孙立新,等,2016. 内蒙古巴林左旗九井子蛇绿岩锆石 U－Pb 定年:对西拉木伦河缝合带形成演化的约束[J]. 中国地质,43(6):1947-1962.

刘建雄,张彤,许立权,2006. 内蒙古好老鹿场地区晚古生代超基性—基性岩的发现及意义[J]. 地质调查与研究,29(1):21-29.

刘锐,杨振,徐启东,等,2016. 大兴安岭南段海西期花岗岩类锆石 U－Pb 年龄、元素和 Sr-Nd-Pb 同位素地球化学:岩石成因及构造意义[J]. 岩石学报,32(5):1505-1528.

刘翼飞,江思宏,张义,2010. 内蒙古东部拜仁达坝矿区闪长岩体锆石 SHRIMP U－Pb 定年及其地球化学特征[J]. 地质通报,29(5):688-696.

刘永江,冯志强,蒋立伟,等, 2019. 中国东北地区蛇绿岩[J]. 岩石学报, 35(10):3017-3047.

陆松年,1998. 新元古时期 Rodinia 超大陆研究进展述评[J]. 地质论评(5):489-495.

陆松年,郝国杰,王惠初,等,2015. 中国变质岩大地构造图说明书(1∶2 500 000) [M]. 北京:地质出版社.

陆松年,郝国杰,王惠初,等,2017. 中国变质岩大地构造[M]. 北京:地质出版社.

吕志成,段国正,郝立波,等,2002. 大兴安岭中段二叠系大石寨组细碧岩的岩石学地球化学特征及其成因探讨[J]. 岩石学报,18(2):212-222.

梅可辰,李秋根,王宗起,等,2015. 内蒙古中部苏尼特左旗大石寨组流纹岩 SHRIMP 锆石 U－Pb 年龄、地球化学特征及其构造意义[J]. 地质通报(12):2181-2194.

苗来成,刘敦一,张福勤,等,2007. 大兴安岭韩家园子和新林地区兴华渡口群和扎兰屯群锆石 SHRIMP U－Pb 年龄[J]. 科学通报,52(5):591-601.

内蒙古自治区地质矿产局,1991. 内蒙古自治区区域地质志[M]. 北京:地质出版社.

内蒙古自治区地质矿产勘查开发局,1996. 内蒙古自治区岩石地层[M]. 武汉:中国地质大学出版社.

那福超,付俊彧,汪岩,等,2014. 内蒙古莫力达瓦旗哈达阳绿泥石白云母构造片岩 LA-ICP-MS 锆石 U－Pb 年龄及其地质意义[J]. 地质通报,33(9):1326-1332.

那福超,宋维民,刘英才,等,2018. 大兴安岭扎兰屯地区前寒武纪变质岩系年龄及其构造意义[J]. 地质通报,37(9):1607-1619

潘桂棠,陆松年,肖庆辉,等,2016. 中国大地构造阶段划分和演化[J]. 地学前缘(6):1-23.

潘桂棠,肖庆辉,陆松年,等,2008. 大地构造相的定义、划分、特征及其鉴别标志[J]. 地质通报, 27(10):1613-1637.

潘桂棠,肖庆辉,张克信,等,2019. 大陆中洋壳俯冲增生杂岩带特征与识别的重大科学意义[J]. 地球科学,44(5):1544-1561.

潘桂棠,肖荣阁,2015. 中国大地构造图说明书[M]. 北京:地质出版社.

彭立红,1984. 内蒙温都尔庙群南带蛇录岩套的地质时代及其大地构造意义[J]. 科学通报(2):104.

钱程,汪岩,陆露,等,2019. 大兴安岭北段扎兰屯地区斜长角闪岩年代学、地球化学和 Hf 同位素特征及其构造意义[J]. 地球科学,44(10):3193-3208.

乔彦波,张瀚夫,田艳丽,等,2016. 内蒙古克什克腾旗二零四一带玻镁安山岩的地球化学特征[J]. 西部资源(5):155-159.

任纪舜,1994. 中国大陆的组成、结构、演化和动力学[J]. 地球学报(3-4):5-13.

邵济安,1991. 中朝板块北缘中段地壳演化. 中国北方板块构造丛书[M]. 北京:北京大学出版社.

邵军，李永飞，周永恒，等，2015. 中国东北额尔古纳地块新太古代岩浆事件——钻孔片麻状二长花岗岩锆石 LA-ICP-MS 测年证据[J]. 吉林大学学报(地球科学版)，45(2)：364-373.

佘宏全，李进文，向安平，等，2012. 大兴安岭中北段原岩锆石 U－Pb 测年及其与区域构造演化关系[J]. 岩石学报，28(2)，571-594.

佘宏全，梁玉伟，李进文，2011. 内蒙古莫尔道嘎地区早中生代岩浆作用及其地球动力学意义[J]. 吉林大学学报(地球科学版)，41(6)：1831-1864.

施光海，刘敦，张福勤，等，2003. 中国内蒙古锡林郭勒杂岩 SHRIMP 锆石 U－Pb 年代学及意义[J]. 科学通报，48(4)：2187-2192.

石玉若，刘敦一，张旗，2004. 内蒙古苏左旗地区闪长-花岗岩类 SHRIMP 年代学[J]. 地质学报，78(6)：789-799.

石玉若，刘敦一，张旗，等. 2005. 内蒙古苏左旗白音宝力道 Adakite 质岩类成因探讨及其 SHRIMP 年代学研究[J]. 岩石学报，21(1)：143-150.

史仁灯，2005. 蛇绿岩研究进展、存在问题及思考[J]. 地质论评，51(6)：681-693.

宋国学，秦克章，王乐，等，2015. 黑龙江多宝山矿田争光金矿床类型、U－Pb 年代学及古火山机构[J]. 岩石学报，30(8)：2402-2416.

隋振民，葛文春，吴福元，2006. 大兴安岭东北部哈拉巴奇花岗岩体锆石 U－Pb 年龄及其成因[J]. 世界地质，25(3)：229-237.

孙立新，任邦方，王若虹，等，2014. 大兴安岭北部佳疙瘩组洋岛型玄武岩的发现及地质意义[J]. 中国地质，41(4)：1178-1189.

孙立新，任邦方，赵凤清，等，2012. 额尔古纳地块太平川巨斑状花岗岩的锆石 U－Pb 年龄和 Hf 同位素特征[J]. 地学前缘，19(5)：114-122.

孙立新，任邦方，赵凤清，等，2013a. 内蒙古额尔古纳地块古元古代末期的岩浆记录——来自花岗片麻岩的锆石 U－Pb 年龄证据[J]. 地质通报，32(2/3)：341-352

孙立新，任邦方，赵凤清，等. 2013b. 内蒙古锡林浩特地块中元古代花岗片麻岩的锆石 U－Pb 年龄和 Hf 同位素特征[J]. 地质通报，32(2/3)：327-340.

孙巍，2014. 兴安地块“前寒武纪变质岩系”——下古生界锆石年代学研究及其构造意义[D]. 长春：吉林大学.

孙巍，迟效国，宋维民，等，2017. 对兴安地块前寒武纪变质基底的质疑：来自大兴安岭地区“前寒武纪”变质岩系 LA-ICP-MS U－Pb 年代学证据[J]. 地质论评，63 (增刊)：293-294.

孙晓猛，刘财，朱德丰，等，2011. 大兴安岭西坡德尔布干断裂地球物理特征与构造属性[J]. 地球物理学报(2)：433-440.

唐克东，1992. 中朝板块北侧褶皱带构造演化及成矿规律[M]. 北京：北京大学出版社.

万天丰，2004. 中国大地构造学纲要[M]. 北京：地质出版社.

万天丰，2006. 中国大陆早古生代构造演化[J]. 地学前缘，13(6)：30-42.

万天丰，朱鸿，2007. 古生代与三叠纪中国各陆块在全球古大陆再造中的位置与运动学特征[J]. 现代地质(1)：1-13.

王丹丹，李世臻，周新桂，等，2016. 内蒙古东部上二叠统林西组砂岩锆石 SHRIMP U－Pb 年代学及其构造意义[J]. 地质论评，62(4)：1021-1040.

王鸿祯，杨森楠，刘本培，等，1990. 中国及邻区构造古地理和生物古地理[M]. 武汉：中国地质大学出版社.

王江海，1998. 元古宙罗迪尼亚(Rodinia)泛大陆的重建研究[J]. 地学前缘(4)：235-243.

王金芳，李英杰，李红阳，等，2017. 内蒙古梅劳特乌拉蛇绿岩中埃达克岩的发现及其演化模式[J]. 地质学报，(8)：1776-1795.

王金芳，李英杰，李红阳，等．2018．内蒙古梅劳特乌拉蛇绿岩中早二叠世高镁闪长岩的发现及洋内俯冲作用[J]．中国地质，45(4)：706-719．

王璐，赵庆英，李鹏川，等，2016．内蒙古巴林右旗东梁岩体 LA-ICP-MS 锆石 U–Pb 定年及地球化学特征[J]．世界地质，35(2)：370-386．

王荃，1986．内蒙古中部中朝与西伯利亚古板块间缝合线的确定[J]．地质学报(1)：31-43．

王荃，刘雪亚，李锦轶，1991．中国内蒙古中部的古板块构造[J]．中国地质科学学院院报，22：1-15．

王五力，郭胜哲，2012．中国东北古亚洲与古太平洋构造域演化与转换[J]．地质与资源，21(1)：27-34．

王希斌，鲍佩声，邓万明，等，1987．西藏蛇绿岩[M]，北京：地质出版社：55-56．

王炎阳，徐备，程胜东，等．2014．内蒙古克什克腾旗五道石门基性火山岩锆石U–Pb年龄及其地质意义[J]．岩石学报，30(7)：2055-2062．

王阳，马瑞，和钟铧，等，2016．内蒙古塔尔气地区佳疙瘩组地质特征及锆石年代学研究[J]．世界地质，35 (2)：357-369．

王玉净，樊志勇，1997．内蒙古西拉木伦河北部蛇绿岩带中二叠纪放射虫的发现及其地质意义[J]．古生物学报，36(1)：58-69．

吴鸣谦，左梦璐，张德会，等，2014．TTG 岩套的成因及其形成环境[J]．地质论评(3)：503-514．

夏林圻，2001．造山带火山岩研究[J]．岩石矿物学杂志，20(3)：225-232．

向安平，杨郧城，李贵涛，等，2012．黑龙江多宝山斑岩 Cu–Mo 矿床成岩成矿时代研究[J]．矿床地质(6)：1237-1248．

肖庆辉，李廷栋，潘桂棠，等，2016．识别洋陆转换的岩石学思路——洋内弧与初始俯冲的识别[J]．中国地质，43(3)：721-737．

肖序常，李廷栋，2000．青藏高原的构造演化与隆升机制[M]．广州：广东科技出版社．

徐备，2001．Rodinia 超大陆构造演化研究的新进展和主要目标[J]．地质科技情报，20(1)：15-19．

徐博文，郗爱华，葛玉辉，等，2015．内蒙古赤峰地区晚古生代 A 型花岗岩锆石 U–Pb 年龄及构造意义[J]．地质学报，89(1)：58-69．

许文良，孙晨阳，唐杰，等，2019．兴蒙造山带的基底属性与构造演化过程[J]．地球科学，44(5)：1620-1646．

许文良，王枫，裴福萍，等，2013．中国东北中生代构造体制与区域成矿背景：来自中生代火山岩组合时空变化的制约[J]．岩石学报，29(2)：340-348．

闫臻，王宗起，闫全人，等，2018．造山带汇聚板块边缘沉积盆地的鉴别与恢复．岩石学报，34(7)：1943-1958．

杨宾，张彬，张庆奎，等，2018．内蒙古东部马鞍山地区早石炭世高镁安山岩特征及地质意义[J]．地质通报，37(9)：1760-1770．

杨永胜，吕新彪，高荣臻，等，2016．黑龙江争光金矿床英云闪长斑岩年代学、地球化学及地质意义[J]．大地构造与成矿学，40(4)：674-700．

叶慧文，张兴洲，周裕文，1994．从蓝片岩及蛇绿岩特点看满洲里-绥芬河地学断面岩石圈结构与演化[M]//M-GGT 地质课题组编．中国满洲里-绥芬河地学断面域内岩石圈结构及其演化的地质研究．北京：地震出版社：73-83．

曾维顺，周建波，张兴洲，等，2011．内蒙古科右前旗大石寨组火山岩锆石 LA-ICP-MS U-Pb 年龄及其形成背景[J]．地质通报，30(2)：270-277．

张辰昊，寇晓威，颜林杰，等，2015，内蒙古科尔沁右翼中旗晚古生代碎屑锆石定年及其意义[J]，地质通报，34(8)：1482-1492．

张春艳，2009．吉林省东部古生代变质杂岩的构造意义[D]．长春：吉林大学．

张进,邓晋福,肖庆辉,等,2012.蛇绿岩研究的最新进展[J].地质通报,31(1):1-12.

张克信,何卫红,JIN J S,等,2020.洋板块地层在造山带构造-地层区划中的应用[J].地球科学,45(7):2305-2325.

张克信,何卫红,徐亚东,等, 2016.中国洋板块地层分布及构造演化[J].地学前缘, 23(6):24-30.

张克信,潘桂棠,何卫红,等,2015.中国构造-地层大区划分新方案[J].地球科学(中国地质大学学报),40(2):206-233.

张克信,徐亚东,何卫红,等,2018.中国新元古代青白口纪早期(1000～820Ma)洋陆分布[J].地球科学,43(11):3837-3852.

张克信,殷鸿福,朱云海,等,2001.造山带混杂岩区地质填图理论、方法与实践:以东昆仑造山带为例[M].武汉:中国地质大学出版社.

张丽,刘永江,李伟民,等,2013.关于额尔古纳地块基底性质和东界的讨论[J].地质科学,48(1):227-244.

张明,付俊彧,肖剑伟,等,2013.内蒙古孟恩陶勒盖岩体的成岩时代:LA-ICP-MS锆石U-Pb同位素年代学[J].地质与资源(1):36-40.

张旗,1990a.蛇绿岩的分类[J].地质科学(1):54-61.

张旗,1990b.如何正确使用玄武岩判别图[J].岩石学报(2):87-94.

张旗,1995.蛇绿岩研究中的几个问题[J].岩石学报(S1):228-240.

张旗,2014.镁铁—超镁铁岩的分类及其构造意义[J].地质科学,49(3):982-1017.

张旗,钱青,王焰,1999.造山带火成岩地球化学研究[J].地学前缘(3):113-120.

张旗,周国庆,2001.中国蛇绿岩[M].北京:科学出版社.

张世红,王鸿祯,2002.古大陆再造的回顾与展望[J].地质论评,48(2): 198-213.

张世红,朱鸿,孟小红,2001.扬子地块泥盆纪—石炭纪古地磁新结果及其古地理意义[J].地质学报,75(3):303-313.

张拴宏,赵越,刘建民,等,2010.华北地块北缘晚古生代—早中生代岩浆活动期次、特征及构造背景[J].岩石矿物学杂志,29(6):824-842.

张文治,1996. 全球元古宙超大陆及中国主要陆块的位置[J]. 国外前寒武纪地质(3):1-13.

张晓飞,刘俊来,冯俊岭,等,2016.内蒙古锡林浩特乌拉苏太大石寨组火山岩年代学、地球化学特征及其地质意义[J].地质通报, 35(5):766-775.

张晓飞,周毅,曹军,等,2018.内蒙古西乌旗罕乌拉地区双峰式侵入体年代学、地球化学特征及其对古亚洲洋闭合时限的制约[J].地质学报, 92(4): 665-686.

张兴洲,马玉霞,迟效国,等,2012.东北及内蒙古东部地区显生宙构造演化的有关问题[J].吉林大学学报(地球科学版),42(5):1269-1285.

张兴洲,杨宝俊,吴福元,等,2006.中国兴蒙—吉黑地区岩石圈结构基本特征[J].中国地质,33(4):816-823.

赵硕,许文良,唐杰,等,2016.额尔古纳地块新元古代岩浆作用与微陆块构造属性:来自侵入岩锆石U-Pb年代学、地球化学和Hf同位素的制约[J].地球科学,41(11):1803-1829.

赵一鸣,毕承思,邹晓秋,等,1997.黑龙江多宝山、铜山大型斑岩铜(钼)矿床中辉钼矿的铼-锇同位素年龄[J].地球学报(1):62-68.

赵英利,李伟民,温泉波,等,2016,内蒙东部晚古生代构造格局:来自中—晚二叠早三叠世砂岩碎屑锆石U-Pb年代学的证据[J].岩石学报,32(9):2807-2822.

赵院东,2017.兴安地块东北部变质基底解体以及晚古生代和侏罗纪花岗岩类的成因与构造意义[D].北京:中国地质大学(北京).

赵振华, 2005.微量元素地球化学进展[M]//张本仁,傅家谟.地球化学进展.北京:化学工业出版社:199-248.

赵芝,迟效国,刘建峰,等,2010.内蒙古牙克石地区晚古生代弧岩浆岩:年代学及地球化学证据[J].岩石学报,26(11):3245-3258.

赵忠海,曲晖,李成禄,等,2014.黑龙江霍龙门地区早古生代花岗岩的锆石 U-Pb 年龄、地球化学特征及构造意义[J].中国地质,41(3):773-783.

郑常青,周建波,金巍,等,2009.大兴安岭地区德尔布干断裂带北段构造年代学研究[J].岩石学报,25(8):1989-2000.

郑涵,孙晓猛,朱德丰,等,2015.额尔古纳断裂特征、形成时代及构造属性[J].中国科学:地球科学,45(8):1169-1182.

郑月娟,张海华,陈树旺,等,2014.内蒙古阿鲁科尔沁旗林西组砂岩 LA-ICP-MS 锆石 U-Pb 年龄及意义[J].地质通报,33(9):1293-1307.

周长勇,葛文春,吴福元,2005.大兴安岭北段塔河辉长岩的岩石学特征及其构造意义[J].吉林大学学报(地球科学版),35(2):143-149.

周国庆,2008.蛇绿岩研究新进展及其定义和分类的再讨论[J].南京大学学报:自然科学版,44(1):1-24.

周建波,曾维顺,曹嘉麟,等,2012.中国东北地区的构造格局与演化:从 500Ma 到 180Ma[J].吉林大学学报(地球科学版),42(5):1298-1316.

周建波,张兴洲,WILDE S A,等,2011.中国东北～500Ma 泛非期孔兹岩带的确定及其意义[J].岩石学报,27(4):1235-1245.

AVISON M, 1985. Metasomatism in the lough guitane volcanic complex (southwest Ireland)—an application of composition volume computations[J]. Chemical Geology, 48(1-4):79-92.

BARBARIN B A, 1999. Review of the relationships between grantiod types, their orgins and their geolhnamic environment[J]. Lithos, 46:605-625.

BHATIA M R, 1983. Plate tectonics and geochemical composition of sandstones[J]. Journal of Geology, 91(6):611-627.

BOISGROLLIER T D, PETIT C, FOURNIER M, et al., 2009. Palaeozoic orogeneses around the Siberian craton: Structure and evolution of the Patom belt and foredeep[J]. Tectonics, 28(1):TC1005. DOI:10.1029/2007TC002210.

BRETSHTEIN Y S, KLIMOVA A V, 2007. Paleomagnetic study of late proterozoic and early cambrian rocks in terranes of the Amur plate[J]. Izvestiya Physics of the Solid Earth, 43(10): 890-903.

CHEN J S, LI B, YANG H, et al., 2018. New zircon U-Pb age of granodiorite in Chifeng at the Northern Margin of North China Craton and constraints on plate tectonic evolution [J]. Acta Geologica Sinica(English Edition), 92(1): 410-413.

CLASS C, MILLER D M, LANGMUIR C H, 2000. Distinguishing melt and fluid subduction components in Umnak Volcanics, Aleutian arc[J]. Geochemistry Geophysics Geosystems, 1: 1-28.

COLLINS W, BEAMS S, WHITE A, et al., 1982. Nature and origin of A-type granites with particular reference to Southeastern Australia[J]. Contributions to Mineralogy and Petrology, 80(2):189-200.

CONDIE K C, 2003. Incompatible element ratios in oceanic basalts and komatiites: Tracking deep mantle sources and continental growth rates with time[J]. Geochemistry Geophysics Geosystems, 4(1): 1-28.

CRAWFORD A J, FALLOON T J, EGGINS S, 1987. The origin of island arc high-alumina basalts[J].

Contributions to Mineralogy and Petrology, 97: 417-430.

CUI Y L, QU H J, CHEN Y F, et al. , 2017. The age of the original silurian badangshan formation and its ductile deformation in the northern margin of North China Craton: New evidence from Zircon SHRIMP U-Pb Ages[J]. Acta Geologica Sinica(English Edition)(6): 2330-2332.

DILEK Y, FURNES H, 2009. Structure and geochemistry of Tethyanophiolites and their petrogenesis in subduction rollbacksystems [J]. Lithos, 113:1-20.

DILEK Y, FURNES H, 2011. Ophiolite genesis and global tectonics: Geochemical and tectonic fingerprinting of ancient oceanic lithosphere[J]. Geological Society of America Bulletin, 123: 387-411.

ELLIOTT T, PLANK T, ZINDLER A, et al. , 1997. Element transport from the slab to the volcanic front at the Mariana arc[J]. Journal of Geophysical Research, 102, 14 991-15 019.

FENG Z Q, LIU Y J, LI Y R, et al. , 2017. Ages geochemistry and tectonic implications of the Cambrian igneous rocks in the northern Great Xing'an Range, NE China[J]. Journal of Asian Earth Sciences, 144:5-21.

GAO R Z, XUE C J, LÜ X B, et al. , 2017. Genesis of the Zhengguang gold deposit in the Duobaoshan ore field, Heilongjiang Province, NE China: Constraints from geology, geochronology and U-Pb isotopic compositions[J]. Ore Geology Reviews, 84:202-217.

GE W C, WU F Y, ZHOU C Y, et al. , 2005. Emplacement age of the Tahe granite and its constraints on the tectonic nature of the Erguna block in the northern part of the Da Xing'an Range[J]. Chinese Science Bulletin, 50(18): 2097-2105.

GLADKOCHUB D , PISAREVSKY S , DONSKAYA T, et al. , 2006. The Siberian Craton and its evolution in terms of the Rodinia hypothesis[J]. Episodes, 29(3):169-174.

GOU J, SUN D Y, REN Y S, et al, 2013. Petrogenesis and geodynamic setting of Neoproterozoic and Late Paleozoic magmatism in the Manzhouli-Erguna area of Inner Mongolia, China: Geochronological, geochemical and Hf isotopic evidence[J]. Journal of Asian Earth Sciences, 67-68(May): 114-137

HAO Y J, REN Y S, et al. , 2015. Metallogenic events and tectonic setting of the Duobaoshan ore field in Heilongjiang Province, NE China[J]. Journal of Asian Earth Sciences, 97:442-458.

HICKEY R L, FREY F A, 1982. Geochemical characteristics of boninite series volcanics: Implications for their source[J]. Geochimica Et Cosmochimica Acta, 46(11) : 2099-2115.

HSÜ K J, 1968. Principles of Mélanges and Their Bearing on the Franciscan-Knoxville Paradox[J]. Geological Society of America Bulletin , 79(8):1063-1074.

HSÜ K J, PAN G T, ŞENGÖR A M C, et al. , 1995. Tectonic evolution of the tibetan plateau: A working hypothesis based on the archipelago model of orogenesis[J]. International Geology Review, 37: 473-508.

HU X L , YAO S Z, HE M C, et al. , 2015. Geochemistry U-Pb Geochronology and Sr-Nd-Hf Isotopes of the Early Cretaceous Volcanic Rocks in the Northern Da Hinggan Mountains[J]. Acta Geologica Sinica (English Edition), 89(1):203-216.

HU X L, YAO S Z, DING Z J, et al. , 2017. Early Paleozoic magmatism and metallogeny in Northeast China: A record from the Tongshan porphyry Cu deposit[J]. Mineralium Deposita, 52, 85-103.

ISOZAKI Y, ITAYA T, 1990. Chronology of Sanbagawa metamorphism[J]. Journal of Metamorphic Geology, 8(4):401-411.

IVANOV A V , DEMONTEROVA E I , GLADKOCHUB D P , et al, 2014. The Tuva-Mongolia

Massif and the Siberian Craton-are they the same? A comment on 'Age and provenance of the Ergunahe Group and the Wubinaobao Formation, northeastern Inner Mongolia, NE China: Implications for tectonic setting of the Erguna Massif' by Zhang et al[J]. International Geology Review, 56(8): 954-958.

JAKEŠ P, WHITE A J R, 1972. Major and trace element abundances in volcanic rocks of orogenic areas[J]. Geological Society of America Bulletin, 83(1): 29-39.

JIAN P, KRÖNER A, WINDLEY B F, et al., 2012. Carboniferous and Cretaceous mafic-ultramafic massifs in Inner Mongolia (China): A SHRIMP zircon and geochemical study of the previously presumed integral "Hegenshan ophiolite" [J]. Lithos, (142-143): 48-66.

JIAN P, LIU D Y, KRONER A, et al, 2008. Time scale of an early to mid-Paleozoic orogenic cycle of the long-lived Central Asian Orogenic Belt, Inner Mongolia of China: Implications for continental growth [J]. Lithos, 101(3-4): 233-259.

KARIG D E, 1983. Temporal relationships between Back-Arc Basin Formation and Arc Volcanism with Special Refer Gence to the Philippinesea[J]. Geophysical Monograph Series, 27: 318-325.

KRONER A, 2015. The Central Asian Orogenic Belt[M]. Suttgart: Bornttaeger Science Publishers.

KUSKY T M, WINDLEY B F, SAFONOVA I, et al., 2013. Recognition of Ocean Plate Stratigraphy in Accretionary Orogens through Earth History: A Record of 3.8 Billion Yearsof Sea Floor Spreading, Subduction, and Accretion[J]. Gondwana Research, 24 (2): 501-547.

LI J Y, 2006. Permian geodynamic setting of Northeast China and adjacent regions: Closure of the Paleo-Asian Ocean and subduction of the Paleo-Pacific Plate [J]. Journal of Asian Earth Sciences, 26: 207-224.

LI J Y, ZHANG J, ZHAO X X, et al., 2016. Mantle Subduction and Uplift of Intracontinental Mountains: A Case Study from the Chinese Tianshan Mountains within Eurasia[J]. Scientific Reports, 6: 28 831.

LI Y J, WANG G H, SANTOSH M, et al., 2018. Supra-subduction zone ophiolites from Inner Mongolia, North China: Implications for the tectonic history of the southeastern Central Asian Orogenic Belt[J]. Gondwana Research, 59: 126-143.

LI Y J, WANG J F, LI H Y, et al., 2015. Recognition of Meilaotewula ophiolite in Xi U jimqin Banner, Inner Mongolia[J]. Acta Petrologica Sinica, 31(5): 1461-1470 (in Chinese with English abstract).

LI Y, XU W L, WANG F, et al., 2014. Geochronology and geochemistry of late Paleozoic volcanic rocks on the western margin of the Songnen-Zhangguangcai Range Massif, NE China: Implications for the amalgamation history of the Xing'an and Songnen-Zhangguangcai Range massifs[J]. Lithos, 205: 394-410.

LIU J F, LI J Y, CHI X G, et al., 2012. Petrogenesis of middle Triassic Post-collisional granite from Jiefangyingzi area, southeast Inner Mongolia: Constriant on the Triassic tectonic evolution of the north margin of the Sino-Korean paleoplate[J]. Journal of Asian Earth Sciences, 60: 147-159.

LIU J F, LI J Y, CHI X G, et al., 2013. A late-Carboniferous to early early-Permian subduction-accretion complex in Daqing pasture, southeastern Inner Mongolia: Evidence of northward subduction beneath the Siberian paleoplate southern margin[J]. Lithos, 177: 285-296.

LIU J, LI Y, ZHOU Z H, et al., 2017. The Ordovician igneous rocks with high Sr/Y at the Tongshan porphyry copper deposit, satellite of the Duobaoshan deposit, and their metallogenic role[J]. Ore Geology Reviews, 86:600-614.

LIU Y J, LI W M, FENG Z Q, et al. 2017. A review of the Paleozoic tectonics in the eastern part of Central Asian Orogenic Belt[J]. Gondwana Research,43:123-148.

MEIJER A,1980. Primitive arc volcanism and a boninite series: Examples from western Pacific Island arc. In: Hayes D E (ed.). The Tectonic and Geologic Evolution of Southeast Asian Seas and Islands[M]. Washington D C: Am Geophys Union,23: 269-282.

MELSON W G, VALLIER T L,WRIGHT T L, et al., 1976. Chemical Diversity of Abyssal Volcanic Glass Erupted Along Pacific, Atlantic and Indian Ocean Sea-Floor Spreading Centers[M]. In: The geophysics of the Pacific Ocean Basin and its Margin. Washington D C: Am Geophys Union:351-367.

MESCHEDE M, 1986. A method of discriminating between different types of mid—ocean ridge basalts and continental tholeiites with the Nb-Zr-Y diagram[J]. Chemical Geology, 56: 207-218.

MILLER D M, GOLDSTEIN S L,LANGMUIR C H,1994. Cerium/lead and lead isotope ratios in arc magmas and the enrichment of lead in the continents[J]. Nature,368: 514-520.

MULLEN E D,1983. $MnO/TiO_2/P_2O_5$:A monitor element discriminate for basalt rocks of oceanic environments and its implications for petrogenesis[J]. Earth Planetary Science Letters,62:53-62.

MURRAY R W,1994. Chemical criteria to identify the depositional environment of chert:General principles and applications [J]. Sedimentary Geology,90:213-232.

MURRAY R W,BUCHHOLTZ TEN BRINK M R,GERLACH D C,et al.,1992. Rare earth and trace element composition of Monterey and DSDP chert and associated host sediment: Assessing the influence of chemical fractionation during diagenesis[J]. Geochim. Cosmochim. Acta,56:2657-2671.

PEARCE J A,1983. The role of sub-continental lithosphere in magma genesis at destructive plate margins[M]. In: Hawkesworth et al. (eds.) Nantwich Shiva:Continental Bassalts and Mantle Xenoliths:230-249.

PEARCE J A,CANN J R,1973. Tectonic setting of basic volcanic rocks determining using trace element analhses[J]. Earth Planetary Science Letters,19:290-300.

PEARCE J A,LIPPARD S J,ROBERTS S,1984. Characteristics and tectonic significance of supra-subduction zone ophiolites[J]. Geol. soc. special Pub.,16(1):77-94.

PISAREVSKY S A , NATAPOV L M , DONSKAYA T V , et al., 2008. Proterozoic Siberia: A promontory of Rodinia[J]. Precambrian Research,160(1-2):66-76.

QI L, ZHOU M F,2008. Platinum-group elemental and Sr-Nd-Os isotopic geochemistry of Permian Emeishan flood basalts in Guizhou Province,SW China [J]. Chemical Geology,248: 83-103.

ROBINSON P T,ZHOU M F,HU X F,et al.,1999. Geochemical constraints on the origin of the Hegenshan ophiolite,Inner Mongolia,China[J]. Journal of Asian Earth Sciences,17(4): 423-442.

ROSER B P, KORSCH R J,1986. Determination of tectonic setting of sandstone-mudstone suites using SiO_2- content and K_2O/Na_2O Ratio. The Journal of Geology,94:635-650.

RUDNICK R, GAO S, 2003. Composition of the Continental on Geochemistry[M]. Oxford: Elsevier-Pergamon.

SAFONOVA I U,SANTOSH M, 2014. Accretionary complexes in the Asia-Pacific region: Tracing archives of ocean plate stratigraphy and tracking mantle plumes[J]. Gondwana Research, 25(1): 126-158.

SAFONOVA I,BISKE G,ROMER R L,et al.,2016. Middle Paleozoic Mafic Magmatism and Ocean Plate Stratigraphy of the South Tianshan,Kyrgyzstan[J]. Gondwana Research,30:236-256.

SAJONA F G,MAURY R C,BELLON H,COTTEN, et al. ,1993. Initiation of subduction and the generation of slab melts in western and rastern Mindanao,Philippines[J]. Geology,21(11): 1007-1010.

SENGÖR A M C, NATAL'IN B A, 1996. Paleotectonics of Asia: Fragments of a synthesis [M]//Yin A, Harrison M. The Tectonic Evolution of Asia. Cambridge:Cambridge University Press: 486-640.

SENGöR A M C, NATAL'IN B A, BURTMAN V S, 1993. Evolution of the Altaid tectonic collage and Paleozoic crustal growth in Eurasia [J]. Nature,364: 209-307.

SHEN J,HE M,DING Z,2014. Geological characteristics and discussion on metallogenic epoch of Zhengguang gold deposit, Heihe City, Heilongjiang Province[J]. Acta Geologica Sinica, 88: 599-600.

SHINJO R, CHUNG S L,KATO Y Z, et al. , 1999. Geochemical and Sr-Nd isotopic characteristics of volcanic rocks from the Okinawa Trough and Ryukyu Arc: Implications for the evolution of a young, intracontinental back arc basin[J]. Journal of Geophysical Research, 104: 10 591-10 608.

SINGER B S,JICHA B R,LEEMAN W P, et al. , 2007. Along-strike trace element and isotopic variation in Aleutian Island arc basalt: Subduction melts sediments and dehydrates serpentine[J]. Journal of Geophysical Research, 112: 1-26.

SONG S G,WANG M M, XU X,et al. ,2015. Ophiolites in the Xing' anInner Mongolia accretionary belt of the CAOB: Implications for two cycles of seafloor spreading and accretionary orogenicevents [J]. Tectonics,34(10): 2221-2248.

SOROKIN A A , KUDRYASHOV N M , JINYI L , et al. , 2004. Early paleozoic granitoids in the eastern margin of the argun′ terrane, amur area: First geochemical and geochronologic data[J]. Petrology, 12(4):367-376.

STERN R J, BLOOMER S H,1992. Subduction zone infancy: Examples from the Eocene Izu-Bonin-Mariana and Jurassic Califormia arcs[J]. Geological Society of America Bulletin, 104: 1621-1636.

SUN D Y,GOU J,WANG T H,et al. ,2013. Geochronological and geochemical constraints on the Erguna massif basement, NE China-subduction history of the Mongol-Okhotsk oceanic crust[J]. International Geology Review, 55(14): 1801-1816.

TANG J,XU W L, WANG F, et al. ,2013. Geochronology and geochemistry of Neoproterozoic magmatism in the Erguna Massif, NE China: Petrogenesis and implications for the breakup of the Rodinia supercontinent[J]. Precambrian Research, 224, 597-611.

TANG J,XU W L,WANG F,et al. ,2016. Early Mesozoic southward subduction history of the Mongol-Okhotsk oceanic plate: Evidence from geochronology and geochemistry of Early Mesozoic intrusive rocks in the Erguna Massif, NE China[J]. Gondwana Research, 31:218-240.

TURNER S P, HAWKESWORTH C J, ROGERS N, et al. , 1997. 238U/230Th disequilibria, magma petrogenesis, and flux rates beneath the depleted Tonga-Kermadec island arc[J]. Geochimica et Cosmochima Acta, 61: 4855-4884.

VERMEESCH P, 2006. Tectonic discrimination diagrams revisited[J]. Geochemistry Geophysics Geosystems, 7: 1-55.

VERNIKOVSKY V A , VERNIKOVSKAYA A E , KOTOV A B , et al. ,2003. Neoproterozoic accretionary and collisional events on the western margin of the Siberian craton: New geological and geochronological evidence from the Yenisey Ridge[J]. Tectonophysics, 375(1):147-168.

VERNIKOVSKY V A , VERNIKOVSKAYA A E , PEASE V L , et al. ,2004. Neoproterozoic Orogeny along the margins of Siberia[J]. Geological Society London Memoirs, 30(1):233-248.

VON HUENE R, SCHOLL D W,1991. Observations at Convergent Margins Concerning Sediment Subduction, Subduction Erosion, and the Growth of Continental Crust[J]. Reviews of Geophysics , 29 (3): 279.

WAKABAYASHI J, DILEK Y,2011. Mélanges : Processes of Formation and Societal Significance[J]. The Geological Society of America , Special Paper , 480 (4): 279.

WAKITA K, METCALFE I,2005. Ocean Plate Stratigraphy in East and Southeast Asia[J]. Journal of Asian Earth Sciences,24(6):679-702.

WANG L, QIN K Z, SONG G X, et al. 2018. Volcanic-subvolcanic rocks and tectonic setting of the Zhengguang intermediate sulfidation epithermal Au-Zn deposit, eastern Central Asian Orogenic Belt, NE China[J]. Journal of Asian Earth Sciences,165(OCT. 1):328-351.

WILSON B M,1989. Igneous Petrogenesis[M]. London: Springer.

WINCHESTER J A,FLOYD P A,1977. Geochemical discrimination of different magma series and their differentiation products using immobile elements[J]. Chemical Geology,20:325-343.

WOOD D A,1980. The application of a Th-Hf-Ta diagram to Problems of tectonomagmatic classification and to establishing the nature of crustal contamination of basaltic lavas of the British Teriary Volcanic Province[J]. Earth Planetary Science Letters, 50: 11-30.

WOODHEAD J, EGGINS S, GAMBLE J, 1993. High-Field Strength and Transition Element Systematics in Island-Arc and Back-Arc Basin Basalts-Evidence for Multiphase Melt Extraction and a Depleted Mantle Wedge[J]. Earth Planetary Science Letters, 114(4), 491-504.

WU F Y, SUN D Y, GE W C, et al. , 2011. Geochronology of the Phanerozoic granitoids in Northeastern China[J]. Journal of Asian Earth Sciences, 41(1):1-30.

WU G, CHEN Y C, CHEN Y J, et al. ,2012. Zircon U-Pb ages of the metamorphic supracrustal rocks of the Xinghuadukou Group and granitic complexes in the Argun massif of the northern Great Hinggan Range, NE China, and their tectonic implications[J] Journal of Asian Earth Sciences,49: 214-233.

WU G, CHEN Y J, SUN F Y, et al. ,2010. Geochemistry and genesis of the Late Jurassic granitoids at the northern Great Hinggan Range: Implications for exploration[J]. Acta Geologica. Sinica, 84:321-332.

WU G,CHEN Y,SUN F,et al. ,2015. Geochronology, geochemistry,and Sr-Nd-Hf isotopes of the early Paleozoic igneous rocks in the Duobaoshan area,NE China, and their geological significance[J]. Journal of Asian Earth Sciences, 97:229-250.

WU X W, ZHANG C,ZHANG Y J , et al. , 2018. 2. 7 Ga Monzogranite on the Songnen Massif and Its Geological Implications[J]. Acta Geologica Sinica English Edition, 92(3):1265-1266.

XU B, ZHAO P, WANG Y, et al. ,2015. The pre-Devonian tectonic framework of Xing'an-Mongolia orogenic belt (XMOB) in North China[J]. Journal of Asian Earth Sciences(97):183-196.

XU J F,CASTILLO P R,LI X H, et al. , 2002. MORB-type rocks from the Paleo-Tethyan Mian-Lueyang northern ophiolite in the Qinling Mountains, central China: Implications for the source of the low 206Pb/207Pb and high 143Nd/144Nd mantle component in the Indian Ocean[J]. Earth Planetary Science Letters, 198: 323-337.

YANG J H, CAWOOD P A, DU Y S, et al. ,2012. Large igneous province and magmatic arc sourced permian-triassic volcanogenic sediments in China[J]. Sedimentary Geology, 261-262:120-131.

ZENG Q D, LIU J M, CHU S X, et al. ,2014. Re-Os and U-Pb geochronology of the Duobaoshan porphyry Cu-Mo-(Au) deposit, northeast China, and its geological significance[J]. Journal of Asian

Earth Sciences,79(2):895-909.

ZHANG C,WU X W,GUO W,et al. ,2017. Discovery of the 1. 8Ga granite on the western margin of the Songnen Masiff,China[J]. Acta Geologica Sinica,91(4): 1497-1498.

ZHANG S H , ZHAO Y, YE H, et al, 2014. Origin and evolution of the Bainaimiao arc belt: Implications for crustal growth in the southern Central Asian orogenic belt[J]. Geological Society of America Bulletin, 126(9-10):1275-1300.

ZHANG S H, GAO R , LI H Y, et al. ,2014. Crustal structures revealed from a deep seismic reflection profile across the Solonker suture zone of the Central Asian Orogenic Belt, northern China: An integrated interpretation[J]. Tectonophysics, 612:26-39

ZHANG Z C, LI K, LI J F, et al. ,2015. Geochronology and geochemistry of the Eastern Erenhot ophiolitic complex: Implications for the tectonic evolution of the Inner Mongolia-Daxinganling Orogenic Belt[J]. Journal of Asian Earth Sciences(97):279-293.

ZHAO C, QIN K Z, SONG G X,et al. ,2019. Early Palaeozoic high-Mg basalt-andesite suite in the Duobaoshan Porphyry Cu deposit, NE China: Constraints on petrogenesis, mineralization, and tectonic setting[J]. Gondwana Research,71:91-116.

ZHOU J B, SIMON A WILDE, ZHANG X Z,et al. ,2011. Early Paleozoic metamorphic rocks of the Erguna block in the Great Xing'an Range,NE China: Evidence for the timing of magmatic and metamorphic events and their tectonic implications[J]. Tectonophysics,499:105-117.

ZHOU J B, WANG B, SIMON A WILDE, et al. , 2015. Geochemistry and U-Pb zircon dating of the Toudaoqiao blueschists in the Great Xing'an Range, northeast China, and tectonic implications [J]. Journal of Asian Earth Sciences,97:197-210.

ZHOU J B,CAO J L,WILDE S A,et al. ,2014. Paleo-Pacific subduction-accretion: Evidence from Geochemical and U-Pb zircon dating of the Nadanhada accretionary complex,NE China[J]. Tectonics, 33(12):2444-2466.

内部参考资料

白志达和徐德兵,徐德兵,2015. 内蒙古 1:25 万阿尔山(L50C001004)幅区域地质调查报告[R]. 北京:中国地质大学(北京).

程招勋,赵立国,都士卓,等,2019. 内蒙古 1:5 万前公主陵(L51E011009)、东图门扎拉格(L51E011010)、四方山(L51E011011)、科尔沁右翼前旗(L51E012009)、呼和马场(L51E012010)、模范屯(L51E010011)幅区域地质调查报告[R]. 哈尔滨:黑龙江地质调查研究总院.

崔天日,李林川,秦涛,等,2015. 内蒙古 1:5 万大旗幅(L51E001010)、河口大队幅(L51E001011)、林家堡子幅(L51E002010)、雅尔根楚佃沟幅(L51E002011)区域地质调查报告[R]. 沈阳:中国地质调查局沈阳地质调查中心.

丁秋红,王杰,李晓海,等,2014. 内蒙古 1:25 万扎鲁特旗幅(L51C004001) 区域地质调查报告[R]. 沈阳:中国地质调查局沈阳地质调查中心.

杜兵盈,张铁安,刘宇崴,等,2016a. 内蒙古 1:25 万加格达奇(M51C002003))幅区域地质调查报告[R]. 哈尔滨:黑龙江省区域地质调查所.

杜兵盈,张铁安,刘宇崴,等,2016b. 内蒙古 1:25 万新林镇(M51C001003)幅区域地质调查报告[R]. 哈尔滨:黑龙江省区域地质调查所.

付俊彧,宋维民,陶楠,等, 2014. 内蒙古 1:50 000 孟恩套勒盖、敖兰敖日格、科尔沁右翼中旗、马家窑、哈日道布幅区域地质调查报告[R]. 沈阳:中国地质调查局沈阳地质调查中心.

付俊彧，杨雅军，张广宇，等，2013. 大兴安岭成矿带北段基础地质综合研究成果报告[R]. 沈阳：中国地质调查局沈阳地质调查中心.

葛梦春，廖群安，赵温霞，等，2008b. 内蒙古 1：250 000 林西县(K50C001003)幅区域地质调查报告[R]. 武汉：中国地质大学(武汉).

葛梦春，张雄华，赵温霞，等，2008a. 内蒙古 1：250 000 锡林浩特市(K50C001002)幅区域地质调查报告[R]. 武汉：中国地质大学(武汉).

韩湘峰，王东明，侯洪宽，等，2016. 内蒙古 1：5 万特可赉尔(M51E009022)、五八七(M51E009023)、柯沃尼(M51E010022)、新六站(M51E011022)幅区域地质矿产调查报告[R]. 哈尔滨：黑龙江省区域地质调查所.

何会文，武利文，张明，等，2006. 内蒙古 1：250 000 扎兰屯市幅(M51C004002)区域地质调查报告[R]. 呼和浩特：内蒙古自治区地质调查院.

贺宏云，李志强，柳永正，等，2016. 内蒙古 1：5 万德里德尼哈尔莫德(L50E003024)、乌月根山(L51E003001)、苏德尔干其(L50E004024)、苏呼河(L51E004001)幅区域地质矿产调查报告[R]. 呼和浩特：内蒙古自治区地质调查院.

黑龙江省区域地质调查所，2017. 内蒙古 1：5 万伊斯罕、三十六林场、甘河、布苏里幅区域地质矿产调查[R]. 哈尔滨：黑龙江省区域地质调查所.

黑龙江省区域地质调查所，2020.《黑龙江省区域地质志》[R]. 哈尔滨：黑龙江省区域地质调查所.

鞠文信，贺宏云，武跃勇，等，2008a. 内蒙古 1：25 万朝克乌拉(L50C004002)幅区域地质调查报告[R]. 呼和浩特：内蒙古自治区地质调查院.

鞠文信，贺宏云，武跃勇，等，2008b. 内蒙古 1：25 万新庙(L50C003003)幅幅区域地质调查报告[R]. 呼和浩特：内蒙古自治区地质调查院.

李伟，司秋亮，唐振，等，2015. 内蒙古 1：5 万大呼勒气沟(L51E003008)、萨马街(L51E003009)、干沟子(L51E004008)、王巴脖子(L51E004009)幅区域地质调查报告[R]. 沈阳：中国地质调查局沈阳地质调查中心.

李英杰，王金芳，郝东恒，等，2016. 内蒙古 1：5 万高力罕牧场三连(L50E018018)、六一二矿(L50E019018)、萨如勒图牙生产队(L50E020017)、哈日根台幅(L50E020018)区域地质调查报告[R]. 石家庄：石家庄经济学院.

林敏，李玉娟，徐立明，等，2019. 内蒙古 1：5 万牛汾台林场幅(L51E007001)、青石砬子幅(L51E008001)、迈斯很达坂幅(L51E009001)、海勒斯台护林站幅(L51E009002)区域地质调查报告[R]. 福州：福建省地质调查研究院.

刘洪章，孙肖，吴连亨，等，2018. 黑龙江 1：50000 扎林库尔防火站(N51E021015)、凤水山(N51E022014)、西里尼特托河(N51E022015)幅地质矿产综合调查成果报告[R]. 廊坊：河北省区域地质矿产调查研究所.

刘建峰，李锦轶，2020. 兴蒙造山带关键地区构造格架廊带地质调查报告[R]. 北京：中国地质科学院地质研究所.

刘建雄，吕希华，王忠，等，2004. 内蒙古 1：5 万都日布勒吉幅(L51E017002)、乌兰哈达幅(L51E017003)、好老鹿场幅(L51E018003)区域地质矿产调查报告[R]. 呼和浩特：内蒙古自治区地质调查院.

刘涛，李德新，杨吉波，等，2014. 黑龙江省 1：5 万十里长岭幅(M51E001021)、富西里幅(M51E001022)、陡岸山幅(M51E002021)、瓦拉里幅(M51E002022)区域地质矿产调查报告[R]. 哈尔滨：中国人民武装警察部队黄金第三支队.

刘玉，张文强，周传芳，等，2015. 黑龙江 1：5 碧州公社幅(M51E001019)、玻乌勒山幅(M51E001020)、大乌苏幅(M51E002019)、沙兰山幅(M51E002020)区域地质矿产调查报告[R]. 哈尔滨:中国人民武装警察部队黄金第三支队.

刘渊,李振德,程招勋,等,2013.黑龙江省 1:250000 开库康幅(N51C003004)、塔河县幅(N51C004004)、新街基幅(N52C004001)区域地质调查报告[R].哈尔滨:黑龙江省地质调查研究总院.

卢清地,韩志定,聂童春,等,2013.内蒙古 1:5 万布敦陶勒盖(L50E016020)、布尔丁花(L50E016021)、花敖包特(L50E017020)、沙尔哈达(L50E017021)幅区域地质调查报告[R].福州:福建省地质调查研究院.

马国祥,王之晟,郝晓飞,2014.内蒙古 1:5 万天池(L51E005002)、小东沟林场(L51E005003)、三十公里(L51E006002)、五道沟(L51E006003)幅区域地质调查报告[R].赤峰:核工业二四三大队.

聂童春,林敏,韩志定,等,2012a.内蒙古宝格达山林场分场幅(L50C002004)区域地质调查报告[R].呼和浩特:内蒙古自治区地质调查院.

聂童春,林敏,韩志定,等,2012b.内蒙古霍林郭勒市幅(L50C003004)幅区域地质调查报告[R].呼和浩特:内蒙古自治区地质调查院.

邵军,吴新伟,张春鹏,等,2019.大兴安岭成矿带扎兰屯—漠河地质矿产调查报告[R].沈阳:中国地质调查局沈阳地质调查中心.

石国明,符安宗,万太平,等,2019.黑龙江 1:5 三矿沟幅(M51E010023)、三峰山幅(M51E010024)、一六九幅(M51E011023)、多宝山铜矿幅(M51E011024)、星火公社幅(M51E012023)、一五三幅(M51E012024)幅区域地质矿产调查报告[R].哈尔滨:黑龙江省地质调查研究总院.

宋维民,陶楠,庞雪娇,等,2015.内蒙古 1:50 000 前他克吐、万宝镇、保安屯、突泉县、陈家屯幅区域地质调查报告[R].沈阳:中国地质调查局沈阳地质调查中心.

苏尚国,周志广,柳长峰,等,2013.内蒙古 1:25 万乌兰浩特市幅(L51C002002)区域地质调查报告[R].北京:中国地质大学(北京).

陶楠,江斌,杜继宇,等,2019.内蒙古 1:5 万必鲁台(K50E004019)、独石(K50E004020)、五分地(K50E005019)、狐狸井子(K50E005020)四幅地质矿产综合调查报告[R].沈阳:中国地质调查局沈阳地质调查中心.

汪岩,钱程,庞雪娇,等,2019.大兴安岭成矿带突泉—翁牛特地质矿产调查报告[R].沈阳:中国地质调查局沈阳地质调查中心.

王博,金松,伍光锋,等,2019.内蒙古 1:5 万兴安敖包(L51E016004)、查干保好(L51E016005)、塔拉布拉克(L51E017004)、杜尔基(L51E017005)幅区域地质调查报告[R].涿州:中化地质矿山总局地质研究院.

吴新伟,张渝金,郭威,等,2017.内蒙古 1:5 万南燕窝沟(L51E005011)、山泉公社(L51E005012)、罕达罕(L51E006011)、陈家大岗(L51E006012)幅区域地质调查报告[R].沈阳:中国地质调查局沈阳地质调查中心.

杨亮,李剑波,郭瑞军,等,2017.内蒙古 1:5 万哈尔居日和(L51E009008)、巴达荣贵(L51E010007)、西巴达嘎(L51E010008)幅区域地质矿产调查报告[R].呼和浩特:内蒙古自治区地质矿产勘查院.

杨文鹏,张生旭,姜海洋,2019.内蒙古 1:5 万查干沐沦(K50E002019)、大板镇(K50E003019)、古力古台(K50E003020)、召胡都格幅(K50E003021)区域地质调查报告[R].哈尔滨:黑龙江省地质调查研究总院.

杨晓平,杨雅军,庞雪娇,等,2019.大兴安岭区域地质调查片区总结与服务产品开发成果报告(大兴安岭地质志)[R].沈阳:中国地质调查局沈阳地质调查中心.

杨雅军,宋维民,陈会军,等,2016.大兴安岭地区关键地区区域地质调查报告[R].沈阳:中国地质调查局沈阳地质调查中心.

张长捷,鲍庆中,吴之理,等,2005.内蒙古 1:25 万西乌旗幅(L50C004003)区域地质调查报告[R].

沈阳:中国地质调查局沈阳地质调查中心.

张庆奎,关培彦,李星云,2012.内蒙古1:5万1 314.4高地(L51E004004)、1 083.1高地(L51E004005)、榛子坝防火站(L51E005004)、阿斯格勒(L51E005005)区域地质调查报告[R].沈阳:辽宁省地质矿产调查院.

张庆奎,关培彦,李星云,等,2016.内蒙古1:5萨其图幅(L50E003021)、海日嘎乌拉幅(L50E003022)、海勒斯吐幅(L50E003023)、巴彦布尔德牧场幅(L50E004022)、杜拉尔桥幅(L50E004023)幅区域地质调查报告[R].大连:辽宁省地质勘查院.

张庆奎,马维,杨宾,等,2019.内蒙古1:5万哈拉黑(L51E011007)、察尔森(L51E011008)、中心屯(L51E012005)、保隆屯(L51E012006)、马鞍山铁矿(L51E012007)、鄂家沟(L51E012008)、周家炉(L51E013005)、新胜屯(L51E013006)等八幅区域地质调查成果报告[R].大连:辽宁省地质勘查院.

张学斌,龙舟,张树栋,等,2014.内蒙古1:5万扎布其尔沃布勒吉(L50E022011)、杰林牧场(L50E022012)、白音诺尔农场(L50E023011)、巴拉噶尔牧场牧业小组(L50E023012)、毛登牧场第二生产队(L50E024011)幅区域地质调查报告[R].天津:天津市地质调查研究院.

赵海滨,韩振哲,牛延宏,等,2004.内蒙古1:25万阿龙山镇幅(M51C001002)区域地质调查报告[R].哈尔滨:黑龙江省地质调查总院.

赵胜金,于海洋,苏建国,2019.内蒙古1:5万巴雅尔吐胡硕(L51E018002)、哈达营子(L51E019001)、阿拉哈达(L51E019002)、乙旦架拉嘎(L51E020002)幅区域地质调查报告[R].赤峰:内蒙古自治区第十地质矿产勘查开发院.

周兴福,李仰春,汪岩,等,2000.黑龙江1:25万呼中镇幅(N51C004003)区域地质调查报告[R].哈尔滨:黑龙江省地质调查总院.

朱群,邵军,赵院东,等,2021.典型矿集区三维地质结构与矿体定位课题报告[R].沈阳:中国地质调查局沈阳地质调查中心.